现代电子机械工程丛书

电子设备腐蚀防护技术

胡长明　主编
王伟　陈旭　朱理智　副主编

电子工业出版社
Publishing House of Electronics Industry
北京·BEIJING

内 容 简 介

本书是在综合电子设备结构、工艺设计人员工程工作经验，以及我国电子设备腐蚀防护理论和实践的基础上编写而成的。全书共 13 章，介绍了腐蚀防护基本理论、常用材料特性、腐蚀防护工艺、腐蚀防护试验及仿真等腐蚀防护的成熟成果和新进展；同时从典型对象角度出发，通过实际案例介绍了电子设备的腐蚀防护设计要求、设计流程及材料、工艺选用原则；并对电子设备腐蚀防护发展进行了展望。

本书既可作为科研院所、企事业单位科技人员的技术参考书，也可作为高等院校本科生、研究生的教材。

未经许可，不得以任何方式复制或抄袭本书之部分或全部内容。
版权所有，侵权必究。

图书在版编目（CIP）数据

电子设备腐蚀防护技术 / 胡长明主编． -- 北京：电子工业出版社，2025．5． --（现代电子机械工程丛书）． -- ISBN 978-7-121-50168-5

Ⅰ．TN05

中国国家版本馆 CIP 数据核字第 2025YW6273 号

责任编辑：桑　昀　　文字编辑：苏颖杰
印　　刷：中煤(北京)印务有限公司
装　　订：中煤(北京)印务有限公司
出版发行：电子工业出版社
　　　　　北京市海淀区万寿路 173 信箱　邮编：100036
开　　本：787×1 092　1/16　印张：22.25　字数：570 千字
版　　次：2025 年 5 月第 1 版
印　　次：2025 年 5 月第 1 次印刷
定　　价：98.00 元

凡所购买电子工业出版社图书有缺损问题，请向购买书店调换。若书店售缺，请与本社发行部联系，联系及邮购电话：(010) 88254888，88258888。
质量投诉请发邮件至 zlts@phei.com.cn，盗版侵权举报请发邮件至 dbqq@phei.com.cn。
本书咨询联系方式：chenwk@phei.com.cn，(010) 88254441。

现代电子机械工程丛书
编委会

主　任：段宝岩

副主任：胡长明

编委会成员：

季　馨　周德俭　程辉明　周克洪　赵亚维

金大元　陈志平　徐春广　杨　平　訾　斌

刘　胜　钱吉裕　叶渭川　黄　进　郑元鹏

潘开林　邵晓东　周忠元　王文利　张慧玲

王从思　陈　诚　陈　旭　王　伟　赵鹏兵

陈志文

丛书序

电子机械工程的主要任务是进行面向电性能的高精度、高性能机电装备机械结构的分析、设计与制造技术的研究。

高精度、高性能机电装备主要包括两大类：一类是以机械性能为主、电性能服务于机械性能的机械装备，如大型数控机床、加工中心等加工装备，以及兵器、化工、船舶、农业、能源、挖掘与掘进等行业的重大装备，主要是运用现代电子信息技术来改造、武装、提升传统装备的机械性能；另一类则是以电性能为主、机械性能服务于电性能的电子装备，如雷达、计算机、天线、射电望远镜等，其机械结构主要用于保障特定电磁性能的实现，被广泛应用于陆、海、空、天等各个关键领域，发挥着不可替代的作用。

从广义上讲，这两类装备都属于机电结合的复杂装备，是机电一体化技术重点应用的典型代表。机电一体化（Mechatronics）的概念，最早出现于 20 世纪 70 年代，其英文是将 Mechanical 与 Electronics 两个词组合而成，体现了机械与电技术不断融合的内涵演进和发展趋势。这里的电技术包括电子、电磁和电气。

伴随着机电一体化技术的发展，相继出现了如机-电-液一体化、流-固-气一体化、生物-电磁一体化等概念，虽然说法不同，但实质上基本还是机电一体化，目的都是研究不同物理系统或物理场之间的相互关系，从而提高系统或设备的整体性能。

高性能机电装备的机电一体化设计从出现至今，经历了机电分离、机电综合、机电耦合等三个不同的发展阶段。在高精度与高性能电子装备的发展上，这三个阶段的特征体现得尤为突出。

机电分离（Independent between Mechanical and Electronic Technologies，IMET）是指电子装备的机械结构设计与电磁设计分别、独立进行，但彼此间的信息可实现在（离）线传递、共享，即机械结构、电磁性能的设计仍在各自领域独立进行，但在边界或域内可实现信息的共享与有效传递，如有源相控阵天线的机械结构、电磁、热等。

需要指出的是，这种信息共享在设计层面仍是机电分离的，故传统机电分离设计固有的诸多问题依然存在，最明显的有两个：一是电磁设计人员提出的对机械结构设计与制造精度的要求往往太高，时常超出机械的制造加工能力，而机械结构设计人员只能千方百计地满足其要求，带有一定的盲目性；二是在工程实际中，又时常出现奇怪的现象，即机械结构技术人员费了九牛二虎之力设计、制造出的满足机械制造精度要求的产品，电性能却不满足；相反，机械制造精度未达到要求的产品，电性能却能满足。因此，在实际工程中，只好采用备份的办法，最后由电调来决定选用哪一个。这两个长期存在的问题导致电子装备研制的性能低、周期长、成本高、结构笨重，这已成为制约电子装备性能提升并影响未来装备研制的瓶颈。

随着电子装备工作频段的不断提高，机电之间的互相影响越发明显，机电分离设计遇到的问题越来越多，矛盾也越发突出。于是，机电综合（Syntheses between Mechanical and Electronic Technologies，SMET）的概念出现了。机电综合是机电一体化的较高层次，它比机电分离前进了一大步，主要表现在两个方面：一是建立了同时考虑机械结构、电磁、热等性能的综合设计的数学模型，可在设计阶段有效消除某些缺陷与不足；二是建立了一体化的有限元分析模型，如在高密度机箱机柜分析中，可共享相同空间几何的电磁、结构、温度的数值分析模型。

自 21 世纪初以来，电子装备呈现出高频段、高增益、高功率、大带宽、高密度、小型化、快响应、高指向精度的发展趋势，机电之间呈现出强耦合的特征。于是，机电一体化迈入了机电耦合（Coupling between Mechanical and Electronic Technologies，CMET）的新阶段。

机电耦合是比机电综合更进一步的理性机电一体化，其特点主要包括两点：一是分析中不仅可实现机械结构、电磁、热的自动数值分析与仿真，而且可保证不同学科间信息传递的完备性、准确性与可靠性；二是从数学上导出了基于物理量耦合的多物理系统间的耦合理论模型，探明了非线性机械结构因素对电性能的影响机理。其设计是基于该耦合理论模型和影响机理的机电耦合设计。可见，机电耦合与机电综合相比具有不同的特点，并且有了质的飞跃。

从机电分离、机电综合到机电耦合，机电一体化技术发生了鲜明的代际演进，为高端装备设计与制造提供了理论与关键技术支撑，而复杂装备制造的未来发展，将不断趋于多物理场、多介质、多尺度、多元素的深度融合，机械、电气、电子、电磁、光学、热学等将融于一体，巨系统、极端化、精密化将成为新的趋势，以机电耦合为突破口的设计与制造技术也将迎来更大的挑战。

随着新一代电子技术、信息技术、材料、工艺等学科的快速发展，未来高性能电子装备的发展将呈现两个极端特征：一是极端频率，如对潜通信等应用的极低频段，天基微波辐射天线等应用的毫米波、亚毫米波乃至太赫兹频段；二是极端环境，如南北极、深空与临近空间、深海等。这些都对机电耦合理论与技术提出了前所未有的挑战，亟待开展如下研究。

第一，电子装备涉及的电磁场、结构位移场、温度场的场耦合理论模型（Electro-Mechanical Coupling，EMC）的建立。因为它们之间存在相互影响、相互制约的关系，需在已有基础上，进一步探明它们之间的影响与耦合机理，廓清多场、多域、多尺度、多介质的耦合机制，以及多工况、多因素的影响机理，并将其表示为定量的数学关系式。

第二，电子装备存在的非线性机械结构因素（结构参数、制造精度）与材料参数，对电子装备电磁性能影响明显，亟待进一步探索这些非线性因素对电性能的影响规律，进而发现它们对电性能的影响机理（Influence Mechanism，IM）。

第三，机电耦合设计方法。需综合分析耦合理论模型与影响机理的特点，进而提出电子装备机电耦合设计的理论与方法，这其中将伴随机械、电子、热学各自分析模型以及它们之间的数值分析网格间的滑移等难点的处理。

第四，耦合度的数学表征与度量。从理论上讲，任何耦合都是可度量的。为深入探索多物理系统间的耦合，有必要建立一种通用的度量耦合度的数学表征方法，进而导出可定量计算耦合度的数学表达式。

第五，应用中的深度融合。机电耦合技术不仅存在于几乎所有的机电装备中，而且在高端装备制造转型升级中扮演着十分重要的角色，是迭代发展的共性关键技术，在装备制造业的发展中有诸多重大行业应用，进而贯穿于我国工业化和信息化的整个历史进程中。随着新科技革命与产业变革的到来，尤其是以数字化、网络化、智能化为标志的智能制造的出现，工业化和信息化的深度融合势在必行，而该融合在理论与技术层面上则体现为机电耦合理论的应用，由此可见其意义深远、前景广阔。

本套丛书是在上一次编写的基础上进行进一步的修改、完善、补充而成的，是从事电子机械工程领域专家们集体智慧的结晶，是长期工作成果的总结和展示。专家们既要完成繁重的科研任务，又要于百忙中抽时间保质保量地完成书稿，工作十分辛苦。在此，我代表丛书编委会向各分册作者与审稿专家深表谢意！

本套丛书的出版，得到了电子机械工程分会、中国电子科技集团有限公司第十四研究所等单位领导的大力支持，得到了电子工业出版社及参与编辑们的积极推动，得到了丛书编委会各位同志的热情帮助，借此机会，一并表示衷心感谢！

中国工程院院士
中国电子学会电子机械工程分会主任委员　段宝岩
2024 年 4 月

前言

电子技术是当今发展最为迅速的技术之一，电子设备是当今应用最为广泛的产品之一。在电子设备越来越深入应用到国民经济和社会生活方方面面的背景下，对其性能指标、环境适应性和可靠性的要求也越来越高。现代化精密电子设备特点鲜明，不同于其他机械设备或工程设施，后者的腐蚀过程相对漫长、腐蚀影响相对局部和非致命、腐蚀现象相对直观可见，而精密电子设备一个元器件、一个引脚、一个焊点的腐蚀失效就可能造成整个设备失能，且腐蚀造成后果的时间更短、部位更隐蔽，因此对电子设备腐蚀防护必须高度重视。

电子设备腐蚀防护是一项系统工程，涉及基础材料、基础器件和设备、制造工艺、结构设计、电信设计等多个学科门类，涉及产、学、研、用等研究设计制造链条上的所有环节，也涉及产品论证、设计、制造、使用、退役的全寿命周期所有阶段。其中，腐蚀防护设计是产品腐蚀防护能力实现的源头。编者所在单位是我国最早从事电子技术及设备研究的研究所，成立七十余年以来完成了数百项尖端电子设备研发，取得了丰硕的成果。在这一过程中，积累了丰富的电子设备腐蚀防护设计经验，并经过结构、工艺专业协同形成了行之有效的设计原则和规范。

国内介绍腐蚀防护的著作很多，但专门针对电子设备腐蚀防护设计的著作极少。编写本书的目的，是针对电子设备在腐蚀影响因素、腐蚀现象和腐蚀机理上的特点，系统性地总结、提炼本单位乃至国内电子行业截至目前在腐蚀防护领域取得的成果、经验和新进展，从结构形式选择及结构设计、金属及非金属材料选用、腐蚀防护工艺选用及实施、质量控制及考核评价等环节提出设计原则和选用依据，供从事电子设备结构设计、制造加工、维修维护和技术管理工作的人士进行参考，从而促进我国电子设备设计制造行业腐蚀防护整体水平和产品可靠性的提升。同时，也希望通过本书引起国内电子行业对电子设备腐蚀防护快速变化发展趋势的高度重视，进一步加强行业协同、学科协同、产学研用协同，大力突破当前依然存在的防护技术、材料、器材等短板，满足越来越严格的使用需求。

本书参考了很多国标、军标、行标等各类标准，由于这些标准很多都会动态更新，故本书编写时只列出了标准代号和顺序编号，没有列出发布年份，读者在查阅时可参考其最新年份的版本。

在本书的编写过程中，学习、借鉴了国内腐蚀防护领域一大批德高望重的权威学者和深耕专业的行业专家的学术成果及学术观点，正是他们及国内腐蚀防护领域各方人士的持续奉献和不懈努力，使我国腐蚀防护技术水平不断提升，在此向他们表示敬意和谢意！

本书由中国电子科技集团有限公司第十四研究所首席专家胡长明研究员担任主编，王伟、陈旭、朱理智担任副主编，吴礼群、梁元军、杨军华、侯彬、贾雪参与编写。

由于作者在工作领域及专业领域上的局限，本书难免存在很多不足之处，恳请各位腐蚀防护专家、电子设备结构工艺专家和行业人士及读者朋友们提出批评和建议。让我们共同努力，把我国的电子技术、电子设备做得更好、更精、更美！

胡长明

2025 年 1 月

目录

Contents

第1章 绪论 ··········· 1
  1.1 电子设备腐蚀特点 ··········· 1
    1.1.1 电子设备结构特点 ··········· 1
    1.1.2 电子设备腐蚀失效模式 ··········· 4
  1.2 电子设备腐蚀防护现状及需求 ··········· 6
    1.2.1 电子设备腐蚀防护现状 ··········· 6
    1.2.2 电子设备腐蚀防护需求 ··········· 8
  1.3 电子设备腐蚀防护技术管理 ··········· 8
    1.3.1 电子设备腐蚀防护技术管理组织 ··········· 8
    1.3.2 电子设备腐蚀防护技术管理实施 ··········· 13

第2章 腐蚀影响因素 ··········· 18
  2.1 腐蚀的定义 ··········· 18
  2.2 常见腐蚀形态 ··········· 19
    2.2.1 金属常见腐蚀形态 ··········· 19
    2.2.2 非金属常见腐蚀形态 ··········· 21
  2.3 环境因素对材料腐蚀的影响 ··········· 22
    2.3.1 自然环境因素 ··········· 23
    2.3.2 工作环境因素 ··········· 27
  2.4 材料因素对腐蚀的影响 ··········· 28
    2.4.1 金属材料 ··········· 29
    2.4.2 高分子非金属材料 ··········· 33

第3章 腐蚀的类型 ··········· 35
  3.1 腐蚀的分类 ··········· 35
    3.1.1 按环境分类 ··········· 35
    3.1.2 按机理分类 ··········· 36
    3.1.3 按形态分类 ··········· 36
  3.2 大气腐蚀 ··········· 37
    3.2.1 大气腐蚀机理 ··········· 38
    3.2.2 大气腐蚀影响因素 ··········· 39
    3.2.3 大气腐蚀控制 ··········· 40
  3.3 金属电化学腐蚀 ··········· 41

  3.3.1 电化学腐蚀机理 ·· 41
  3.3.2 电化学腐蚀的影响因素 ··· 43
  3.3.3 电化学腐蚀控制 ·· 45
 3.4 高分子材料老化 ·· 47
  3.4.1 高分子材料老化特征 ·· 47
  3.4.2 高分子材料影响因素 ·· 47
  3.4.3 高分子材料老化控制 ·· 49
 3.5 微生物腐蚀 ·· 50
  3.5.1 微生物腐蚀机理 ·· 51
  3.5.2 微生物腐蚀影响因素 ·· 51
  3.5.3 微生物腐蚀控制 ·· 52

第 4 章 电子设备常用金属材料 ·· 54
 4.1 金属材料选用原则 ·· 54
  4.1.1 选择依据 ··· 54
  4.1.2 选用原则 ··· 55
 4.2 黑色金属材料 ·· 58
  4.2.1 碳钢 ··· 58
  4.2.2 低合金钢 ··· 59
  4.2.3 铸铁 ··· 61
  4.2.4 不锈钢 ··· 64
  4.2.5 耐热钢 ··· 67
 4.3 常用有色金属材料 ·· 69
  4.3.1 铝及铝合金 ··· 69
  4.3.2 铜及铜合金 ··· 72
  4.3.3 钛及钛合金 ··· 74
  4.3.4 镁及镁合金 ··· 75
  4.3.5 锌及锌合金 ··· 76
 4.4 电子封装材料 ·· 77
  4.4.1 金属封装材料 ··· 77
  4.4.2 金属基复合封装材料 ·· 77

第 5 章 电子设备常用非金属材料 ·· 81
 5.1 非金属材料选用原则 ·· 81
 5.2 塑料 ··· 82
  5.2.1 概述 ··· 82
  5.2.2 常用塑料的性能 ·· 83
  5.2.3 常用塑料的选用 ·· 84
 5.3 橡胶 ··· 87
  5.3.1 概述 ··· 87
  5.3.2 常用橡胶的性能 ·· 88

	5.3.3 常用橡胶的选用	90
5.4	密封胶	91
	5.4.1 常用密封胶的分类及性能	91
	5.4.2 密封胶的选用	93
5.5	热缩套管	94
	5.5.1 概述	94
	5.5.2 热缩套管性能	95
	5.5.3 热缩套管的选用	96
5.6	包装	97
	5.6.1 包装技术及分类	97
	5.6.2 包装材料	99

第6章 金属镀覆与化学处理技术 103

6.1	电镀层	103
	6.1.1 锌及锌合金镀层	103
	6.1.2 镉镀层	107
	6.1.3 铜镀层	110
	6.1.4 镍镀层	112
	6.1.5 铬镀层	115
	6.1.6 锡及锡合金镀层	117
	6.1.7 银镀层	120
	6.1.8 钯及钯镍合金镀层	122
	6.1.9 铑镀层	124
	6.1.10 金及金合金镀层	126
6.2	化学镀层	128
	6.2.1 化学镀镍层	128
	6.2.2 化学镀铜层	131
6.3	化学转化膜	133
	6.3.1 钢铁化学氧化膜	133
	6.3.2 铜及铜合金化学氧化膜	135
	6.3.3 铜及铜合金钝化膜	136
	6.3.4 铝及铝合金化学氧化膜	138
	6.3.5 镁合金化学氧化膜	140
	6.3.6 不锈钢钝化膜	141
6.4	电化学转化膜	143
	6.4.1 铝及铝合金硫酸阳极氧化膜	143
	6.4.2 铝及铝合金磷酸阳极氧化膜	145
	6.4.3 铝及铝合金硬质阳极氧化膜	146
	6.4.4 钛及钛合金阳极氧化膜	148
	6.4.5 微弧氧化膜	149

6.5 其他镀覆层···151
　　6.5.1 热浸锌层···151
　　6.5.2 热喷锌/铝层··153
　　6.5.3 锌铬涂层（达克罗）···155
　　6.5.4 可控离子渗层（PIP 渗层）···157
　　6.5.5 二硫化钼溅射膜··158

第 7 章 涂层及涂装技术···160
7.1 涂料概述···160
　　7.1.1 涂料组成···160
　　7.1.2 涂料分类···165
7.2 常用涂料及其性能··165
　　7.2.1 装饰防护性涂料··165
　　7.2.2 功能性涂料··167
7.3 涂层系统···171
　　7.3.1 涂层系统组成及功能···171
　　7.3.2 设计选用···173
　　7.3.3 结构设计工艺性要求···174
7.4 涂装技术···175
　　7.4.1 涂装工艺流程···175
　　7.4.2 涂装前处理技术···175
　　7.4.3 常用涂料涂装技术··178
7.5 涂层质量控制··185
　　7.5.1 涂装生产过程质量控制··185
　　7.5.2 涂层质量要求···186

第 8 章 敷形涂覆及密封处理技术··191
8.1 印制板组件敷形涂覆··191
　　8.1.1 印制板组件敷形涂层及其性能··191
　　8.1.2 印制板组件涂覆选用准则···193
　　8.1.3 印制板组件敷形涂覆技术···194
　　8.1.4 印制板组件敷形涂覆质量控制··196
8.2 密封处理···200
　　8.2.1 密封处理种类及特点··200
　　8.2.2 密封处理技术···201
　　8.2.3 密封处理质量控制··205

第 9 章 电子设备结构腐蚀防护设计···207
9.1 系统腐蚀防护设计··207
　　9.1.1 环境控制设计···207
　　9.1.2 密封设计···211
　　9.1.3 遮蔽设计···220

9.2 组合结构腐蚀防护设计 ················221
9.2.1 异种金属接触界面的设计 ················221
9.2.2 连接结构设计 ················223
9.2.3 减少积水的组合结构设计 ················229
9.3 零件腐蚀防护设计 ················229
9.3.1 边缘（棱）的设计 ················230
9.3.2 死角的设计 ················230
9.3.3 孔洞的设计 ················230
9.3.4 内腔结构的设计 ················231
9.3.5 避免应力腐蚀的设计 ················232
9.3.6 避免腐蚀疲劳的设计 ················233

第10章 典型对象、构件和电路腐蚀防护设计 ················235
10.1 典型对象腐蚀防护设计 ················235
10.1.1 天线系统腐蚀防护设计 ················235
10.1.2 伺服传动系统腐蚀防护设计 ················239
10.1.3 冷却系统腐蚀防护设计 ················247
10.1.4 方舱电站及UPS电源腐蚀防护设计 ················252
10.1.5 其他典型对象腐蚀防护设计 ················253
10.2 典型构件腐蚀防护设计 ················256
10.2.1 紧固件 ················256
10.2.2 电缆组件 ················257
10.2.3 接插件 ················258
10.2.4 弹性件 ················258
10.2.5 安装面 ················259
10.3 典型电路腐蚀防护设计 ················263
10.3.1 印制板组件 ················263
10.3.2 电接点和电连接件 ················264
10.3.3 波导及微波电路组件 ················266
10.3.4 电源及高压组件 ················269

第11章 腐蚀防护评价试验 ················271
11.1 概述 ················271
11.1.1 腐蚀防护评价试验的目的与任务 ················271
11.1.2 腐蚀防护评价试验的类型 ················272
11.1.3 腐蚀防护评价试验的选择 ················273
11.1.4 腐蚀防护评价试验的通用要求 ················273
11.2 基本评价试验 ················274
11.2.1 重量法 ················274
11.2.2 线性极化法 ················276
11.2.3 三氯化铁孔蚀（点蚀）试验 ················277

	11.3	环境评价试验	278
		11.3.1 盐雾试验	278
		11.3.2 湿热试验	279
		11.3.3 工业气氛试验	281
		11.3.4 酸性大气试验	282
		11.3.5 霉菌试验	283
		11.3.6 大气暴露试验	285
第 12 章	**腐蚀仿真进展与探索**		**288**
	12.1	概述	288
		12.1.1 腐蚀仿真的意义	288
		12.1.2 腐蚀仿真的发展	289
		12.1.3 腐蚀仿真的原理	291
	12.2	腐蚀仿真数据库建设	300
		12.2.1 概述	300
		12.2.2 环境数据库建设	300
		12.2.3 材料数据库建设	307
	12.3	腐蚀仿真案例	315
		12.3.1 建模过程	315
		12.3.2 腐蚀仿真案例分析	315
第 13 章	**电子设备腐蚀防护展望**		**326**
	13.1	电子设备腐蚀防护的重要性和长期性	326
	13.2	电子设备腐蚀防护挑战	327
	13.3	电子设备腐蚀防护展望	328
		13.3.1 深化机理及影响因素研究	328
		13.3.2 深化寿命评估与预测研究	329
		13.3.3 深化耐腐蚀材料开发研究	330
		13.3.4 深化腐蚀防护新技术研究	332
		13.3.5 加强防护设计多专业联动	332
		13.3.6 加强全寿命周期防护综合管理	333
参考文献			**335**

第 1 章
绪　论

【概要】
　　本章在列举分析电子设备分类的基础上给出了本书所叙电子设备的范围限定，分析了其结构组成、现状及未来发展特点，引出其腐蚀防护面临的难点和挑战。通过对电子设备"机械设备+电磁场"特性的分析，进一步指出结构腐蚀破坏、结构腐蚀失能、电路腐蚀失能和微波器件打火失能的四种腐蚀失效模式，综述分析了当前电子设备腐蚀防护技术发展现状及成效，提出需进一步稳定、深化和突破的技术发展方向，牵引出全书的脉络，并对电子设备腐蚀防护的技术管理组织、实施进行了概述。

1.1　电子设备腐蚀特点

1.1.1　电子设备结构特点

　　电子设备已深入应用在现代社会人们生产生活的方方面面，如通信、检测、导航、对抗等各类电子系统中，是信息检测、存储、处理和传输的载体，是信息时代的支柱。电子设备有很多分类方法，本书采用按用户对象不同来分类，将电子设备分为个人用消费类电子设备和商业用电子设备，叙述对象和内容主要针对商业用电子设备，包括民用、军用和军民两用电子设备。

　　人类社会和科学技术的快速发展，对现代电子设备的性能要求也越来越高，其典型特征是客户需求复杂、产品组成复杂、产品技术复杂、制造过程复杂、项目管理复杂。现代电子设备涉及多个不同学科领域，它往往是机械、控制、电子、液压、气动、软件等多个不同学科领域零部件、子系统的综合组合体，如图1-1～图1-8所示的FAST射电望远镜、移动通信基站、超级计算机及各种军/民用雷达和通信导航设备。电子设备主要由如下两大类部件组成。

图 1-1　FAST 射电望远镜

图 1-2　移动通信基站

图 1-3　"神威"超级计算机

图 1-4　"天河"超级计算机

图 1-5　军用舰载、舰载机电子设备

图 1-6　航天测量船载电子设备

图 1-7　机载电子设备图

图 1-8　车载有源相控阵雷达

（1）电磁场、电流及电信号的产生、传输及处理结构部件。这是电子设备独有的物理结构，例如装配有电子元器件的印制电路板组件（PCBA），可产生微波的发射机、发射组件、功放组件，用于微波传输的波导、馈线组件，用于信号、信息处理的数据处理机等。

（2）作为载体集成组合上述（1）中的部件并实现特定功能的机械结构，其形态或工作方式可能与其他机械设备的部件类似，例如抛物面天线、杆状天线、天线座、举升机构及液压机构、车辆、空调和液冷系统等。

在当代科学技术中，电子技术的发展是最快的一门技术。20 世纪 50 年代以来，电子技术经历了电子管时代、晶体管时代、集成电路时代、中大规模集成电路时代、超大规模集成电路时代。每一次新材料的使用、新器件的出现及新工艺手段的采用，都使电子设备在电路上和结构上产生了巨大的飞跃。当前，电子设备的结构特点可以归纳为以下四方面。

1．材料多样化、轻量化

来源于功能实现的需要和轻量化的需要，电子设备中应用的基础材料正呈现出加速多样化和螺旋式上升的局面。电子功能材料爆发性增长，如新型半导体材料、封装材料、热沉材料、基板材料。结构材料推陈出新，从早期的传统钢铁、铝合金螺旋式发展到高强度钢、高强度铝，并开始应用钛合金、镁合金等轻金属。非金属材料方兴未艾，先进复合材料、高性能工程塑料、高性能陶瓷材料等在结构件和结构功能件中应用比例不断提高。

2．结构精密化、复杂化

由于电子元器件特别是集成电路、SOC、SIP 技术的迅猛发展，以及电子设备工作频谱的扩展，电子设备精密化不断深化。一个超大规模集成电路就可以实现以前一个印制电路板组件甚至电子机箱的功能，一个印制电路板组件则能实现以前一个甚至几个电子机柜的功能，一个"片式"微波组件能够具有以前一个"砖式"微波组件同样甚至更高的性能。在结构设计上要求薄壁、高尺寸精度和异形复杂结构，同时散热、屏蔽、微连接等设计也日益复杂。

3．系统集成化、智能化

来源于多功能、高性能等应用需求，大型电子设备系统集成度不断提升，设备体积、质量大幅度缩减，以前由 3~4 辆车组成的车载电子设备系统，现在可能要求只能由 1 辆车装载。系统操作自动化、智能化要求不断提升，大量应用机械、液压、电动等自动化机构或结构，以及状态感知和状态控制等健康监测系统，实现"一键架设""一键撤收"等少人操作功能及无人值守长期工作。

4．寿命长效化、绿色化

来源于电子设备工作地域拓展和国内外环保政策强化的需求，电子设备面临需要在各种不利环境条件下能够正常工作以及长期免维护或少维护可靠工作的要求,结构设计和制造的耐环境性显得尤为重要。同时,随着国内外对环保重视度的持续提高,对产品制造、使用、退役的全寿命周期绿色环保要求越来越高,催生着电子设备材料、工艺应用和结构设计领域新的变革。

电子设备材料、结构、系统迅速发展的特点,给电子设备结构腐蚀防护设计、制造不断提出新的、巨大的挑战,迫切需要具有优异的抗腐蚀能力来保障电子设备的性能和可靠性。

1.1.2 电子设备腐蚀失效模式

腐蚀给世界各国造成的经济损失是巨大的,约占各国 GDP 的 1.5%~4.2%,随各国不同的经济发达程度和腐蚀控制水平而异。在中国,中国工程院柯伟院士在 2002 年公布的《中国腐蚀调查报告》指出:"我国每年为腐蚀支付的直接费用已达人民币 2000 亿元以上。如果考虑间接损失,腐蚀费用的总和估计可达 5000 亿元,约占国民经济总产值的 5%。"除腐蚀的经济性问题外,腐蚀过程和结果实际上也是对地球上有限资源和能源的极大浪费,对自然环境的严重污染,对正常工业生产和人们生活的重大干扰,并给人们带来不可忽视的社会安全性问题。2015 年,中国工程院设立了"我国腐蚀状况及控制战略研究"重大咨询项目,由侯保荣院士牵头,调查了基础设施、交通运输、能源、水环境、生产制造和公共事业等五大领域的腐蚀现状,结果表明,采用 Uhlig 法计算的 2014 年中国腐蚀总成本为 21278.2 亿元人民币,占 2014 年中国 GDP 的 3.34%。这些都说明腐蚀的危害性以及带来的巨大影响。

在电子设备领域,因为腐蚀,轻则导致局部电路短路、断路或零部件损坏,重则造成整体结构损坏和系统功能丧失。张友兰等人用 3 年时间跟踪了 6 种机型 200 多台机载电子设备的故障情况。结果发现在海南机载电子设备的故障率是内陆的 2~3 倍。同一机型的同一种导航设备中的分机,在沧州使用从未发生过故障,而在海南使用的故障率为 100%。陈群志等人对 2008—2013 年某系列飞机电子设备在宁夏和广东故障情况进行统计,广东故障率为宁夏的 1.9 倍。郁大照等人对在南海环境下使用 3 个月的飞机普查发现,已在起落架舱等暴露区域出现腐蚀,个别负线和搭铁线因腐蚀无法起到接地作用。

电子设备因其独特性质,腐蚀失效的模式除与传统机械设备、机械动力设备(如燃油车辆)具有相同的腐蚀失效模式外,还具有因电磁场引发的腐蚀失效模式,主要体现在以下四方面。

1. 结构腐蚀破坏

由于腐蚀造成材料变质、损失,超过了满足结构完整性所需的刚度、强度下限,从而造成电子设备结构变形、破坏甚至解体等,丧失所具有的功能。如图 1-9 所示的天线钢结构腐蚀开裂。

2．结构腐蚀失能

由于腐蚀造成功能结构件丧失功能，如动作机构腐蚀卡滞、液压系统腐蚀漏油、液冷系统腐蚀漏液等，从而造成电子设备整机无法工作，丧失所具有的功能。如图1-10所示的液冷冷板腐蚀穿孔。

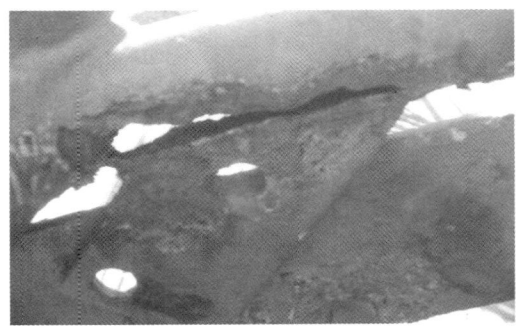
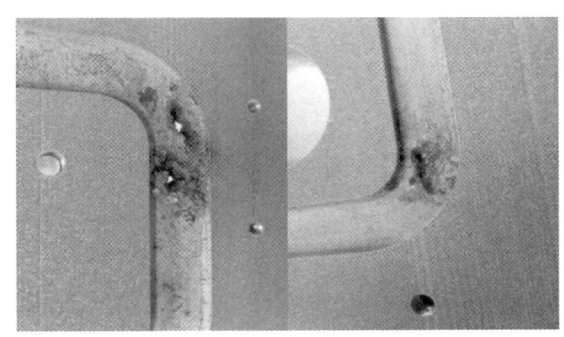

图1-9　天线钢结构腐蚀开裂　　　　　　图1-10　液冷冷板腐蚀穿孔

3．电路腐蚀失能

由于腐蚀造成电子元器件引脚断裂或短路、印制导线断路或短路、电缆断路或短路、电连接器断路或短路等，从而造成电子设备部分电路无法工作，丧失功能。如图1-11～图1-13所示的印制电路板焊点腐蚀失效、电连接器腐蚀失效和焊点电化学腐蚀枝晶生长短路。

图1-11　印制电路板焊点腐蚀失效　　　　图1-12　电连接器腐蚀失效

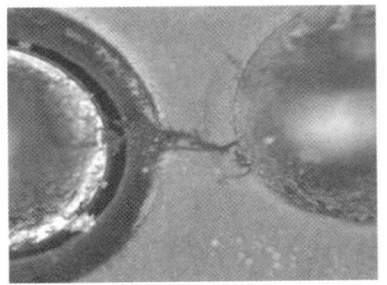

图1-13　焊点电化学腐蚀枝晶生长短路

4．微波器件打火失能

在潮湿环境和工作状态电磁波交互作用下，微波器件、组件内部发生空气电离产生腐蚀气氛，造成微波器件、组件基体或镀层腐蚀，丧失功能。如图 1-14 所示的波导"打火"腐蚀。

图 1-14　波导"打火"腐蚀

1.2　电子设备腐蚀防护现状及需求

1.2.1　电子设备腐蚀防护现状

2000 年 5 月，电子科学研究院组织编著出版了《电子设备三防技术手册》一书，对当时电子设备腐蚀防护技术的现状进行了总结，提出了设计选用和生产制造的指导建议。20 多年来，在相关领域高校、科研院所和企事业单位的共同努力下，我国电子设备腐蚀防护的整体水平又有了长足的进步，特别是紧扣国家发展战略和电子技术发展主线，在海洋环境使用的复杂电子设备防护技术研究领域多点开花、成果丰硕，1.1.2 节所列举的过去一些电子设备的典型腐蚀现象目前均已有了有效解决措施并经过实际工程应用考验。

1．基础研究持续深入并迈上数字化、信息化道路

国内以北京科技大学、中科院金属所、中科院海洋所、工信部电子五所、兵器工业五十九所、中船重工七二五所等一批高校和科研院所为代表的基础研究单位，联合电子设备研制生产企事业单位，持续深入开展腐蚀机理及防护理论研究，持续深入开展各种材料、结构的实验室腐蚀加速试验和国内不同环境条件代表站点的自然暴露腐蚀试验研究，积累了大量的材料环境腐蚀数据和企业产品环境腐蚀数据，为电子设备新产品设计研发提供了有力的支持。相关内容在本书第 2 章、第 3 章进行介绍。在科技部科技条件平台建设重大项目和国家自然科学基金重大项目的支持下，2010 年北京科技大学李晓刚教授等牵头建立了"国家材料环境腐蚀（老化）数据共享网"和腐蚀数据管理及应用的网络数据库系统，实现了材料环境腐蚀数据的规范化和标准化管理，并实现了数据的完

全共享。2019年，在以上工作的基础上，成立了"国家材料腐蚀与防护科学数据中心"，这是国家首批20个国家科学数据中心之一。同时，一批"腐蚀大数据技术"腐蚀分析和表面处理工艺的仿真软件也被开发出来并得到应用，使腐蚀防护的预测和施工跟上了数字化、信息化的脚步。相关内容在本书第12章进行介绍。

2．系统防护理念和工程设计实践持续增强、成效显著

随着电子设备环境适应性和可靠性要求的不断提高和强化，从方案论证和设计源头即开始抓系统防护的理念已越来越深入地体现落实在电子设备设计研制过程中。在系统方案设计中充分重视"小环境"设计，采用除湿、除盐、液冷和闭式空冷等措施消除和减少恶劣自然环境腐蚀因素对设备的影响。在零部件结构设计中合理选材，采用防护友好的针对性细节设计和密封、湿装配等隔离措施从设计源头提高产品抵御环境腐蚀的能力。而科技发展带来的一系列小型化、实用化环境调控设备、器件，如除湿机、除盐机、制冷机、防水透气阀等，也为电子设备腐蚀防护能力的提升提供了有力支持。在此方面，电子设备研制生产的企事业单位经过研究、实践都形成了具有自身特色的设计模式和设计规范，产品的环境适应性设计能力大大增强。相关经验成果在本书第9章、第10章进行介绍。

3．腐蚀防护材料及工艺研究在固本强基基础上取得长足进步

材料和工艺领域的技术发展及质量管理的深入为电子设备腐蚀防护能力的增强提供了强有力的支持。在基础材料领域，耐蚀钢、耐蚀铝合金和钛合金、复合材料、高性能工程塑料等先进材料的发展及其在电子元器件、电子设备中的应用，有效弥补了过去的一些短板，增强了基体材料耐腐蚀能力。在防护材料领域，高耐候性氟碳涂料、防污染防凝露特种涂料、高性能石墨烯锌涂料、敷形防护涂料、高性能缓蚀剂等一大批新型防护材料完成研发并进入工程化应用；在防护工艺领域，微弧氧化工艺、高性能化学转化膜工艺、气相沉积工艺等一批新工艺在产品中广泛应用。腐蚀防护施工工艺绝大部分都属于特殊过程，我国自20世纪90年代后期开始全面推行质量管理体系，经过20多年实施显著增强了腐蚀防护生产过程的质量水平，有力促进了腐蚀防护传统工艺和生产制造过程的固本强基。这些材料、工艺和生产过程方面的进步及应用有效提升了电子设备长效腐蚀防护能力，使得电子设备原来普遍存在的腐蚀问题得到了极大改善。电子设备材料常用金属、非金属材料选用及腐蚀防护工艺在第4章～第8章进行介绍。

4．腐蚀防护管理体系和考核评价体系不断完善

随着对腐蚀防护重视度的不断加强，从电子设备用户到研制生产单位在腐蚀防护管理体系方面从无到有、从弱到强持续深化完善，在腐蚀防护目标要求制定、管理技术团队建立建设、控制措施落实监督、结果考核评价、问题回溯归零等环节形成了一批标准、规范。腐蚀防护管理体系的建立和增强，是电子设备腐蚀防护水平提升的重要助推器。在腐蚀防护考核评价体系方面，对实验室加速试验考核的指标体系、指标要求及实验室加速试验方法的研究进一步深入，体现在相关试验考核标准规范的迭代更新和新产品腐

蚀防护考核指标体系的扩展提高，强化了对电子设备材料、工艺及结构选用的有效把关。腐蚀防护考核评价体系的进步和加强，是电子设备腐蚀防护水平提升的又一重要助推器。电子设备腐蚀防护评价试验在本书第 11 章进行介绍。

1.2.2　电子设备腐蚀防护需求

电子设备腐蚀防护是一项系统工程，涉及基础材料、基础器件和设备、制造工艺、结构设计、电讯设计等多个学科门类，涉及产、学、研、用等研究设计制造链条上的所有环节，也涉及产品论证、设计、制造、使用、退役的全生命周期所有阶段。电子设备腐蚀防护能力的提升需要各学科、各环节在各阶段的共同努力。

电子设备腐蚀防护也是一项长期性工作。电子技术发展日新月异，催动着电子设备的发展永不停步。电子设备材料多样化、轻量化，结构精密化、复杂化，系统集成化、智能化，寿命长效化、绿色化的发展趋势将越来越深化和拓展，新的挑战必将不断涌现。

为了更好地迎接挑战，不断提高电子设备腐蚀防护水平，满足更严格的使用要求，作为腐蚀防护领域内各学科、各环节的参与者，还需要持续不断地开展以下工作。

（1）进一步加强腐蚀防护领域各学科、各环节的协同，加强产、学、研、用的密切结合，加强领域内部信息互通、数据共享，聚合各行业、各单位的合力实现高效能共同进步。

（2）进一步加强材料、工艺领域技术研究和攻关，通过需求牵引和技术推动的双轮驱动，以问题和结果为导向，引导对电子设备腐蚀防护尚存短板及未来新挑战深入进行机理、措施和实施研究，逐个问题突破解决。

（3）进一步加强新结构、新技术研究，包括加强腐蚀防护设计与仿真技术及软件的研究，从源头和开始阶段预测电子设备防护能力，识别薄弱环节并进行强化，体系性推动腐蚀防护水平提升。

（4）进一步加强管理、技术、考核的标准规范制定，固化已有成果，明确各环节工作流程和依据，衔接好电子设备制造链中基础原材料、基础元器件及设备、零部件制造、整机制造各个环节的输入/输出考核标准，实现腐蚀防护工作规范化。

1.3　电子设备腐蚀防护技术管理

1.3.1　电子设备腐蚀防护技术管理组织

1. 腐蚀防护管理的经验

腐蚀环境对电子设备的影响受到发达国家的高度重视。近 50 年来，美国、英国、法国及其他国家投入大量人力、物力，对电子设备的腐蚀进行了大量的研究和试验，形成了该技术领域的标准、规范。特别是以美国为代表的发达国家对电子设备各类标准的研究和制定最为全面，如《电子设备通用设计要求》（MIL-STD-454 Standard General Requirements for Electronic Equipment）涵盖了腐蚀防护设计的基本要点，《异种金属》（MIL-STD-889 Dissimilar Metals）规定了异种金属接触下的电偶腐蚀控制标准，《环境工程考虑和实验室试验》（MIL-STD-810G Environmental Engineering Considerations and Laboratory Tests）规定了环境适应性设计的流程和试验验证方法。

除了腐蚀防护技术的推陈出新，腐蚀防护管理的方法和经验也得到相应发展。腐蚀防护管理除了要关注材料耐蚀性、环境腐蚀性等客观情况，更要做好对产品腐蚀的相关人员及工作内容的管理，从而避免人为因素造成的腐蚀失效行为。对一项腐蚀失效行为进行分析，应当分析两类原因（见图1-15）：①技术方面的原因（直观原因），即何种腐蚀机理造成了这次腐蚀失效行为，其产生原因大多为不匹配的材料耐蚀性、极端恶劣的腐蚀环境等；②管理方面的原因（内在原因），即是否存在人为因素和腐蚀控制工作的不足导致了腐蚀失效行为的发生。总体而言，基础的腐蚀防护技术相对成熟，但是促进和控制腐蚀防护技术得到充分应用的管理要求可能会随不同组织的管理发生变动和松懈，工程应用中大量的腐蚀问题并非技术上的瓶颈，腐蚀防护技术管理本质上是改进组织内腐蚀控制知识和工具实施的一种管理方法。

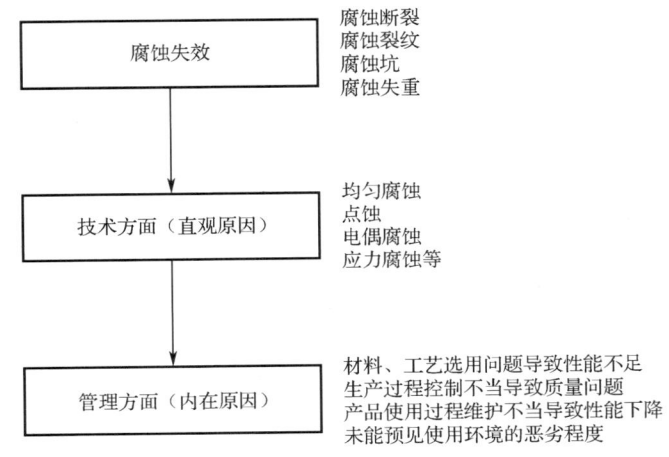

图1-15　腐蚀失效行为的直观原因和内在原因

随着对设备高机动、高可靠、高生存能力等要求的不断提高，设备的复杂程度也随之越来越高，新材料的应用更加广泛，环境对设备腐蚀及因腐蚀对设备造成的影响将更加严重，腐蚀防护与控制越来越显得迫切和重要。为此，美国国防部专门成立了负责腐蚀防护与控制工作的管理和执行机构，研究和制定军用设备和基础设施的腐蚀控制战略，如图1-16所示。由此，美国国会制定了相关的法律，提出了腐蚀防护与控制的顶层要求，构建了美国国会→国防部→各军种的组织管理体系，明确了各级管理机构的职责，并提出了相关措施。顶层要求主要包括：①国防部指定一名官员或一个部门负责监管腐蚀防护与控制工作；②指定的官员或部门监督采办过程，保证在采办过程中的研究和研制各阶段中充分考虑和使用腐蚀防护技术和工艺；③国防部制定一项降低腐蚀及其破坏作用的长期战略,这一战略必须在国防部内部统一应用。

基于设备预期全球范围内使用的客观需求,为了整个设备研制体系和产业的健康发展,美国从国家层面建立了腐蚀控制管理的组织和机制,发挥了良好的作用。这种体系化的顶层设计,必然能为腐蚀防护措施的落地和性能产出提供良好的促进作用。但这种庞大的管理机制,显然不适合以企业为单位的组织进行考虑和借鉴。从设计部门的角度出发,如何用简洁的团队构成和弹性的管理机制来加强产品的腐蚀防护控制,则需要进行本土化的管理方法设计。

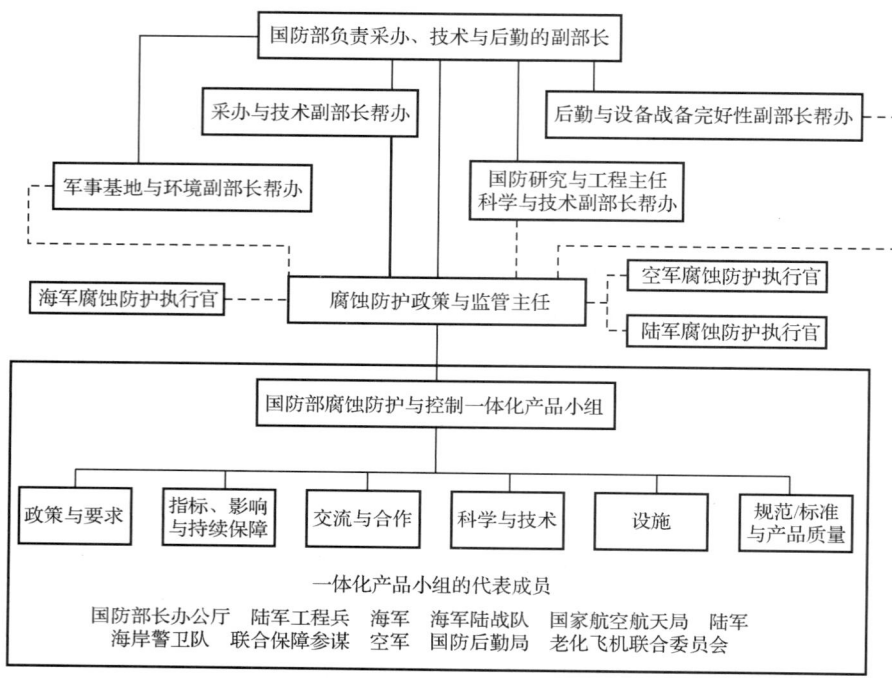

图 1-16 美国国防部负责腐蚀防护与控制工作的管理和执行机构

2. 腐蚀防护管理的相关方

根据电子设备研制的常见流程,从腐蚀控制角度,将产品研制生产过程中的相关方分为订购方、设计方、制造方和使用方四类,相关方及其可控制的相关要素如表 1-1 所示。

表 1-1 相关方及其可控制的相关要素

相 关 方	可控制的相关要素(与腐蚀防护相关)
订购方	产品需求、产品总体性能、成本预算
设计方	产品布局、结构构型、材料选用、表面处理、使用环境、工艺流程设计、工艺方法设计
制造方	生产质量控制、腐蚀因素控制
使用方	正确使用、定期维护、环境监控、防护措施完整性检查

关于设计方职责和制造方职责,我国的设备研制体系与欧美国家有很大的区别。国内的设备设计方,尤其是电子设备的设计方,承担了产品设计、制造方法的设计及相关

的质量控制手段的设计，设备制造方则按照设计图纸和工艺文件进行加工即可。而欧美国家的设备设计方只进行结构的设计和主要材料的选用，涉及具体的制造、连接材料的选用等均由制造方来完成。因此，国内的设备设计部门整合了大量的设计、工艺、质量和项目管理的能力，对于产出高防腐质量的产品具有很大的益处。

订购方，主要提出产品的需求、性能要求及成本预算，这些相关要素主要影响到设备的服役环境、需要达到的腐蚀防护水平，以及可提供的资金支持。

设计方，在订购方输入的要求下，完成产品的设计，设计方可以控制的相关要素非常多，从产品布局、结构构型、材料选用、表面处理、使用环境，到工艺流程设计、工艺方法设计，以及性能的验证、质量保证要求的提出。

制造方，制造方一般是在具体的执行标准和市场所需能力的框架下，为特定行业乃至整个制造业服务的，每个行业对于产品腐蚀防护的要求是不一样的。对于复杂的电子设备，要保证产出良好的腐蚀防护质量，很难单独依靠制造方发挥良好作用。如何在生产制造过程中避免腐蚀因素的带入，并保证产品腐蚀防护质量的产出，需要设计方的输入要求及制造方的自身能力建设共同决定。

使用方，在正确使用、定期维护、周期检查的前提下，使用方能对腐蚀防护性能造成损害的可能性很小。当然，错误地使用或将产品置于不恰当的环境，由此造成设备的腐蚀失效是极有可能的，这需要从管理角度加强培训和设备的监督管理。

虽然研制过程中的四类相关方都对产品的腐蚀防护性能产生了影响，但各相关方对腐蚀防护技术的认识存在差异。关于产品腐蚀防护性能，作为用户方，主要关注适应多种环境的能力，且维护和使用便捷，成本适中；作为制造方，希望产品易于生产加工，所用的技术手段比较通用，能产出质量较好的产品，从而收获稳定的利润回报。在需求论证、设计、制造和使用维护等阶段，设计方是主要引导并落实产品腐蚀防护要求的关键角色。产品的设计方，对前端向用户方负责，对后端向制造方负责，通过对产品的功能实现、质量和尺寸、服役条件、经费预算等方面充分考虑，设计出结构适宜、成本适中、可制造性佳、耐蚀性好的产品。腐蚀防护设计与产品设计的关系如图 1-17 所示。

3. 腐蚀防护管理的组织

结合电子设备研发流程，典型的腐蚀防护设计管理团队的架构及其与相关方关系如图 1-18 所示。其中设计方的设计团队主要负责完成技术工作，管理人员配合完成设计、管理、质量管理和采购管理。

其中，在腐蚀防护设计方面，各相关方的关系和协同作用如下。

（1）订购方与设计方的协同：

① 订购方向设计方提出性能要求，包括使用环境、预期寿命和其他要求。

② 设计方不仅需要向订购方交付满足预期腐蚀防护性能的产品方案，还应协同订购方进行腐蚀防护相关需求的优化，并结合自身在腐蚀防护领域积累的工程经验，提出牵引设备发展的建设性意见。

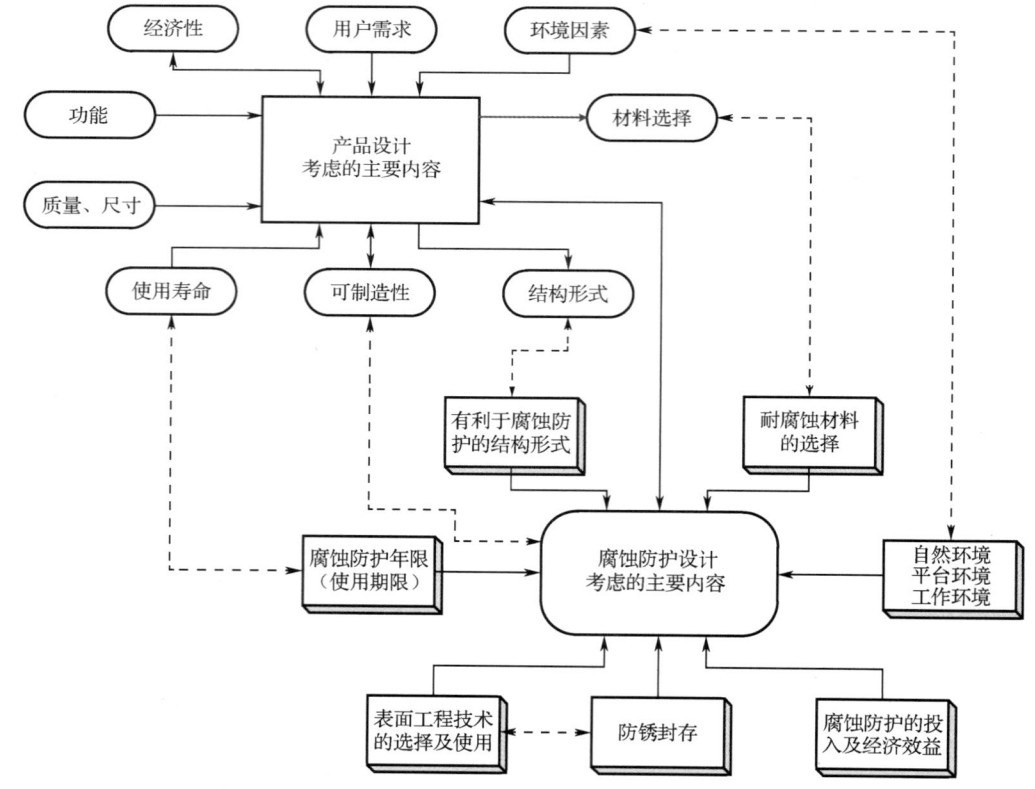

图 1-17　腐蚀防护设计与产品设计的关系

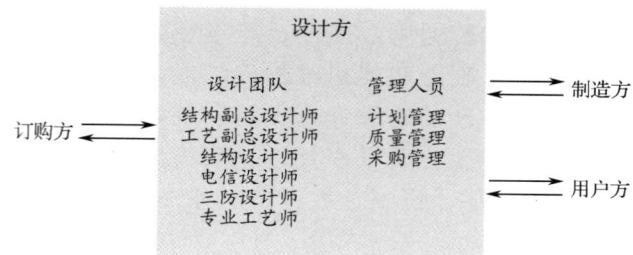

图 1-18　典型的腐蚀防护设计管理团队的架构及其与相关方关系

（2）设计方与制造方的协同：

① 向制造方提供设计图样、技术条件、工艺文件和质量管理要求等，同时设计方应对制造方的能力进行评估和优选，确保制造方能转化设计输入，并输出满足预期腐蚀防护要求的产品和服务。

② 制造方提供满足设计输入的产品和服务，并且从制造角度对设计输入的可实现性、准确性以及先进性进行反馈。

（3）设计方与使用方的协同：

① 向使用方提供符合订购输入的产品，并且针对产品长期使用中的腐蚀防护需求，提供使用、维护和修理等方面的详细指导说明文件。

② 使用方向设计方提供产品使用时的腐蚀防护状况，反馈设备改进建议等。如有条

件，可配合设计方开展腐蚀防护设计有效性的评估试验等。

图 1-18 所示的设计方在满足订购方输入的要求下，完成产品的设计。设计方可以控制的相关要素非常多，从产品布局、结构构型、材料选用、表面处理、使用环境，到工艺流程设计、工艺方法设计及性能的验证、质量保证要求的提出。产品腐蚀防护能力是否良好，基本由设计方决定。因此，以设计方为主要着力点，保证产品的腐蚀防护设计质量特别重要。

腐蚀防护设计技术管理的通用原则如下。

（1）在对一些较重要的尤其是海洋环境服役的电子设备（或分系统、部件）进行研制论证和生产期间，应根据它可能遇到的环境条件，分析可能会出现的腐蚀问题，确定腐蚀防护等级，提出腐蚀防护设计指南，并进行专项评审。

（2）根据工程需要，任命产品的腐蚀防护主管师，负责工程的腐蚀防护设计、防护技术问题。承担海上或野外服役的电子设备研制和生产的单位为提高研制和生产设备的腐蚀防护性能，可设置腐蚀防护技术主管——腐蚀防护副总师（或腐蚀防护主管师），将腐蚀防护设计纳入总体方案之中。

（3）负责设备设计和制造等相关方要成立"腐蚀防护技术"协调组织，由腐蚀防护主管师牵头负责，成员包括设计、材料、工艺、加工和检验，必要时包括客户代表，其任务是在研制过程的各阶段确保执行贯彻腐蚀防护设计指南和质量控制要求。

（4）策划本单位腐蚀防护技术的发展规划，开展防护技术的研究、开发及验证工作，制定通用性的防护技术标准体系及针对具体产品的防护设计规范。

（5）所有腐蚀防护设计的要求及验收标准，必须注明在设计图纸上，实行文件化管理，避免随意性。

（6）电子产品的腐蚀防护性能应按有关标准要求进行试验，腐蚀防护效果应得到验证。

1.3.2 电子设备腐蚀防护技术管理实施

1. 典型电子设备研发流程

典型电子设备的研发流程可以从两个维度进行分类（见表 1-2），并且两个维度相互交叉渗透，使得电子设备循环迭代更新，不断完善。这两个维度如下。

表 1-2 典型电子设备研发流程

产品研发流程	方案阶段（原理样机）	工程研制阶段（初样机、正样机）	鉴定定型阶段	批量生产阶段
方案设计	○	○		
技术设计	○	○		○（生产性改进）
工艺设计	○	○		○（批产工艺）
加工装配	○	○		○
分机试验/调试	○	○		○

续表

产品研发流程	方案阶段（原理样机）	工程研制阶段（初样机、正样机）	鉴定定型阶段	批量生产阶段
系统联试	○	○		○
测试验收	○	○		○
鉴定试验			○	
设备交付				○
设备使用维护				○

注："○"为一般情况下需进行的流程。

（1）时间维（产品研制阶段）：方案阶段（原理样机）、工程研制阶段（初样机、正样机）、鉴定定型阶段、批量生产阶段等。

（2）逻辑维（产品开发步骤）：方案设计、技术设计、工艺设计、加工装配、分析试验/调试、系统联试、测试验收、鉴定试验、设备交付、设备使用维护等。

2．腐蚀防护管理工作流程和工作

根据典型电子设备的研发流程制定的电子设备腐蚀防护管理工作流程和主要工作如表 1-3 所示。

表 1-3 电子设备腐蚀防护管理工作流程和主要工作

产品研发流程	方案阶段（原理样机）	工程研制阶段（初样机、正样机）	鉴定定型阶段	批量生产阶段
方案设计	腐蚀控制总体方案（1.0 版）	腐蚀控制总体方案（2.0 版）		腐蚀控制总体方案（3.0 版）
技术设计	防腐技术专题研究 产品腐蚀防护设计规范（1.0 版）	防腐技术专题研究 产品腐蚀防护设计规范（2.0 版）		批量生产前防护设计技术状态复查报告
工艺设计	产品腐蚀防护工艺设计规范（1.0 版）	产品腐蚀防护工艺设计规范（2.0 版）		批量生产前防护工艺设计复查报告
加工装配	制造过程腐蚀控制	制造过程腐蚀控制		制造过程腐蚀控制首件鉴定（含腐蚀防护措施落实）
分机试验/调试	产品防护设计审查报告(1.0 版) 样机专项检查整改	产品防护设计审查报告(2.0 版) 产品防护工艺总结报告(1.0 版) 样机专项检查整改		
系统联试				
测试验收			对测试验收问题进行闭环	
鉴定试验			对鉴定问题进行闭环	
设备交付				
设备使用维护			防护设计改进总结	维护保养手册改进总结

依据腐蚀防护管理工作流程和主要工作，各阶段需开展的详细工作内容如下。

1）方案阶段

（1）方案设计。

方案设计主要通过以下工作开展，形成腐蚀控制总体方案（1.0 版）：

① 进行腐蚀环境条件的收集、分析和识别，确定环境条件。

② 进行具体环境条件下腐蚀案例的搜集、故障模式和危害程度分析。

③ 确定环控要求及系统组成，提出系统、分系统、关键件和重要件的腐蚀控制要求和方案。

④ 开展系统、分系统防腐方案制定。

⑤ 开展腐蚀控制要求的验证及判定标准制定。

⑥ 进行腐蚀风险分析。

（2）技术设计。

① 进行防腐技术专题研究，明确腐蚀控制关键技术、工艺和重要材料，开展相应研究。

② 形成产品腐蚀防护设计规范（1.0 版），规定材料选用、结构设计要求、表面处理方式等内容。

③ 腐蚀防护协同设计和会签：在功能、性能设计的同时协同进行腐蚀控制设计及评审；外协件腐蚀控制要求协同制定；策划外部供方协作生产方案，需要时应有腐蚀防护工程师参与选择和控制，并对落实产品腐蚀防护设计要求的能力（含协作方的设计能力、生产制造能力及管理控制能力等）进行审查。

（3）工艺设计。

形成产品腐蚀防护工艺设计规范（1.0 版）：

① 编制产品腐蚀防护工艺设计规范。

② 在零部件加工装配工艺设计中落实产品腐蚀防护工艺设计规范。

③ 对协作供方的生产制造工艺进行审查控制。

（4）加工装配。

① 腐蚀防护工程师对自有的制造过程进行腐蚀防护控制。

② 腐蚀防护工程师参与外包件的腐蚀控制和验收。

（5）分机试验/调试、系统联试。

① 审查相关图纸、工艺及技术文件中腐蚀控制方面的正确性、规范性、完整性和可操作性，形成产品防护设计审查报告（1.0 版）。

② 开展样机专项检查，总结经验，并将相关情况纳入工艺总结报告中。

2）工程研制阶段

（1）方案设计。

方案设计主要通过以下工作开展，形成腐蚀控制总体方案（2.0 版）：

① 进行腐蚀环境条件的收集、分析和识别，进一步确定环境条件。

② 进一步进行具体环境条件下腐蚀案例的搜集、故障模式和危害程度分析。

③ 进一步确定环控要求及系统组成，提出系统、分系统、关键件和重要件的腐蚀控制要求和方案。

④ 进一步开展腐蚀控制要求的验证及判定标准制定。

⑤ 进一步进行腐蚀风险分析。

（2）技术设计。

① 进一步进行防腐技术专题研究，明确腐蚀控制关键技术、工艺和重要材料，开展相应研究。

② 形成产品腐蚀防护设计规范（2.0 版），规定材料选用、结构设计要求、表面处理方式等内容。

③ 腐蚀防护协同设计和会签：在功能、性能设计的同时协同进行腐蚀控制设计及评审；外协件腐蚀控制要求协同制定；策划外部供方协作生产方案，需要时应有腐蚀防护工程师参与选择和控制，并对落实产品腐蚀防护设计要求的能力（含协作方的设计能力、生产制造能力及管理控制能力等）进行审查。

④ 环境鉴定试验大纲协同制定，腐蚀防护工程师参与确定试验项目、试验样件清单（初稿）、合格判据及样件设计方案（材料、表面处理、试样规格及数量、制备方法）等。

（3）工艺设计。

形成产品腐蚀防护工艺设计规范（2.0 版）：

① 进一步完善产品腐蚀防护工艺设计规范。

② 在零部件加工装配工艺设计中落实腐蚀防护工艺设计规范。

③ 对协作供方的生产制造工艺进行审查控制。

（4）加工装配。

① 腐蚀防护工程师对自有的制造过程进行腐蚀防护控制。

② 腐蚀防护工程师参与外包件的腐蚀控制和验收。

（5）分机试验/调试、系统联试。

① 进一步审查相关图纸、工艺及技术文件中腐蚀控制方面的正确性、规范性、完整性和可操作性，形成产品防护设计审查报告（2.0 版）。

② 进一步开展样机专项检查整改，总结经验，并将相关情况纳入工艺总结报告中。

3）鉴定定型阶段

（1）对鉴定试验中出现的腐蚀问题进行梳理，制定改进措施并验证，进行改进和闭环处理。

（2）对产品鉴定定型阶段的腐蚀防护设计改进情况进行梳理，形成改进总结报告。

4）批量生产阶段

（1）方案设计。

方案设计主要通过以下工作开展，形成腐蚀控制总体方案（3.0 版）：

① 针对产品鉴定暴露问题的闭环情况，更新腐蚀控制总体方案。

② 通过产品鉴定验证，掌握产品的腐蚀防护效能，提出改进和优化的腐蚀防护控制

要求。

（2）技术设计。

依据腐蚀控制总体方案（3.0 版），对产品批量生产前的防护设计技术状态进行复查，形成复查报告。

（3）工艺设计。

依据腐蚀控制总体方案（3.0 版），对产品批量生产前的工艺设计情况进行复查，形成复查报告。

（4）加工装配。

① 腐蚀防护工程师对自有的制造过程进行腐蚀防护控制。

② 腐蚀防护工程师参与外包件的腐蚀控制和验收。

③ 对关重件、批量件首件进行鉴定，落实腐蚀防护措施。

（5）设备使用维护。

① 对用户进行腐蚀控制、维护保养相关知识的培训，在电子设备培训中，设置专门的防腐课程。

② 改进总结，对反馈的腐蚀信息或现场搜集的信息进行综合分析，完成首批产品防腐能力评估，进一步完善相关文件，进行相关改进，总结经验。

第 2 章

腐蚀影响因素

【概要】

本章从近现代中外学者对材料腐蚀的各类研究成果出发，展示对腐蚀认识的演变，明确本章针对的腐蚀为化学、电化学及物理作用对金属及非金属造成的破坏。基于此，本章简述金属及非金属在电子设备中发生的常见腐蚀现象，并根据各腐蚀现象分析其产生机理，总结金属及非金属的宏观影响因素，并作为腐蚀防护控制技术的开发与应用的依据。

2.1 腐蚀的定义

人类自古以来使用过很多金属。起初，人们认识金属腐蚀的现象是从腐蚀产物直观得到的，从棕黄色"铁锈"及"铜绿"分别意识到了铁和铜性质的变化。随着对材料、材料变化与其所处环境间相关性的认识不断增强，人们对腐蚀的理解与定义也逐步深化和完善，在不同时期根据对腐蚀现象理解的深浅程度，从不同角度对腐蚀赋予过不同的定义。1960 年艾文思在他的专著 *The Corrosion And Oxidation of Metals* 中对腐蚀给出如下定义：金属腐蚀是金属从元素态转变为化合态的化学变化及电化学变化；美国人方坦纳（M. G. Fantana）则认为腐蚀可以从以下几个方面定义：一是由于材料与环境及应力作用而引起的材料的破坏和变质；二是除了机械破坏以外的材料的一切破坏；三是冶金的逆过程。

我国国家科学技术委员会于 1978 年 7 月成立了"腐蚀科学"学科组，1978 年 10 月在第一次学科组会议上就"腐蚀"的定义和内涵进行了讨论。最初讨论时，认为"腐蚀"一词还是限于金属腐蚀为宜，应定义为：金属和它所处的环境（介质）之间发生化学或电化学作用而引起的破坏。但随着材料科学与加工技术的发展，非金属已经部分取代了金属的作用，未来非金属在各行各业有进一步扩大使用的趋势，且世界先进国家，如美国，已经将环境作用下非金属的损伤行为纳入了腐蚀防护工作框架，并建立了较为完整的非金属腐蚀数据。因此，与会专家经深入讨论，最终将非金属纳入腐蚀的定义，将腐蚀由传统的金属腐蚀扩展为材料腐蚀，并定义：腐蚀是材料在环境作用下引起的破坏和变质。从该定义可以看出，腐蚀包括了化学、电化学作用以及与物理因素和生物因素的共同作用所发生的破坏和变质。根据此定义，非金属在环境作用下所出现的膨胀、开裂、老化、变质等常见破坏类型当属"腐蚀"范畴。

在著名材料科学家肖纪美先生出版的《材料腐蚀学原理》一书中，采用了环境与系统的作用来定义腐蚀现象。腐蚀的定义可进一步解释为：物质（或材料）的腐蚀是物质（或材料）受环境介质的化学或电化学作用而被破坏的现象。若这种物质是金属，则这种现象是金属腐蚀；若环境介质是非电解质，如汽油、苯、润滑油等，则可发生化学变化；若环境介质是电解质，如各种水溶液、固体电解质等，则可发生电化学变化。

近年来，有人将上述定义扩大为：材料的腐蚀是受环境影响的化学/电化学和物理作用破坏的现象。基于电子设备中常用的材料种类及腐蚀现状，本书在编写中采用了此观点。根据此定义，材料腐蚀过程中各要素间的关系如图2-1所示。

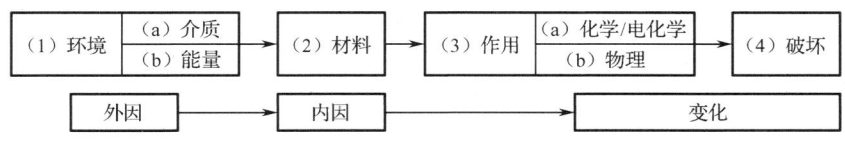

图2-1 材料腐蚀过程中各要素间的关系

2.2 常见腐蚀形态

本节根据电子设备的制造、存储及使用情况，简要介绍其常见的腐蚀形态及危害。

2.2.1 金属常见腐蚀形态

金属的腐蚀是指金属与所处周围环境（介质）之间发生化学或电化学作用而引起的破坏或变质。其中也包括上述因素与机械因素或生物因素的共同作用。某些物理作用（如金属在某些液态金属中的物理溶解现象、摩擦导致的磨损）也可以归为金属腐蚀范畴。金属的腐蚀类型及其机理将在第3章中做详细介绍。

1. 均匀腐蚀/全面腐蚀

均匀腐蚀的特点是暴露于腐蚀环境中的金属整个表面以大体相同的速率进行腐蚀。腐蚀程度可用单位面积的失重或平均腐蚀深度来表示。后者可通过直接测量或者在已知材料密度时由单位面积失重计算确定。

2. 电偶腐蚀/接触腐蚀

当一种金属（或合金）与另一种金属（或导电的非金属）在同一电解质中接触时，便会发生电位更正的金属腐蚀减缓，电位更负的金属加速腐蚀的现象，这是结构中尤其是连接、装配等部位常见的腐蚀现象。

3. 点腐蚀

金属在某些环境介质中经过一定时间后，大部分表面不腐蚀或腐蚀很轻微，但在表面上个别的点或微小区域内，出现孔蚀或麻点，而且随着时间的延长，孔蚀不断向纵深方向发展，形成小孔状腐蚀坑，这种现象称为点腐蚀，也叫小孔腐蚀、孔蚀、坑蚀，是一种由小阳极、大阴极腐蚀电池引起的阳极区高度集中的极为局部的腐蚀形态，对于输送各种液体、气体的管道系统而言，它是破坏性和隐患最大的腐蚀形态之一，是造成"跑、冒、滴、漏"的主要祸根，且难以检查，有时会突然导致灾害。

4. 晶间腐蚀

多晶金属在适宜的腐蚀环境中，如果晶间区的腐蚀速率远远大于晶粒内部的腐蚀速率，那么腐蚀沿着晶间发生和发展，由此发生的局部腐蚀称为晶间腐蚀。铝合金的剥蚀、焊缝腐蚀都是晶间腐蚀的表现形态。

5. 缝隙腐蚀

在两个金属表面之间或一个金属和一个非金属表面或沉积物之间形成缝隙，并使缝隙内溶液中与腐蚀有关的物质迁移困难所引起的缝隙内金属的腐蚀，称为缝隙腐蚀。缝隙腐蚀比较普遍地存在于金属铆接处、螺栓连接结合部位、螺纹连接结合部位等金属与金属面形成的缝隙，金属与作为法兰盘连接垫圈等的非金属材料（如塑料、橡胶、玻璃、纤维板等）接触形成的缝隙，以及腐蚀产物、沙粒、灰尘、脏污物、海生物等沉积或附着在金属表面上形成的缝隙。凡依靠氧化膜或钝化层耐蚀的金属或合金，特别容易发生缝隙腐蚀，如不锈钢、铝合金。

6. 生物和微生物腐蚀

在生物（如藤壶、苔藓虫等）、微生物（各种类型的细菌、真菌）生命活动参与下所发生的腐蚀称为生物或微生物腐蚀。

7. 应力腐蚀断裂

在腐蚀介质与应力协同作用下，往往会导致金属构件发生更为严重的腐蚀破坏。根据环境条件及受力状况不同，可使金属构件出现不同类型的腐蚀损伤，如应力腐蚀断裂，氢脆或氢损伤，腐蚀疲劳和磨蚀。

由应力与化学介质协同作用引起的金属断裂现象称为应力腐蚀断裂，必须有金属应力（特别是拉伸应力）和腐蚀介质的特定组合，才会发生应力腐蚀断裂，即持续拉伸应力和化学侵蚀共同作用使金属零件产生裂纹并使其扩展。

8. 磨蚀

如果金属表面与周围环境（包括固体、气体、液体）之间产生相对运动，便会由摩擦导致磨蚀。

2.2.2 非金属常见腐蚀形态

非金属腐蚀形态按其成因大致可分为两大类：一类是在静态环境下因介质渗入作用引发的渗入腐蚀；另一类是在动态环境下因介质与环境联合作用引发的力学腐蚀。前者包括溶胀和溶解腐蚀、化学腐蚀、界面腐蚀、选择性腐蚀及渗透腐蚀；后者包括摩擦腐蚀、差热腐蚀开裂、应力腐蚀断裂、疲劳腐蚀等。

1. 溶胀和溶解腐蚀

水和某些有机溶剂分子通过渗透扩散作用渗入材料内部，与高分子材料中的大分子发生溶剂化作用，从而破坏大分子间的次价键，致使高分子材料发生溶胀、软化或溶解腐蚀。

2. 腐蚀降解

非金属材料的腐蚀降解是指聚合物的分子链被分裂成小分子的腐蚀过程。最典型的腐蚀降解类型为：热降解（聚合物热稳定性差，环境热引起的分子链裂解）、氧化降解（聚合物所含自由基因自动氧化作用引起的分子链裂解）、机械降解（聚合物因机械力作用引起的分子链裂解）、化学降解（杂链聚合物因与环境介质作用引发的分子链裂解，其中聚合物材料的水解应特别引起重视）。

3. 老化

聚合物或其制品在使用或储存过程中，由于环境（化学介质、热、光、辐射或强氧化性物质）的作用，其性能（如强度、弹性、硬度等）逐渐劣化的现象称为老化。最典型的老化腐蚀类型为：光氧老化（聚合物在氧及光照联合作用下引发的性能劣化过程）、热氧老化（聚合物在热和氧联合作用下引发的性能劣化过程）。

4. 环境应力开裂

环境应力开裂是指聚合物在多轴应力或成型加工残余应力与某些特定介质的共同作用下，因时间效应在材料表面形成的表面银纹、表面裂纹甚至脆性断裂的腐蚀破坏现象。

5. 渗透腐蚀

渗透腐蚀特指环境介质通过非金属涂装层中固有的分子级空穴、填料与树脂间界面及涂装层成型缺陷渗透扩散，引起的涂装层腐蚀破坏及膜下基体腐蚀破坏。非金属溶胀和溶解腐蚀也是由介质的渗透引发的。

6. 选择性腐蚀

选择性腐蚀是指在腐蚀环境作用下，非金属中的一种或数种组分有选择性溶出或变质破坏，使材料解体。

7. 蠕变

蠕变是指高分子材料在长时间恒温、恒拉伸应力作用下，在应力低于材料的屈服强度的条件下产生塑性变形的现象。当应力高于蠕变断裂强度时，高分子材料会发生蠕变断裂。若材料浸泡在介质中，则材料可在更低应力下产生塑性变形或蠕变断裂，且引发蠕变的时间也会缩短。

8. 疲劳腐蚀

疲劳腐蚀是指高分子材料在低频交变应力和环境温度、腐蚀介质共同作用下所引起的腐蚀破坏、强度和使用寿命降低的现象。疲劳腐蚀与蠕变的共同点在于两者都是应力、腐蚀介质、温度的共同作用结果，区别在于疲劳腐蚀所受的应力是交变的，而蠕变所受的应力是稳定的拉应力。因此，疲劳腐蚀比蠕变更具危险性。

9. 差热腐蚀开裂

差热腐蚀开裂是指高分子材料在腐蚀介质和温差热应力共同作用下所引起的腐蚀破坏。它与高分子材料的热降解不同，前者是交变温度热应力环境，后者是稳定温度热应力环境。差热应力环境的形成有两种条件：一种是材料使用的环境温度波动，一时温度高，一时温度低；另一种是材料使用的同一环境温度某区域高，某区域低。

10. 取代基反应

取代基反应是指高分子侧基官能团受活性介质作用发生氧化、硝化、氯化、磺化等取代反应而导致的材料耐蚀性能下降现象。高分子交联反应导致的材料硬化脆裂现象，实质上也可归类于取代基反应。取代基反应的正确应用有时可提高材料的耐蚀性，但本书关注的是其腐蚀失效特性。

11. 微生物腐蚀

部分真菌、细菌等微生物需靠有机营养物质生长，而有机非金属材料自身成分可作为微生物的能量来源，微生物直接从非金属材料中获得营养物质，使非金属材料出现明显的破坏和损伤。

2.3 环境因素对材料腐蚀的影响

各行业使用由金属和非金属材料生产出的制件，无论是工作母机还是各种设备都要经受自然环境和使用工作环境的协同作用，并在这种协同作用下发生腐蚀，使基材产生破坏和变质。因此，本节所介绍的环境因素包括自然环境因素和产品本身或外源产生的工作环境因素。

2.3.1 自然环境因素

鉴于电子设备通常暴露于大气环境条件下，常见的腐蚀类型均为大气腐蚀，所以本节仅列举大气环境中的腐蚀影响因素，使读者充分认识大气环境因素对金属及非金属的腐蚀作用规律。

1. 单一环境因素

1）相对湿度

相对湿度会对材料产生物理和化学影响，对金属的影响主要为大气腐蚀，大气腐蚀是一种发生在液膜下的电化学反应，空气中水分在金属表面凝聚生成水膜，空气中的氧气通过水膜抵达金属是发生大气腐蚀的基本条件。而水膜的形成与相对湿度有关，不同的物质或同一物质的不同表面状态，对大气中水分的吸附能力不同，形成水膜所需的相对湿度条件也不同。金属表面形成水膜所需相对湿度的最低值称为腐蚀临界湿度值。当大气中相对湿度超过该金属的腐蚀临界湿度值后，大气腐蚀随着相对湿度值的增大而明显加速。

常用金属的腐蚀临界相对湿度值大致为：铁 65%、锌 70%、镍 70%、铝 76%。金属的腐蚀临界相对湿度值随金属的表面状态不同而不同，表面越粗糙，腐蚀临界相对湿度值就越低；表面有易吸潮的盐类或灰尘等，也会降低腐蚀临界相对湿度值。腐蚀临界相对湿度值还影响金属表面水膜的厚度和表面干湿交替的频率。

2）降雨

降雨既可以加速腐蚀过程，也可以减缓腐蚀过程。降雨增大了大气中的相对湿度，延长了制件表面的润湿时间，其冲刷作用又破坏了腐蚀产物的保护性，对设备表面也会造成冲蚀，因而加速了腐蚀过程。但降雨对制件表面的污染物和灰尘起到清洗作用，减小了液膜的腐蚀性，进而减缓腐蚀过程。

3）温度

大气温度及其变化是影响大气腐蚀的重要因素。温度影响制件表面水蒸气的凝聚、水膜中各种腐蚀气体和盐类的溶解度、水膜的电阻及腐蚀电化学的反应速度。在干燥环境下，无论气温多高，腐蚀现象都很轻微。但当相对湿度达到金属的腐蚀临界湿度值时，温度每升高 10℃，化学反应速度将增加 1 倍，所以，在湿热带或雨季，大气腐蚀严重。在大陆性气候地区，白天与夜晚温差较大，大气中的水分就可能在制件表面上凝露而发生腐蚀。

4）降尘

大气中固体尘粒的沉积对腐蚀速率的影响很大，特别是在腐蚀初期。一般有三种情况：第一种，尘粒本身具有可溶性和腐蚀性，当它溶解于液膜中成为腐蚀性介质时，会增加腐蚀速率；第二种，尘粒本身无腐蚀性，也不溶解，但能吸附腐蚀性物质，当它溶解在水膜中时，促进腐蚀过程；第三种，尘粒本身无腐蚀性和吸附性，但可通过毛细凝聚形成电解液膜，在金属表面构成充气不均匀的闭塞电池，从而导致缝隙腐蚀。

5）风向与风速

在大气环境中，风向主要通过影响污染物质及盐雾粒子的传播来影响腐蚀速率；同时，风速对表面液膜的干湿交替频率有一定的影响。在风沙环境中，风速过大会加重材料表面的磨蚀作用。

6）日照

太阳光谱中的红外部分产生热效应，而太阳光谱中的紫外部分会产生光化学效应。对于金属材料，日照时间越长，金属表面水膜消失越快，可以降低表面润湿时间，腐蚀总量减少。对于非金属材料，日照对其产生的主要影响为材料老化，尤其是有机物和合成材料最易受太阳辐射的影响，如高温会造成小分子挥发从而导致材料塑性降低，橡胶材料会受到短波长辐射的光化学作用使得性能迅速劣化，塑料失去光泽，油漆龟裂、褪色、粉化，聚合物的强度和韧性降低等。

7）生物条件

电子设备主要受细菌、真菌等微生物影响，微生物在金属的腐蚀和高分子材料的性能退化（分解）中起着重要的作用。金属的微生物腐蚀主要分为好氧菌腐蚀和厌氧菌腐蚀两种情况，目前认为微生物腐蚀金属的原因主要有以下3个方面：一是微生物代谢产物对金属的腐蚀；二是形成氧浓差电池产生电化学腐蚀；三是阴极或阴极的去极化作用加速金属的腐蚀进程。

霉菌腐蚀问题不仅能够引起金属腐蚀的加速，同时对于涂/镀材料、高分子材料，乃至无机非金属的耐久性都会带来严重的危害，特别是涂层和高分子材料，自身成分可作为霉菌的能量来源。霉菌对材料的作用方式分为直接和间接两种：霉菌的直接附着造成材料的腐蚀或降解，这类问题主要是在涂层上发生的；霉菌的生命活动过程产生酸性分泌物或酶，会直接破坏材料的结构，或者使得材料的局部环境酸化。

8）化学活性物质

化学活性物质是指大气中的污染物质，主要为臭氧、氨气、氮氧化物（NO_x）、H_2S、SO_2、HCl等，以及海盐粒子（Cl^-），其中对金属大气腐蚀影响最重要和显著的是SO_2气体和海盐粒子。

SO_2是最主要的大气腐蚀性气体之一，中等程度溶于水，极易进入并溶解在金属表面。由于吸附作用所形成的薄层液膜中，与空气中的O_2反应生成硫酸，促进金属腐蚀。氮氧化物常指NO和NO_2，也是形成酸雨的主要污染物之一。在酸雨环境下，金属腐蚀速率明显高于其他非酸雨地区。一般认为干燥的NO_2对腐蚀并没有起什么作用，但是在湿润的大气中，会与其他物质如Cl^-、SO_2发生反应，从而引起金属的腐蚀。Cl^-对金属的腐蚀主要发生在海洋大气环境中，海洋大气环境中的侵蚀性物质以氯化物如$NaCl$为主，通常有较高的侵蚀性，氯化物会明显提高金属的腐蚀速率。研究表明，在海洋大气环境下碳钢受到腐蚀的速率比在内陆地区高约100倍。氯化物对金属有极大的危害性：氯化物具有吸水性，能加快形成液膜，NaCl电解液周围易发生腐蚀；Cl⁻可以直接参与电化学腐蚀反应。

9）固体物质

干热地区空气中悬浮的沙尘，在其他地区也季节性地存在。沙尘会造成材料表面磨蚀，沿海地区盐雾和沙尘的综合可以增大磨蚀作用；高温下黏土颗粒产生放热效应，放出的热能会引起高温腐蚀。

2．综合环境因素

在自然环境下，各类材料出现性能劣化往往是在各环境因素综合作用下引起的，所以在分析主要环境影响因素时，不但要关注单个环境因素的作用效应，还要分析不同环境类型下各环境因素间的综合影响。这些典型的环境因素之间相互促进、相互加剧，进而诱发或促进腐蚀，表2-1是典型两环境因素间的综合影响效应。

表2-1 典型两环境因素间的综合影响效应

环境因素		综合影响效应
高温	湿度	高温会增加水汽在有机材料中的渗透率，加速有机材料老化
	低气压	温度升高和气压降低均会导致材料成分的放气速率加快
	盐雾	高温盐雾环境会加快金属基材（包括涂层下金属基材）的腐蚀
	太阳辐射	高温与太阳辐射叠加会加剧有机材料的老化
	霉菌	较高温度下霉菌等微生物更容易生长，但在71℃以上霉菌将不能生长
	沙尘	高温会加快沙粒对产品的腐蚀速率。但是，高温也会降低沙粒和灰尘的穿透性
	臭氧	高温下将促进臭氧产生，而臭氧氧化性强，对金属材料的破坏性极大
湿度	低气压	高湿度会加强低气压的影响，加快材料成分的放气速率
	盐雾	高湿度与盐雾相结合会加快金属材料腐蚀
	太阳辐射	湿度会增大太阳辐射对有机材料的影响，加速老化
	霉菌	高湿度有助于霉菌等微生物的生长
	沙尘	沙尘对水汽有天然的亲和性，加速保护涂层劣化
	臭氧	臭氧与潮气反应形成过氧化氢，使材料腐蚀
盐雾	太阳辐射	太阳辐射的热效应使得盐雾腐蚀加速
	沙尘	沙尘具有吸湿效应，加快沙粒对产品的腐蚀速率
太阳辐射	沙尘	太阳辐射与沙尘叠加可能产生高温，加快沙粒对产品的腐蚀速率
	臭氧	太阳辐射与臭氧叠加将会加速有机材料的老化

我国地域广阔，不同地区的气候类型、环境严酷度存在差异。GB/T 4797.1—2018《环

境条件分类　自然环境条件　温度和湿度》中以温度和湿度为要素,分别采用日平均值极值、年极值和绝对值来划分各种气候类型。按照此标准,我国分为热带、干旱、温带、寒带、极地5个气候类型,具体定义如表2-2所示。

表2-2　我国典型气候类型定义

气候类型	定　义
热带	热带雨林气候,最冷月份的平均温度超过18.0℃
干旱	干燥气候,年降雨量少于500mm
温带	温带降雨气候,最冷月份的平均温度在-3.0℃～18.0℃之间
寒带	寒带森林和积雪气候,最暖月份的平均温度超过10.0℃,最冷月份的平均温度低于-3.0℃
极地	寒冷积雪气候,最暖月份的平均温度低于10.0℃

我国典型环境的综合影响特征如表2-3所示。

表2-3　我国典型环境的综合影响特征

腐蚀性等级	腐蚀性	典型环境区域	主要环境因素	典型环境举例
C1	很低	极地、干旱及部分寒带区域	低温、大日温度差、太阳辐照、沙尘、低气压	污染非常低且潮湿时间非常短的大气环境,国内如新疆北部、中部、黑龙江北部、内蒙古东北部地区,以及青藏高原部分地区
C2	低	温带及寒带部分区域	低温、大日温度差、太阳辐照	低污染（SO_2浓度≤$5\mu g/m^3$）大气环境,潮湿时间短的大气环境,国内如内蒙古、新疆、甘肃及青藏高原部分地区
C3	中等	温带及热带部分区域	高温、高湿、盐雾、太阳辐照、霉菌、化学活性物质	中度污染（$5\mu g/m^3<SO_2$浓度≤$30\mu g/m^3$）或氯化物有些作用的大气环境,如城市地区、低氯化物沉积的沿海地区,部分热带地区的低污染大气,国内主要为贯穿山东、河南、陕西、四川、云南的曲线以南的其他地区
C4	高	温带及热带部分区域	高温、高湿、盐雾、太阳辐照、霉菌、化学活性物质	重度污染（$30\mu g/m^3<SO_2$浓度≤$90\mu g/m^3$）或氯化物有重大作用的大气环境,如污染的城市地区、工业地区、没有盐雾或没有暴露于融冰盐强烈作用下的沿海地区,国内主要为重庆、广东、福建、浙江等地区
C5	很高	温带及热带部分区域	高温、高湿、盐雾、太阳辐照、霉菌、化学活性物质	超重污染（$90\mu g/m^3<SO_2$浓度≤$250\mu g/m^3$）或氯化物有重大作用的大气环境,如工业地区、沿海地区、海岸线遮蔽位置,国内主要为海南省
CX	极值	部分热带区域	高温、高湿、盐雾、太阳辐照、霉菌、化学活性物质	潮湿时间非常长,极重污染（SO_2浓度>$250\mu g/m^3$）和/或氯化物有强烈作用的大气环境,如极端工业地区,热带海洋、海岸与近海地区,国内主要为南海地区

2.3.2 工作环境因素

材料的使用离不开一定的工作环境，除上述与腐蚀环境直接相关的各种因素外，在某些特定的工作状态下，还存在其他一些影响腐蚀过程的因素，在个别情况下甚至会对腐蚀起着决定性的作用。

1．工作介质

电子设备的冷却效果会影响设备工作稳定性，按冷却介质不同可分为风冷和液冷。而冷却介质是冷却系统的重要组成部分，同冷却构件长时间接触并产生物理或化学作用。冷却系统中常见的腐蚀有空泡腐蚀、电偶腐蚀。目前乙二醇是应用最为广泛的冷却液防冻剂之一，作为冷却液使用时，在高温条件下会慢慢氧化变质成乙醇酸、乙二醛等物质，会使冷却液的 pH 值迅速降低，对冷却系统金属基材产生腐蚀。空泡腐蚀是由液体中气蚀引起材料的机械降解，冷却系统中的冷却介质与冷却构件循环接触，使冷却构件表面产生的气泡塌陷，一旦气泡破裂，将会在材料表面产生强大的爆炸力，使材料发生局部严重破坏。

除冷却介质外，液压油、硅油等油性工作介质对高分子材料如橡胶圈、密封条等也会产生溶胀、溶解等腐蚀现象。

2．电磁场与辐射

对于金属来说，在电流密度很高的导体上，电子的流动会产生不小的动量，这种动量作用在金属原子上时，就可能使一些金属原子脱离金属表面到处流窜，结果就会导致原本光滑的金属表面变得凹凸不平，而粗糙的表面状态更易受到腐蚀。同时，电压或电场会对非金属造成电老化。

在有辐射的环境中，中子或其他射线的辐射会使金属及其表面膜发生某些物理的、化学的变化，从而影响金属腐蚀的进行。X 射线、高能电子及中子等会使高分子材料处于激活状态，产生电子激发能，这些能量或使邻近分子振动，或发射光子，或使结合键断裂，表现为放氢、交联、断键等。如果辐射剂量很大，则可以彻底破坏其结构，甚至使它完全变成粉末；在一般剂量的辐射下，高分子材料的性质也有不同程度的变化。

3．热环境

一般电子设备开机工作时内部温度常高达 80~90℃，对于高分子材料来说，它是热的不良导体。由于材料导热性能差，非金属设备或制件的散热能力差，在高热环境下使用，极易导致材料层内产生温度梯度，在温差热应力与介质的联合作用下形成高温侧腐蚀龟裂破坏。

4．动力系统废气

除了大气中的 H_2S、SO_2、NO_x 外，电子设备装载平台的动力系统如电站、发动机排放的废气中也含有大量的污染物质。这些污染物质对于设备的腐蚀机理同大气中污染物的机理类似，但其排放会导致局部腐蚀环境比设备所处大气环境的恶劣程度显著增加。

5．有机气氛

气氛腐蚀，尤其是锌、镉镀层的气氛腐蚀，在20世纪80年代，也曾成为我国航空机械设备（电机、电器、仪表、附件等）困扰的问题。设备中往往组合有橡胶、塑料、油漆等非金属材料，在金属构件间也常使用黏合剂和密封胶等。在不同的时间内，会释放出微量甲酸、乙酸、酚、醛、氨和低分子胺等有机物，在潮湿、局部封闭的环境中，会引起金属及镀层的腐蚀。气氛腐蚀比一般的大气腐蚀要严重得多，在30℃、相对湿度100%条件下，乙酸含量的质量分数达 $0.05×10^{-6}$ 就能大大加速锌的腐蚀，达到 $0.5\sim10×10^{-6}$ 时，导致镁、锌、钢严重腐蚀，镍、铜、铝的轻微腐蚀。在密闭空间内，还容易形成腐蚀性气氛源，黑色及有色金属处于甲醛、甲酸污染的空间内，其腐蚀产物是可溶的，腐蚀能够连续进行。表2-4列出了一些有机材料和高分子材料可能产生的有机气氛对金属的腐蚀作用。

表2-4 一些有机材料和高分子材料可能产生的有机气氛对金属的腐蚀作用

材　　料	腐蚀因素	腐蚀发生	腐蚀程度①
酚醛树脂	甲醛、氨	胶、模压塑料	3
胺塑料	甲醛、氨、甲酸等	胶合剂、泡沫塑料	2～3
聚甲醛	甲醛	接触时	0～1
聚氯乙烯	HCl、某些增塑剂	加热或辐射分解后	1
聚乙酸乙烯纤维	乙酸	水解时	1～2
环氧	HCl、氨、催化剂	固化阶段	2
聚酯	顺丁烯二酸	接触时	1
氟塑料	HCl、HF及氯化物、氟化物	接触腐蚀及受操作应力时	0～1
橡胶	硫化物	对Cu、Si、Cd、Ni	1～2
聚苯乙烯	苯乙烯	接触腐蚀及受操作应力时	1～2
油、醇酸材料	脂肪酸	镀层	0～1
聚酰胺碱	碱	与铝接触时	1

① 0为不腐蚀；1为轻微腐蚀；2为中等腐蚀；3为严重腐蚀。

2.4　材料因素对腐蚀的影响

外因是变化的条件，内因是变化的根据，外因通过内因起作用，因此了解材料自身的内因也是研究腐蚀及防护技术的关键。

2.4.1 金属材料

1. 金属的种类

1）金属的平衡电极电位

与金属种类相关的基本因素是金属的电极电位——金属的热力学稳定性。电化学腐蚀过程中金属腐蚀得以发生的热力学条件是：金属的平衡电极电位必须负于氧化剂的氧化还原平衡电极电位。

在中性（pH=7）的介质溶液中，氢和氧的平衡电极电位是-0.414V 和+0.815V，而在酸性（pH=0）的介质溶液中，氢的平衡电极电位为 0V，氧的平衡电极电位为+1.228V。这些电位值构成了判定金属热力学稳定性的基准。根据金属的平衡电极电位与上述氢和氧平衡电极电位之间的关系，一般可将金属分为热力学稳定性不同的若干组别。

平衡电极电位低于-0.414V 的金属稳定性差，在中性介质中能自发地进行析氢或吸氧腐蚀，如碱金属、碱土金属及钛、锰、铁、铬等，这些金属称为很不稳定金属（贱金属）。

平衡电极电位在-0.414~0V 之间的金属，如镍、钴、钼等，在无氧的中性介质中是稳定的，但在酸性介质中能被腐蚀，因而称之为不稳定金属（半贱金属）。

平衡电极电位在 0~±0.815V 之间的金属，如铜、汞、锑等，只可能发生吸氧腐蚀，当没有氧和氧化剂时，在中性和酸性介质中是稳定的，一般称之为中等稳定性金属（半贵金属）。

平衡电极电位在+0.815~+1.5V 之间的金属，如钛、铂等，既难以发生析氢腐蚀，也难以发生吸氧腐蚀，因此在含氧的中性介质中不被腐蚀，但在含氧或氧化剂的酸性介质中可能被腐蚀，故称之为高稳定性金属（贵金属）。

当平衡电极电位进一步提高，高于+1.5V 时，如金，在含氧的酸性介质中也是稳定的，通常称之为完全稳定的金属。即便如此，金也不是在任何情况下都不发生腐蚀的，当介质中含有强氧化剂时，金会溶解在络合剂中。

因此，根据金属的平衡电极电位，可以判定其腐蚀的倾向性。贵金属的平衡电极电位较正，贱金属的平衡电极电位较负。金属的平衡电极电位越正，即其热力学稳定性越高，则腐蚀的倾向性就越低。这是仅从热力学方面考虑所得出的结论。但是，实际过程中腐蚀是否明显发生，还强烈地受动力学因素的影响。下面是一些主要的动力学因素。

2）金属钝性

有一些贱金属，如 Al 和 Mg，从标准电极电位看很低（负），电位分别为-1.66V 和-2.37V。从热力学角度看应是极不稳定的，属于易腐蚀金属。但是，由于它们的钝化能力很强，所以在某些介质中会因钝化而获得很高的耐蚀性。这种耐蚀性的获得靠的是形成表面膜等一些阻碍腐蚀阳极溶解过程进行的动力学因素。反映在阳极溶解反应的极化曲线上：从贱金属到贵金属，电位向正向移动；钝化与非钝化型金属，它们的阳极极化曲线具有不同的特征。从钝性角度可将金属分为有钝性的金属和无钝性的活性金属两类，按钝性系数的大小顺序，可将金属的钝性排列成表，如表2-5所示。

表2-5 几种金属的钝性系数

金属	Ti	Al	Cr	Be	Mo	Mg	Ni	Co	Fe	Mn	Cu	Pb	S	C
钝性系数	2.44	0.82	0.77	0.73	0.49	0.47	0.37	0.20	0.18	0.13	0	0	0	0

钝性系数为阳极极化（ΔE_a）/阴极极化（ΔE_c）。ΔE_a、ΔE_c分别表示阳极或阴极电流密度最大时，电位偏移值相对腐蚀电位（混合电位）之差值。钝性金属处于维钝状态时，具有良好的耐蚀性，是实际腐蚀工程中非常重视的问题。

3）腐蚀产物的作用

如果腐蚀产物是不可溶的致密固体膜，如Pb在H_2SO_4溶液中生成的硫酸铅膜，Mo在盐酸溶液中生成的致密的钼盐膜，均具有增加电极反应阻力的作用。

2．合金元素

合金元素与杂质均会改变合金的电位（热力学稳定性）、腐蚀过程阴极和阳极反应的极化、合金的相组成与腐蚀产物膜的稳定性，进而影响到合金的腐蚀性能。一般来说，合金元素对腐蚀行为的影响，随着腐蚀环境而变，不存在一个普遍适用的准则。合金元素或杂质随着条件的不同，或加速腐蚀，或抑制腐蚀，其效果根据它们是以固溶体状态存在还是以异相析出而有所不同，具体包括以下几个方面。

1）合金元素对热力学稳定性的影响

通常，在平衡电极电位较低、耐蚀性较差的金属中加入平衡电极电位较高的合金元素（通常为贵金属），可使合金的平衡电极电位升高，增加热力学稳定性。如在Cu中加Au，在Ni中加Cu。这是由于合金化形成的固溶体或金属间化合物使金属原子的电子壳层结构发生变化，使合金能量降低的结果。合金的平衡电极电位与其成分的关系尚无法根据理论进行计算，但是人们也发现了一些试验规律。早在1919年，Tammann（塔曼）发现在一些二元固溶体合金中，合金组分摩尔分数为$n/8$（$n=1,2,3,4$）时，在某些腐蚀介质里的腐蚀速率发生显著变化，这就是著名的塔曼定律或$n/8$定律。以Cu-Au合金为例，在90℃浓硝酸中，当x_{Au}为0.50时，化学稳定性突然增高。

$n/8$定律只是试验规律，并不能解释所有合金的腐蚀现象，目前对$n/8$定律也缺乏满意的理论解释。

2）合金元素对阴极过程的影响

此时要区分阴极反应是活化极化还是浓差极化。当腐蚀过程主要受阴极活化极化控制时，合金元素或杂质对阴极过程会产生明显的影响。但对于阴极过程受氧的扩散控制的情况，合金元素或杂质对腐蚀的影响很小。例如，在海水中，不论钢的组织是马氏体还是珠光体，是退火态还是冷加工状态，是碳钢、低合金钢还是铸铁，腐蚀速率都是0.13mm/a左右。以阴极析氢腐蚀过程为例，合金元素或杂质的影响主要有以下两个方面。

（1）影响阴极面积。合金在非氧化性酸溶液中腐蚀时，其阴极析氢过程主要在析氢过电位低的阴极性组分或第二相夹杂上进行。合金元素或杂质的进入将明显改变它们的数量或面积，因而将影响阴极反应电流密度。

（2）对合金阴极析氢过电位的影响。如前所述，不同种类的金属，阴极析氢过电位不同，在合金中加入析氢电位高的元素，可以显著降低合金的腐蚀速率。工业 Zn 中常含有电位较高的 Fe 或 Cu 等金属杂质，由于 Fe、Cu 的析氢过电位较低，析氢反应交换电流密度高，因而成为 Zn 在酸中腐蚀的有效阴极区，加速 Zn 的腐蚀；相反，加入析氢过电位高的 Cd 或 Hg，由于增加了析氢反应的阻力，可使 Zn 的腐蚀速率显著降低。因此，沿着这一思路，可以通过加入微量的 Mn、As、Sb、Bi 等元素，提高合金的耐蚀性能。

3）合金元素对阳极过程的影响

合金元素或杂质可通过改变阳极活性（钝性）而影响阳极过程。

（1）易于钝化的合金元素的影响。工业合金的主要基体金属（Fe、Al、Mg、Ni 等）在特定的条件下都能够钝化，但它们的钝化能力还不够高。例如，Fe 要在强氧化性条件下才能自钝化，而在一般的自然环境里（如大气、水介质）不会钝化。若加入易钝化的合金元素 Cr，其量超过 12%时，便可在自然环境里保持钝态，即所谓的不锈钢。此外，铸铁中加 Si 及 Ni、Ti 中加 Mo，均源于此理，可促进合金的整体钝化能力。这种方法是合金耐蚀化最有效的途径。

（2）加入阴极性合金元素可促进阳极钝化。对于有可能钝化的腐蚀体系（合金与腐蚀环境），如果在合金中加入强阴极性合金元素，那么由于它提高了阴极效率，使腐蚀电位正移，所以合金可以进入稳定的钝化区而耐蚀。合金的腐蚀速率取决于阴极极化曲线与阳极极化曲线交点的电流大小。如果合金原来的钝化特性（即阳极极化曲线）保持不变，那么合金的腐蚀速率将由于阴极过程效率的改变而发生显著变化。必须指出，在尚未钝化之前，腐蚀速率总是随着阴极效率的增加而增加的。由于在稳定钝化区的阳极电流要比活化溶解的电流小几个数量级，所以利用阴极性合金元素提高合金耐蚀性的效果是十分显著的。

可加入的阴极性合金元素主要是一些电位较正的金属，如 Pd、Pt、Ru 及其他 Pt 族金属，有些场合甚至可用电位不太正的金属，如 Re、Cu、Ni、Mo、W 等金属。应该指出，加入的阴极性合金元素电位越正，阴极极化率越小，实现自钝化的作用就越有效；在致钝电位 E_p 时，系统阴极电流 i_{C_3} 必须超过致钝电流 i_p，合金的腐蚀电位应在维钝电位 E_{pp} 和过钝化电位 E_T 或点蚀电位值 E_b 之间的稳定钝化区里，否则会发生过钝化腐蚀或点蚀。此外，与易钝化元素的合金化（如 Fe 中加 Cr）需要加入较大量合金组分不同，加入阴极性元素的合金化只需很少，如 0.1%~0.5%，有时甚至为 0.01%；二者同时加入，将是获得高耐蚀合金的最有效的方法。应当注意，这种方法只适用于可钝化的腐蚀体系，否则会起到相反的效果。例如，灰口铸铁中含有石墨，在 20℃的 10%硝酸中，石墨的存在使基体 Fe 处于钝态，而碳钢则不能自钝化，它们的腐蚀速率分别为 79g/(m²·h)和 1450g/(m²·h)。而在盐酸中，Fe 无法钝化，石墨反而使腐蚀增加，故在 20℃的 10%盐酸中，灰口铸铁和碳钢的腐蚀速率分别为 18.9g/(m²·h)和 1.02g/(m²·h)。

4）合金元素对腐蚀体系电阻的影响

某些合金元素能够促使合金表面生成具有保护作用的腐蚀产物，从而降低腐蚀电流。这些合金元素一方面能与基体金属形成固溶体，组成的合金满足对力学性能的要求，同时生成的含有这些元素的腐蚀产物不溶于腐蚀介质，电阻较高，致密完整地附着在合金的表面。这层腐蚀产物将合金与腐蚀介质隔开，可以有效地阻滞腐蚀过程的进行。例如，加入Cu、P、Cr等元素的低合金耐候钢就是这一原理最为典型的应用。由于耐候钢不需要加入大量的易钝化元素就可以提高耐大气腐蚀性能，所以可极大地提高材料的使用效率。

3. 合金组织

对于合金，除组成的多元化外，合金的相组织一般也比较复杂。很难设想合金中各相的电位完全相同。在复相合金中，通常相与相之间存在电位的差异，形成腐蚀微电池，所以通常认为单相固溶体比复相合金耐蚀性好。

一般而言，合金中的杂质、碳化物、石墨、金属间化合物等第二相多数以阴极相形式存在于合金中，而基体固溶体往往以阳极形式存在。如 Al 基合金中的 AbCu 相的电位比基体 Al 电位高得多，呈阴极，起到加速阳极基体溶解腐蚀的作用。阴极相 Al_2Cu 相越多，氢去极化腐蚀越快。当然对氧去极化的活化腐蚀加速作用并不明显，对阳极可钝化的合金，氧或氧化剂促成自动钝化作用显著。第二相可作为阳极致钝相，由于阴极相增多，阴极效率的提高（阴极去极化强化），阴极去极化加强了，所以促使阳极加速钝化，提高其耐蚀性。

然而也有少数第二相在合金中呈阳极相存在。如 Al-Mg 基合金中的 Al_3Mg_2 相、Mg_2Si 相相对基体电位更负，形成了大阴极小阳极（第二相），加速了阳极第二相的溶解，促成合金表面迅速呈现出一个以 Al-Mg 为基的均匀单相合金表面，从而提高了合金的耐蚀性。合金中的第二相具有阳极性的为数很少，试图借助弥散的阳极第二相来提高合金耐蚀性的想法是不现实的。

还应当强调指出，第二相周围，由于析出相和基体的热膨胀系数不同，第二相的体积效应能导致形成应力场，所以在界面上会引起电化学不均匀性。例如，在铁素体基体上析出球状的 Fe_3C 相时，可形成最高达 $28.1 kgf/mm^2$（$1kgf≈9.80665N$）的应力场，使该处电位更负，相周围更易溶解腐蚀，这在腐蚀工程上要特别注意。

与合金组织密切相关的是合金的热处理过程。热处理可以使合金中内应力消除，使合金晶粒长大，使第二相析出或溶解；使相的形貌、大小与分布改变，使相中组元发生再分配等。所有这些都能直接影响到相与基体的电化学行为。

典型的有不锈钢经过固溶处理后，在 400～850℃ 之间加热敏化处理时，由于 $Cr_{23}C_6$ 或 Cr_7C_3 以碳化物相沿晶界析出，致使晶界附近贫 Cr，并产生应力场。碳化物为阴极相，贫 Cr 区为阳极相，呈现沿晶界的溶解腐蚀，使晶界加宽加深，称晶间腐蚀，所以经过 650℃ 加热敏化处理的与未经处理的不锈钢的晶间腐蚀有显著差别。

类似地，合金在焊接时，焊缝附近区域各部位受了不同的加热和冷却，其后组织和相随之不同，使各处电位也不相同，常导致晶间腐蚀；退火后电位的差异可消除。

此外，合金晶粒尺寸及其均匀程度也影响耐蚀性。均匀的细晶粒可将杂质弥散分布，点缺陷和线缺陷也分散，从而防止不均匀腐蚀。理想的合金状态是无晶界的非晶态，其电化学均匀性是一致的。

2.4.2 高分子非金属材料

高分子非金属材料与金属材料的腐蚀过程有着本质的区别：金属材料在静态环境下一般表现为金属原子与介质分子间电子的转移及重组，而高分子非金属材料则表现为介质分子在非金属材料的聚集态大分子缝隙中的渗透、扩散和迁移。

1. 非金属种类

1）高分子材料聚集态结构

在高分子材料腐蚀过程中，介质的渗透与扩散起着重要的作用。而介质分子在浓度梯度作用下向高分子材料内部新的平衡位置迁移的条件是高分子内存在允许介质分子迁移渗入的空间，即自由体积空间。非晶态高聚物集聚得较松散，分子间隙大，分子间相互作用较弱，介质分子容易渗入到高分子内部，并且因热运动而逐渐向内部间隙渗透。结晶态高聚物由于结晶部分的大分子聚集紧密，所以介质分子难以渗入。

由于高分子材料是线性大分子通过分子间作用力相互缠绕聚集而成的，不可能排列得非常紧密有序，所以在材料体内自然存在大量的分子级自由体积空间，即使是结晶态聚合物也存在着无定型部分以及大大小小的缺陷。此外，线性大分子由若干相同或不同的链段组成，链段的热运动过程将导致材料内自由体积空间位移，而自由体积空间位移将同时把渗入的介质分子带进新的空间，因此凡可使材料紧密、限制链段热运动的结构因素，如提高结晶度、取向度、交联密度等，均可使扩散系数、渗透系数或渗透率下降。

2）大分子结构组成

表 2-6 所示为几种高分子材料对水的渗透系数，表明了大分子结构及交联对渗透性能的影响。酚醛树脂具有交联结构，对水的渗透性最小。因为交联密度大时，链段的热运动受到限制，使得自由体积减小并限制了自由体积的位移，从而限制了介质分子的渗透与迁移，导致渗透性能下降。聚氯乙烯具有较多的自由体积。聚苯乙烯的苯环结构使得大分子聚集得较为松散，因此两种材料对水的渗透性较强。聚醋酸乙烯具有特别大的透水性，除因其侧基体积大外，酯基对水分子有较好的亲和力也是主要原因之一。氟塑料由于其高度的表面惰性，对水的渗透系数最小，只有聚乙烯的 1/4。共聚可以破坏大分子结构的规则程度，使堆砌密度减小，所以渗透性能会大幅度增加。

表 2-6 几种高分子材料对水的渗透系数

高分子材料	渗透系数 $P_{H_2O} \times 10^8$/[g/(cm² · h · cmHg)]	高分子材料	渗透系数 $P_{H_2O} \times 10^8$/[g/(cm² · h · cmHg)]
氟塑料	0.05	聚氯乙烯	0.5
酚醛树脂	0.1	聚苯乙烯	0.5
聚乙烯	0.2	聚醋酸乙烯	30

2. 二次加工

通常情况下，高分子材料在二次热加工（如在加热成型、热风焊或去应力热处理）后，渗透率会变大。因为热塑性塑料在热处理后，其取向、结晶等聚集态结构，孔隙率或其内应力分布等均会发生变化。晶态高聚物的结晶结构，受热处理条件的影响很大。同时加工不当或材料热处理条件不合适会引起材料的内应力，均对材料后期环境应力开裂有很大的影响。

第 3 章

腐蚀的类型

【概要】

本章按照腐蚀环境、腐蚀机理和腐蚀形态对腐蚀进行了分类，列出了各种分类中与电子设备腐蚀设计密切相关的腐蚀类型，如大气腐蚀、金属电化学腐蚀、高分子材料老化、生物腐蚀。本章对其腐蚀机理进行了理论分析，并对腐蚀的影响因素进行了详细阐述，形成了腐蚀控制的相关措施。

3.1 腐蚀的分类

材料腐蚀是一个十分复杂的过程。由于服役中的材料构件存在化学成分、组织结构、表面状态等差异，所处的环境介质的组成、浓度、压力、温度、pH 值等千差万别，还处于不同的受力状态，所以材料腐蚀的类型很多，存在各种不同的腐蚀分类方法。

按照不同的概念、标准或方法，在腐蚀科学的发展过程中，出现过多种不同的腐蚀分类方法。腐蚀是材料受环境介质的化学、电化学和物理作用产生的损坏或变质现象。因此，腐蚀也包括化学、电化学与机械因素或生物因素的共同作用。从广义上讲，任何结构材料包括金属材料及非金属材料都可能遭受腐蚀。下面按腐蚀环境、腐蚀机理和腐蚀形态分别进行阐述。

3.1.1 按环境分类

按环境可以分为大气腐蚀、海水腐蚀、土壤腐蚀及化学介质中的腐蚀。这种分类方法虽然不够严格，但因为大气和土壤中都会含有各种化学介质，所以这种分类方法比较实用，它可以帮助人们按照材料所处的典型环境去认识腐蚀规律。

根据产生腐蚀的环境状态，常见的金属在自然环境和工业环境介质中的腐蚀分类如表 3-1 所示。

表 3-1 常见的金属在自然环境和工业环境介质中的腐蚀分类

环 境 状 态	类　　型
自然环境	①大气腐蚀；②土壤腐蚀；③淡水和海水腐蚀；④微生物腐蚀
工业环境	①在酸性溶液中的腐蚀；②在碱性溶液中的腐蚀；③在盐类溶液中的腐蚀；④在工业水中的腐蚀；⑤在熔盐中的腐蚀；⑥在液态金属中的腐蚀

3.1.2　按机理分类

根据腐蚀过程的特点，金属腐蚀可以按照化学腐蚀、电化学腐蚀、物理腐蚀三种机理分类。具体的腐蚀是哪类主要取决于金属表面所接触的介质种类（电解质、非电解质和液态金属）。

化学腐蚀：金属表面与周围介质直接发生纯化学作用而引起的破坏。其反应历程的特点是，氧化剂直接与金属表面的原子相互作用而形成腐蚀产物。在腐蚀过程中，电子的传递是在金属与氧化剂之间直接进行的，因而没有电流产生。如金属在非电解质溶液中及金属在高温时氧化引起的腐蚀等。

电化学腐蚀：金属表面与离子导电的电介质发生电化学反应而产生的破坏。其反应历程的特点是，反应至少包含两个相对独立且在金属表面不同区域可同时进行的过程，其中阳极反应是金属离子从金属转移到介质中和放出电子的过程，即氧化过程；相对应的阴极反应便是介质中的氧化剂组分吸收来自阳极的电子的还原过程。腐蚀过程中伴有电流产生，如同一个短路原电池的工作。这类腐蚀是最普遍、最常见又是比较严重的一类腐蚀，如金属在各种电解质溶液中，在大气、土壤和海水等介质中所发生的腐蚀皆属此类。另外，电化学作用既可以单独造成腐蚀，也可以和机械作用等共同导致金属产生各种特殊腐蚀（应力腐蚀破裂、腐蚀疲劳、磨损腐蚀等）。

物理腐蚀：金属由于单纯的物理作用所引起的破坏。许多金属在高温熔盐、熔碱及液态金属中可以发生此类腐蚀。

3.1.3　按形态分类

根据腐蚀形态可将腐蚀分为全面腐蚀、局部腐蚀及在力学和环境因素共同作用下的腐蚀，常见的金属腐蚀按腐蚀形态分类方法如表 3-2 所示。

表 3-2 常见的金属腐蚀按腐蚀形态分类方法

分类方法	类　　型
全面腐蚀	①均匀的全面腐蚀；②不均匀的全面腐蚀
局部腐蚀	①电偶腐蚀；②点蚀；③缝隙腐蚀及其特例丝状腐蚀；④晶间腐蚀及其特例焊缝腐蚀；⑤选择性腐蚀
力学和环境因素共同作用下的腐蚀	①氢致开裂（氢脆）；②应力腐蚀；③腐蚀疲劳；④磨损腐蚀

全面腐蚀：腐蚀分布在整个金属表面上，它可以是均匀的，也可以是不均匀的。例如，碳钢在强酸、强碱中的腐蚀属于此类。这类腐蚀的危险性相对较小，当全面腐蚀不太严重时，只要在设计时增加腐蚀裕度就能够使设备达到应有的使用寿命而不被腐蚀损坏。

局部腐蚀：腐蚀主要集中在金属表面某一区域，而表面的其他部分则几乎未被破坏。局部腐蚀有很多类型，如电偶腐蚀、点蚀、缝隙腐蚀、晶间腐蚀、选择性腐蚀等。

力学和环境因素共同作用下的腐蚀：金属构件通常在应力（内应力、负荷）与环境介质的联合作用下工作，因而金属材料会遭受严重的破坏。由于受力状态的不同，与介质作用造成的腐蚀破坏形态是多样的，常见的如氢致开裂、应力腐蚀、腐蚀疲劳和磨损腐蚀等。

据美国有关机构统计，由金属的局部腐蚀引起事故的比例远远高于全面腐蚀。另外，局部腐蚀比全面腐蚀的危险性大得多。例如，由于氢脆与应力腐蚀具有突发性，所以危害性最大，常常造成灾难性的事故。因此，局部腐蚀的研究受到了广泛的重视。

对于非金属材料，可以将腐蚀分为高分子材料的腐蚀和无机材料的腐蚀两类。

高分子材料的腐蚀包括化学老化与物理老化，涉及介质的渗透、溶胀与溶解、应力腐蚀断裂、氧化降解与交联、光氧老化、高能辐射降解与交联、溶剂分解反应、取代基的反应、与大气污染物的反应、微生物腐蚀、复合材料的腐蚀。

无机材料的腐蚀包括天然岩石、铸石、陶瓷、玻璃、水泥等的腐蚀。

3.2 大气腐蚀

金属材料暴露在空气中，由于空气中的水和氧的化学和电化学作用而引起的腐蚀称为大气腐蚀。大气腐蚀是最常见的腐蚀现象。我们很容易发现钢铁构件生锈的事例。占世界钢产量60%以上的钢材是在大气环境中使用的，因大气腐蚀损失的金属约占总腐蚀损失量的50%以上。对于某些功能材料（如微电子线路）、装饰材料及文物，即使是轻微的大气腐蚀有时也是不允许的。现实的情况是，随着矿物能源的过度使用和大气污染的加重，材料的大气腐蚀日趋严重。

大气腐蚀不是一种腐蚀形态，而是一类腐蚀的总称。一般情况下，大气腐蚀以均匀腐蚀为主，还可以发生点蚀、缝隙腐蚀、电偶腐蚀、应力腐蚀和腐蚀疲劳等。

在大气中，金属材料的腐蚀速率、腐蚀特征和控制因素随大气条件而变化。引起大气腐蚀的主要成分是水和氧，特别是能使金属表面湿润的水，是决定大气腐蚀速率和腐蚀历程的主要因素。大气腐蚀速率与金属表面水膜厚度的关系如图3-1所示。

按环境分类一般按照金属表面潮湿度——电解液膜层的存在状态，把大气腐蚀分为以下三类。

（1）干大气腐蚀。在空气非常干燥的条件下，金属表面不存在液膜层的腐蚀称为干大气腐蚀。干大气腐蚀的特

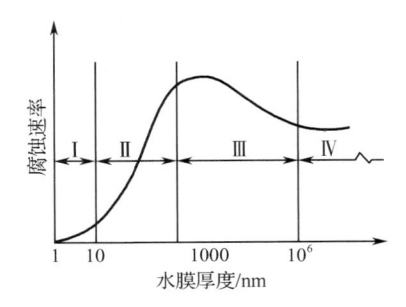

图3-1 大气腐蚀速率与金属表面水膜厚度的关系

点是金属表面的吸附水膜厚度不超过 10nm，没有形成连续的电解液膜（Ⅰ区）；腐蚀速率很低，化学氧化的作用较大。金属 Cu、Ag 等在含有硫化物污染的空气中失泽（形成了一层可见薄膜）即属于干大气腐蚀。

（2）潮大气腐蚀。当大气中的相对湿度足够高，在金属表面存在着肉眼看不见的薄液膜时所发生的腐蚀称为潮大气腐蚀。此时，水膜厚度可达几十到几百个水分子层厚，为 10nm～1μm，形成了连续的电解液薄膜（Ⅱ区），并开始了电化学腐蚀，腐蚀速率急剧增快。铁在没有雨雪淋到时的生锈即属于潮大气腐蚀。

（3）湿大气腐蚀。当空气湿度接近于 100%，以及当水以雨、雪、水沫等形式直接落在金属表面上时，金属表面便存在着肉眼可见的凝结水膜，此时发生的腐蚀称为湿大气腐蚀。湿大气腐蚀的特点是水膜较厚，为 1μm～1mm，随着水膜加厚，氧扩散困难，腐蚀速率下降（Ⅲ区）。当水膜厚度大于 1mm 时，就相当于金属全浸在电解质溶液中的腐蚀，腐蚀速率基本不变（Ⅳ区）。

应当指出，在实际的大气腐蚀过程中，由于环境的变化，即随着雨、雪、白天、夜晚等的出现，上述三种腐蚀情况是交替发生的。

如上所述，大气腐蚀是金属处于表面薄层电解液膜下的腐蚀过程，因此大气腐蚀主要是电化学腐蚀，遵从电化学腐蚀的一般规律，同时，由于电解液膜比较薄，而且常常干湿交替，所以大气腐蚀的电极过程又有其自身的特点。

3.2.1 大气腐蚀机理

1. 大气腐蚀初期的腐蚀机理

当金属表面形成了连续的电解液薄膜时，就开始了电化学腐蚀过程。

（1）阴极过程通常是氧的去极化反应，即 $O_2+2H_2O+4e \rightarrow 4OH^-$。

由于在薄液膜条件下，氧的扩散比全湿状态下更容易，所以即使是一些电位较负的金属（如镁和镁合金），当从全浸状态下的腐蚀转变为大气腐蚀时，阴极过程由氢去极化为主转变为氧去极化为主。

（2）阳极过程在薄液膜下，大气腐蚀阳极过程会受到较大阻碍，阳极钝化及金属离子水化过程的困难是造成阳极极化的主要原因。

一般的规律是，随着金属表面电解液膜变薄，大气腐蚀的阴极过程更容易进行，而阳极过程则变得越来越困难。对于潮大气腐蚀，腐蚀过程主要受阴极过程控制。对于湿大气腐蚀，腐蚀过程受阳极过程控制，但与全浸于电解液中的腐蚀相比，已经大为减弱了。可见随着水膜厚度的变化，电极过程控制特征发生了明显的变化。了解这一点对采取适当的腐蚀控制措施有着重要的意义。如在湿度不大的阳极控制的腐蚀过程中，用合金化的办法提高阳极钝性是有效的，而对受阴极控制的过程则效果不好。此时应采用降低湿度，减少空气中有害成分的措施减轻腐蚀。

2．锈层形成后的腐蚀机理

在较长一段时间内，人们一直认为钢铁材料的大气腐蚀的阴极过程只有氧的还原。后经研究发现，在一定条件下，已经形成的腐蚀产物会影响后继大气腐蚀的电极过程。

3.2.2 大气腐蚀影响因素

大气腐蚀的影响因素比较复杂，但主要受环境的湿度、温度及大气成分的影响。

1．湿度

金属的大气腐蚀与水膜的厚度有直接的关系，而水膜的厚度又与大气中的水含量有关。大气中的水含量采用相对湿度表示，即在一定温度下，大气中实际水蒸气压强与饱和水蒸气压强之比。

当金属表面处于比其温度高的空气中时，空气中的水蒸气将以液体凝结于金属表面上，这种现象称为结露。结露是发生潮大气腐蚀的前提。一般来说，空气的湿度越大，金属与空气的温差越大，越容易结露，而且金属表面上电解液膜存在的时间也越长，腐蚀速率也相应越快。一般金属都有一个腐蚀速率开始急剧增加的湿度，我们称大气的这一相对湿度值为临界湿度。Fe、Cu、Ni、Zn 等金属的临界湿度为 50%～70%。

通常，只有大气的相对湿度达到 100%时，才会发生水膜的凝结。当金属表面的湿度大于临界湿度（不用达到100%）就会出现明显的大气腐蚀。这说明，当湿度超过临界湿度时，金属表面就已经能够形成完整的水膜了，使电化学腐蚀过程可以顺利进行。

大气中水蒸气在相对湿度低于 100%时发生凝结有三个原因：一是由于金属表面沉积物或金属构件之间的狭缝等形成的毛细管产生的毛细管凝聚作用；二是由于在金属表面附着的盐类（如铵盐和氯化钠）或生成的易溶腐蚀产物而产生的化学凝聚作用；三是由于水分与固体表面之间存在的范德华分子引力作用产生的物理吸附。

2．温度

结露与环境的温度有关。露点温度表如图 3-2 所示，可以通过气温和相对湿度简单地求出露点温度。在一定的湿度下，环境温度越高，越容易结露。统计结果表明，其他条件相同时，平均气温高的地区，大气腐蚀速率较快。昼夜温度变化大，也会加速大气腐蚀。

3．大气成分

地球表面自然状态的空气称为大气，大气是由不同气体组成的混合物，干大气的基本组成（质量分数）为：氮气约为 78%、氧气约为

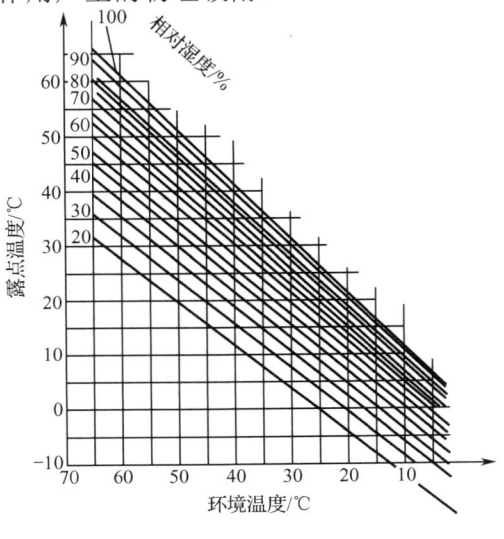

图 3-2 露点温度表

21%，剩余的 1%包括惰性气体、水蒸气、二氧化碳等。由于地理环境的不同及工业污染，大气中经常混入污染物。常见的气体污染物有硫化物（SO_2、SO_3、H_2S）、氮化物（NO、NO_2、NH_3）及碳化物（CO、CO_2）等；固体污染物主要有盐颗粒、砂粒和灰尘等。实践证明，这些污染物对金属的大气腐蚀有不同程度的促进作用。

（1）SO_2 的影响。在大气污染物中，SO_2 的影响最为严重。SO_2 主要是由矿物燃料燃烧产生的。在冬季燃料消耗多，因此 SO_2 的污染也更为严重。SO_2 促进金属大气腐蚀的机理主要有两种看法：①认为一部分 SO_2 在高空中能直接氧化生成 SO_3，溶于水中生成 H_2SO_4；②认为一部分 SO_2 被吸附在金属表面，与 Fe 作用形成 $FeSO_4$，$FeSO_4$ 进一步氧化并由于强烈的水解作用生成硫酸，硫酸可返回与 Fe 作用，整个过程具有自催化的特性。其反应如下：

$$Fe+SO_2+O_2 \rightarrow FeSO_4$$

$$4FeSO_4+O_2+6H_2O \rightarrow 4FeOOH+4H_2SO_4$$

$$2H_2SO_4+2Fe+O_2 \rightarrow 2FeSO_4+2H_2O$$

（2）固体颗粒的影响。固体颗粒对大气腐蚀的影响方式可分为三种：①颗粒本身具有腐蚀性，如盐颗粒，颗粒有吸湿作用，溶于金属表面水膜中，提高了电导和酸度，又有很强的侵蚀性；②颗粒本身无腐蚀作用，但能吸附腐蚀性物质，如碳粒能吸附 SO_2 及水汽，冷凝后形成酸性溶液；③颗粒既非腐蚀性，又不吸附腐蚀性物质，如砂粒落在金属表面能形成缝隙而凝聚水分，形成氧浓差的局部腐蚀条件。

3.2.3 大气腐蚀控制

1．提高材料的耐蚀性

向碳钢中加入 Cu、P、Cr、Ni 等合金元素可显著提高耐大气腐蚀性能。近年发现，向其中加入微量 Ca 和 Sb 也可有效提高锈层的防护性能。

2．采用镀涂层保护

镀涂层保护包括油漆、金属镀层或暂时性保护涂层，是防止大气腐蚀最简便的方法。涂层的主要作用是对水和氧进行屏蔽。涂料中的颜料也有缓蚀和阴极保护的复合作用。常常通过多层涂装或几种防护涂层的组合使用来提高保护效果。大气中许多有色金属的耐蚀性比碳钢好，作为镀层有的还能起到阴极保护作用。常用的金属镀层有电镀锌、锡、铬，热浸镀和热喷涂锌、铝等。暂时性保护涂层包括加入石油磺酸盐、羊毛脂等油性缓蚀剂的防锈油脂，以及加入亚硝酸钠等水溶性缓蚀剂的防锈液。防锈油脂用于金属制品的封存防锈，防锈液主要用于金属制品加工工序间防锈。

3．营造局部小环境

营造局部小环境一般是指使用气相缓蚀剂和控制大气湿度。气相缓蚀剂的蒸气能在金属表面上形成吸附膜，从而起到保护作用，如亚硝酸二环己胺和碳酸已可用于保护钢铁和铝制品，苯三唑三丁胺可用于保护铜合金。此外，降低大气湿度，将湿度控制在50%，最好是30%以下，可以明显减轻大气腐蚀，可以采用加热空气、吸湿剂和冷冻除水等方法。常用的吸湿剂有活性炭、硅胶、氯化钙、活性氧化铝等。此外，还可把金属制品封存在干燥空气或氮气环境中。

4．改造整体大环境

通过合理设计防止缝隙中积水，避免金属表面落上灰尘，特别是加强环保，减少大气污染可有效降低大气腐蚀的程度。

3.3 金属电化学腐蚀

3.3.1 电化学腐蚀机理

电化学腐蚀是最重要的腐蚀反应，大多数金属腐蚀的起因，都可以说是一种电化学反应。这里所说的电化学反应，是指在相同或不同的金属物体中，由于各种因素使某些部位产生了局部的阳极反应，让金属失去一个或多个电子，变成金属阳离子，即发生阳极氧化作用；与此同时，另一地点也会发生阴极反应，获得多出的电子，使得阴极形成还原作用，而构成一个电池效应的现象。这种电池效应使阳极金属造成消融腐蚀，称之为电化学腐蚀。

1．电化学腐蚀发生的原因

在电化学反应里，将失去电子的一方称为阳极，而获得电子的一方称为阴极；当两极之间具有一个低电阻的导电通路时，阳极金属就会发生腐蚀。阴极反应通常不会发生电镀效应，其还原反应多生成气体、液体或固体。

两种不同的金属容易发生这种现象，相同的金属也有可能发生电池效应。例如，同一金属构件表面有局部变异而形成两极，或者是搭接物体的夹缝内藏有盐类或尘垢等。此外，温度/湿度可以增加电解液的活动程度而增强腐蚀；当金属表面形成海绵状的化合物时，就足以容纳更多的水分继续其电池作用，并且向内腐蚀金属。

2．金属腐蚀的电化学历程

一个腐蚀电池必须包括阴极、阳极、电解质溶液和连接阴阳两极的电子导体四个不可分割的部分。腐蚀电池的工作主要由下列三个基本过程组成。

（1）阳极过程：金属溶解，以离子形式进入溶液，并把适当的电子留在金属上。

（2）阴极过程：从阳极流过来的电子被阴极表面附近溶液中能够接收电子的物质所吸收，即发生阴极还原反应。

（3）电流的流动：在金属中依靠电子从阳极流向阴极；在溶液中则是依靠离子的迁

移；阳离子从阳极区移向阴极区，阴离子从阴极区移向阳极区。

按照这种电化学历程，金属的腐蚀破坏将集中在阳极区，在阴极区不会发生可察觉的金属损失，它只起到传递电子的作用。因此，除金属外，其他电子导体，如石墨、过渡元素的碳化物和氮化物、某些氧化物都可成为腐蚀电池中的阴极。在有些情况下，阴极、阳极过程也可在同一表面上随时间交替进行。但在很多情况下，电化学腐蚀是以阴极、阳极在不同区域局部进行为特征的，这是区分电化学腐蚀和纯化学腐蚀的一个重要标志。

3．腐蚀电池的类型

根据组成腐蚀电池的电极尺寸大小及阴极区、阳极区分别随时间的稳定性，并且考虑促使形成腐蚀电池的影响因素和腐蚀破坏特征，一般可将腐蚀电池分为宏观腐蚀电池和微观腐蚀电池两大类。

（1）宏观腐蚀电池。

宏观腐蚀电池通常是指由肉眼可见的电极所构成的腐蚀电池，电池的阴极区和阳极区往往保持长时间的稳定，因而导致明显的局部腐蚀。宏观腐蚀电池有以下3种。

① 异种金属接触电池：不同金属在同一电解液中相接触构成的腐蚀电池。

② 浓差腐蚀电池：同一金属浸入不同浓度的电解液中形成的腐蚀电池。金属的电位电极与金属离子的浓度有关，当金属与含不同浓度的该金属离子的溶液接触时，浓度低处，金属电位较负；浓度高处，电位较正，从而形成金属离子浓差腐蚀电池。在一定条件下，一些金属的电位与溶液中的含氧量有关。当同一金属的不同部位所接触的溶液具有不同的含氧量时，有可能使各部位的电位不相同，因而形成腐蚀电池。

③ 温差腐蚀电池：金属浸入电解质溶液中的各部分由于温度不同而具有不同的电位，因而形成腐蚀电池。

（2）微观腐蚀电池。

由于金属表面存在电化学不均匀性，使金属表面出现许多微小的电极，从而构成各种各样的微小的腐蚀电池，称为微观腐蚀电池，简称微电池。

① 金属表面化学成分的不均匀性引起的微电池。金属材料大多数含有不同的合金成分或杂质，当它处于腐蚀介质中时，金属表面上的杂质以微电极的形式与基体金属构成许多短路的微电池。

② 金属组织不均匀性构成的微电池。金属晶界的电位通常比晶粒内部的电位低，成为微电池的阳极，腐蚀首先从晶界开始。多相合金中不同相位之间的电位不同，是形成腐蚀微电池的另一个重要原因。此外，金属及合金凝固时产生的偏析，也是引起电化学不均匀性的原因。

③ 金属物理状态不均匀性引起的微电池。金属各部分变形不均匀，或者应力不均匀，都可以引起局部微电池。通常，变形大或受力较大部分为阳极。

④ 金属表面膜不完整引起的微电池。金属表面钝化膜以及其他具有电子导电性的膜或涂层，由于存在孔隙或破损，该处的基体金属通常比表面膜的电位低，形成膜-孔电池；孔隙处为阳极，遭到腐蚀。这类微电池又常称为活化-钝化电池。

应当指出，微电池的存在并不是金属发生电化学腐蚀的充分条件。要发生电化学腐蚀，溶液中还必须存在适合的氧化性物质作为阴极区极化剂。微电池的分布和存在，可以影响金属电化学腐蚀的速度和腐蚀形态。

4．阳极极化和阴极极化

当电极上有电流通过时，电极电位显著偏离了未通电时的开路电位。这种现象称为电极的极化。阳极上有电流时，其电位向正方向移动，称为阳极极化；阴极上有电流通过时，其电位向负方向移动，称为阴极极化。

（1）阳极极化的原因。

① 活化极化（或电化学极化）。阳极过程是金属离子从金属转移到溶液中，并形成水化离子。由于反应需要一定的活化能，使金属离子进入溶液的速度小于电子由阳极通过导线流向阴极的速度，所以阳极有过多的正电荷积累，改变双电层电荷分布及双电层间电位差，使阳极电位向正方向移动。

② 浓差极化。阳极溶解产生的金属离子，首先进入阳极表面附近的溶液层中，从而与溶液深处产生浓度差。由于金属离子向溶液深处扩散速度不够快，致使阳极附近金属离子的浓度逐渐增高。这就如同该金属插入高浓度金属离子的溶液中，因此电位变正，产生阳极极化。

③ 电阻极化。当金属表面有氧化膜，或者腐蚀过程中形成膜（氧化膜或腐蚀产物膜）时，金属离子通过这层膜进入溶液有很大的电阻，阳极电流在此膜中产生很大的电阻，从而使电位显著变正。

（2）阴极极化的原因。

① 活化极化（或电化学极化）。由于阴极反应需要一定的活化能才能进行，使阴极还原反应速度小于电子进入阴极的速度，所以电子在阴极积累，结果使阴极电位向负方向移动，产生阴极极化。

② 浓差极化。由于阴极附近反应物或反应产物扩散速度缓慢，可引起阴极浓差极化。例如，当阴极反应为溶液中的氧发生还原反应时，由于溶液中的氧到达阴极的速度小于阴极反应本身的速度，造成阴极表面附近氧的缺乏，结果产生浓差极化，使电位变负。

消除极化的过程称为去极化。消除阳极极化，称为阳极去极化；消除阴极极化，称为阴极去极化。搅拌溶液、加速金属离子的扩散、消除金属表面膜等，都可以加速阳极去极化过程。同样，搅拌溶液也可以消除阴极极化。显然，无论是阳极去极化作用还是阴极去极化作用，都会加速金属腐蚀的进行。

3.3.2 电化学腐蚀的影响因素

电偶腐蚀是电化学腐蚀中一种重要和常见的腐蚀类型，下面以电偶腐蚀为例说明电化学腐蚀的影响因素。电偶腐蚀是指两种或两种以上具有不同电位的金属接触时形成的腐蚀，又称为不同金属的接触腐蚀。耐蚀性较差的金属（电位较低）接触后成为阳极，腐蚀加速；而耐蚀性较高的金属（电位较高）则变成阴极受到保护，腐蚀减轻甚至停止。

1. 金属材料的起始电位差

金属材料的起始电位差值越大,电偶腐蚀倾向越大。

2. 极化作用

这一因素比较复杂,下面举两个实例加以说明。

(1) 阴极极化率的影响。例如,在海水中不锈钢与铝组成的电偶对,以及铜与铝组成的电偶对。两者电位差是相近的,阴极反应都是氧分子还原。实际上不锈钢与铝组成的电偶对腐蚀倾向很小,这是因为不锈钢有良好的钝化膜,阴极反应只能在膜的薄弱处、电子可以穿过的地方进行,阴极极化率大,阴极反应相对难以进行。而铜铝电偶对的铜表面氧化物能被阴极还原,阴极反应容易进行,阴极极化率小,导致电偶腐蚀严重。

(2) 阳极极化率的影响。例如,在海水中低合金钢与碳钢的自腐蚀电流是相似的,而低合金钢的自腐蚀电位比低碳钢高,阴极反应都是受氧的扩散控制。当这两种金属接触后碳钢为阳极,腐蚀电流增大为 i'_c,阳极极化对电偶腐蚀的影响如图 3-3 所示。

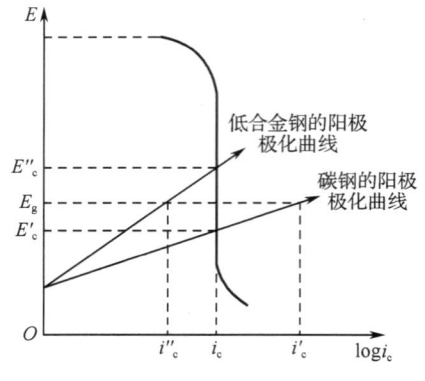

图 3-3 阳极极化对电偶腐蚀的影响

3. 面积效应

一般来讲,电偶腐蚀电池的阳极面积减小,阴极面积增大,将导致阳极金属腐蚀加剧。这是因为电偶腐蚀电池工作时阳极电流总是等于阴极电流,阳极面积越小,则阳极上电流密度就越大,即阳极金属的腐蚀速率增大。例如,在铜板上装有钢铆钉或钢板上装有铜铆钉并浸入海水中,因为铜的电位比铁正,所以铜板为阴极,钢铆钉为阳极,这就构成了大阴极-小阳极的电偶腐蚀,导致紧固件钢铆钉很快被腐蚀掉,而铜铆钉为阴极而钢板为阳极,由于是小阴极-大阳极结构,钢板的腐蚀增加得不多。可见,工程上应避免大阴极-小阳极的构件连接。阴阳极面积比对电偶腐蚀的影响如图 3-4 所示。

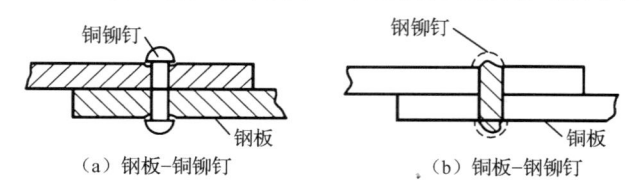

(a) 钢板-铜铆钉 (b) 铜板-钢铆钉

图 3-4 阴阳极面积比对电偶腐蚀的影响

4. 溶液电阻的影响

通常阳极金属腐蚀电流的分布是不均匀的,距离结合部越远,腐蚀电流越小,其原因是电流流动要克服电阻,所以溶液电阻大小影响"有效距离"效应。电阻越大则"有效距离"效应越小。例如,在蒸馏水中,腐蚀电流有效距离只有几厘米,使阳极金属在结合部附近形成深的沟槽。而在海水中，电流的有效距离可达几十厘米，阳极电流的分布就比较均匀、比较宽。

对于电偶腐蚀而言，介质电导率的高低直接影响阳极区腐蚀电流分布的不均匀性。因为在所有的电通路中，电流总是趋向于沿电阻最小的路径流动。实际观察电偶腐蚀破坏的结果也表明，阳极体的破坏最严重处是在不同金属接触处附近。距离接触处越远，腐蚀电流越小，腐蚀程度就越轻。例如，在电导率较高的海水中，两极间溶液的电阻较小，电偶电流可以分布到离接触点较远的阳极表面上，阳极受腐蚀相对较为均匀。而在溶液电导率低的软水或普通大气中，两极间引起溶液电阻大，腐蚀电流能达到的有效距离很小，腐蚀便集中在接触处附近的阳极表面上，形成很深的沟槽。这种情况要特别注意，不要误认为介质电导率低，可不采取有效的防护措施，不会形成因电偶腐蚀导致的严重破坏事故。

3.3.3 电化学腐蚀控制

1．接触偶控制

组装构件应尽量选择在电偶序中位置靠近的金属相组合。由于使用介质不一定有现成的电偶序，所以应预先进行必要的试验。

2．阴阳极面积控制

应避免大阴极-小阳极的结构件，阴极、阳极结构件如图3-5所示。

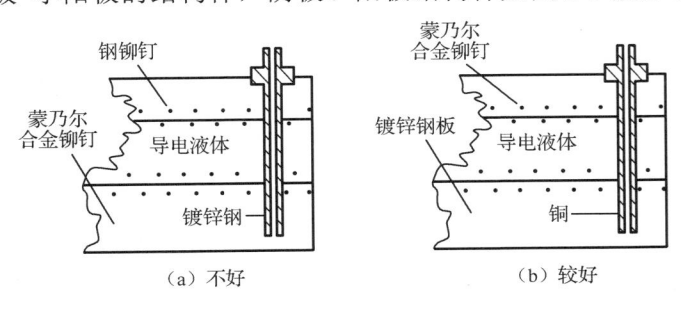

图3-5 阴极、阳极结构件

3．溶液介质控制

不同金属部件之间应绝缘，可有效地防止电偶腐蚀。电偶腐蚀结构件如图3-6所示。

4．应用涂层方法

应用涂层方法防止电偶腐蚀，如连接铝合金的钢螺栓上镀铝，或者在两金属上都镀上同一种金属镀层。在使用非金属涂料时，要注意不能仅把两种材料焊接处覆盖起来，还应把阴极性材料一起覆盖为好，如图3-7所示。

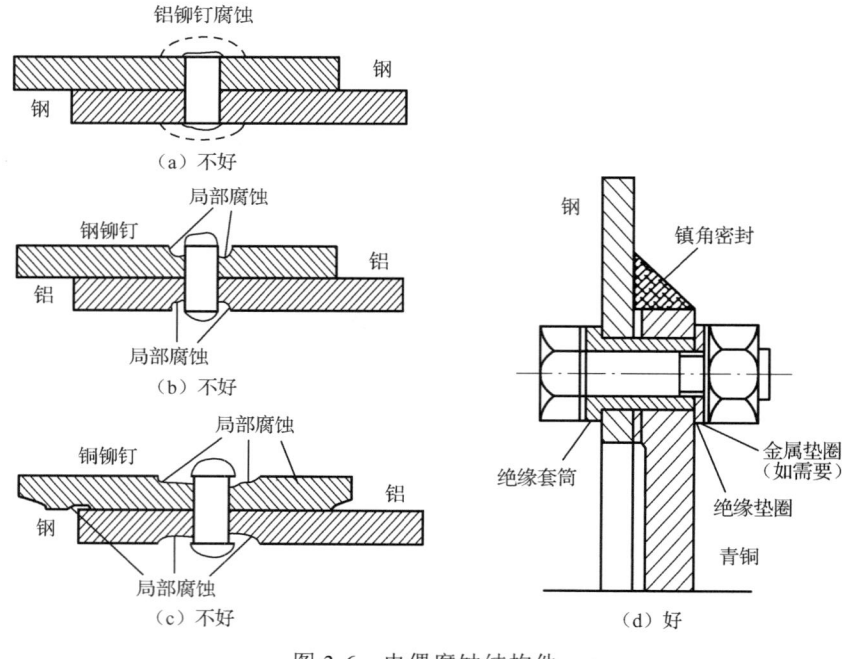

图 3-6　电偶腐蚀结构件

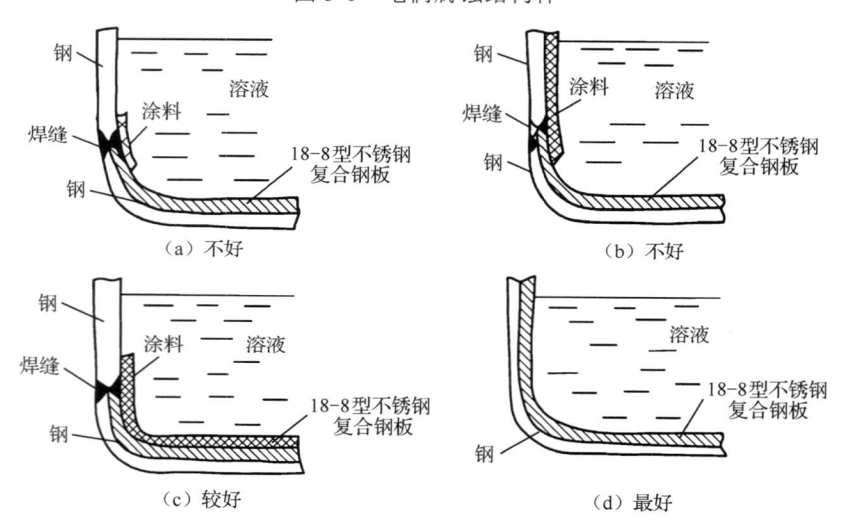

图 3-7　涂层方法防止电偶腐蚀

5．阳极部件选择

设计时应将阳极部件做成易更换且价廉的材料，这样在经济上是合理的。

6．采用电化学保护

采用电化学保护，即外加电源对整个设备进行阴极保护，使两种金属都变为阴极，或安装一块电极电位比两种金属更低的第三种金属。

3.4 高分子材料老化

3.4.1 高分子材料老化特征

由于高分子材料分很多种，不同高分子材料的特性不同，使用条件各异，所以老化现象和特征也各不相同。例如，农用塑料薄膜在日晒雨淋等多种外在因素的作用下会发生变色、变脆、透明度不断下降等老化现象；航空用的有机玻璃用久后会出现银纹、透明度下降等老化现象；橡胶制品用久后会发生弹性下降、硬度变硬、表面开裂或变软、发黏等老化现象。归纳来说，高分子材料的老化现象主要有下列四种。

1．外观的变化

高分子材料在外观上发生老化的主要表现为：出现污渍、斑点、银纹、裂缝、喷霜、粉化、发黏、翘曲、鱼眼、起皱、收缩、焦烧、光学畸变及光学颜色的变化。

2．物理性能发生变化

高分子材料在物理性能上发生老化的主要表现为：溶解性、溶胀性、流变性能等性能下降，材料的耐寒性、耐热性、透水性及透气等性能也会因老化而发生明显的变化。

3．力学性能发生变化

高分子材料在力学性能上发生老化的主要表现为：拉伸强度、弯曲强度、剪切强度、冲击强度等力学性能下降，此外，材料的相对伸长率、应力松弛等性能也会因老化而发生变化。

4．电性能发生变化

高分子材料在电性能上发生老化的主要表现为：表面电阻、体积电阻、介电常数、电击穿强度等电学性能下降。

3.4.2 高分子材料影响因素

1．内在影响因素分析

（1）聚合物高分子材料的化学结构研究表明，聚合物高分子材料发生老化的原因与高分子材料本身的化学结构有非常密切的关系，材料内部化学结构的弱键非常易受外部因素的影响，进而发生弱键断裂，形成自由基，自由基是引发自由基反应的起点，从而也是高分子材料发生老化的起点。

（2）高分子材料的物理形态。有些聚合物高分子材料的分子键排列有序，有些则杂乱无序。排列有序的分子键形成结晶区，排列无序的分子键则形成非晶区。研究表明，很多聚合物高分子材料的形态并不均匀，而是处于半结晶状态，其特征是既有结晶区也有非结晶区。一般来说，高分子材料的老化反应首先从非结晶区开始，并逐步蔓延到结晶区。

（3）高分子材料的微量金属杂质和其他杂质。一般来说，在加工高分子材料时，都要和其他金属材料接触，或者在其他金属材料的配合下进行加工。在此期间，有可能会有微量金属材料混杂到高分子材料之中，或者高分子材料进行聚合时，需要金属材料作为催化剂，也会使微量金属材料混杂到高分子材料中。以上情况都会催生高分子材料自动氧化，进而引发老化现象。

（4）高分子材料的分子量及分布情况。研究表明，聚合物高分子材料的老化与其分子量之间的关系不大，而分子量的分布情况对高分子的老化有很大影响，分子量的分布越宽，其端基越多，高分子材料越容易老化。

2．外在影响因素分析

（1）温度对高分子材料老化的影响。

温度升高，高分子材料的高分子链的运动也加剧，一旦超过材料化学键的离解能，就会引起高分子链的热降解或基团脱落。温度降低，会影响高分子材料的力学性能，与力学性能、相关的临界温度点有玻璃化温度 T_g、黏流温度 T_f 和熔点 T_m 三种，在临界温度两侧，高分子材料的聚集态结构会发生明显变化，从而使材料的物理性能发生明显改变，引起高分子材料发生老化现象。

（2）湿度对高分子材料老化的影响。

湿度对高分子材料老化的影响主要归结于水分对材料的溶胀及溶解的影响，湿度会引发高分子材料分子间作用力的改变，破坏材料的聚集状态。对于非交联的非晶聚合物高分子材料来说，湿度的影响更加明显，会使高分子材料发生溶胀甚至发生解体，从而损坏材料的性能；对于塑料、纤维等结晶形态的高分子材料来说，由于存在明显的水分渗透限制，所以湿度的影响不明显。

（3）氧气对高分子材料老化的影响。

氧气是引起高分子材料老化的最重要原因之一。氧气具有渗透性，首先会攻击高分子材料分子主链的薄弱环节，形成高分子过氧自由基或过氧化物，然后引起主链断裂，在严重的情况下，会使聚合物的分子量明显下降，玻璃化温度降低，在某些易分解为自由基的金属元素存在的情况下，会进一步加剧氧化反应，从而进一步引发高分子材料老化。

（4）化学介质对高分子材料老化的影响。

只有当化学介质渗透到高分子材料的内部时，它才会发挥作用，这些作用主要包括对共价键的作用以及对次价键的作用。对共价键的作用主要表现为高分子链的断链、交联、加成等，这是一个不可逆的化学过程；对次价键的作用虽然不会引起高分子材料化学结构的改变，但会导致材料聚集态结构发生改变，从而使其物理性能发生改变。

（5）生物因素对高分子材料老化的影响。

塑料制品在加工过程中会使用多种添加剂，因而非常容易成为霉菌的营养源。霉菌生长会吸收塑料表面和内部的营养物质，并成长为菌丝体，菌丝体是导体，具有导电性，会使塑料的绝缘性下降、质量发生变化，严重时会使塑料制品发生剥落。霉菌在生长时产生的代谢物中富含有机酸和毒素，会使塑料发黏、变色、变脆、光洁度降低。

此外，聚合物高分子材料长期处于某种特定的环境之中，并且微生物具有非常强的变异性，会逐步进化出能够分解、利用高聚物的催化酶，从而以其为食物来源。尽管这种情况对高分子材料的降解速率非常低，但这种危害确实存在。对于塑料包装盒等某些高分子包装物来说，通过迅速被生物降解能降低它对环境的损害。

3.4.3 高分子材料老化控制

1. 热老化预防措施

对于结晶型塑料及橡胶等高分子材料制品，应使其温度处于玻璃化温度以上，但低温可能会降低高分子材料的温度，使材料的物理性能发生改变，从而使其使用性能发生变化。在高分子材料生产过程中，加入增塑剂，有助于在提高材料的可加工性的同时，也可降低玻璃化温度，从而提高材料的耐寒性。增塑剂的作用机理分为分子增塑和结构增塑两种，分子增塑是指增塑剂在分子水平上与高分子混溶，降低高分子链之间的相互作用力，增加高分子链的柔顺性；结构增塑是指增塑剂以分子尺寸的厚度分布于聚合物的聚集态结构之间，起到润滑作用。

2. 湿老化预防措施

聚酯、聚缩醛、聚酰胺和多糖类高聚物等高分子材料在酸或碱等催化剂的催化作用下，遇水发生水解，使空气的污染非常严重，严重的情况下会导致酸雨发生，因此应严格限制该类高分子材料的生产与使用。本书认为，如果在这类材料表面覆盖防水薄膜，就能有效降低甚至避免水解、湿润等现象引发的高分子材料老化现象。

3. 氧老化预防措施

在高聚物等高分子材料的加工过程中，有选择性地加入胺类抗氧化物、酚类抗氧化物、含硫有机化合物及含磷化合物等物质，能与过氧自由基发生反应，从而使氧老化反应终止。抗氧剂分为自由基受体型和自由基分解型两种，自由基受体型抗氧剂能与过氧自由基迅速反应，使其活性降低；自由基分解型抗氧剂能够使高分子过氧自由基转变成稳定的羟基化合物，进而降低高分子材料的老化速度。对于酚类抗氧剂来说，由于存在氢过氧化物自分解成自由基的趋势，应由抗氧剂与氢过氧化物共同作用，形成抗氧剂。一般来说，如果自由基受体型抗氧剂能与自由基分解型抗氧剂共同作用，往往会产生较好的协同效果。

4．光老化预防措施

在高分子材料的加工过程中，如果加入适量的光稳定剂，就可以有效地避免材料老化与降解。一般来说，光稳定剂有光屏蔽剂、紫外吸收剂与淬灭剂等。光屏蔽剂有炭黑、钛白粉等，能反射紫外光，避免光照射入聚合物高分子材料内部，减少光激发反应；紫外吸收剂能吸收紫外线，自身处于激发状态，放出荧光、磷光或热而回到基态；高聚物吸收紫外光后处于激发态，将能量转移给淬灭剂，回到基态后，淬灭剂再以光或热的形式将获得的能量释放出去，进而恢复到基态。

此外，在聚合物等高分子材料表面涂上防紫外线的丙烯酸涂料，可有效增强聚合物的光稳定性，且涂层越厚，高分子材料的光稳定性越好，防止光老化的效果越明显。

5．生物老化预防措施

能够使塑料等高分子材料发生微生物老化的主要生物类型是霉菌，其次是细菌、小型藻类及原生动物等。因此，对霉菌的防范至关重要。目前，防止菌类老化的方法有很多，适用于塑料制品等高分子材料老化的方法是在塑料中添加防霉剂，或者涂覆反微生物因子。

3.5 微生物腐蚀

电子设备暴露在湿热环境时，将面临霉菌等微生物的威胁，可造成材料的腐蚀；霉菌的新陈代谢产物呈酸性，霉菌菌落间有大量菌丝体存在，这些菌丝体吸水性很强，能够在电子材料表面形成薄液膜和微液滴，导致电子材料表面发生薄液膜下的大气腐蚀，而含水导电的菌丝体会越过绝缘材料形成电气回路，造成电路短路。菌丝体还有可能改变有效电容，使设备的谐振电路不协调，造成一些电子设备故障。

微生物腐蚀也是造成高分子材料老化的因素之一。高分子材料的生物降解是在一定的时间和一定的条件下，被微生物（细菌、真菌、藻类）生化过程中产生的分泌物或酶降解为低分子化合物，最终分解为二氧化碳和水等无机物。生物降解的高分子材料具有以下特点：易吸附水、含有敏感的化学基团、结晶度低、摩尔质量低、分子链线性化程度高和大的比表面积等，因此所有可降解高分子材料在降解过程均具有被腐蚀的风险。另外，难以生物降解的化学合成高分子材料长期处于某种环境中也会存在被微生物腐蚀的风险，因为微生物具有极强的遗传变异性，所以在特定条件下也可能产生利用这些高聚物的酶类，使之能作为碳源或能源生长，尽管这种降解速率极低，但这种潜在危害是确实存在的。只是高分子材料的腐蚀比降解更复杂，因为它依赖于许多其他因素，如降解、溶胀、溶解低聚物和单体的扩散及形态学的改变等。了解腐蚀机理对各类高分子材料的成功应用非常重要。关于防止包括塑料、涂料在内的高分子材料的微生物腐蚀和微生物降解研究将是一个非常活跃的领域。

3.5.1 微生物腐蚀机理

微生物在自然界中无处不在，包括物体表面，但是物体表面附着的微生物明显不同于其他浮游态微生物。在适宜的条件下，如微生物的自身性质（种类、培养条件、浓度、活性等）、载体表面性质（表面亲水性、表面负荷、表面化学组成、表面粗糙度等）及环境条件（pH 值、离子强度、水流剪切力、温度等），大量微生物附着在材料表面形成一层菌膜，并进一步形成微型生物黏膜，即微生物膜，这种微生物膜污染不仅影响材料腐蚀过程，同时也在很大程度上影响设备的使用性能。

对于高分子材料而言，微生物膜污染过程一般可分为两个阶段。第一阶段是微生物（包括各种细菌和真菌）通过向膜面传递（可以通过扩散、重力沉陷、主体对流）而能动地积累在膜面上形成生物膜。当生物膜积累到一定程度引起膜通量的明显下降时便是第二阶段——生物污染。几乎所有的天然和合成高分子材料都易于被细菌吸附并在上面生长繁殖。即使是表面自由能很低的憎水性材料也会被大量的细菌所吸附。形成微生物膜的细菌由于自身代谢和聚合作用会产生大量的细胞外聚物，它们将吸附在膜面上，形成强度很高的水合凝胶层，进一步增强了污垢与膜的结合力。

高分子材料的微生物腐蚀或降解主要取决于聚合物分子的大小和结构、微生物的种类及微生物的生活环境条件。对于高分子材料而言，一般可微生物腐蚀的化学结构顺序为：脂肪族酯键、肽键、氨基甲酸酯、脂肪族醚键、亚甲基。另外，相对分子质量大、分子结构排列有规则、疏水性大的聚合物，不利于微生物的生长和繁殖。

高分子材料微生物腐蚀的优势菌群和降解途径通常由环境温度和湿度等条件决定，腐蚀性微生物一般可分为好氧型和厌氧型。在有氧条件下，好氧微生物是破坏复杂材料的主要因素，最终产物为微生物生物量、CO_2、H_2O 等；相反，在缺氧条件下，厌氧共生菌对高分子物质的腐蚀起了关键作用，无氧呼吸的最终电子受体不是氧，其最终产物为微生物生物量、CO_2、CH_4、H_2O（在有甲烷生成条件下）或 H_2S、CO_2 和 H_2O（在硫酸还原条件下）。相比厌氧过程，有氧过程能产生大量能量，可以供微生物生长，并且好氧条件在自然环境中很常见，在实验室中也易模拟。目前已知有两类细胞酶参加了高分子材料的腐蚀/降解：胞外和胞内解聚酶。在腐蚀/降解过程中，微生物胞外酶破坏高分子，产生小短链或更小的分子（如单体、二聚体和低聚物）以至于能通过细菌的半透膜，被细菌作为碳源和能源加以利用，称之为解聚作用，若分解产物为无机物质（如 CO_2、H_2O 或 CH_4）则称为矿化作用。高分子材料的结构越接近天然分子，就越容易被降解和矿化，如纤维素、几丁质和聚 β-羟基丁酸酯（PHB），可以完全迅速地被异养微生物在自然条件下降解。对于化学合成高分子材料，虽然降解速率极低，但是在特定环境或特殊用途中，由于对微生物敏感性增加从而加速了高分子材料的微生物腐蚀。

3.5.2 微生物腐蚀影响因素

微生物主要由以下四种方式参与腐蚀过程。

（1）微生物新陈代谢产物的腐蚀作用，腐蚀性代谢产物包括无机酸、有机酸、硫化物、氨等，它们能增加环境的腐蚀性。

（2）促进了腐蚀的电极反应动力学过程，如硫酸盐还原菌的存在能促进金属腐蚀的阴极去极化过程。

（3）改变了金属周围环境的氧浓度、含盐度、酸度等，从而形成了氧浓差等局部腐蚀电池。

（4）破坏保护性覆盖层或缓蚀剂的稳定性，例如，输送管道有机纤维覆盖层被分解破坏，亚硝酸盐缓蚀剂因细菌作用而氧化等。

3.5.3 微生物腐蚀控制

破坏微生物引起的腐蚀所必需的任何一个条件，就能阻止微生物生长，达到防霉的目的。

1．控制环境条件

绝大部分霉菌的最适宜的生长条件是温度为 20～30℃，相对湿度高于 70%。如果采取措施把温度降低到 10℃ 以下，绝大部分霉菌就无法生长。例如，在生产车间、库房等采用空调降温降湿措施以消除霉菌生长条件；用足够的紫外线辐射、日光照射防霉并消灭已生长的霉菌。此外，定期对电子设备通电增温也会有效地阻止霉菌生长。

2．隔离霉菌与营养物质

（1）密封防霉。将设备严格密封，并加入干燥剂，使其内部空气干燥、清洁，这是防止霉菌生长最有效的措施，可达到长期防霉效果。因为霉菌只有在潮湿的情况下才能通过酶的作用进行新陈代谢与繁殖生长。在干燥的环境下，如湿度低于 65%，霉菌就不会生长。故密封干燥不仅可以防止霉菌侵入，又可以防止霉菌生长。此外，在密封设备中充以高浓度的臭氧可以消灭霉菌。

（2）防霉包装。为防止电子设备在流通过程中受到霉菌侵蚀，可采用防霉包装。防霉包装要求对易发霉的产品或零部件先进行有效的防霉处理，然后再包装。或者将产品采用密封容器包装，并在其内放置具有抑菌或杀菌作用的挥发性防霉剂。

（3）表面涂覆。通过刷涂、浸渍或其他方法，在材料或零部件表面形成一层憎水且不被霉菌利用的保护性涂层，或者是含有防霉剂的涂料层，使微生物无法接触到材料或零部件。例如，用有机硅清漆涂覆塑料制品，用添加防霉剂的环氧酯漆浸渍线圈。

3．使用防霉材料

由于防霉剂有毒性，并易于挥发，只能在几个月或一两年内有防霉效果，所以要解决湿热地区产品长期防霉问题，关键还在于选择具有防霉性能的材料或适当改变现有材料的成分，使之增强抗霉性能，这是防霉的根本途径。应该根据以下原则选择防霉材料。

（1）避免使用易霉变的非金属材料。

（2）以金属材料制成的零部件，除非其工作在不利于霉菌生长的环境，否则应采用表面涂层加以保护。具有防霉性的油漆材料有改性有机硅树脂、聚氨酯绝缘漆、聚氨基甲酸酯漆、丙烯酸漆等。

（3）对于合成高分子材料，应尽量选择合成树脂本身具有耐霉性的品种。用来制造塑料的合成树脂本身就具有较好的防霉性，只是制造塑料时，由于改性的需要添加了油类等增塑剂，这样就使制成的塑料失去或降低了抗霉菌侵蚀能力，所以适当改变现有塑料的成分是提供防霉材料的新途径。例如，以玻璃纤维、石棉、云母、石英为填料的塑料，氟橡胶、硅橡胶、氯丁橡胶，以及以环氧树脂为基本成分的清漆。

（4）对难以判断的材料，应通过试验确定抗霉能力，再加以选择。

4．防霉处理

当设备的结构形式不能保证避免霉菌的侵蚀时，必须对材料进行防霉处理。所谓防霉处理，是指使用杀菌剂并通过适当的工艺方法对材料加以处理，使其具有抗霉能力。

（1）杀菌剂。

杀菌剂是指具有杀死或抑制微生物生长的毒性化学物质。多数杀菌剂可在生产过程中与其他原料混合在一起使用，或者对产品进行防霉的后处理。通常不需要改变或很少需要增加原来的生产程序，使用方便。

常用的杀菌剂主要是有机杀菌剂，包括有机铜化合物、有机锌化合物和酸性有机化合物等。杀菌剂之所以能够抑制微生物的生长或导致其死亡，是因为其影响了微生物的代谢过程。如有的杀菌剂能产生代谢作用或与代谢物发生作用，使正常的代谢物变成无效的代谢物；有机化合物中的醇能使细胞变性。用防霉剂处理零件和整机，其防霉效果显著。

作为一种实用的杀菌剂，必须具备的条件是：有足够的杀菌力，毒性低，对人无毒性或实际不表现毒性；性能稳定，对产品及设备无不良影响；加工成本低廉，来源方便。

（2）防霉处理方法。

对材料的防霉处理可根据不同种类和使用情况，在制造过程中或使用前进行；而对于零部件和整机，是在加工后或装配后再进行防霉处理的。常用的防霉处理方法有以下三种。

① 混合法是指把防霉剂与材料的原料混合在一起，制成具有防毒能力的材料。例如，对应热塑性塑料，可将防霉剂先与增塑剂混合，然后与树脂及其他填料混合均匀，按普通塑化工艺进行塑化和使用；对涂料，可将防霉剂混入其中制成防霉漆。

② 喷涂法是指将防霉剂和清漆混合，喷涂于整机、零件和材料表面。

③ 浸渍法是指将防霉剂溶于溶剂制成稀溶液，对材料进行浸渍处理。此方法可用于棉纱、纸张等。

各种防霉剂都具有不同程度的毒性或难闻的气味，使用时应注意劳动保护。

第4章

电子设备常用金属材料

【概要】

在电子设备的设计过程中，常常要考虑材料的力学性能、物理性能及工艺性能，而金属材料的腐蚀防护性能却易被忽视，致使产品耐蚀性能不足。本章先介绍电子设备常用金属材料的选用原则，然后重点对电子设备的常用金属材料及其在大气环境中的耐蚀性能进行介绍，按黑色金属、有色金属、其他金属材料分别进行阐述。

4.1 金属材料选用原则

4.1.1 选择依据

设计师要根据所设计产品的技术性能指标要求，了解可能遇到的总体环境，结合使用条件分析局部环境，再具体落实到组成产品的零件所处的储存、运输、停放时周围环境和产品运行时该零件所遭遇的使用环境与周围环境及其叠加作用，根据这些状况进行材料的选择。

1. 材料的力学性能

要突出满足零件使用应力特性的要求，在材料五项基本指标的基础上，若考虑使用寿命，则要增加疲劳性能数据；若在高温下工作，则要增加高温下的蠕变和持久性能，材料在该环境中有无应力腐蚀及其敏感程度、应力腐蚀门槛值；若考虑损伤容限设计，还应有应力腐蚀断裂韧性方面的数据。

2. 材料的化学稳定性

要突出满足零件周围环境和使用环境的侵蚀作用，具有良好的耐蚀性，要认真分析该环境条件下，材料对均匀腐蚀、点蚀、晶间腐蚀、缝隙腐蚀、应力腐蚀、氢脆和腐蚀疲劳的敏感程度及解决措施。

3．材料的热稳定性

要突出满足零件在高温使用工作环境的需求，在高温及周围介质的共同作用下，材料的抗高温氧化与抗热腐蚀性能及蠕变，以及热膨胀和冷热冲击可能带来的影响。

4．材料使用的持久性

要突出满足零件及其组装成产品后使用寿命的要求，在常温及高温下材料的疲劳性能数据，材料的耐温、耐压、耐磨、耐振动及零件之间的匹配性、装配性、完整性。

5．材料的加工性

要突出满足现有加工技术或可创造加工技术的需求。进行良好的冷、热加工，材料要能适应铸造、锻造、焊接、热处理、胶接、冲压、剪切、机械加工、表面处理等工艺的顺利进行，在整个加工过程中不应损伤材料固有的力学性能和耐蚀性能，一般要有检测报告证明这些性能没有降低。

6．材料的经济性

要突出满足国内拥有或易于买到、价格合理、易于加工的需求，以确保产品具有良好的经济性，以及可持续生产、价廉物美、拥有广阔的市场。

7．材料的综合性

尽可能地追求材料的适应性、先进性、实用性、可靠性、经济性。将材料用好、用熟是一个优秀设计师成熟的标志之一。

4.1.2 选用原则

1．优先选用成熟的材料

实践已证明使用良好、又能满足新设计产品需求的材料可以入首选之列。使用成熟的材料，或可购买国内已有的类似材料，性能数据相似，皆可选用。

所设计的产品一定要能适应全世界可能遇到的恶劣环境地区的使用要求，所以在满足必要的力学性能、工艺和结构要求的前提下，优先考虑抗腐蚀特性。

2．新材料的选用

对于国内外尚无使用经验的新研制材料，应该通过鉴定，数据应齐全，关键件、重要件必须通过所设计产品的部件模拟试验，才可正式选用。

3．常用材料的选用原则

不锈钢、铸钢、碳钢、合金钢可广泛选用，但要选用对点蚀、氢脆、应力腐蚀和腐蚀疲劳不敏感的材料和热处理状态，并且要特别注意加工过程可能带来的影响。

铝合金零件或结构件要选择对晶间腐蚀、剥蚀、应力腐蚀和腐蚀疲劳不敏感的材料和热处理状态，对于铝合金受力结构件，尤其要注意选择对应力腐蚀和腐蚀疲劳不敏感的材料和热处理状态。在满足零件使用载荷的前提下，尽量采用耐蚀性好的材料。

钛合金的耐蚀性很好，建议尽可能选用钛合金。但要注意：①钛合金耐磨蚀性能比较差；②在225～480℃范围内，可能出现热盐应力腐蚀；③高温处理过的钛合金表面有一层污染层，应当去除；④钛合金件不准镀镉或镀银，不准与镀镉件接触使用。

镁合金的耐蚀性比较差。一般不推荐使出，但对那些与外界环境隔离较好，不易受到环境侵蚀的部位，可考虑采用镁合金，但必须施加防护性能好的防护体系。

常用金属材料的耐蚀性如表 4-1 所示，常见介质中的耐蚀金属材料如表 4-2 所示，金属材料在大气环境中的腐蚀类型和外观如表 4-3 所示。

表 4-1　常用金属材料的耐蚀性

金属材料	耐 蚀 性
碳钢	碳钢在潮湿工业大气、海水及酸性介质中会产生缝隙、电偶、局部、晶间腐蚀等。合金钢耐蚀性优于碳钢，但在没有保护措施的情况下，仍具有碳钢的各种腐蚀特点。高强度钢还有严重的氢脆、应力腐蚀倾向
不锈钢	在标准大气条件下，一般含铬13%以上的铬钢可自发钝化，有良好的耐蚀性。在氧化性的酸和碱等化学介质中，铬含量需要在17%以上才可能钝化。在侵蚀较强的介质中为使钢钝化或保持稳定钝态，需在含铬 18%的铬钢中，增加 Ni、Mo、Cu、Si 等元素或增加铬含量。在氯化物溶液中，不锈钢会产生点蚀。 奥氏体不锈钢会产生晶间腐蚀和应力腐蚀。降低碳含量在 0.03%以下，可防止晶间腐蚀，添加 Ti 和 Nb 可在 500～700℃范围不产生晶间腐蚀倾向。选用高铬铁素体不锈钢、铁素体-奥氏体双相钢、超低碳含 Mo 不锈钢、高镍不锈钢等可减少应力腐蚀倾向。 马氏体不锈钢有 Cr13、Cr17 型。总的说来，马氏体不锈钢可获得高强度，同时有一定耐蚀性但要注意合理的热处理温度，否则会产生晶间腐蚀和应力腐蚀倾向
铜合金	铜合金在大气中是耐蚀的，表面会生成 Cu_2O、$CuCO_3$、$Cu(OH)_2$ 保护膜。在 pH6～pH12 范围内，铜在淡水、盐水中是耐蚀的。 加工硬化的黄铜，特别在锌含量较高时在潮湿大气、海水、氨介质中会产生应力腐蚀断裂。经冷压加工的黄铜，应在 250℃下保温 1h 进行退火去应力处理。 铜合金容易变色，可采取钝化、化学转换膜等方法减缓
铝合金	铝合金在干燥大气中，表面会生成一层非晶状态的保护膜。在中性介质中耐蚀性好，但不耐卤素离子破坏，在潮湿大气、工业大气，在酸性和碱性介质中，由于氧化膜破坏而不耐蚀。在一定条件下，铝合金有应力腐蚀与晶间腐蚀的倾向。 提高合金纯度、降低杂质含量，在对抗应力腐蚀有一定的改善。采用时效热处理能提高铝合金抗应力腐蚀性能。 消除热处理、表面处理、冲压、翻边、扩口、弯曲时产生的张应力，可提高铝合金的耐应力腐蚀性
钛合金	钛合金容易生成稳定的氧化膜，并能很快自行修复。在潮湿工业、海洋大气中耐蚀性也很好。钛合金不会产生点蚀、晶间腐蚀，但有应力腐蚀倾向。几乎所有的 Mo、V 钛合金都具有抗应力腐蚀断裂能力。Ti-Al 合金在氯化钠溶液中，应力腐蚀敏感并与铝、氢、氧含量增加有关。 钛合金经过热加工成型、空气中热处理后，在合金表面会产生一层气体污染层。该层含有氧、氢、氮，需采用机械加工或酸洗方法将污染层全部去除。 钛合金在焊接后，应进行热处理消除应力，热处理后的氧化皮也要全部去掉

续表

金属材料	耐腐蚀性
镁合金	镁合金在大多数介质中都不耐腐蚀，即使在纯水中也会遭受腐蚀。 在大气、海洋大气、水中镁合金必须有妥善的防护措施，在与其他金属钢、铜接触时也必须采用相应的防护措施，防止电偶腐蚀。 镁合金对应力腐蚀敏感性大，在设计中应防止应力集中和截面突变。在加工中应防止局部受热.选择合理的热处理规范减少应力腐蚀倾向。零件退火可消除镁合金残余应力
铝基复合材料	在干燥大气中，表面生成一层非晶态保护膜。含有碳化硅或高含量硅，易发生应力腐蚀与晶间腐蚀的倾向。 消除热处理、表面处理、机械成型（冲压、翻边、扩口、弯曲）时产生的张应力，可提高耐应力腐蚀性

表 4-2 常见介质中的耐腐蚀金属材料

腐蚀介质	耐腐蚀金属材料
工业大气	纯铝
海洋大气	不锈钢、纯铝
湿蒸汽	不锈钢
海水	镍合金、钛合金
纯蒸馏水	锡
1%～20%碱溶液	低合金钢、镍合金

表 4-3 金属材料在大气环境中的腐蚀类型和外观

金属材料	对材料敏感的腐蚀类型	腐蚀产物
结构钢	表面氧化和点蚀，均匀腐蚀，应力腐蚀，氢脆，腐蚀疲劳	红棕色氧化物
不锈钢	点蚀（奥氏体不锈钢比马氏体不锈钢耐蚀性好），晶间腐蚀（由于热处理不当），缝隙腐蚀，高强度不锈钢应力腐蚀，氢脆，腐蚀疲劳	表面粗糙证明已腐蚀，有时为红色、棕色或黑色锈蚀
铝合金	表面点蚀，晶间腐蚀和剥蚀，应力腐蚀，腐蚀疲劳	表面起泡，出现白色或灰色粉末
钛合金	耐蚀性好，长期或重复与氯化物溶液接触可使金属结构性能下降	白色或灰色粉末
铜合金	表面腐蚀，晶间腐蚀，应力腐蚀	蓝色或蓝绿色粉末状沉积物
镁合金	对点蚀和均匀腐蚀十分敏感	白色粉末，雪花状粉末，表面白色斑点
铝基复合材料	表面点蚀，晶间腐蚀和剥蚀，应力腐蚀，腐蚀疲劳	白色或灰色粉末

4.2 黑色金属材料

4.2.1 碳钢

1. 分类

碳钢是指碳含量在 0.02%～2.11%的铁碳合金，是结构材料中的重要材料。在钢材的总产量中，碳钢约占 85%，低合金钢约占 10%。

通常，碳钢在各种环境中的耐蚀性较差，不属于耐腐蚀材料。但是，由于其用途较为广泛，了解碳钢在各种环境中的腐蚀行为，对钢材的正确选用和防护，提高使用的经济效益无疑是非常重要的。

2. 腐蚀的基本原理

铁碳合金在室温下有 3 种相：铁素体、渗碳体和石墨。铁素体为碳含量小于 0.08%的铁碳合金，渗碳体为 Fe_3C，而石墨则为游离碳。因为铁素体的电位要比渗碳体低，在腐蚀微电池中，渗碳体为阴极，铁素体作为阳极被腐蚀，所以碳钢的耐蚀性与其化学成分、组织结构和腐蚀条件等多种因素有关。

在酸性溶液中，随着碳含量增加，腐蚀率增大；但在氧化性酸中，碳含量增加到一定程度，腐蚀率下降；在大气、淡水、海水等中性溶液中，碳的影响不大。

碳钢的组织形态对其耐蚀性有一定影响。在碳含量相同时，片状珠光体比球状珠光体的腐蚀速率高，而且层片越细，片层间距离越小，腐蚀速率越高。屈氏体组织比回火马氏体的渗碳体多，而比索氏体组织细，故更易遭受腐蚀。

钢的热处理温度影响到组织形态，因而也影响到钢的耐蚀性。铁碳合金从高温奥氏体区冷却下来后，其各种组织产物对还原性介质的腐蚀作用有着不同程度的影响。

冷加工和焊接对碳钢的影响也很大。许多研究者一直认为是金属内残存应力起加速腐蚀的作用。焊接造成的表面缺陷会引起缝隙腐蚀等，另外，焊缝金属处在铸造状态，快速冷却会引起成分不均匀，这两种情况可能会引起选择性腐蚀。由于焊缝金属及热影响区金属的收缩不一致，会形成应力，所以提高了腐蚀（特别是应力腐蚀）的敏感性。

3. 耐蚀性

碳钢在强腐蚀介质、大气、海水、土壤中都不耐腐蚀，但在室温的碱或碱性溶液中有较好的耐蚀性。碳钢在一般干燥空气或气氛中的腐蚀速率比在潮湿空气中的小，在大陆气候比在海洋大气的腐蚀速率小。碳钢在大气中的腐蚀也会因成分、湿度、温度、气流和光照的不同而不同，大多情况下腐蚀速率为 0.2～0.5mm/a，绝大多数酸、碱、盐的水溶液对碳钢均有很强的腐蚀性。碳钢的腐蚀主要是氧去极化腐蚀，影响腐蚀速率的主要因素是金属表面保护膜的性质和氧到达阴极表面的难易程度。五种碳钢在自然暴露条件下的腐蚀速率如表 4-4 所示。

表 4-4 五种碳钢在自然暴露条件下的腐蚀速率　　　　　单位：μm/a

钢　种	江　津					万　宁				
	1 年	2 年	4 年	8 年	16 年	1 年	2 年	4 年	8 年	16 年
Q235	68.8	53.1	32.5	21.7	14.1	42.8	31.9	48.3	91.4	—
20	80.3	64.4	38.5	25.9	17.0	38.9	35.5	57.2	130.1	
09MnNb（S）	69.3	45.7	30.7	20.2	14.0	38.0	29.5	38.2	115.3	
16Mn	77.6	65.0	35.4	26.7	17.1	44.8	37.6	70.1	138.1	—
08Al	117.9	111.0	65.1	52.1	32.4	59.2	86.0	225.4	339.0	—

在无水无酸的有机介质（如甲醇、乙醇、苯、二氯乙烷、苯胺等）中，碳钢是化学稳定的。碳钢在纯的石油烃类中，腐蚀也不显著。但当介质中存在硫化氢和硫醇等杂质时，腐蚀速率迅速上升。

4.2.2　低合金钢

1．分类

合金元素的总量小于 5%的合金钢称为低合金钢。低合金钢是相对于碳钢而言的，它是在碳钢的基础上，为了改善钢的一种或几种性能，而有意向钢中加入一种或几种合金元素。当加入的合金量超过碳钢正常生产方法所能获得的一般含量时，称这种钢为合金钢。当合金总量低于 3.5%时称为低合金钢，合金含量在 5%～10%之间的称为中合金钢，大于 10%的称为高合金钢。

低合金钢可分以下几种。

（1）高强度钢：屈服强度为 309～700MPa。
（2）低温用钢：适用范围为-40～105℃，用于制氧及乙烯装置。
（3）耐蚀用钢：耐海水用钢，耐大气腐蚀，抗氨、抗氮用钢等。
（4）钢轨用钢：含 Mn、Si、Cu，提高磷含量可提高耐大气腐蚀的性能。
（5）耐磨用钢：农机、矿山机械、建筑机械等。

2．腐蚀的基本原理

耐蚀低合金钢是在碳钢的基础上添加少量多元合金元素而形成的。合金元素的添加主要是为了改善钢在不同腐蚀环境中的耐蚀性，但同时也会对钢的力学性能和工艺带来较大的影响。

3．耐蚀性

耐大气腐蚀的低合金钢也称为耐候钢。这类钢的大气腐蚀过程是在水膜存在下，空气中的氧通过锈层进行电化学反应的过程。锈层由疏松的 FeOOH 外锈层和 Fe_3O_4 与 FeOOH 混合物的内锈层构成。钢中的合金元素主要是通过影响内锈层而起作用的。研究表明，耐大气腐蚀的低合金钢具有较高的耐蚀性，它不仅与内锈层致密度、晶粒度较小和阻抗较大有关，而且也与 Cu、P、Cr 等合金元素在非晶内锈层富集有关。普通碳钢锈层中不存在具有保护作用的致密性非晶体，因而腐蚀速率较快。

耐海水腐蚀低合金钢中的 W、Al、Cu、P 等合金元素，在腐蚀过程中会以难溶性金属盐（$FeWO_4$）的形式沉积在活性阳极区，对局部腐蚀有自修补作用，阻滞阳极反应的进行，使钢的局部腐蚀得到不同程度的减弱。钢中的 Cu、Ni 等合金元素可以使锈层进一步致密化，提高保护作用，或者对非晶态 Fe_3O_4 锈层的形成有促进作用，也可使腐蚀速率减小。

常用的耐海水腐蚀低合金钢有 Mariner、10CrMnAl、10NiCuAs、08PVRE、12Cr2MoAlRE 等。其中，国产的 10CrMnAl 耐海水腐蚀低合金钢已广泛用于海水生产管线。日本研制了 Mariloy 系列钢，如 MariloyP50 钢，适用于飞溅区，高铬的 MariloyS 钢适用于全浸，含硅、铬、钼、铜的 MariloyT50 不仅适用于飞溅区，也适合在海水中使用，是目前综合性能较好的耐海水腐蚀低合金钢。低合金钢在海洋大气中的腐蚀情况（在北卡罗来纳州海滨处暴晒 15.5 年）如表 4-5 所示。

表 4-5 低合金钢在海洋大气中的腐蚀情况（在北卡罗来纳州海滨处暴晒 15.5 年）

类别	碳	锰	硅	硫	磷	镍	铜	铬	钼	合金元素总量/%	失重/（mg/dm²）
高纯铁加铜	0.02	0.02	0.003	0.03	0.006	0.05	0.02				
	0.02	0.023	0.002	0.03	0.005	0.05	0.053			0.1	43
	0.02	0.07	0.01	0.03		0.18	0.1			0.4	29.8
低磷钢加铜	0.04	0.39	0.005	0.02	0.007	0.004	1.03	0.06		1.5	17.3
高磷钢加铜	0.09	0.43	0.005	0.03	0.053	0.24	0.38	0.06		1.2	16.9
	0.095	0.41	0.007	0.05	0.104	0.002	0.51	0.02		1.0	16.5
高锰-硅钢加铜	0.17	0.67	0.23	0.03	0.012	0.06	0.29	0.14		1.4	16.6
铜钢加铬和硅	0.072	0.27	0.83	0.02	0.14	0.03	0.46	1.19		2.9	6.3
铜钢加钼	0.17	0.89	0.05	0.03	0.075	0.16	0.47		0.28	1.9	11.8
镍钢	0.16	0.57	0.02	0.02	0.015	2.2	0.24			3	9.4
	0.19	0.53	0.009	0.02	0.016	3.23	0.07			3.9	9.2
	0.17	0.53	0.26	0.01	0.007	4.98	0.09			5.9	6.1
镍钢加铬	0.13	0.23	0.07	0.01	0.007	4.99	0.03	0.05		5.4	7.5
镍钢加铬和钼	0.13	0.45	0.23	0.03	0.017	1.18	0.04	0.65	0.01	2.6	10.5
	0.16	0.53	0.25	0.01	0.013	1.84	0.03	0.09	0.24	3	9.8
	0.1	0.59	0.49	0.01	0.013	1.02	0.09	1.01	0.21	3.4	6.5
	0.08	0.57	0.33	0.01	0.015	1.34	0.19	0.74	0.25	3.4	7.6

续表

类别	成分/%									合金元素总量/%	失重/(mg/dm²)
	碳	锰	硅	硫	磷	镍	铜	铬	钼		
镍铜钢	0.12	0.57	0.17	0.02	0.01	1	1.05			2.8	10.6
	0.09	0.48	1	0.03	0.055	1.14	1.06			3.8	5.6
	0.11	0.43	0.18	0.02	0.012	1.52	1.09			3.2	10
镍铜钢加铬	0.11	0.65	0.13	0.02	0.086	0.29	0.57	0.66		2.4	10.5
	0.11	0.75	0.23	0.04	0.02	0.65	0.53	0.74		2.9	9.3
	0.08	0.37	0.29	0.03	0.089	0.47	0.39	0.75		2.4	9.1
镍铜钢加钼	0.03	0.16	0.01	0.03	0	0.29	0.53		0.08	1.1	18.2
	0.13	0.45	0.066	0.02	90.073	0.73	0.573		0.087	2	11.2

4.2.3 铸铁

1. 分类

按断口形貌不同铸铁可分为灰口铸铁、白口铸铁（硬而脆）、麻口铸铁；按合金化程度不同可分为普通铸铁、合金铸铁（特殊性能铸铁，如耐蚀铸铁、耐热铸铁、耐磨铸铁）；按石墨形态不同可分为普通灰铸铁（包括孕育铸铁，石墨呈片状）、蠕墨铸铁、球墨铸铁、可锻铸铁（团状石墨，强度和韧性好，是白口铸铁经热处理后得到的）。

2. 腐蚀的基本原理

铸铁的组织为铁、碳、硅三元合金，一般铸铁组织主要有铁素体、渗碳体、石墨 3 个相。在电解质溶液中，石墨的电极电位最高（+0.795V），渗碳体次之，铁素体较低（-0.44V）。因此，发生电化学腐蚀时，一般会形成以石墨或渗碳体为阴极，铁素体为阳极的原电池，造成腐蚀破坏。

为了提高铸铁的耐蚀性，通常在铸铁中加入少量的合金元素，如硅、铬、铝、铜和镍等，形成耐蚀铸铁，具体方法如下。

（1）利用合金化形成表面保护膜。加入铝、硅、铬等合金元素后，在铸铁表面形成一层完整、致密、结合良好的保护膜。

（2）提高基体的电极电位。加入硅、铬、钼、铜、镍和磷等合金元素，促使作为阳极的铸铁基体表面形成 Cr_2O_3、SiO_2 保护膜而变为钝态，从而提高基体的电极电位，阻滞电化学腐蚀过程的进行，提高耐蚀性。

（3）改善铸铁组织。通过形成单相奥氏体或铁素体组织，石墨球化等方法，使腐蚀原电池数量减少，或者使腐蚀介质不易进入铸铁内部，进而提高铸铁的耐蚀性。

3. 耐蚀性

1）普通铸铁

普通铸铁由于价廉易得、易于浇铸成型、缺口敏感性低、耐磨性和减震性好，而得到广泛应用。

普通铸铁在大气中的耐蚀性比碳钢好，在潮湿且含有 SO_2 的工业大气或含有氯离子的海洋大气中则腐蚀加剧，腐蚀速率远高于在农村大气中的腐蚀速率。普通铸铁在水中的腐蚀速率较低，原因是在较硬的水质中，铸铁表面易形成水垢，此外，石墨有促进钝化作用，阻止了铸铁的腐蚀过程；但在软化水或去离子水中，表面不易形成水垢，腐蚀速率反而较高。

2）高硅铸铁

高硅铸铁是以硅为主要合金元素而获得的 Fe-Si-C 合金。通常，其成分中的硅含量为 14%～18%。硅含量为 4%～6% 的铸铁具有耐热性，硅含量大于 13% 的铸铁具有耐酸性。这种合金在许多化学介质中，表面能形成一层以 SiO_2 为主的致密保护膜，因而具有良好的耐蚀性。

高硅铸铁在碱性溶液中的耐蚀性不好，甚至比普通铸铁还差。在含 Cl^- 的溶液中也是这样，原因是碱性溶液或 Cl^- 能破坏 SiO_2 钝化膜。

3）镍铸铁

镍含量小于 4% 的低镍铸铁的组织没有大的变化，主要是力学性能有所提高，可用于制作活塞、缸套等。

镍含量为 4%～6% 的中镍铸铁的组织为马氏体，硬度高，主要用于耐磨部件。马氏体铸铁中不允许基体有残余奥氏体存在，因为残余奥氏体在外力作用下会发生马氏体转变，导致体积膨胀而开裂。

高镍铸铁（镍含量为 14%～36%）的组织为奥氏体基体，石墨有片状和球状两种。其特点是对各种无机和有机还原性稀酸，以及各类碱性溶液都有很高的耐蚀性，但在氧化性酸中耐蚀性差。

高镍铸铁在海洋大气、海水和重型盐类水溶液中具有良好的耐蚀性。在碱中，如在质量分数低于 50% 的氢氧化钠、质量分数低于 75% 的氢氧化钾溶液中具有良好的耐蚀性，但在热碱中高镍铸铁会产生应力腐蚀。由于高镍铸铁特别耐碱腐蚀，故常用来制造苏打浓缩锅。

高镍铸铁的抗缝隙腐蚀和点蚀的能力比不锈钢的好。高镍铸铁在海水、海洋大气或中性盐中具有很高的耐蚀性，并且具有良好的耐冲蚀性、耐热性、耐磨性，因此常用于制作耐海水腐蚀的材料，如海水泵、阀和管道等，是海水淡化装置中的理想原料。

4）铬铸铁

低铬铸铁的铬含量小于 1.0%。铬的加入主要是为了改善灰口铸铁或球墨铸铁的力学性能，以及耐热性、耐蚀性和耐磨性。它主要用于制作 600℃ 以下工作的耐热件，改善铸铁对海水和低浓度酸的耐蚀性，常用于地下管道。

高铬铸铁的铬含量为 13%～35%。它属于白口铸铁，在高温氧化和腐蚀环境下具有特别优良的耐磨性能，适用于氧化性腐蚀介质。它可分为以下 3 类。

（1）马氏体高铬铸铁（铬含量为 12%～20%）。其硬度高（57～58HRC），耐蚀性好。

（2）奥氏体型高铬铸铁（铬含量为24%～28%）。它是一种综合性能非常优秀的合金铸铁。可在铸态下直接使用，不需要热处理；可承受很大冲击，发生加工硬化，内部韧性好。

（3）铁素体高铬铸铁（铬含量为30%～35%），碳含量一般低于1.5%。它具有良好的高温抗氧化能力，在含硫的氧化性气氛中更为突出。它发生变形和裂纹的危险性较小。

高铬铸铁在大气、海水、矿水、硝酸、浓硫酸、磷酸、通气盐酸、大多数有机酸、碱液、盐溶液等介质中有良好的耐蚀性，尤其在一些氧化性酸中，铸铁表面能形成一层致密的氧化膜，可使耐蚀性大为提高。

高铬铸铁除具有良好的耐蚀性外，还具有良好的铸造性、耐热性和耐磨性，因此常用于制造泵体、阀体、离心机件及熔化有色合金的坩埚等。

5）铝铸铁

铝含量为8%以上的铸铁具有良好的抗氧化性，但力学性能很差。因此一般将铝含量降到4%～6%，并加入其他元素。

例如，6%Al-1%Cu的铸铁，耐热性好，高温强度相当高；54%Al-5%Si的铸铁，既耐热又耐酸。

6）其他耐蚀铸铁

这类铸铁主要是指低合金铸铁，往往是在铸铁中加入少量的合金元素，多数是为了改善铸铁的力学性能，但也可改善铸铁在某种介质中的耐蚀性。例如，加入钒的铸铁，可用于柴油机缸套等在重油燃烧产物造成的腐蚀气氛中工作的耐磨件。铜含量大于2%的铸铁在矿井的气氛下或矿水、海水中有较好的耐蚀性；加入0.5%Mo、0.6%Cr都可提高铸铁的耐热性。

在制碱工业，特别是联碱工业中，腐蚀性流体介质为中性或弱碱性（pH值为8～9）。碳钢和普通铸铁的静态腐蚀并不严重。但是在实际生产中，由于母液中Cl浓度高，金属表面难以建立起稳定的钝化膜，而且设备是开口操作的，流动的液体吸氧，对金属产生氧去极化腐蚀，再加上介质中含有大量的结晶粒子，其冲刷摩擦加速了钢铁在这种介质中的腐蚀过程。铸铁中加入中等含量的Al、Si、Cu等合金元素能提高其在这种介质中的耐蚀性。低合金铸铁的耐蚀性如表4-6所示。

表4-6 低合金铸铁的耐蚀性

种类	耐蚀性
铝铸铁	铝含量>5%的铸铁在大气和水中耐蚀性高，在酸类水溶液中腐蚀度下降，高温中耐氧化
铬铸铁	耐蚀性比灰口铸铁低，在高温加热条件下，有防止反复加热冷却腐蚀产物产生成长的效果
硅铸铁	一般耐蚀性下降，对除氟酸外的酸性水溶液抗蚀能力增强。随着硅含量的增加，高硅铸铁的耐蚀性还会增加，当硅含量达到16.5%时，它几乎能耐任何浓度的硫酸和硝酸腐蚀，也可以用来处理铜盐和湿氯气，并且对任何浓度和湿度的有机酸溶液都极耐蚀
铜铸铁	大气中锈蚀比普通铸铁缓慢，在淡水及海水中比较耐蚀。铜含量>0.25%的铜铸铁有很强的耐碱性。添加少量铜的普通铸铁耐稀盐酸水溶液能力较强（提高2～3倍），但耐硝酸、硫酸能力下降。含较多量的铜和镍的铜铸铁对硫酸、盐酸等稀溶液和大多数盐类及海水均耐蚀，但耐高温性下降

续表

种　　类	耐　蚀　性
镍铸铁	在大气、流水和在高温下与灰口铸铁耐蚀性相同，苛性碱水溶液中的耐蚀性为灰铸铁的2倍，耐反复加热性能差
镍-硅铸铁	一般耐蚀性无明显提高，对苛性碱耐蚀性高，耐反复高温加热性好
钒铸铁、铝铸铁	耐蚀性与灰铸铁同，耐热性均有增加

4.2.4 不锈钢

1．分类

不锈钢既是耐蚀材料，又是耐热材料、耐湿材料、无磁材料和耐盐材料。不锈钢是高合金钢，其耐蚀性是由于大量合金元素加入而使组织、性能发生了根本的变化。不锈钢是具有抵抗大气、水、酸、碱、盐等腐蚀作用的合金的总称，应该强调的是，所谓"不锈"只是相对的。

不锈钢依据标准的不同可分为不同的类型。

（1）按化学成分不同可分为铬钢、铬镍钢、铬锰钢、铬锰镍钢、铬锰氮钢。

（2）按显微组织不同可分为奥氏体不锈钢、铁素体不锈钢、奥氏体-铁素体不锈钢、马氏体不锈钢、铁素体-马氏体不锈钢。

（3）按用途不同可分为耐海水腐蚀不锈钢、耐点蚀不锈钢、耐应力腐蚀不锈钢、耐浓硝酸腐蚀不锈钢、高强度不锈钢、易切削不锈钢、超塑性不锈钢。

2．耐蚀机理

不锈钢之所以耐腐蚀主要靠钝化，当其钝态由于各种原因而受到破坏时，钢就会受到各种形式的腐蚀，因此，钝态的形成与破坏构成了不锈钢的耐蚀与不耐蚀之间的矛盾转换。

不锈钢钝化膜具有如下特点：膜很薄，厚度为1～3nm；膜的成分中富含Cr；膜的结构为尖晶石结构，$w(Cr)>12\%$时，尖晶石结构已不明显，$w(Cr)>19\%$时，主要为非晶态结构，$w(Cr)>28\%$时，完全为非晶态组织。

一般钢的腐蚀发生在与腐蚀介质接触的整个界面上，而不锈钢的腐蚀往往沿着晶粒界面（晶界）进行。腐蚀开始发生于钢的表面，然后沿着晶界发展，形成微裂纹，破坏晶粒连接，甚至造成钢的断裂。

不锈钢发生腐蚀最常见的原因是碳化物析出造成贫Cr层。因为不锈钢的碳化物中含有大量的Cr，如$(Fe,Cr)_7C_3$、$(Fe,Cr)_{27}C_3$等，当它们在晶界处析出后，使基体Cr含量下降，产生贫Cr层，从而使钝化保护膜受到破坏。

3．耐蚀性

1）马氏体不锈钢的耐蚀性

马氏体不锈钢是指在室温下保持马氏体显微组织的一种铬不锈钢。设计此钢种就是利用了马氏体可通过热处理进行强化的优点，使钢材适用于制造对强度、硬度、弹性和耐磨性等力学性能要求较高，又能兼有一定耐蚀性的零部件。在铬含量相当的各种不锈钢中，马氏体不锈钢的耐蚀性较差，定位在弱腐蚀性环境中使用。因此，其合金成分简单，除 Cr 含量较高外，添加的提高耐蚀性的元素种类和含量均很少。

在各类不锈钢中，此类钢焊接性能较差，因此，以制作单件零部件为主，用作焊接构件的少，虽然可焊，但工件焊前要预热，焊后要处理（退火）。

由于马氏体不锈钢不耐局部腐蚀，所以在具备产生局部腐蚀的环境中，将其选作工程材料时要谨慎，以防发生腐蚀事故而遭受损失。尤其要注意合理的热处理，不然会产生晶蚀和应力腐蚀开裂倾向。

马氏体不锈钢具备高强度和耐蚀性，主要用来制造对力学性能要求高而对耐蚀性要求不高的零部件。可以用来制造机器零件，如蒸汽涡轮的叶片、蒸汽设备的轴和拉杆，以及在腐蚀介质中工作的零件，如活门、螺栓等。碳含量较高的钢号则适用于制造测量用具、弹簧等。

马氏体不锈钢在普通大气中耐蚀；在湿热大气和海洋大气中腐蚀较严重；在有尘粒表面的腐蚀比清洁、光亮表面的腐蚀严重；腐蚀首先从钢材表面缺陷处或尘粒沉积处发生。

总的来说，在 Cr、Ni 含量相当的不锈钢中，马氏体不锈钢的耐蚀性最差，奥氏体不锈钢最好，铁素体不锈钢次之。其原因是碳含量高，易析出碳化物。

2）铁素体不锈钢的耐蚀性

铁素体不锈钢以 Cr 为主要合金元素（含量一般为 12%～30%），碳含量不大于 0.25%（多数在 0.12%以下），室温下的组织为铁素体，是具有体心立方晶格结构的铁基合金，是应用较早的一种不锈钢。

各类铁素体不锈钢的耐蚀性如下。

（1）Cr13 型钢在碳含量低时耐蚀性好。一般在大气、淡水（自来水）、有机酸、过热蒸汽介质中是稳定的，在含有 Cl⁻和还原性介质中的耐蚀性差，易产生局部腐蚀。

（2）Cr16～19 型钢在氧化性环境中表面钝化态稳定，增加了对大气或海水的耐蚀性，所以多作为建筑材料和房屋的装饰。特点是焊接性能差（比 Cr13 型钢还要差）。

（3）Cr25～30 型钢为纯铁素体组织，是 Cr 钢中耐酸腐蚀和耐热最好的钢。它易钝化，钝态更加稳定。其缺点是 850℃以上晶粒急剧增大，脆性增加。

3）奥氏体不锈钢的耐蚀性

奥氏体不锈钢就是被镍或锰、氮充分合金化的，在室温下具有奥氏体组织的 Fe-Cr 合金。应用最为广泛的是以 18-8 型铬镍钢为基体的奥氏体不锈钢，占奥氏体不锈钢的 70%，占全部不锈钢的 50%。奥氏体不锈钢的优点是：无论在氧化性介质还是非氧化性介质中都具有很高的耐蚀性；优异的韧性、塑性和低温性能；良好的加工工艺性能；优良的焊接性能；具有非磁性；不能通过热处理（如淬火）强化，一般通过变形强化。缺点是：在含氯化物溶液中不耐应力腐蚀；易发生点蚀和缝隙腐蚀。

奥氏体不锈钢的耐蚀性主要取决于化学成分。

（1）在 800℃以下，18-8 型不锈钢具有很好的抗高温腐蚀性能。但是在含硫气氛中不稳定，400℃时，在含有 H_2S 的潮湿气体中显著氧化；500～800℃时，在 SO_2 气氛中，18-8 型不锈钢容易发生晶间腐蚀。

（2）18-8 型不锈钢在很宽的浓度、温度范围的硝酸中表现出很好的耐蚀性。在高浓度硝酸中是不耐蚀的，此时，该钢处于过钝化电位，发生过钝化溶解。

（3）一般奥氏体不锈钢耐稀硫酸的腐蚀，加入 Mo、Cu、Si 可提高钢在硫酸中的稳定性。奥氏体不锈钢在非常浓的硫酸——发烟硫酸中表现出良好的耐蚀性，因为此时浓硫酸为强氧化性酸，很容易使钢表面形成钝化膜。

（4）奥氏体不锈钢在碱中的耐蚀性相当好，而且随着镍含量的增加，其耐蚀性进一步提高。

4）奥氏体-铁素体双相不锈钢的耐蚀性

所谓双相不锈钢是指在其固溶组织中铁素体相与奥氏体相约各占一半，一般量少相的含量也需要达到 30%。在 C 含量较低的情况下，Cr 含量为 18%～28%，Ni 含量为 3%～10%，有些钢还含有 Mo、Cu、Nb、Ti、N 等合金元素。该类钢兼有奥氏体不锈钢和铁素体不锈钢的特点，与铁素体不锈钢相比，塑性、韧性更高，无室温脆性，耐晶间腐蚀性能和焊接性能均显著提高，同时还保持有铁素体不锈钢的 475℃脆性，以及热导率高、具有超塑性等特点。与奥氏体不锈钢相比，强度高且耐晶间腐蚀和耐氯化物应力腐蚀性能有明显提高。双相不锈钢具有优良的耐点蚀性能。

双相不锈钢耐应力腐蚀性较高，且随铁素体量的增加而提高，含 50%铁素体时，断裂敏感性最小。其原因是裂纹起源于奥氏体基体，一旦扩散到铁素体相时，在低压力下铁素体相内难以产生滑移，裂纹终止；但在高压力下裂纹容易贯穿，显不出双相组织的效果。奥氏体相分布在铁素体基体中时，由于存在闭锁效应，机械地阻止了裂纹的扩展。双相不锈钢焊缝区的耐蚀性主要看双相比例是否适当。如果铁素体过多，则耐缝隙腐蚀性能差。一般焊接后如果能保持奥氏体量约 50%，则焊缝区耐蚀性就不会恶化。

5）沉淀硬化不锈钢的耐蚀性

沉淀硬化不锈钢分为马氏体型、半奥氏体型和奥氏体型三类。马氏体型中又分为马氏体沉淀硬化型和马氏体时效型两种，前者 C 含量<0.1%，加入 Cu、Mo、Ti、Al 等元素形成中间相或碳化物依靠时效处理产生晶格沉淀强化，Cr 含量>17%、基体含有 10%左右的 δ 铁素体和少量残余奥氏体；后者要求 C 含量<0.03%，加入 Ni、Co 强化，Cr 含量≥12%，基体为高位。半奥氏体型含有大量马氏体，沉淀硬化的主要元素是 Al，比马氏体沉淀硬化不锈钢有更好的综合性能；奥氏体型沉淀硬化不锈钢是用 Ti、Al 或 Ti、P、Mo、V 金属间化合物沉淀强化的。常用不锈钢的腐蚀特性如表 4-7 所示。

表 4-7　常用不锈钢的腐蚀特性

类型	合金 美国	合金 中国	总的抗蚀性	抗应力腐蚀
奥氏体	301	1Cr17Ni7	高	很高
	302	1Cr17Ni7	高	很高
	304	1Cr17Ni7	高	很高
	310		高	很高
	316	0Cr17Ni12Mo2	很高	很高
	321	0Cr18Ni11Ti	高	很高
	347	0Cr18Ni11Nb	高	很高
马氏体	440C		低到中等，暴露于大气中发展特种红锈	敏感，敏感性随成分、热处理和产品类型的不同而不同
	420	2Cr13、3Cr13、4Cr13		
	410	1Cr13		
	416			
沉淀硬化	21-6-9			敏感，敏感性随成分、热处理和产品类型的不同而不同
	13-8Mo			
	15-7Mo	0Cr15Ni7MoAl67MoAl		
	14-8Mo			
	17-4PH	0Cr17Ni4Cu4Nb		
	15-5PH			
	AM355			
	AM350			
	9NiCo-0.20C			很高
	9NiCo-0.30C			很高
	9NiCo-0.45C			低

4.2.5　耐热钢

1．耐热钢的分类

耐热钢按性能不同可分为以下两类。

（1）抗氧化钢（耐热不起皮钢）。在高温下有较好的抗氧化性。这类钢多属于铁素体耐热钢。

（2）热强钢。在高温下有一定的抗氧化性，兼有较高的强度及良好的组织稳定性的钢种。

耐热钢按组织不同可分为以下几类。

（1）珠光体耐热钢：在正火状态下显微组织由珠光体加铁素体组成的一类钢。合金元素以铬、钼为主，总量一般不超过 5%。其组织除包含珠光体、铁素体外，还有贝氏体。

（2）马氏体耐热钢：铬含量在 13%左右的铬钢，其正火组织为马氏体。在 650℃以下有较高的高温强度、抗氧化性和耐水汽腐蚀的能力，但焊接性较差。

（3）铁素体耐热钢：具有单相铁素体组织的耐热钢。含有较多的铬、铝、硅等元素，形成单相铁素体组织，有良好的抗氧化性和耐高温气体腐蚀的能力，但高温强度较低，室温脆性较大，焊接性较差。

（4）奥氏体耐热钢：具有单相奥氏体组织的耐热钢。含有较多的镍、锰、氮等奥氏体形成元素，在 600℃以上时，有较好的高温强度和组织稳定性，焊接性能良好。通常用作在 600℃以上工作的热强材料。

2．热腐蚀

热腐蚀是指钢或合金在硫酸铀、氮化钠、五氧化二钒等沉积物和热燃气的共同作用下所产生的破坏。在 760～1000℃温度范围内，这种腐蚀特别严重。

由于高温合金表面总是先形成 Cr_2O_3 或 Al_2O_3 型氧化保护膜，所以热腐蚀实际上是沉积盐类与氧化膜交互作用从而促使氧化加速。在高温下，氧化物及硫化物或其他污染物（如氯化物）反应的复合效应形成熔盐，使金属表面正常的保护性氧化物被熔解、离散和破坏，导致表面腐蚀加速。

电子设备常用耐热钢与铁基高温合金牌号及用途特性如表 4-8 所示。

表 4-8 电子设备常用耐热钢与铁基高温合金牌号及用途特性

型　号	牌　号	用　途　特　性
珠光体型	12CrMo	<540℃使用，工艺性好
	25Cr2Mo1VA	<550℃的紧固件及阀杆等
	12Cr1MoV	<580℃的过热器、导管等，工艺性好
铁素体型	2Cr25N	<1100℃使用，抗氧化、抗热腐蚀性好
	1Cr3Si3	<900℃的过热器支架、喷嘴等
	1Cr17	<900℃的散热器部件等
	1Cr18Si2	<1100℃的热交换器、渗碳箱等
奥氏体型	1Cr8Ni9Ti	600～800℃的加热器、导管等
	0Cr18Ni11Nb	400～900℃的使用部件
	1Cr20Ni14Si2	高温强度及抗氧化性好，用于承受应力的炉件
	1Cr16Ni35	<1030℃的炉用部件及石油裂解装置
	2Cr23Ni13	850～1050℃的低负荷支架、传送带等
	0Cr25Ni20	820～1000℃的转化炉管、裂解炉构件等
	5Cr21Mn9Ni4N	≤850℃的大功率内燃机排气阀等
	Cr25Ni35WNb	<1180℃的炉用部件、石油裂解炉管等

续表

型　　号	牌　　号	用　途　特　性
马氏体型	1Cr5Mo	<550℃的石油裂解炉管再热蒸汽管、锅炉吊架等
	4Cr9Si2	<750℃的内燃机进、排气阀等
	4Cr10Si2Mo	<750℃的内燃机进、排气阀等
	1Cr11MoV	<540℃的汽轮机叶片、燃气轮机叶片等
	1Cr13	<800℃的抗氧化部件
	2Cr13	汽轮机叶片等，耐蚀性好
	1Cr11Ni2W2MoV	韧性好、抗氧化性好，高温结构部件

4.3 常用有色金属材料

4.3.1 铝及铝合金

铝是一种有色轻金属。铝元素在地壳中的含量仅次于氧和硅，列第三位，是地壳中含量最丰富的金属元素。在金属品种中，铝及其合金的产量仅次于钢铁，为第二大类金属。铝合金是工业中应用广泛的一类有色金属结构材料，在航空航天、汽车、机械制造、船舶及化学工业中大量应用。

1．铝-锰合金

1）组织特点

锰在铝中的最大溶解度仅为1.82%，共晶温度为658.5℃，室温下锰在铝中的溶解度约为0.02%；主要组织为α-$MnAl_6$、$FeAl_6$等。

2）耐蚀性

Mn-Al合金具有优良的耐蚀性，是主要的耐蚀铝合金，属于防锈铝。

Mn-Al合金在大气中的耐蚀性和工业纯铝相近；在海水中与纯铝相同；在稀盐酸中的耐蚀性比纯铝好；未发现这类合金有应力腐蚀开裂倾向。

在特定条件下，Mn-Al合金有剥蚀和晶间腐蚀倾向，发生腐蚀时一般为全面腐蚀，并常伴有点蚀。

3）合金元素对耐蚀性的影响

Si、Fe形成一些杂质相析出，降低耐蚀性。Mn可以抑制Fe的不利影响，因此可以通过控制Mn/Fe比例来控制Fe的有害作用。

2. 铝-镁合金

1)组织特点

铝-镁合金的主要元素是铝,再掺入少量的镁或其他的金属元素来增大其硬度。以镁为主要添加元素的铝合金抗蚀性好,故又称为防锈铝合金。

铝-镁合金为固溶体型合金,但固溶强化效果差,难以形成过饱和固溶体,主要通过加工硬化进行强化。

2)耐蚀性

铝-镁合金有点蚀、晶间腐蚀、应力腐蚀和剥蚀倾向。随着镁含量增大,点蚀倾向增加。随着冷加工变形量增大,应力腐蚀和剥蚀敏感性增加。

3)合金元素对耐蚀性的影响

(1)镁含量小于3.5%时,在任何热处理状态或冷加工状态均无应力腐蚀开裂倾向;含镁量在 3.5%~5.0%之间,冷加工状态下有应力腐蚀开裂的敏感性,镁含量大于 5.0%时,在一定退火温度下,也具有应力腐蚀的敏感性;含镁量高的铝合金中即使低温放置也有应力腐蚀开裂的倾向。

(2)Mn、Cr、Zr 可以提高抗应力腐蚀的能力。

4)热处理对应力腐蚀的影响

高镁合金在时效状态下的应力腐蚀敏感性较大。为了改善这一点,可以采用固溶处理的方法,使之形成固溶体。

3. 铝-铜系合金

1)组织特点

(1)Al-Cu-Mg 合金(杜拉铝合金)具有良好的力学性能和加工性能。

(2)Al-Cu-Mn 合金属于耐热合金,主要用于制造飞机发动机中的叶片及容器等。

(3)Al-Cu-Li 合金,以锂代替镁。其特点是:合金密度小;强度高、耐热;锂活性大,易氧化和腐蚀。

2)耐蚀性

(1)容易产生"白斑黑心"的点蚀。

(2)晶间腐蚀甚为敏感,凡是过饱和固溶体在分解条件下都会发生晶间腐蚀。含铜铝合金的晶间腐蚀敏感性最大,铝-铜合金几乎无法避免晶间腐蚀。

(3)有一定应力腐蚀开裂的倾向。

(4)有剥蚀现象(特别在海洋大气中)。

3）合金元素对耐蚀性的影响

（1）铜是主要强化元素，可提高合金的强度（CuAl 是强化相）；但随着铜含量的增加，耐蚀性下降，点蚀和晶间腐蚀敏感性增加。

（2）镁含量小于 2%范围内，随着镁含量的提高，强度提高，4%Cu+2%Mg 合金的强度最高，点蚀程度增加，这是因为这时铜的溶解度减小，基体中析出了杂质铜。

（3）锰可消除铁的有害作用，提高耐蚀性、耐热性和一定的强度，可降低塑性。

（4）铁、硅是杂质元素，可降低耐蚀性和塑性。

（5）钛、锆可细化晶粒，减少开裂倾向。

4．铝-锌-镁-铜合金

1）组织特点

（1）Al-Zn-Mg 合金经适当的热处理后，强度可达 500MPa，有优良的焊接性能。

（2）Al-Zn-Mg-Cu 合金强度可达 600MPa，是铝合金中强度最高的一类（可以称为"超硬铝"）。

2）耐蚀性

（1）Al-Zn-Mg 合金应力腐蚀开裂敏感性大。

（2）Al-Zn-Mg-Cu 合金应力腐蚀开裂敏感性大，此外还有晶间腐蚀和剥蚀倾向。

3）合金元素对耐蚀性的影响

（1）Zn/Mg 的值过高或过低都会降低耐蚀性，当 $w(Zn+Mg)=8.5\%$，Zn/Mg=2.7～3 时，抗应力腐蚀性能最佳。

（2）铜可以改善时效组织，提高强度和塑性，提高抗应力腐蚀能力。

（3）Cr、Mn、Zr 可细化晶粒，提高抗应力腐蚀能力。其原因是提高了再结晶温度，阻碍结晶过程进行，阻止晶粒长大。

不同类别铝合金的耐蚀性如表 4-9 所示。

表 4-9 不同类别铝合金的耐蚀性

类别		耐蚀性
防锈铝合金	铝锰系，如 3A21	有优良耐蚀性。在大气和海水中其耐蚀性与纯铝相当。3A21 合金在冷变形状态下有剥蚀倾向，这种倾向随着冷变形程度增加而加大
	铝镁系	在工业气氛、海洋气氛中均有较高的耐蚀性，在中性或近于中性的淡水、海水、有机酸、乙醇、汽油及浓硝酸中耐蚀性也很好。由于 β 相的电位为-1.07V，相对于 α 相固溶体为阳极区，在电解质中首先溶解，β 相沿晶界形成网状，导致耐蚀性（晶间腐蚀和应力腐蚀）严重恶化
锻铝合金	6A02	淬火自然时效状态耐蚀性与防锈铝类似。人工时效状态有晶间腐蚀倾向，合金中铜含量越多这种倾向越大。铜含量小于 0.1%时，人工时效状态具有良好的耐蚀性
	其他锻铝，如 2A50、2B50、2A14	都具有应力腐蚀破裂倾向，可经过阳极氧化并用重铬酸盐填充处理来防止腐蚀

续表

类 别		耐 蚀 性
硬铝合金	2A01	铆钉耐蚀性不高，加热超过100℃有产生晶间腐蚀倾向。铆入结构时须经硫酸阳极化并用重铬酸钾填充氧化膜
	2A10	同2A01
	2A11	有包铝的有良好的耐蚀性。不包铝的耐蚀性不高。加热超过100℃时，有产生晶间腐蚀倾向。表面阳极化与涂漆均有良好的保护作用
	2A12	有包铝的有良好的耐蚀性。挤压件耐蚀性不高。加热超过100℃时，有产生晶间腐蚀倾向。表面阳极氧化和涂漆后可提高不包铝的耐蚀性
	2A02	有应力腐蚀破裂倾向。须阳极化处理和用重铬酸钾填充氧化膜
	2A06	耐蚀性与2A02相同，加热到150~250℃时形成的晶间腐蚀倾向比2A12小
	2A16	有包铝的耐蚀性合格，焊缝耐蚀性低，焊后应阳极化处理后再涂漆保护。挤压产品耐蚀性不高，200~220℃时人工时效为12h，无应力腐蚀倾向，165~175℃时人工时效为10~16h，有应力腐蚀倾向
高强度铝合金	7A04	具有应力集中倾向，易产生应力腐蚀裂开
	7A03	板材的静疲劳、缺口敏感应力腐蚀性能稍优于7A04合金，棒材与7A04合金相当
	7A05	抗腐蚀稳定性与7A04相同
低强度铝铸件	ZL-102	潮湿大气中腐蚀稳定性较好
	ZL-303	抗腐蚀稳定性较好

4.3.2 铜及铜合金

1. 分类

（1）按成分划分：黄铜、青铜、白铜。

（2）按材料形成方法划分：铸造铜合金和变形铜合金。事实上，许多铜合金既可以用于铸造，又可以用于变形加工。通常变形铜合金可以用于铸造，而许多铸造铜合金却不能进行锻造、挤压、深冲和拉拔等变形加工。铸造铜合金和变形铜合金又可以细分为铸造用紫铜、黄铜、青铜和白铜。

（3）按功能划分：导电导热用铜合金（只有非合金化铜和微合金化铜）、结构用铜合金（几乎包括所有铜合金）、耐蚀铜合金（主要有锡黄铜、铝黄铜、各种白铜、铝青铜、钛青铜等）、耐磨铜合金（主要有含铅、锡、铝、锰等元素的复杂黄铜、铝青铜等）、易切削铜合金（铜-铅、铜-碲、铜-锑等合金）、弹性铜合金（主要有锑青铜、铝青铜、铍青铜、钛青铜等）、阻尼铜合金（高锰铜合金等）、艺术铜合金（纯铜、简单铜、锡青铜、铝青铜、白铜等）。显然，许多铜合金都具有多种功能。

2. 耐蚀性

1）纯铜

纯铜有良好的耐大气腐蚀能力。当纯铜暴露在大气中时，先在表面生成紫红色的

Cu_2O 和 CuO，在潮湿的工业大气中进一步腐蚀形成碱性碳酸铜 $CuCO_3 \cdot Cu(OH)_2$ 和碱式硫酸铜 $CuSO_4 \cdot 3Cu(OH)_2$ 的绿色薄膜，又称"铜绿"，在海洋大气中形成 $CuCl_2 \cdot 3Cu(OH)_2$ 等表面保护膜。这种薄膜可以防止铜基体继续氧化腐蚀。铜在潮湿且含有 SO_2、H_2S 和 Cl_2 的气体介质中会被强烈腐蚀。铜在淡水、海水或中性盐的水溶液中由于氧化膜的作用而出现钝态，是耐蚀的。

2）黄铜

黄铜的耐腐性并不是很好，通常采用加入硅、铝、锡、镍等合金元素的方法，改善黄铜的耐蚀性。例如，在黄铜中加入质量分数为 2%~4%的锰，形成的锰铁黄铜具有很好的耐海水腐蚀性能。

在海水、含氧中性盐的水溶液、氧化性酸溶液中，黄铜常常会产生脱锌腐蚀，是一种典型的成分选择性腐蚀。

锌质量分数大于 20%的二元黄铜在有拉应力存在的条件下，在大气，特别是在含有氨、二氧化硫的大气中，或者含有汞盐、铵盐、硫酸、硝酸等潮湿的环境中，具有较大的应力腐蚀开裂敏感性。

3）青铜

与黄铜相比，青铜具有更高的强度和耐蚀性。它主要用于制造结构件、耐磨件、耐蚀弹簧件等。锡青铜中加入锡后，减弱了腐蚀电池的作用；此外，在大气中锡青铜表面生成一层致密的二氧化锡膜，使耐蚀性提高。

青铜的锈（碱式氯化铜）呈绿粉状，疏松膨胀，会像"瘟疫"一样在铜器中传播和蔓延，俗称为"青铜病"。"青铜病"是一种使青铜器腐蚀加快的现象。

铝青铜是以铝为主要合金元素的铜合金，是工业中常用的一种无锡青铜。铝青铜能在表面形成一层致密、稳定的 Al_2O_3 保护膜，在一般氧化条件下具有稳定性，在还原性条件下也具有一定的耐蚀性，因此铝青铜具有良好的耐蚀性。

4）白铜

白铜是以镍为主要合金元素的铜合金，白铜在海水、有机酸、各种盐溶液等腐蚀介质中均具有良好的耐蚀性，在白铜中加入少量铁或锰可明显提高耐蚀性。由于白铜具有优异的耐蚀性，所以常用于制造高耐蚀性的结构和构件。

各种铜合金在大气环境中的腐蚀试验如表 4-10 所示。

表 4-10 各种铜合金在大气环境中的腐蚀试验

金属种类	腐蚀速率（20 年试验）/（mm/a）				
	工业地区	海岸工业地区	海岸乡村地区	海岸湿气地区	干燥乡村地区
紫铜 Cu85	0.00188	0.00198	0.00058	0.00033	0.00010
黄铜 Cu75	0.00305	0.00141	0.00020	0.00152	0.00010
青铜 Sn8	0.00022	0.00254	0.00071	0.00485	0.00013
铝青铜 Al8	0.00016	0.00160	0.00010	0.00152	0.00005

续表

金属种类	腐蚀速率（20年试验）/（mm/a）				
	工业地区	海岸工业地区	海岸乡村地区	海岸湿气地区	干燥乡村地区
96Cu-3Si-1Al	0.00017	0.00173	—	0.00134	0.00015
海军黄铜	0.00021	0.00251	—	0.00033	0.00010
75Cu-20Zn-5Ni	0.00259	0.00183	0.00023	0.00041	0.00010
70Cu-29Ni-1Sn	0.00204	0.00163	0.00028	0.00036	0.00013

4.3.3 钛及钛合金

由于钛及其合金密度小、比强度高、热稳定性好，在强腐蚀介质中化学稳定性很高，并具有很强的自钝化能力，因此被广泛用于航空、航天和其他工业领域。钛以其优异的耐蚀性已经成为工程中重要的耐蚀结构材料。

1. 钛合金金相分类

1) α钛合金

它是由α相固溶体组成的单相合金，无论是在一般温度下还是在较高的实际应用温度下均是α相，组织稳定，耐磨性高于纯钛，抗氧化能力强。在500～600℃的温度下，α相钛合金仍保持其强度和抗蠕变性能，但不能进行热处理强化，室温强度不高。

2) β钛合金

它是由β相固溶体组成的单相合金，未经热处理即具有较高的强度，淬火、时效后合金得到进一步强化，室温强度可达1372～1666MPa；但热稳定性较差，不宜在高温下使用。

3) α+β钛合金

它是双相合金，具有良好的综合性能，组织稳定性好，有良好的韧性、塑性和高温变形性能，能较好地进行热压力加工，能进行淬火、时效使合金强化。热处理后的强度比退火状态提高50%～100%；高温强度高，可在400～500℃的温度下长期工作，其热稳定性次于α钛合金。

3种钛合金中最常用的是α钛合金和α+β钛合金；α钛合金的切削加工性最好，α+β钛合金次之，β钛合金最差。α钛合金的代号为TA，β钛合金的代号为TB，α+β钛合金的代号为TC。

2. 钛合金的耐蚀性

钛及钛合金在大气中由于表面生成一层氧化物保护膜，所以极耐大气腐蚀。在海洋大气中暴露24年，其平均腐蚀速率小于0.0254mm/a，几乎可以忽略不计，工业大气和农村大气的腐蚀数据相差不多。

钛及钛合金在淡水、海水和高温水蒸气中都是很耐蚀的。试验表明其腐蚀速率很小，可以忽略不计。

钛及钛合金在流动海水中的耐蚀性也很好，在流速为0.9m/s的海水中经四年半的试验还测不到腐蚀量；当流速达到20m/s时，腐蚀速率小得难以测量；即使当流速达到36m/s时，腐蚀速率仍很低，小于0.01mm/a。

钛及钛合金在海水中不会发生点蚀和由积垢引起的缝隙腐蚀，但由于设备设计装配的原因，可能会产生缝隙腐蚀，如一些海水的换热器。在海洋大气中暴露后钛合金的腐蚀速率性能的变化如表4-11所示。

表4-11 在海洋大气中暴露后钛合金的腐蚀速率性能的变化

材 料	点蚀	腐蚀速率/(mm/a)	σ_b/(MPa) 暴露前	暴露后	损失率/%	δ_{10}/% 暴露前	暴露后	损失率
Ti-6Al-4V	无	0.0000762	917.9	917.9	0	9.9	9.4	0
Ti-6Al-16V	无	0.0000762	1175.8	1115.0	5.5	6.1	6.2	0
工业纯钛	无	<0.0000254	651.2	658.0	0	23.6	22.7	3.8
Ti-5Al-2.5Sn	无	<0.0000254	857.1	852.2	0.6	15.4	14.6	5.2
Ti-4Al-3Mo-1V	无	<0.0000254	905.2	907.1	0	12.1	13.3	0
Ti-8Mn	无	0.0000264	999.3	999.3	0	17.2	17.4	0
Ti-8Al-2Nb-1Ta	无	0.0000508	864.0	862.0	0.2	16.0	16.6	0

4.3.4 镁及镁合金

1. 特点

通常镁合金的耐蚀性不及纯镁。镁合金在大气中的耐蚀性虽然不及铝合金，但比低碳钢好。大气湿度对镁合金的腐蚀行为有重要影响。当相对湿度在9.5%以下时，镁合金的腐蚀很轻微；当相对湿度超过30%时，腐蚀严重性明显增加；当相对湿度在80%以上时，腐蚀已十分严重。当潮湿大气中含有氯化物、硫酸盐时，镁合金的腐蚀性不仅增大，而且出现点蚀现象。

镁合金是很轻的金属结构材料，具有很高的比强度和比刚度，在相同质量的构件中，镁合金可使构件获得更高的强度和刚度，而且镁合金还具有很好的阻尼性能，吸收冲击和振动能力高，适宜制造承受冲击载重和振动的零部件。早期在航空、航天工业中较多地采用镁合金，但由于镁和镁合金耐蚀性很差，曾几乎达到被取消的状态。近年来，由于提高纯度，加上出现新型耐蚀合金和耐蚀涂层，镁合金的使用率有回升的趋势。

2. 分类

变形镁合金（BM）可以分为三类：Mg-Mn系、Mg-Al-ZnM系、Mg-Zn-Zr系。

铸造铁合金（ZM）也可分为三类：Mg-Al-ZnM系、Mg-Zn-Zr系、Mg-Re-Zn-Zr系。

3. 耐蚀性

暴露在大气中的镁合金，表面会迅速形成一层薄膜，这层膜在不同的大气环境下表现相差很大。在不含盐分的农村大气中，薄膜有一定的耐蚀性，可以阻止镁合金进一步腐蚀，仅使它的力学性能略为下降；在含氯化物、硫酸盐等杂质的气氛中，会使合金表面潮湿，使镁合金进一步腐蚀，并有点蚀发生。合金在大气中的腐蚀最初形成氢氧化镁，随着空气中二氧化碳溶于水，氢氧化镁会逐步变成水合碳酸盐。如果在工业大气中含有硫化物气体，则最终产物中还将有硫酸盐。金属表面形成的腐蚀产物，因地理位置的室内外差异而不同。

镁合金的腐蚀速率随相对湿度的增加而增加。在大气环境中镁合金的耐蚀性尽管不如铝合金，但比低碳钢要好，三者在空气中暴露 2.5 年的结果如表 4-12 所示。

表 4-12　铝合金、镁合金、低碳钢在空气中暴露 2.5 年的结果

大气环境	合　金	腐蚀速率 (μm/a)	腐蚀速率 (mil/a)	抗拉强度的变化/%
海洋大气	铝合金 2024-T3	1.52	0.06	2.5
	镁合金 AZ31B-H24	17.78	0.70	7.4
	低碳钢（0.27%Cu）	150.11	5.91	75.4
工业大气	铝合金 2024-T3	2.03	0.08	1.5
	镁合金 AZ31B-H24	27.67	1.09	11.2
	低碳钢（0.27%Cu）	25.40	1.00	11.9
农村大气	铝合金 2024-T3	0.13	0.005	0.4
	镁合金 AZ31B-H24	13.46	0.53	5.9
	低碳钢（0.27%Cu）	14.99	0.59	7.5

4.3.5　锌及锌合金

锌是活泼的金属之一。在潮湿的大气中，锌表面生成白色的碱式碳酸锌 $Zn_2(OH)_2CO_3$，而有一定的保护性。因此，锌在大气中有合格的耐蚀性。锌的钝化作用很好，在铬酸盐溶液中能显著钝化，生成了铬酸锌保护膜。

锌的耐蚀性与纯度有关。锌在大气中的稳定性比铁高得多，在干燥大气和农村大气中很耐腐蚀。在工业大气和潮湿大气中，耐蚀性有所降低。

1. 分类

锌合金是以锌为基体加入其他元素组成的合金。常加的合金元素有铝、铜、镁、镉、铅、钛等。锌合金的熔点低，流动性好，易熔焊、钎焊和塑性加工，在大气中耐腐蚀，残废料便于回收和重熔；但蠕变强度低，易发生自然时效，引起尺寸变化。可采用熔融法制备，压铸或压力加工成材。按制造工艺不同可分为铸造锌合金和变形锌合金。

2. 耐蚀性

锌合金材料腐蚀的主要形式是晶间腐蚀，在我们日常生活中经常可以发现一些锌合金配件在使用几年以后，无缘无故地发生断裂和损坏，实际上是因为它已发生了晶间腐蚀，机械强度已严重降低，但肉眼是看不出来的。晶间腐蚀发生的主要原因是锌合金中含有过多的铅、锡、镉等杂质。虽然在刚压铸出来时不会表现出来，但如果这些元素的含量高且又在有一定温度和湿度的环境中使用或使用较长时间，那么它们就会逐渐加重腐蚀直至产品损坏。

4.4 电子封装材料

封装材料起支撑和保护半导体芯片和电子电路的作用，以及辅助散失电路工作中产生的热量。作为理想的电子封装材料必须满足以下几个基本要求：①低的热膨胀系数；②导热性能好；③气密性好，能抵御高温、高湿、腐蚀和辐射等有害环境对电子器件的影响；④强度和刚度高，对芯片起到支撑和保护的作用；⑤良好的加工成型和焊接性能，以便于加工成各种复杂的形状；⑥对应用于航空航天领域及其他便携式电子器件中的电子封装材料的密度要求尽可能小，以减轻器件的质量。

电子封装材料分类有多种，一般可以按照封装结构、形式和材料组成来划分。从封装结构分，电子封装材料主要包括基板、布线、框架、层间介质和密封材料；从材料组成分，可分为金属基、塑料基和陶瓷基封装材料。本节主要介绍金属封装材料和金属基复合封装材料。

4.4.1 金属封装材料

金属封装材料具有机械强度较高、散热性能优良等优点。传统的金属封装材料有 Cu、Al、Mo、Ti、W、Kovar、Invar 及 W/Cu 和 Mo/Cu 合金。Al 虽然轻，热导率高，易加工，价格低，但是 CTE（热膨胀系数）很高，约为 $20\times10^{-6}\text{K}^{-1}$；而 Cu 除了密度大，它的 CTE 也很大。而 Kovar 和 Invar 合金的 CTE 虽然较低，但热导率非常低，密度较高。可伐合金（Kovar，一种 Fe-Co-Ni 合金）和因瓦合金（Invar，一种 Fe-Ni 合金）的热膨胀系数低，与 Si 和 GaAs 相近，但这两种材料热导率差、密度高、刚度低，作为航空电子封装材料是不适宜的。Mo、W 虽然有较为理想的 CTE 值，但是导热性能不如 Al 和 Cu，密度是 Al 的 3～4 倍，且与 Si 的浸润性不好。Mo、W 及随之发展的 W/Cu、Mo/Cu、Cu/InvarCu、Cu/Mo/Cu 合金在热传导方面优于可伐合金，但其质量比可伐合金大。

4.4.2 金属基复合封装材料

不同芯片与封装材料的性能参数如表 4-13 所示。可以看出，作为芯片用的材料 Si

和 GaAs 及作为基片用的 Al$_2$O$_3$ 和 BeO 等陶瓷材料，其 CTE 为 $4\times10^{-6}\sim7\times10^{-6}\text{K}^{-1}$，而具有高导热性的 Al、Cu 的 CTE 高达 $20\times10^{-6}\text{K}^{-1}$，这样的基片和封装材料会产生较大的热应力，这正是集成电路和基板产生脆性裂纹的原因。综上所述，塑料封装材料、陶瓷封装材料、金属封装材料都存在着这样那样的缺点，已经无法满足现代电子封装技术的发展，所以近年来很多研究人员都在致力于研究和开发新的电子封装材料。

表 4-13 不同芯片与封装材料的性能参数

材 料	密度/g·cm^{-1}	热导率/[W/(m·K)]	热膨胀系数/$1\times10^{-6}\text{K}^{-1}$
Si	2.3	135	4.1
GaAs	5.3	39	5.8
Al$_2$O$_3$	3.9	20	6.5
BeO	2.9	250～290	7.2～8.0
AlN	3.25～3.3	110～260	4.5
Al	2.7	221	23
Cu	8.9	400	17.7
Kovar	8.3	17	5.9
Invar	8.1	11	0.4
W	19.3	174	4.4
Mo	10.2	140	5.0
W$_{80}$Cu$_{20}$	15.6	180～210	7.6～9.1
Mo$_{80}$Cu$_{20}$	9.9	160～190	7.2～8.0
Cu/Invar/Cu	8.4	160	5.2
Cu/Mo/Cu	9.7	244	6.8
Al/SiC（65%SiC）	3.0	170～200	7.5
Al/Si（CE11,50%Si）	2.5	150	11

金属基复合封装材料可以通过基体和增强体的不同组合而获得不同性能的封装材料。金属基复合封装材料的基体通常选择 Al、Mg、Cu 或它们的合金。这些纯金属或合金具备良好的导热、导电性能，良好的可加工性能及焊接性能，同时它们的密度也很低（如铝和镁）。增强体应具有较低的 CTE、高的热导率、良好的化学稳定性、较低的成本，同时增强体应该与金属体有较好的润湿性。金属基复合封装材料具有高的热物理性能、良好的封装性能，它具有以下特点：①改变增强体的种类、体积分数和排列方式，或者通过改变复合封装材料的热处理工艺，可制备出不同 CTE 匹配的封装材料；②复合封装材料的 CTE 较低，可以与电子器件材料的 CTE 相匹配，同时具有高的导热性能，较低的密度；③材料的制备工艺成熟，净成型工艺的出现，减少了复合封装材料的后续加工，使生产成本不断降低。

1）铜基复合封装材料

铜基复合封装材料被广泛地应用于热沉材料及电触头材料，Cu 的热导率很高，达到

400W/(m·K)，但其 CTE 也很高（约 $17\times10^{-6}K^{-1}$）。为了降低其 CTE，可以将 Cu 与 CTE 较低的物质如 Mo（CTE 约为 $5.12\times10^{-6}K^{-1}$）、W（CTE 约为 $4.15\times10^{-6}K^{-1}$）等复合，获得导电导热性能，同时融合了 W、Mo 的低 CTE、高硬度特性的复合封装材料。美国德州仪器公司在 Invar 合金板上双面覆纯 Cu 制成了 Cu/Invar/Cu 复合板（简称 CIC），美国 A2MAX 生产出 Cu/Mo/Cu（简称 CMC）复合封装材料。上述两种材料具有 CTE 可设计性，高的热导率。但由于 Cu 的屈服而产生迟滞现象。另外，复合层板的密度比较大。最近有学者将金刚石加入铜基体内制成了 CD/Cu，试验表明金刚石加入的体积分数为 55%左右时，复合封装材料具备很好的热物理性能，在 25~200℃范围内，CTE 为（5.148~6.15）$\times10^{-6}K^{-1}$，热导率在 600W/(m·K)左右。

以负热膨胀材料 ZrW_2O_8 与金属 Cu 为原料，分别采用常规烧结法和热压法制备具有高热导率、低 CTE 的新型 Cu 基复合封装材料 Cu-ZrW_2O_8，研究 ZrW_2O_8 体积分数与烧结方法对该复合材料致密度、热导率及 CTE 的影响。结果表明：热压法制备的 Cu-50%ZrW_2O_8 复合封装材料的热导率达 173.3W/(m·K)，致密度为 91.6%，均明显高于常规烧结样品；热压样品的热膨胀系数为 $11.2\times10^{-6}K^{-1}$，稍高于常规烧结样品；在 150~300℃，热处理后该样品的平均 CTE 降低到 $10.87\times10^{-6}K^{-1}$，较纯 Cu 的平均 CTE $17\times10^{-6}K^{-1}$ 低很多，有望成为一种新型的电子封装材料。

2）铝基复合封装材料

颗粒增强铝基复合封装材料是金属基复合封装材料中最成熟的一种，目前研究最广泛、应用最多的就是 SiCP/Al，其基体可以是纯铝，但大多数为各种铝合金。在采用熔体浸渗、液态及半固搅拌等低成本工艺制备 SiC 颗粒增强铝基复合封装材料过程中，SiC 颗粒与铝合金熔体之间容易发生界面化学反应，从影响制备过程方面来看，SiC 与铝液的润湿性很差，界面化学反应常常能有效改善润湿性，但其反应产物对复合封装材料性能产生不利影响。但从成本、工艺、密度和毒性等因素综合考虑，SiC 颗粒应是首选对象。采用粉末冶金法，其工艺和制品质量易控制，复合封装材料中颗粒的体积含量高。美国的 Alcoa 公司采用真空压铸法利用多孔的 SiC 预制件与铝合金制成复合封装材料。由此法制备的 SiC/Al 材料具有高的 SiC 体积分数，因而有很大的商业竞争力。Lanxide 公司用无压渗透法制备净成型 SiCP/Al 复合封装材料，制得的 SiC 体积分数为 20%~40%。SiCP/Al 的 CTE 可通过 SiCP 的加入量来调整，如 70%SiCP/Al 的 CTE 大约为 $7\times10^{-6}K^{-1}$，可以在具体应用中获得精确的热匹配，使得与芯片或基片材料结合处应力最小，同时可以保证高的热导率（大约是 Kovar 合金的 10 倍）；物理性能也很好，如抗弯强度达到 270MPa，抗拉强度为 192MPa，弹性模量为 224GPa，SiCP/Al 的制备工艺较成熟，同时可以在其上镀覆 Al、Ni 等，很容易实现封装材料的焊接。

高硅铝合金是指硅含量为 30%~50%的铝基复合封装材料，硅含量大于 50%时则称为铝硅合金。国外在 20 世纪 90 年代研制成功了高硅铝合金电子封装材料，作为轻质电子封装材料，优点突出表现在：一是通过改变合金成分可实现材料物理性能设计；二是该类材料是飞行器用质量最轻的金属基电子封装材料，兼有优异的综合性能；三是可实现低成本要求。高硅铝合金复合材料制备方法主要有加压浸渗法、无压浸渗法、粉末冶金法、真空热压法、喷射沉积法。英国、美国于 20 世纪 90 年代初研发成功的新型高硅铝合金封装材料是采用先进的喷射沉积法制备的，其硅含量高达 30%～50%，密度仅为 2.5～2.69g/cm³，导热率为 126～60W/(m·K)，热膨胀系数为 $(6.5～13.5)×10^{-6}K^{-1}$，该类材料易加工、可钎焊、机加工性能好。1998 年，美国 M. Jacobson 及 P. S. Sangha 研究表明，制备的铝硅合金硅含量已达 50%。日本开发的 CMSHA40（Al-40%Si）合金能批量生产。英国 OspreyMetal 公司于 2000 年和 2002 年分别报道采用喷射沉积法制备了一系列高硅铝合金封装材料，合金成分分别为（27%、40%、50%、60%、70%）Si。此外，俄罗斯及少数其他国家也有同样的研究报道，1995 年国际上首次提出应用液体金属熔渗法使熔融液态状的 Al 合金基体利用毛细作用渗入硅粒子组成的网络中，可得到硅含量高、组织细小、各向同性的硅铝复合封装材料。

目前国际上有关硅铝复合封装材料的研究报道，其硅含量最高可达 70%左右，这些研究工作代表了轻质电子封装材料的最新进展和水平，并在航空航天飞行器电子系统中得到应用，但大规格板材制备工艺未见报道。硅铝合金材料成为一种潜在的有广阔应用前景的电子封装材料，受到越来越多人的重视，特别是在航空航天领域。国内报道的高硅铝合金硅含量仅为 17%～30%，其研究工作主要利用它的低密度、低 CTE 和高耐磨性，为汽车发动机制造耐磨零部件。电子封装用高硅铝合金的研究目前仍处于起步阶段。

3）碳纤维增强镁基复合封装材料

碳纤维增强镁基复合材料与镁合金相比，其在具有基体合金低密度、高热传导性、高电传导性、良好的阻尼减振性、优良的电磁屏蔽特性和易加工等性能的同时，还克服了镁合金尺寸稳定性差、CTE 高、蠕变抗力小等缺点。在航空航天、电子封装、汽车工业及军工制造等高精密器械等领域，该材料具有广阔的应用前景。由于镁及其合金的熔点较低，在 650℃左右时，碳/镁复合封装材料通常采用液态法来制备，如真空压力浸渗、模压铸造、真空吸铸和浇注等。在制备过程中，存在的最大困难就是液态镁不能润湿碳纤维，不能形成良好的界面结合。因此，液态镁和碳纤维在界面处的物理和化学行为将极大地影响复合封装材料的性能。

第 5 章
电子设备常用非金属材料

【概要】

非金属材料分为有机和无机两大类。在电子设备制造过程中，常用的非金属材料为有机类非金属材料，可作为结构材料、绝缘材料、黏接材料、密封材料、保护和包装材料等。本章主要从电子设备常用非金属材料的防老化、防霉、防产生有害气体方面，分别介绍塑料、橡胶、密封胶、热缩套管、包装材料的性能及选用。

5.1 非金属材料选用原则

非金属材料的性能是由其分子结构及聚集状态决定的，虽然在这些材料中加入防老化剂、防霉剂等添加剂可改善其老化性能，但通常这些添加剂的作用不能稳定持久，因此选用由化学、物理态决定的具有良好的三防性能的材料是一种较为安全可靠的途径，并且工艺上也会得到简化。非金属材料的选择一般应遵循以下原则。

（1）具有设计要求的力学性能及其他性能，并且能够满足工作环境下设计对这些性能稳定性的要求。

（2）具有良好的介电性能，并且能满足在工作频率范围内设计对介电性能稳定性的要求。

（3）具有良好的耐环境能力。

① 具有低的吸潮性。

② 具有较好的抗真菌、霉菌和细菌的能力。

③ 在适用温度和湿度环境下，性能指标具有一定的稳定性。

④ 具有较好的抗日光、紫外线、臭氧等大气环境的能力。

⑤ 具有较好的抗化学物质（酸、碱、盐、有机溶剂等）腐蚀的能力。

（4）与邻近材料具有相容性。

5.2 塑料

5.2.1 概述

1. 塑料的定义及其组成

塑料是指以树脂为主要成分，其中添加某些添加剂或助剂（如填充剂、增塑剂、稳定剂、色母料等），经成型加工制成的有机聚合物材料。塑料是由树脂与助剂（添加剂）两部分经成型加工制成的。

树脂主要是指在常温下为固态、半固态或假固态，而受热后一般具有软化或熔融范围，在软化时，受外力作用，通常具有流动倾向的有机聚合物；而从广义上讲，凡可作为塑料基体的聚合物均称为树脂。

2. 塑料的分类

塑料品种繁多，分类方法多样且不统一，本书仅介绍常用的几种分类方法，如表 5-1 所示。

表 5-1 塑料的品种与分类

分类方法	类型	品种
按功能与用途分类	通用塑料	聚乙烯（PE）、聚氯乙烯（PVC）、聚苯乙烯（PS）、聚甲基丙烯酸甲酯（PMMA）
	通用工程塑料	聚酰胺（PA）、聚碳酸酯（PC）、聚甲醛（POM）、聚对苯二甲酸乙二醇酯（FET）、聚对苯二甲酸丁二醇酯（PBT）、聚苯醚（PPO）或改性聚苯醚（MPPO）等
	特种工程塑料	聚四氟乙烯（PTFE）、聚苯硫醚（PPS）、聚酰亚胺（PI）、聚砜、聚酮与液晶聚合物、导电塑料、压电塑料、磁性塑料、塑料光纤与光学塑料等
	通用热固性塑料	酚醛树脂、环氧树脂、不饱和聚酯、聚氨酯、有机硅与氨基塑料等
按受热后性能变化特征分类	热塑性塑料	通用塑料、通用工程塑料、特种工程塑料
	热固性塑料	酚醛树脂、环氧树脂、不饱和聚酯、聚氨酯、有机硅与氨基塑料等
按化学成分分类	聚烯烃类、聚酰胺类、聚酯类、聚醚类和含氟类聚合物等	
按结晶程度分类	结晶聚合物和无定形聚合物	

3. 常用热固性塑料的成型加工性能

常用热固性塑料的成型加工性能如表 5-2 所示。

表 5-2　常用热固性塑料的成型加工性能

指标名称	酚醛塑料 一级工业电工用	酚醛塑料 高压电绝缘耐高频电 工业用	酚醛塑料 高压电绝缘耐高频电 电工用	氨基塑料
颜色	红、绿、棕、黑	棕黑	红、棕、黑	各种颜色
密度/（g/cm³）	1.4～1.5	1.4	≤1.9	1.3～1.45
比体积/（cm³/g）	≤2	≤2	1.4～1.7	2.5～3.0
压缩率/%	≥2.8	≥2.8	2.5～3.2	—
水分及挥发物含量/%	<4.5	<4.5	<3.5	3.5～4.0
流动性/mm	80～180	80～180	50～180	50～180
收缩率/%	0.6～1.0	0.6～1.0	0.4～0.9	0.8～1.0
成型温度/℃	150～165	150～170	180～190	140～155
成型压强/MPa	25～35	25～35	>30	25～35
制品厚度/mm	1±0.2	1.5～2.5	2.5	0.7～1.0

5.2.2　常用塑料的性能

主要塑料品种的基本特性与用途如表 5-3 所示。

表 5-3　主要塑料品种的基本特性与用途

名称	特性	用途
聚乙烯	柔韧性好，介电性能和耐化学腐蚀性能优良，成型工艺性好，但刚性差	化工耐腐蚀材料和制品，小负荷齿轮、轴承等，电线电缆包皮
聚丙烯	耐蚀性优良，力学性能和刚性超过聚乙烯，耐疲劳和耐应力开裂性好。但收缩较大，低温脆性大	电器零部件，化工耐腐蚀零件，中小型容器和设备
聚氯乙烯	耐化学腐蚀性和电绝缘性能优良，力学性能较好具有难燃性，但耐热性差，升高温度时易发生降解	软硬质难燃耐腐蚀管、板、型材、薄膜等电线电缆绝缘制品等
聚苯乙烯	树脂透明，有一定的机械强度，电绝缘性能好，耐辐射，成型工艺性好，但脆性大，耐冲击性和耐热性差	不受冲击的透明仪器、仪表外壳、罩体
丙烯腈-丁二烯-苯乙烯共聚物（ABS）	具有韧、硬、刚相均衡的优良力学特性，电绝缘性能、耐化学腐蚀性、尺寸稳定性好，表面光泽性好，易涂装和着色，但耐热性不太好，耐候性较差	仪表、机械结构零部件（如齿轮、叶片、把手、仪表盘等）
丙烯酸类树脂	具有极好的透光性，耐候性优良，成型性和尺寸稳定性好，但表面硬度低	光学仪器，要求透明且具有一定强度的零部件（如窗、罩、盖、管等）
聚酰胺	力学性能优良，冲击韧性好，耐磨性和自润滑性能优良，但易吸水，尺寸稳定性差	机械、仪器仪表、汽车等方面耐磨受力零部件
聚碳酸酯	具有优良的综合性能，特别是力学性能优异，耐冲击性优于一般热塑性塑料，其他如耐热、耐低温、耐化学腐蚀性、电绝缘性能等均好，制品精度高，树脂具有透明性，但易产生应力开裂	强度高、耐冲击结构件，电器零部件，小负荷传动零件等

续表

名　称	特　性	用　途
聚甲醛	力学性能优异，刚性好，耐冲击性能好，有突出的自润滑性、耐磨性和耐化学腐蚀性，但耐热性和耐候性差	代替铜、锌等有色金属和合金作为耐摩擦部件（如轴承、齿轮、凸轮等）及耐蚀制品
热塑性聚酯	热变形温度高，力学性能优良，刚性大，电绝缘性能和耐应力开裂性好，但注射成型各向异性突出	高强度电绝缘零件，一般耐摩擦制品，电子仪表耐焊接零件，电绝缘强韧薄膜
聚苯醚	具有优良的力学性能，热变形温度高，使用温度范围宽，耐化学腐蚀性、抗蠕变性和电绝缘性能好，有自熄性，尺寸稳定性好	代替有色金属作为精密齿轮、轴承等零件耐高温、耐腐蚀电器部件等
含氟塑料	具有突出的耐腐蚀、耐高温性能，摩擦系数低。自润滑性能优良，但力学性能不高，刚性差，成型加工性不好	高温环境中的化工设备及零件，耐摩擦零部件，密封材料等
聚砜类	耐热性优良，力学性能、电绝缘性能、尺寸稳定性、耐辐射性好，成型工艺性差	高温、高强结构零部件，耐腐蚀、电绝缘零部件
聚醚醚酮	耐热性好（220℃以上），力学性能、耐化学腐蚀性能、电绝缘性能、耐辐射性能良好，成型加工性好	飞机、宇航高强耐热零部件、电器零部件
聚芳酯	是透明的耐温等级较高的工程塑料，具有良好的电绝缘性能和耐化学腐蚀性能，有自熄性，成型加工性好	耐温、绝缘电器制品等

5.2.3　常用塑料的选用

塑料的种类繁多，目前已达 300 余种，其中常用的近 40 种，面对如此繁多的品种，如何正确地选择塑料材料，以满足不同产品及其工艺的要求，是一项较为复杂的系统工程。计算机辅助设计（CAD）技术的应用与发展，给塑料件设计及塑料材料选择带来了便利。为简化材料选择的工作量，通常多以塑料的实用性能来分类塑料件。塑料的主要实用性能是比强度高，电气绝缘、减声消音、耐磨、耐腐蚀等。可将塑料制成结构零件、传动零件、耐磨零件、绝缘件、耐腐蚀零件等。

1. 选用的基本原则

塑料选材是在制品设计或配方设计过程中必须进行的一项工作，主要依据塑料制品最终的使用环境、使用性能要求对塑料材料进行选择。这是一项细致而技术性较强的工作，为此，塑料选材应坚持如下基本原则。

1）满足塑料制品最终使用性能与耐久性的原则

塑料选材的原则是使所用的材料能够顺利地制成制品，制品能满足使用性能要求，并在使用过程中不发生故障，且满足使用期限要求。能满足上述条件的选材，就是成功的，否则是失败的。

2）选择主要因素的原则

选用塑料材料时，要考虑的因素较多，除了制品的使用性能要求和使用环境要求，还应重点了解并分析塑料自身的性能。加之塑料品种较多,选择起来比较麻烦,应通过对塑料材料自身性能的了解与分析,找出主要矛盾加以解决,解决了主要矛盾,其他矛盾就迎刃而解了。

3)充分发挥改性技术和助剂作用的原则

众所周知,任何材料都有其长处,自然也存有缺陷与不足,十全十美的材料是没有的。塑料材料也是如此,与金属和无机非金属材料(如玻璃和陶瓷)不同,其工艺性能好,可采用改性技术和助剂对其进行改性,以提高综合特性,弥补其缺陷或不足,使选材范围变宽,选材难度变小。

4)降低成本的原则

选用塑料时,除考虑制品性能外,还应考虑材料的价格问题,选用性价比合理的材料才能是成功的选材。选材时,应充分考虑原材料的来源、成本。在同等性能条件下,应选择来源广、产地近、价格低廉的原材料。

5)制品特性的原则

塑料制品除通用性能外,每一制品由于其使用性能和使用环境的要求,均具备其独特的性能。在作为结构部件时,注意材料的力学性能,对强度与刚性要求较严格;若作为热机部件时,则对材料的耐热性要求较高;户外用部件则对材料的耐化学适应性要求较严格;作为光学部件时,则对材料的光学性能要求高等。注意制品特性,是成功选材的重要环节。

6)综合平衡的原则

选材、制品设计、生产加工质量检查、实际应用的检查,每一个环节都对塑料制品性能有大致相同的要求,但每一个环节也有不同的要求,这样也给塑料选材带来诸多麻烦。作为选材人员,必须具备综合的平衡的能力,严格选材程序,加强改性技术,强化质量管理,注意售后服务与监测,形成闭环管理,对每一制品使用情况做到心中有数,借鉴他人经验,注意经验积累,就能使选材成功概率变大。

7)在选材中注意高新技术应用的原则

由于塑料选材复杂,光靠经验和人的记忆完成难度相对较大,应注意将高新技术用于塑料的选材之中。如运用计算机选材是很好的方法,加之目前网络技术比较发达,计算机技术十分普及,计算机选材技术也应用多年,已形成性能可靠的技术,不言而喻,计算机辅助选材技术,可取得事半功倍的效果。

2. 结构类制件的选用

结构类制件通常需要力学性能高、耐机械疲劳、耐热、蠕变小,同时对硬度、韧性等性能有一定的要求,制作上要考虑结构的复杂性及加工精度要求及制作工艺成本等。表 5-4 所示为一般结构件推荐用塑料。

表 5-4 一般结构件推荐用塑料

制件名称	主要技术要求	推荐塑料
支架底座	机械强度高，刚性好，尺寸稳定	增强尼龙（聚酰胺），聚碳酸酯及其增强塑料，聚砜、增强聚苯硫醚，聚芳砜，酚醛玻纤塑料
叶轮	机械强度高，刚性好，尺寸稳定，不易开裂，易成形	增强尼龙，ABS 塑料
把手	机械强度高，韧性好，耐疲劳强度高	聚丙烯，聚碳酸酯，ABS 塑料
铰链	机械强度高，耐磨，耐折叠，耐疲劳，摩擦系数小	聚丙烯，尼龙，聚甲醛，聚碳酸酯，ABS 塑料
螺钉、螺母	机械强度高，韧性好，耐磨	尼龙，聚碳酸酯，ABS 塑料
电缆固定夹、卡箍	机械强度高，韧性好	增强尼龙，高密度聚乙烯，聚碳酸酯，尼龙
印制板固定夹	韧性好，有弹性，耐磨，摩擦系数小，有较高的机械强度	尼龙，聚碳酸酯，聚甲醛

3．绝缘制件的选用

绝缘制件用材料应综合考虑其介电常数、介电损耗、绝缘电阻、介电强度、耐电弧、耐燃性、耐溶剂性、吸水性等性能参数。通常高频绝缘件由介电常数、介电损耗小的非极性材料制造，高压件要求使用绝缘电阻高、介电强度大、耐电弧、耐燃性好的材料，这类制件通常吸水性越小越好。绝缘制件耐湿热、霉菌性也要好。对加工、工作中与溶剂接触的，需要一定的耐溶剂性，加工工艺性及成本也应综合考虑。表 5-5 所示为绝缘、介电制件推荐用塑料。

表 5-5 绝缘、介电制件推荐用塑料

制件名称	主要技术要求	推荐塑料
变压器、继电器骨架	绝缘电阻和介电强度高，机械强度和刚性高，耐热，耐溶剂	增强聚丙烯，增强聚对苯二甲酸丁二醇酯，聚砜，注射酚醛塑料，酚醛玻纤塑料，增强涤纶（聚酯纤维），聚芳砜，增强聚苯硫醚等
偏转线圈骨架	绝缘电阻和介电强度高，机械强度和刚性高，耐热、耐溶剂性较好，易于成形	增强聚对苯二甲酸丁二醇酯，改性聚苯醚等
高频线圈骨架	介电损耗小，介电常数小，机械强度高，耐热，耐溶剂，尺寸稳定，吸水少	聚丙烯，聚砜、增强聚对苯二甲酸丁二醇酯，改性聚苯醚，矿物填料酚醛塑料，增强聚苯硫醚，聚芳砜等
低频接插件和管座	绝缘电阻和介电强度高，机械强度较高，耐溶剂性好，不产生腐蚀性气体，耐热，尺寸稳定性良好	聚碳酸酯，增强聚碳酸酯，聚砜，增强聚对苯二甲酸丁二醇酯湿热条件下用聚邻苯二甲酸二烯丙酯
高频插头座	介电常数小，介电损耗小，吸水少，耐热较高（焊接不变形）	聚丙烯，聚乙烯，聚四氟乙烯，聚全氟乙丙烯，高频酚醛塑料
开关零件	介电强度高，绝缘电阻高，耐电弧性好，结构牢固，耐热，不产生腐蚀性气体	氨基塑料，酚醛塑料，阻燃聚对苯二甲酸丁二醇酯，不饱和聚酯

续表

制件名称	主要技术要求	推荐塑料
电线电缆绝缘层和护层	介电强度、绝缘电阻高，介电常数小，介电损耗小（对射频电缆），耐热，耐磨，柔软，耐老化	软聚氯乙烯，聚乙烯，改性或交联聚乙烯，泡沫聚乙烯，耐热和射频电缆用聚四氟乙烯，聚全氟乙丙烯，可熔性聚四氟乙烯，护套材料用尼龙
带状线基板	介电损耗小，介电常数大，介电强度高，耐热，厚薄均匀，与金属附着力强，不吸水，有足够的机械强度	聚四氟乙烯，增强聚四氟乙烯板，聚全氟乙丙烯，改性聚苯乙烯，聚苯醚
波导移相器介质片	介电损耗小，有一定介电常数（一般略高于2），不吸水，表面光滑，耐热	聚丙烯，氟塑料，聚苯乙烯
通信机天线绝缘子	绝缘电阻高，机械强度高，跌落不碎，耐老化	增强尼龙，ABS塑料，聚砜，聚碳酸酯
透镜天线的透镜，介质天线的介质棒	介电损耗小，介电常数定值，尺寸稳定，质地均匀，耐老化	聚四氟乙烯，加防老剂的低密度聚乙烯，聚丙烯，聚苯乙烯，玻璃纤维和石英纤维，芳纶纤维复合材料
抛物面天线反射体基材	比强度、比刚性高，耐老化，抗腐蚀，与导电层结合牢靠，对于起反射和透过双重作用的反射体应具有介损耗小，介电常数小，即电磁波透过率高，波形畸变小的特点	环氧型、聚酯型、酚醛型和有机硅型实体玻纤增强材料，蜂窝夹层结构玻纤增强材料，碳纤维增强材料，泡沫塑料
介质导天线的介质	介电损耗小，介电常数定值	聚苯乙烯和聚氨酯泡沫塑料，聚四氟乙烯，聚乙烯，聚苯乙烯
天线罩和辐射器罩	介电损耗小，介电常数小，几何形状规整，对天线参数影响小，结构牢靠，耐老化	环氧型、聚酯型、酚醛型、有机硅型、DAP树脂型实体玻璃纤维增强材料蜂窝夹层结构玻璃纤维增强材料，聚苯乙烯、聚氨酯泡沫塑料，聚乙烯，聚丙烯，聚四氟乙烯

4．特种塑料的选用

在聚氯乙烯、聚乙烯、聚苯乙烯、聚丙烯、尼龙、环氧树脂等塑料中加入软磁粉、永磁粉及导电粉可制成电磁波吸收片、永磁体和导电塑料，用于电磁屏蔽、抗静电及精小电机的制作等。

5.3 橡胶

5.3.1 概述

橡胶是早期开发与应用的高分子材料之一，其应用广泛，品种多样，在原材料与产品的开发中形成了一套比较完备的技术。橡胶在国民经济建设、国防建设和人们的日常生活中发挥了重要的作用，已成为不可短缺的、重要的材料之一。近年来，随着高新技术在橡胶开发和产品制造中的广泛应用，特别是改性技术和配方设计技术的深入应用，使得橡胶的品级和产品的数量迅速增多，为产品设计选材拓宽了范围；反过来，由于品种、品级繁多，也为选材带来了不少麻烦。

5.3.2 常用橡胶的性能

1．橡胶的分子特征

构成橡胶弹性体的分子结构具有下列特点。

（1）其分子为由重复单元（链节）构成的长链分子。分子模型柔软，其链段有高度的活动性，玻璃化温度低于室温。

（2）其分子间的吸引力（范德华力）较小，在常态（无应力）下是非晶态的，分子彼此间易于相对运动。

（3）其分子之间有一些部位可以通过化学交联或由物理缠结相连接，形成三维网状分子结构，以限制整个大分子链大幅度的活动性。

从微观上看，组成橡胶的长链分子的原子和链段由于热振动而处于不断运动中，使整个分子呈现极不规则的无规线团状，分子两末端距离大大小于伸直的长度。一块未拉伸的橡胶像是一团卷曲的线状分子的缠结物。橡胶在不受外力作用时，未变形状态熵值最大。当橡胶受拉伸时，其分子在拉伸方向上以不同程度排列成行。为保持此定向排列需对其做功，因此橡胶是抵制受拉伸的。当外力除去时，橡胶将收缩回到熵值最大的状态。因此，橡胶的弹性主要是源于体系中熵变化的"熵弹性"。

2．橡胶的应力-应变性质

应力-应变曲线是一种伸长结晶橡胶的典型曲线,其主要组分是由于体系变得有序而引起的熵变。随着分子被渐渐拉直，使得分子链上支链的隔离作用消失，分子间的吸引力变得显著起来，从而有助于抵抗进一步的变形，所以橡胶在被充分拉伸时会呈现较高的拉伸强度。

橡胶在恒应变下的应力是温度的函数。随着温度的升高橡胶的应力将成比例地增大。橡胶的应力对温度的这种依赖称为焦耳效应，它可以说明金属弹性和橡胶弹性间的根本差别。在金属中，每个原子都被原子间力保持在严格的晶格中，使金属变形所做的功用来改变原子间的距离，引起内能的变化，所以其弹性称为"能弹性"。其弹性变形的范围比橡胶中主要由于体系中内能的变化而产生的"熵弹性"的变化范围要小得多。

3．橡胶的变形与温度、变形速度和时间的关系

橡胶分子的变形运动不可能在瞬时完成，因为分子间的吸引力必须由原子的振动能来克服，当温度降低时，这些振动变得较不活泼，不能使分子间吸引力迅速破坏，因而变形缓慢。在很低的温度下，振动能不足以克服吸引力，橡胶则会变成坚硬的固体。

如果温度一定而变形的速度增大，则可产生与降低温度相同的效果。在变形速度极高的情况下，橡胶分子没有时间进行重排，则会表现为坚硬的固体。

橡胶材料在应力作用下分子链会缓慢地被破坏，产生"蠕变"，即变形逐渐增大。当变形力除去后，这种蠕变便形成小的不可逆变形，称为"永久变形"。

4．橡胶的热性能

（1）导热性。橡胶是热的不良导体，其热导率在厚度为25mm时为2.2～6.28W/(m·K)，是优异的隔热材料。如果将橡胶做成微孔或海绵状态，则其隔热效果会进一步提高，使热导率下降至0.4～2.0W/(m·K)。任何橡胶制件在使用中都可能会因滞后损失产生热量，因此应注意散热。

（2）热膨胀。由于橡胶分子链间有较大的自由体积，当温度升高时其链段的内旋转变易，会使其体积变大。橡胶的线膨胀系数约是钢的20倍。这在橡胶制品的硫化模型设计中必须加以考虑，因为橡胶成品的线性尺寸会比模型小1.2%～3.5%。对于同一种橡胶，胶料的硬度和生胶含量对胶料的收缩率也有较大的影响，收缩率与硬度成反比，与含胶率成正比。各种橡胶在理论上的收缩率的大小顺序为：氟橡胶>硅橡胶>丁基橡胶>丁酯橡胶>氯丁橡胶>丁苯橡胶>天然橡胶。

橡胶制品在低温使用时应特别注意体积收缩的影响，例如，油封会因收缩而产生泄漏，橡胶与金属黏接的制品会因收缩产生过度的应力而导致早期损坏。

5．橡胶的电性能

通用橡胶是优异的电绝缘体，天然橡胶、丁基橡胶、乙丙橡胶和丁苯橡胶都有很好的介电性能，所以在绝缘电缆等方面得到广泛应用。丁腈橡胶和氯丁橡胶，因其分子中存在极性原子或原子基团，其介电性能则较差。此外，在橡胶中配入导电炭黑或金属粉末等导电填料，会使它有足够的导电性来分散静电荷，甚至成为导电体。

6．橡胶的气体透过性（气透性）

橡胶的气透性是用气体在橡胶中的溶解度与扩散度的乘积来表征的。气体的溶解度随着橡胶溶解度参数的增加而下降，气体在橡胶中的扩散速率取决于橡胶分子中侧链基团的多少。气体在各种橡胶中的透过速率有很大不同，橡胶中气透性较低的是聚醚橡胶和丁基橡胶，丁基橡胶气透性只有天然橡胶的1/20。而硅橡胶的气透性最大。橡胶的气透性随温度的升高而迅速上升，对于使用炭黑作为填料的制品来说，其品种和填充量对气透性影响不大。但软化剂的用量对硫化胶的气透性影响很大，对气透性要求较高的橡胶制品，软化剂的用量要尽可能减少。

7．橡胶的可燃性

大多数橡胶具有不同程度的可燃性，但分子中含有卤素的橡胶，如氯丁橡胶、氟橡胶等，具有一定的耐燃性。因此，含有氯原子的氯丁橡胶和氯磺化聚乙烯在移开外部火焰后，燃烧是困难的，而氟橡胶则会完全自行熄灭。在胶料中配入阻燃剂（如磷酸盐或含卤素物质）可提高其阻燃性。

5.3.3 常用橡胶的选用

1．橡胶的选择原则

在电子设备中，橡胶主要作为绝缘、密封、防震材料。选择时，应综合考虑橡胶的使用温度范围、力学性能、介电性能、耐化学性、吸水性、耐候性（光氧化、热氧化、湿热、霉菌等）、耐臭氧性、燃烧性、透气性、耐辐射性、加工工艺性及成本等。

2．橡胶的选用

1）密封橡胶

橡胶制成的密封制品一般用于防止流体介质从机械或仪表中泄漏出来，防止外界灰尘、泥沙及气（空气或有害气体）进入密封机构内部。

橡胶密封制品与其他材料的密封制品相比具有以下特点。

（1）具有较高的弹性和较低的泄漏率。

（2）耐热及耐压范围：工作温度范围是-100～+260℃，工作压强范围是 10^{-7}～10^{8}Pa。

（3）密封制品与被密封表面之间的摩擦力较大。

（4）随着密封直径的增大，其断面尺寸增加不大。

（5）对耦合件的偏心及振动不敏感，对耦合件的加工精度要求不高。

（6）结构简单，装卸方便。

因此，用于制作密封件的橡胶应具有良好的弹性及高耐撕裂性，较好的耐油、防水、防气体泄漏、耐化学品、减震等功能，还应具有较好的耐候性。

适用于制作密封制品的橡胶有：丁腈橡胶、氯丁橡胶、天然橡胶、氟橡胶、硅橡胶、三元乙丙橡胶、聚氨酯橡胶、氯醚橡胶、丙烯酸酯橡胶等。

2）减震橡胶

减震橡胶的作用是：防止振动、冲击的传递，或者对振动、冲击起缓冲作用。

橡胶的动态弹性模量和阻尼系数随温度而变，在低温范围内变化尤为明显。橡胶的阻尼系数在玻璃化温度下可达到最大值，低于玻璃化温度时，橡胶的弹性模量随温度的降低而急剧增大，橡胶失去弹性，从而失去减震作用。所以，橡胶的玻璃化温度越低，可应用的温度范围越广。据此，橡胶的减震特性以硅橡胶和丁基橡胶为最好，其次是丁苯橡胶、氯丁橡胶、天然橡胶和顺丁橡胶。丁腈橡胶有较高的玻璃化温度，稍低于室温，能明显地表现出弹性模量和阻尼系数对温度的依赖性。

3）绝缘橡胶

通常非极性的硅橡胶、丁基橡胶、乙丙橡胶耐高压电性能较好，而且耐热性好、耐臭氧性好，是常用的电绝缘胶种，天然橡胶、丁苯橡胶、顺丁橡胶可用于中低压产品；氯丁橡胶、氯磺化聚乙烯、氯化丁基等橡胶由于其耐候性好，所以用于低绝缘程度的户外制品。

为改善电性能，降低成本或提高某些绝缘制品的耐热、耐老化性能，通常采用不同橡胶并用，或者胶接与电性能较好的塑料并用。乙丙橡胶/聚乙烯、交联聚乙烯被广泛地用作耐高压材料。

4）导电橡胶

在橡胶中加入导电填料，可制成导电橡胶，导电填料通常为乙炔炭黑、银、铜、铝等金属粉。导电橡胶具有密封和导电的作用，通常用于电子设备的电磁屏蔽。

5）磁性橡胶

在橡胶中加入永磁材料粉末可得到永磁型磁性橡胶，用于密封。在橡胶中加入微波铁氧体粉末，用于微波吸收，电子隐身。

6）导热橡胶

在橡胶中加入导热填料制成，用于填充发热器件与散热器之间的缝隙，消除界面间热阻，提高界面间热传导性能。

5.4 密封胶

密封的目的是阻止水、气、油等往外泄漏，对于电子设备腐蚀防护来说是避免腐蚀介质的侵入。造成泄漏或介质侵入的根本原因是密封面上有间隙，消除结合面之间的间隙是杜绝泄漏的关键因素。密封对于保证电子设备的正常工作及安全运转起着重要的作用。密封质量的好坏往往决定着电子设备装置的结构合理性、工作可靠性、使用效率和维修难易及其成本。电子设备常用的静密封材料是各种橡胶、纸质、石棉、金属等固体垫片，而密封胶由于它优异的产品性能而受到越来越多的关注，并被大量使用。

5.4.1 常用密封胶的分类及性能

1. 密封胶的分类

密封胶按化学成分可分为橡胶型、树脂型、复合型与无机型；按应用范围可分为嵌缝类、灌注类、包封类、埋封类、浸渗类和锁固类等；按强度可分为结构类和非结构类；按固化特性可分为化学反应类和非化学反应类。另外，还可分为耐寒类、耐热类、耐水类、耐压类等。

密封胶是一种理想的密封材料，由于它在涂覆时具有流动性，能容易地填满结合面之间的缝隙，并形成一层具有一定黏性或黏弹性的、连续的均匀薄膜，依靠螺栓紧固力夹紧，从而达到防漏密封的目的。由于液态密封胶的耐热、耐压性能较好，密封性能可靠，使用也十分方便，常用于机电产品的静结合面密封，也可以用在结合面较复杂（如螺纹等）的部位密封，所以它在机电产品中的应用越来越广泛。

密封胶主要用于以下几方面。

（1）机床、压缩机、泵和液压系统、阀等的箱盖、油标和油窗、各种法兰结合面等处的密封。

（2）汽车、工程机械、拖拉机、船舶、内燃机等的汽缸、油底壳、齿轮变速箱、减速机箱、油箱、消声器，各种油、水、气管道等部位的密封。

（3）上下水道、煤气、天然气、石油液化气，以及各种化工管道的螺纹连接处的密封，法兰面密封。

（4）发电机、电动机、变压器等设备所需的密封。

（5）仪器仪表各种结合面及螺纹的连接密封。

（6）结构件、薄钢板（碳钢）、铝合金件、玻璃钢、镀锌板等相互之间的连接所产生的接缝（缝隙）。

2．密封胶的组成和性能

密封胶一般由粘料（树脂或合成橡胶）、填充剂、溶剂、增塑剂、增韧剂、偶联剂、固化剂等组成。

1）有机硅密封胶

有机硅密封胶的特点是耐高温、耐低温、耐蚀、耐辐射；同时具有优良的电绝缘性、防水性和耐气候性。它可黏金属、塑料、橡胶、玻璃、陶瓷等，已广泛地应用于宇宙航行、飞机制造、电子工业、机械加工、汽车制造及建筑和医疗方面的黏接与密封。

2）丙烯酸酯橡胶类密封胶

丙烯酸酯橡胶类密封胶的耐热性好，一般用于高温部位密封。丙烯酸酯橡胶具有优良的耐热、抗臭氧、气密性、耐曲挠和耐日光老化等性能，在各个领域都有其用途，其不足之处是耐水性、耐寒性较差。其作为密封使用，主要用于汽车工业上的活塞、变速箱密封及火花塞护套的制造等方面。

3）聚氨酯密封胶

聚氨酯密封胶一般分为单组分和双组分两种基本类型，单组分为湿气固化型，双组分为反应固化型。单组分聚氨酯密封胶施工方便，但固化较慢；双组分聚氨酯密封胶有固化快、性能好的特点，但使用时需配制，工艺复杂一些。两者各有其发展前途。

1）聚氨酯密封胶的优点

（1）性能可调节范围广，可以适应不同的密封场合。

（2）低温弹性好，具有优良的复原性能，适用于动态接缝。

（3）优良的耐磨性、耐疲劳性、耐油性、耐水性、耐生物降解。

（4）与基材黏接性优良。

（5）使用寿命长达 15～20 年。

（6）耐氧和臭氧。

2）聚氨酯密封胶的缺点

（1）不能长期在高温环境下使用，高湿热环境下固化可能产生气泡和裂纹。
（2）浅色产品表层易受紫外线作用而泛黄。
（3）单组分聚氨酯密封胶的储存稳定性受包装及外界影响较大，通常固化较慢。
（4）耐水性方面还存在一定缺陷。
（5）许多场合需要底涂剂。

5.4.2 密封胶的选用

1．考虑的主要因素

密封胶的选用应根据使用条件、密封件的材料和密封面状态、密封介质的种类和特性，以及涂料工艺要求综合考虑。一般情况下，当受力较大，且受冲击力及交变力时，应选用强度较高的密封胶；当交变温差很大时，应选用韧性好的密封胶。环境条件指室内或室外、大陆或海洋、热带或寒带等。

（1）使用条件包括受力状态、工作温度、环境及密封件是否需要可拆性等。
（2）密封件的材料为非金属件时，可选用低强度的密封胶；为金属件时，则应选用高强度的密封胶。
（3）密封面的状态包括密封件在装配状态下的间隙大小及形态、表面粗糙度，以及是否有氧化层等。一般间隙大或表面粗糙时，应选用强度高的密封胶。密封面积大的或密封面光滑时，应选用强度低的密封胶。
（4）在被密封介质的种类中，气体比液体更容易泄漏，密封气体时要选用成膜性更好的胶；密封液体时要注意胶与介质的相容性，两者不得互相溶解。
（5）涂布工艺要求选用密封胶时，应注意是否有条件做到与空气隔绝。若在工作现场无法实现加温和复杂的促使胶液固化的工艺条件，则应选择可在常温下固化，且无须隔绝空气要求的其他类型的密封胶。

2．应用的部位

在选择密封胶时，常常根据需要密封的部位特点来选择密封胶。

（1）经常拆卸的部位一般选用通用型非干性、半干性或聚硅氧烷型液态密封胶。通用型非干性的密封胶涂覆后胶膜长期有弹性，且保持一定的黏性，当受到机械振动或冲击时，胶膜不易产生龟裂或脱落现象。通用型半干性的大多以橡胶为主体配制而成，涂覆后随着溶剂的挥发，形成膜半硬或不硬的具有黏弹性的材料。聚硅氧烷型则以硅橡胶为主体，加入填充剂、交联剂、催化剂等各种助剂配制而成，富有弹性。这些品种的胶可拆性好，易去除。
（2）受振动或冲击较大的部位一般选用聚硅氧烷胶或厌氧胶。这两类胶种均会和被黏物质界面发生反应，使结合更加紧密，黏结强度也较高，因此特别适用于工作中受振动或冲击严重的部位的密封。

（3）密封面间隙较大的部位一般选用聚硅氧烷密封胶、厌氧胶或者通用型中的干性可剥型和非干性型加固态垫片并用，能达到优良的密封效果。聚硅氧烷密封胶的填隙能力强（0.1～0.6mm，厌氧胶缝隙0.3mm以下），并且可在较大密封面上应用，保证产品不渗漏。通用型密封胶一般使用允许值在0.1mm左右，超过此极限值应与固态垫片并用，才能达到产品不渗漏。

（4）密封面有坡度或复杂的部位一般选用聚硅氧烷密封胶、厌氧胶以及通用型中的干性可剥型密封胶。聚硅氧烷密封胶在硫化过程中必须吸收空气中微量水分固化成弹性薄膜，当它暴露在空气中时，胶的流动性变小，可用在密封面有坡度（如垂直面）和复杂（如结合面形状不一）的部位。厌氧胶涂于这些密封面后，在隔绝空气下很快固化，流动性小，易于密封，并且运用真空浸渗技术，厌氧胶可以修复铸件中的砂眼，有效降低粉末冶金件的报废率。干性可剥型密封胶因其含有低沸点溶剂，涂覆后溶剂挥发快，胶液变稠不易流动能黏附在密封面上，密封性也比较好。

（5）设备紧急维修和装配流水线一般选用通用型非干性和脱酸型聚硅氧烷密封胶。通用型非干性密封胶不含溶剂，可随涂随用，特别适用于设备紧急维修和机械产品装配流水线；脱酸型聚硅氧烷密封胶固化快，当涂覆在空气中停留片刻便能固化，也特别适用于上述密封部位。

（6）电器、电子零部件的密封和固定一般根据使用情况选择相应的灌封胶，保证电机、电器元件的电性能及机械强度的稳定可靠，对电子器件、导体之间、缝隙、出口引线及电路板等进行绝缘密封，防止振动并隔绝电路与有害环境的接触，提高电子产品工作的可靠性。

5.5 热缩套管

5.5.1 概述

热缩材料是一种当被加热到变形温度时，会恢复到原来尺寸和形状的所谓记忆材料；制成热缩套管的材料在过热时是不会熔化和流动的；热缩材料做成的套管在长度方向上变化较少，但具有很大的扩张率。

在电子装联技术中，这种热缩材料被广泛使用（绝大部分作为管材使用），如整机、模块单元中各种焊接端子的绝缘/机械保护、高/低频电缆的端头加固/外护套、电连接器线束的穿套、导线、零部件的标志、标志的保护等。可以说，当今电子设备中处处都可以见到热缩套管的使用。

面对电子产品中如此众多的地方需要热缩材料，怎样才能分门别类、恰到好处地使用各种不同型号的热缩材料呢？设计、工艺人员面对产品的需求应有不一样的选择，这样才能将热缩材料合理地用到应该使用的地方,只有这样才能达到电子产品选用热缩材料的目的。

在电子装联中使用热缩材料的应用场合主要体现在:

(1) 各种焊接端子的绝缘保护。
(2) 接触件和线缆之间的密封、绝缘和应力消除。
(3) 线缆中电子元器件的密封、绝缘保护。
(4) 电缆和接插件之间的密封、应力消除。
(5) 电缆线束的机械耐磨、耐油、密封、防盐雾保护。
(6) 电缆标记的机械、防水、密封保护。

5.5.2 热缩套管性能

1. 热缩套管的分类

热缩套管可以按其管壁厚度、结构、带胶形式、硬度、制作材料进行分类,如表 5-6 所示。

表 5-6 热缩套管的分类

分 类 方 法	类 型
按管壁厚度分类	单壁热缩套管
	中等壁厚热缩套管
	双壁热缩套管
按结构分类	单层热缩套管
	双层热缩套管
按带胶形式分类	不带胶热缩套管
	带胶热缩套管
按硬度分类	特柔软型热缩套管
	柔软型热缩套管
	半柔软型热缩套管
	半硬型热缩套管
按制作材料分类	PE 热缩套管
	PVC 热缩套管
	PET 热缩套管

2. 热缩套管的包装及颜色识别

1) 热缩套管的包装形式

热缩套管根据应用的不同,产品尺寸的不同,其包装形式是不一样的。下面举例说明它们的包装形式。

例如,NT-FR-1/2-0-SP,这种产品的包装形式有:

SP 表示热缩套管成连续卷轴状包装。
FSP 表示热缩套管成连续压扁卷轴状包装。
STK 表示 4 英尺单根包装。
热缩套管一般以其在收缩前的内径尺寸进行标注。

2）热缩套管的颜色识别

热缩套管的颜色常常以编码的形式来进行标识，它们标识的颜色如下。

0 为黑色；1 为棕色；2 为红色；2L 为粉色；3 为橘黄色；4 为黄色；45 为黄/绿色；5 为绿色；6 为蓝色；7 为紫色；8 为灰色；9 为白色；X（CL）为透明无色。

5.5.3 热缩套管的选用

目前电子装联中常用的热缩套管可分为以下几类。

（1）用于各种接触件/接触偶和线缆之间的密封、绝缘和应力消除方面的热缩套管，常用的型号规格有：Versafit、MLL-LT、RNF-100、RNF-3000、ES-1000。

（2）用于线缆中电子元器件的密封、绝缘保护的热缩套管，常用的型号规格有：TAT-125、ES-2000、ATUM。这些热缩套管的热缩比为 2∶1，它们是一种内壁为热熔胶的薄壁柔软型热缩套管，因此对电子装联中需要密封的元器件、线缆的端头推荐选用这样的热缩套管。

（3）用于多芯电缆和接插件之间密封、应力消除的热缩套管，常用的型号规格有：ATUM、ES-2000、RP-4800，它们的热缩比为 4∶1。

（4）用于整根多芯电细线束外护套的机械耐磨、耐油、密封、防盐雾保护等方面的热缩套管，常用的型号规格有：NT-FR（极低温），其热缩比为 1.75∶1；DR-25（耐油液腐蚀），其热缩比为 2∶1。

（5）耐高温热缩套管——Viton。Viton 热缩套管由辐照交联氟橡胶精制而成，在电子装联界中也是应用非常广泛的一种热缩套管。Viton 热缩套管有三种类型：VitonE 厚壁热缩套管；VitonHW 薄壁热缩套管；VitonTW 管壁更薄的热缩套管。以上三种类型的热缩套管都具有抗各类液体的性能，其耐高温可达到 200℃。

（6）用于电缆标记的机械、防水、密封保护等方面的热缩套管，常用的型号规格有：高透明热缩套管（RT-375）、半透明热缩套管（RNF-100-X-X-SP）、高温透明热缩套管（Kynar）、热缩标志热缩套管（TMS-SCE）。

（7）用于地下防潮、防腐的电缆密封（或船舶工业）热缩套管，常用的型号规格有：ZHS、XXFR、SFR、SRFR、ZHYM、SST 等，它们的热收缩比为 3∶1。

（8）用于医疗级的热缩套管，常用的型号规格有：MT1000、MT2000、MT3000、MT5000。

（9）用于电缆端子密封保护的热缩套管。这种帽子式的热缩套管，一头是封闭的，另一头是开口的，它们常用于一些电缆的端子在没有端接时的保护，一些焊接端子暂时不用的密封保护，也可用于导线束中备用导线端头的保护等，其常用的型号规格有：TC

型端帽、PD 型端帽、ES 型端帽。其中，TC 型端帽的颜色：TC4001 为白色；TC4003 为红色；TC4005 为灰色。

5.6 包装

5.6.1 包装技术及分类

包装防护是指通过一定的技术措施，采用相应的防护材料，将电子设备或组件与外部环境阻隔开来，形成局部易控的小环境，降低外部储存环境条件影响，以达到延长电子设备或组件储存期限的目的。包装防护方法按类别分为防锈包装、防潮包装、防霉包装、干燥包装、防静电包装、缓冲包装、除氧包装、充氮包装等。

（1）防锈包装：用防锈油脂或气相缓蚀剂对包装对象进行涂覆或包裹后，装入容器，排气或抽真空密封。

（2）防潮包装：将包装对象用保护衬垫包裹，同干燥剂一起装入容器，排气或抽真空密封。

（3）防霉包装：将包装对象用保护衬垫包裹，同防霉剂、除氧剂或干燥剂一起装入容器，排气或抽真空密封。

（4）干燥包装：将干燥后的包装对象用保护衬垫包裹，同干燥剂一起装入水蒸气阻隔性能优良的包装容器中排气或抽真空密封。

（5）防静电包装：将包装对象用防静电保护衬垫包裹后装入防静电、电磁屏蔽铝箔复合薄膜包装，抽气密封。

（6）缓冲包装：将包装对象用缓冲发泡材料包裹，装入包装容器中，排气密封。

（7）除氧包装：将包装对象用保护衬垫包裹，同除氧剂一起装入容器，排气或抽真空密封。

（8）充氮包装：将包装对象放入气体阻隔性能优良材料制作的包装密封容器内，抽气、充氮气、热合密封。

各种包装防护方法及适用范围如表 5-7 所示。

表 5-7 包装防护方法及其适用范围

序 号	防 护 类 别	适 用 范 围
1	防锈包装	一般用于金属件，又分为涂刷油和气相缓蚀剂包装
2	防潮包装	一般用于电子、光学器材类
3	防霉包装	一般用于皮革、棉麻毛和部分光学、电子器材等
4	干燥包装	一般用于光学、电子器材等

续表

序　号	防护类别	适　用　范　围
5	防静电包装	主要用于对静电敏感的电子、光学器材
6	缓冲包装	多用于易碎、怕震动、怕碰撞的贵重精密器材
7	除氧包装	多适用于皮革、棉麻毛、光学、精密金属类的器材
8	充氮包装	多用于光学、电子、精密金属类器材

引起器材腐蚀和损坏的外因分为机械力和气候条件两大类,对机械力损坏的防护主要通过防震包装措施来解决,具有一定的共性,所采用的防护技术也差异不大。而气候条件由于包括了温度、湿度、雨、太阳辐射、气压和盐雾等多种复杂因素,从工程技术角度,要对各种影响因素都进行有效控制很难做到。根据对各种防护类型控制因素的分析,认为在诸多气候因素中,湿度和氧气是引起产品发生多种腐蚀的最普遍、最直接的两种因素。据有关资料介绍,耐锈蚀性差的铸铁与碳钢的锈蚀临界湿度为60%～65%,绝大多数霉菌在相对湿度60%以下都会因缺乏水分而不能发育生长。同时,氧气是参与金属锈蚀、非金属老化和霉菌生长的必要条件。因此控制器材所处环境的湿度和氧气浓度,基本可以有效地达到防潮、防霉菌、防锈、防虫、防老化等多种防护作用。GJB 145A《防护包装规范》中对防护包装方法进行了详细分类和说明,并且针对GJB 1182规定的防护等级进行了包装方法的粗略推荐,根据电子设备包装的实际需求,将包装方法定为干燥密封包装、真空充氮包装和除氧包装三类。干燥密封包装、真空充氮包装和除氧包装的对比如表5-8所示。

表5-8　干燥密封包装、真空充氮包装和除氧包装的对比

类　别	防护功能	适用的防护等级	适　用　对　象
干燥密封包装	防潮、防锈、防霉	C级	储存时间短、运输、储存环境良好的C级防护包装
真空充氮包装	防潮、防锈、防霉	B级 A级	对湿度要求较高的金属件、电子元器件、微波组件、T/R组件、电路板等包装对象。 体积较小的单件零件
除氧包装	防潮、防锈、防霉	B级 A级	用封口夹的便启包装。 橡胶件、塑料件等非金属。 不便于抽真空的易碎、易受压变形、特别精密的仪器仪表以及含有液体、气体的特殊产品

干燥密封包装是将产品按要求进行防震包裹后放入到密封袋中,加入干燥剂、湿度指示卡并热合封口的一种防护密封包装方法。真空充氮包装是将产品按要求进行防震包裹后放入到密封袋中,加入干燥剂、湿度指示卡后将密封袋内大部分空气抽出,同时充入惰性气体氮气进行保护的密封包装方法。除氧包装是将产品按要求进行防震包裹后放入到密封袋中,加入干燥剂、综合指示卡,同时加入除氧剂将包装封套内大部分氧气吸附以排除氧气对产品影响的密封包装方法。

通常情况下,干燥密封包装适用于C级防护包装。真空充氮包装和除氧包装方法各

有特点，在 B 级和 A 级防护包装中均可使用，可针对具体的生产情况选用。例如体积较大的器材不方便使用设备进行真空充氮包装时，就可采用除氧包装。用封口夹的便启封包装无法采取真空充氮包装时，则必须采用除氧包装。纯金属件或金属件较多的器材需要较低的湿度，则宜采用真空充氮包装。电子元器件、微波组件、电路板等电子组件对湿度控制有较高要求，而除氧剂的使用会增加储存环境的湿度，因此首选真空充氮包装。橡胶件、塑料件为减缓在储存过程中的老化、变质趋势，应采用除氧包装。对于易碎、易受压变形、特别精密的仪器仪表以及含有液体、气体的特殊产品，不适宜抽真空，应选用除氧包装。

5.6.2 包装材料

包装材料是指用于制造包装容器和构成产品包装体的材料总称。现代包装材料包括纸材、塑料、金属、复合材料、玻璃、木材等主材，以及黏合剂、涂料、油墨、缓冲材料、封缄和捆扎材等辅材。包装材料必须具备一定的性能，如拉伸强度、抗压强度、耐撕裂和耐戳穿强度、硬度等机械性能及机械加工性能；耐热性、耐寒性、透气性、阻气性、透光性、遮光性、电磁屏蔽性能、电磁辐射稳定性等物理性能；耐化学药品、耐腐蚀及特殊环境稳定性等化学性能；封合性、印刷适应性等包装加工性能。

电子设备及其组件根据其包装要求，主要涉及的包装材料可以分为封套材料、辅助材料。

1．封套材料

当前封套材料已从单一的塑料封套发展到具有防水、防潮、防静电、防氧化、防电磁、防锈功能的复合材料封套，上述功能可单独实现也可综合实现。

根据 GB 12339 标准，包装用柔性封套材料主要分为单质材料、塑塑复合材料、铝塑复合材料三种。

1）单质材料

单质材料一般是指采用聚乙烯薄膜材料制成的密封材料，其透湿率很低，因此具有很好的防水、防潮作用。但是由于其透氧率较高，故长期防护性较差，不可用于任何形式的气氛调节包装，仅适用于需达到防护等级 C 级的部分电子设备的包装。

2）塑塑复合材料

塑塑复合材料一般是指采用多种塑料材质，例如聚酯、尼龙、聚乙烯薄膜等复合而成的密封材料，因其充分利用了各层塑料材料的特点，因此具有较好的防潮及防氧气透过作用，长期防护性较好，可用于真空充氮包装或除氧包装。塑塑复合包装材料具有透明、耐戳穿力较铝塑复合材料强以及成本较低等优点，方便对被包装器材的状态进行观察。但也存在不具备防静电及防电磁功能，阻隔性较铝塑复合材料差的缺点。塑塑复合材料适用于需达到防护等级 B 级的部分电子设备的包装。

3）铝塑复合材料

铝塑复合材料是指采用铝箔及聚酯、聚乙烯等塑料薄膜复合而成的密封材料，具有更好的防潮及防氧气透过性能，并可制成不防静电和防静电两种形式，长期防护性很好。铝塑复合包装材料中最为重要的一类是可热封柔韧性防静电阻隔材料，该材料的中间层是铝箔，具有良好的静电屏蔽和电磁屏蔽效果，同时也有良好的水蒸气以及氧气阻隔效果；内层为高分子静电耗散层，可使袋内电子器件摩擦产生的静电很快泄放掉，保证不产生集中的 ESD；最外层为经过静电改性的高分子材料保护层，在提高机械强度的同时具有一定的防静电能力。铝塑复合材料可用于真空充氮包装或除氧包装，适用于需达到防护等级 A 级的部分电子设备的包装。

上述塑塑复合材料和铝塑复合材料均属于高阻隔性封套材料，高阻隔性一般要求氧气透过量≤3.8cm^3/m^2·24h·0.1MPa（25℃、60%RH），水蒸气透过量≤1g/m^2·24h（38℃、90%RH）。高阻隔封套的功效相当于一个仓库，主要功能是阻止或延缓封套内外的气体交换，有效地隔绝外界环境对被防护物的影响，同时使封套内的人为环境能长时间有效地保护产品，从而达到防止产品锈蚀、变质的目的，延长其使用寿命，提高储存可靠性。

2. 辅助材料

1）除氧剂

除氧剂指在自然条件下，能自动进行化学反应，将空气中的氧除去的物质。除氧剂可以降低密封容器内的氧浓度，以抑制器材氧化、老化、锈蚀、霉变，是各类器材广泛应用的包装辅助材料。通用型除氧剂对某些较干燥的封存环境和被封存物有增加湿度的作用，这样对抑制金属锈蚀、霉菌繁殖等不利，因此除氧剂和干燥剂要同时使用。除氧剂外观为黑褐色粉末、无臭、无味、无毒，不会燃烧，用透气的纸塑薄膜包装成各种规格的小包装袋。一般情况下，开始阶段除氧剂的除氧速率较快，随着密封容器内氧气含量的降低，除氧速率也相应地逐渐降低，在 2～3 天时间内，使密封容器内的氧气浓度降到 0.1%以下，可称为无氧状态。除氧剂规格的选用计算方法，是将包装袋内放入封存物品后剩余的容积乘以 0.2，所得乘积就是公称除氧量，以此值来选用相近规格的除氧剂。例如，计算所得公称除氧量为 180cm^{3}O$_2$/包，则可选用 CK-200 型除氧剂。常用除氧剂型号如表 5-9 所示。

表 5-9 常用除氧剂型号

除氧剂型号	CK-50	CK-100	CK-200	CK-500	CK-1000	CK-2000
公称除氧量（cm^{3}O$_2$/包）	50	100	200	500	1000	2000
除氧时间（h）	≤48			≤72		

2）干燥剂

为降低包装容器内的相对湿度,防止被包装的金属制品发生锈蚀或非金属制品吸湿、长霉，常在包装容器内加入适量的干燥剂。根据 GB/T 5048，干燥剂一般选用硅胶或蒙脱石。硅胶干燥剂应符合 GB/T 10455 的有关规定，蒙脱石干燥剂应符合 GJB 2714 的规定。密封袋内放置干燥剂的同时一般还需放置湿度指示卡，湿度指示卡应符合 GJB 2494 的有关规定。

干燥剂的加入量在相关标准中有规定，一般依据密封袋的面积、包装材料的透湿率、包装件的吸湿性、需储存的年限等参数确定。

3）油脂类材料

油脂类材料主要用作金属部件表面的防锈涂层，能有效抑制金属在大气中发生化学或电化学过程，起到防止金属发生锈蚀的作用。其防锈机理在于防锈剂成胶束溶于油脂中，在金属表面形成牢固的吸附膜，润滑油（脂）组分中的烃链，则与防锈剂形成混合多分子层，从而防止水和氧的侵蚀，阻止金属表面生锈。常用防锈油脂的类别包括置换型防锈油、溶剂稀释型防锈油、防锈润滑油、防锈液压油、乳化型防锈油、气相防锈油、薄层防锈油等，常用防锈油脂的分类与使用范围如表 5-10 所示。防锈油脂的使用除应进行必要的有关试验外，相容性应符合 GB/T 16265 的有关规定，接触腐蚀应符合 GB/T 16266 的有关规定。

表 5-10 常用防锈油脂的分类与使用范围

分类名称		特 性	使用范围
置换型防锈油		常温涂覆，可用任何比例稀释的薄膜防锈油，能中和置换人汗	适用于金属制品清洗和防锈
溶剂稀释型防锈油		常温涂覆，分硬膜、软膜、水置换型软膜、非粘性透明膜四种，一般需要内包装	硬膜适用于形状简单的大、中型金属器材的室外封存。软膜、水置换型软膜适用于金属器材的室内封存。透明膜适用于室内封存
防锈润滑油		常温涂覆，既有润滑性，又有防锈性	适用于一般机械器材要求润滑部位的防锈封存
防锈液压油		具有液压油的稳定性、抗腐蚀性、油脂附着力及高的黏度指数	适用于液压系统的防锈润滑包装
乳化型防锈油		常温涂覆，以水为稀释剂的乳化油	适用于金属制品的封存防锈
薄层防锈油	二号软膜油	常温涂覆，不干性油型膜，一般用于内包装	适用于金属制品的防锈
	3X530	常温涂覆，干性油膜，有良好的附着力和防锈性能	

4）气相防锈材料

气相防锈材料（VCI）是能改变储存环境的包装材料，主要用于精密机械、五金工具、量具刃具、机电产品的防锈包装，它使金属防锈告别涂黄油的时代。VCI 在常温下能直接气化，在密闭的环境中能达到饱和蒸气状态，其分子吸附到金属表面，形成仅几个分子厚的致密透明保护膜，阻止金属被腐蚀，由于其无孔不入，因此不论金属表面形状如何复杂都能达到最佳防锈效果。气相防锈包装材料包括气相防锈薄膜、气相防锈纸等，具体要根据待包装产品的特性进行选择。例如气相防锈棒可用于管形件、普通钢管的内腔防锈；气相防锈拉伸薄膜，拉伸率可达 300%，单面富有黏性易于贴合产品表面，可用于电子设备备件中批量小零件的组合缠绕包装，环形、长杆形零件的缠绕包装，电缆头的缠绕包装；带背胶气相发散体，可粘贴在相对密封的箱体中进行防锈，如电子设备备件中的控制柜、配电柜、信号控制箱等。

5）缓冲材料

缓冲材料是放置在产品的外表面周围吸收外力造成的振动或反作用力的材料。缓冲材料的选择原则是材料化学性能稳定、无腐蚀性，对冲击振动具有良好的吸收性能，回弹性、抗蠕变性好，受温度、湿度影响小，不易破碎和粉化。另外，对于易受环境场作用损坏的敏感器件，应该采用无静电效应材料。缓冲材料按照材料类型一般可分为无定性缓冲材料、纸质缓冲材料、缓冲装置、气体缓冲材料、泡沫塑料等。由于泡沫塑料清洁、美观、振动传递性小、冲击吸收性强、弹性好、对产品表面的保护性好、耐化学腐蚀性好、吸水率低、应用范围广，因此泡沫塑料较适合电子设备的包装。泡沫塑料缓冲材料目前主要有 PE、PU、PVC、PS 等，不同的材料具有不同的特性，适合应用的领域也不同，现将这四种材料性能做对比（见表5-11）。

表 5-11 泡沫塑料缓冲材料性能对比

性能/材料	聚乙烯（PE）	聚苯乙烯（PS）	聚氨酯（PU）	聚氯乙烯（PVC）
冲击特性	优	良	良	良
复原性	好	差	好	差
耐蚀性	优	不良	良	不良
吸水性	极小	较小	较大	较小
耐候性	好	差	差	差
柔软性	优	良	优	优
最高使用温度/℃	85	80	120	60
应用到电子设备包装中的相关适用性	适用，可二次加工	需要成型模具，不适合小批量多品种的生产模式	可进行现场发泡；利用木质模具进行发泡制作缓冲垫	性能达不到精密电子设备包装的相关要求

第6章 金属镀覆与化学处理技术

【概要】

金属镀覆与化学处理，简称镀覆，通常是指通过电镀、化学镀、化学或电化学转化等工艺方法在零件表面形成的金属镀层和金属化合物膜层，主要包括电镀层、化学镀层、热浸镀层、化学转化膜、电化学转化膜等。镀覆层在电子工业领域应用广泛，它关系着电子设备的电磁性能、微波性能、光学性能及热辐射性能等多种性能的实现。

电子设备中应用的镀覆层，按其用途不同，可分为防护性镀覆层、防护装饰性镀覆层和功能性镀覆层。防护性镀覆层能够保护零件在规定的条件下、一定期限内不发生腐蚀，如锌及锌合金镀层、镉镀层、热浸锌层等。防护装饰性镀覆层能够在保护零件在一定期限内不发生腐蚀的同时，还使零件具有装饰性外观，如镍镀层、镍+铬镀层等。功能性镀覆层是指能够赋予零件某些特性的镀覆层，如提高导电性能的银及银合金镀层、金及金合金镀层，提高耐磨性能的化学镀镍层、硬铬镀层，改善钎焊性能的锡及锡合金镀层等。

本章主要介绍电子设备中各种常用的电镀层、化学镀层、化学转化膜、电化学转化膜及其他镀覆层的性能、生产工艺和设计选用。

6.1 电镀层

6.1.1 锌及锌合金镀层

1. 概述

锌及锌合金镀层是采用电镀工艺沉积得到的金属层，常用于钢铁、铜及铜合金等金属基体电镀，属于阳极性镀层，具有电化学保护作用，主要依靠自身的腐蚀来保护基体免遭腐蚀。锌镀层的外观为青白色，能溶于酸，也能溶于碱。除锌镀层外，电子设备常用的还有锌镍合金镀层，是镍含量为8%～15%的锌合金镀层。

在空气中，锌及锌镍合金镀层表面易氧化生成一层疏松的、防护性差的碱式碳酸锌。通常情况下，锌及锌镍合金镀层需要进行钝化处理，处理后，镀层表面生成一层致密的钝化膜，能够显著提高镀层的耐蚀性。

钝化处理的锌及锌镍合金镀层，配合有机涂层，是最常用的钢铁零件腐蚀防护层之一，如电子设备的机架、机箱、机壳、底板等。此外，在铜及铜合金零件与铝、镁合金零件接触场合，为防止发生电偶腐蚀，锌及锌镍合金镀层也常用作铜及铜合金零件的防护层。

锌镀层的基本物理及化学性质如表6-1所示。

表6-1 锌镀层的基本物理及化学性质

基本性质	典型值
密度/（g/cm^3）	7.2～7.4
硬度/HB	50～60
标准电极电位（Zn^{2+}/Zn）/V	-0.762
熔点/℃	419
比热容/[J/(g·℃)]	0.377
线膨胀系数/(10^{-6}/℃)	22
电阻率/(μΩ·cm)	6.6～7.5
热导率/[W/(m·K)]	112

2. 性能

1）钝化膜性能

采取不同钝化工艺处理的锌及锌镍合金镀层外观呈现不同的颜色，其耐蚀性也有差异，如表6-2所示。一般不推荐选用蓝白色钝化处理工艺。

表6-2 不同钝化工艺处理的锌及锌镍合金镀层外观及耐蚀性

钝化工艺	钝化膜外观	钝化膜耐蚀性
重铬酸盐或三酸钝化	彩虹色	较好
五酸钝化	军绿色	好
低浓度铬酸钝化	蓝白色	差
银盐（或铜盐）铬酸钝化	黑色	好

2）可焊性

锌及锌镍合金镀层在镀后8h内可以进行熔焊和锡焊，经钝化处理后则不易焊接。因此，当有焊接需要时，应在活性周期内尽快完成。

3）氢脆敏感性

锌及锌镍合金镀层的电镀过程均易导致基体金属产生"氢脆"，但锌镍合金镀层的氢脆敏感性低于锌镀层的，对于高强度钢、弹性零件优先选用锌镍合金镀层，同时需严格进行镀后去氢处理。

4）耐蚀性

按 GB/T 10125 规定的中性盐雾试验方法检测，经钝化处理厚度为 8～12μm 的锌镀层开始腐蚀（产生白锈）的时间不低于 72h，基体金属开始腐蚀的时间不低于 336h。经钝化处理厚度为 8～12μm 的锌镍合金镀层开始腐蚀（产生白锈）的时间不低于 96h，基体金属开始腐蚀的时间不低于 360h。

5）耐热性

经钝化处理的锌及锌镍合金镀层，钝化膜中的可溶性 Cr^{6+} 在 60℃ 以上温度下会全部转变为不溶性的 Cr^{3+}，使膜层失去自修复能力，同时膜层脱水收缩产生微裂纹，会显著降低镀层的耐蚀性。因此应尽量避免锌镀层在高温下使用，无法避免时要尽可能增加涂覆有机涂层。

6）有机气氛的腐蚀

锌镀层对非金属材料产生的挥发性有机气氛（如低分子羧酸、酚、醛、氨气等）敏感，特别是环境湿度大时，易产生腐蚀（俗称"白霜"），如在电子设备机柜、机箱内部和备件包装箱中。因此应合理选用非金属材料、包装材料或采取必要的防护措施。

3. 生产工艺

生产中常用的电镀锌工艺主要有酸性氯化钾体系、酸性硫酸盐体系、碱性锌酸盐体系等，常用的电镀锌镍合金工艺有氯化物体系、锌酸盐体系、焦磷酸盐体系等。

电镀锌及锌镍合金电镀工艺流程主要包括镀前去应力处理、除油、酸洗、电镀锌（锌镍合金）、镀后去氢、钝化、烘干等工序，如图 6-1 所示。根据零件种类、要求不同，工艺流程中的工序可删减。

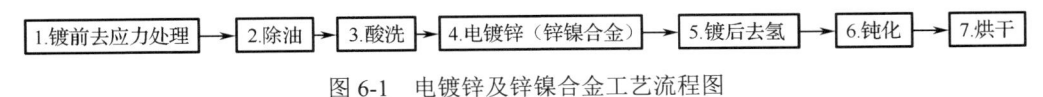

| 1.镀前去应力处理 | → | 2.除油 | → | 3.酸洗 | → | 4.电镀锌（锌镍合金） | → | 5.镀后去氢 | → | 6.钝化 | → | 7.烘干 |

图 6-1　电镀锌及锌镍合金工艺流程图

电子设备零部件在电镀锌及锌镍合金生产过程中应注意以下几点。

（1）抗拉强度大于 1000MPa 的钢制关键件、重要件，镀前应进行消除应力处理。

（2）抗拉强度大于 1300MPa 的钢铁件，不允许进行阴极电解除油。

（3）弹性零件、薄壁零件（厚度在 0.5mm 以下）、抗拉强度大于 1050MPa 的钢铁件，必须在镀锌后 4h 之内（钝化处理前），按表 6-3 规定的温度和时间进行去氢处理。去氢处理一般在烘箱中进行。

（4）零件经钝化处理后应烘干坚膜，烘干温度应严格控制在 60℃ 以下。

表 6-3 电镀后的去氢处理条件

最大抗拉强度（R_{mmax}）/MPa	去氢处理温度/℃	去氢处理时间/h
$R_{mmax} \leqslant 1050$	不要求	—
$1050 < R_{mmax} \leqslant 1450$	190～220	8
$1450 < R_{mmax} \leqslant 1800$	190～220	18
$R_{mmax} > 1800$	190～220	24

4．设计选用

1）选用原则

零部件选用锌及锌镍合金镀层时，应遵循以下原则。

（1）锌镀层主要用作非海洋性大气环境下使用的零部件的防护性镀覆层。锌镍合金镀层可用作海洋性大气环境下使用的零部件的防护性镀覆层。

（2）锌及锌镍合金镀层尽可能与涂层配合使用作为长效防护层，特别对于外露表面零部件不宜单独作为防护层使用。

2）应用范围

（1）要求耐腐蚀而不要求装饰和耐磨的零件。

（2）与橡胶衬垫相接触的零件。

（3）与铝合金、镁合金相接触的钢铁零件。

（4）非海洋大气环境下使用的弹性零件。

3）下列情况不宜选用锌及锌镍合金镀层

（1）在工作中受摩擦的零件。

（2）厚度小于 0.5mm 的薄片零件。

（3）焊接及具有不易清洗的狭小缝隙的零件。

（4）具有渗碳表面的零件。

（5）抗拉强度大于 1300MPa 的钢零件。

（6）高湿、有机气氛环境下使用的钢零件。

4）下列情况不允许选用锌镀层

（1）使用温度超过 250℃ 的钢零件。高于 250℃ 时，锌镀层易导致钢基体产生锌脆。

（2）直径大于或等于 10mm 的 30CrMnSiA 等高强度钢螺栓。

（3）气孔较多的铸件。

5）电子设备常用的锌及锌镍合金镀层厚度系列

电子设备常用的锌及锌镍合金镀层厚度系列如表 6-4 所示。

表 6-4　电子设备常用的锌及锌镍合金镀层厚度系列

镀覆层	零件材料	表面类型	镀覆标记	应用对象
锌镀层	钢	Ⅰ、Ⅱ	Fe/Ep·Zn12·c2C	需涂覆油漆的结构件
		Ⅱ	Fe/Ep·Zn12·c2C	一般大气及工业大气环境下的结构件； 与橡胶衬垫相接触的零件； 与铝合金、镁合金相接触的零件
		Ⅱ	Fe/Ep·Zn5~8·c2C	螺距≤0.8mm 的螺纹紧固件； 有 IT6、IT7 配合公差要求的零件
		Ⅱ	Fe/Ep·Zn8~12·c2C	螺距>0.8mm 的螺纹紧固件； 有 IT6、IT7 配合公差要求的零件
	铜及铜合金	Ⅱ	Cu/Ep·Zn12·c2C	与铝合金、镁合金相接触的零件
锌镍合金镀层	钢	Ⅱ	Fe/Ep·Zn-Ni（11）12~18·c2C	工业及海洋性大气环境下的结构件； 与橡胶衬垫相接触的零件； 与铝合金、镁合金相接触的零件
		Ⅱ	Fe/Ep·Zn-Ni（11）5~8·c2C	螺距≤0.8mm 的螺纹紧固件； 有 IT6、IT7 配合公差要求的零件
		Ⅱ	Fe/Ep·Zn-Ni（11）8~12·c2C	螺距>0.8mm 的螺纹紧固件； 有 IT6、IT7 配合公差要求的零件

6.1.2　镉镀层

1．概述

在一般大气及工业大气环境下，镉镀层对于钢铁而言为阴极性镀层，但在海洋性大气或海水等环境中，则属于阳极性镀层。对于铜及铜合金而言，镉镀层属于阳极性镀层，具有电化学保护作用。

镉镀层外观呈银白色，在空气中，其表面易氧化。通常情况下，镉镀层需进行钝化处理，处理后，镀层表面生成一层致密的钝化膜，能够显著提高镀层的耐蚀性。

钝化处理的镉镀层常被用作海洋环境下使用的钢铁、铜及铜合金零件的防护性镀层。由于镉有毒且价格较昂贵，所以镉镀层的应用受到了一定的限制，一般情况下可采用锌镍合金镀层替代镉镀层。在电子设备中，镉镀层常应用于电连接器的外壳、高温高湿环境下与铝相接触的钢制精密零部件等特定场合。

镉镀层的基本物理及化学性质如表 6-5 所示。

表 6-5　镉镀层的基本物理及化学性质

基本性质	典型值
密度/（g/cm³）	8.6
硬度/HB	12~16
标准电极电位（Cd^{2+}/Cd）/V	−0.402

续表

基 本 性 质	典 型 值
熔点/℃	321
比热容/[J/(g·℃)]	0.229
线膨胀系数/(10⁻⁶/℃)	16.6
电阻率/(μΩ·cm)	7.5
热导率/[W/(m·K)]	92

2. 性能

1）钝化膜性能

镉镀层的钝化工艺和锌镀层相同，经过不同的钝化处理后，镉镀层可呈现为金黄色、彩虹色、军绿色、黑色、蓝白色等多种外观，不同颜色钝化膜的耐蚀性高低顺序为：军绿色＞黑色＞彩虹色＞金黄色＞蓝白色。一般不推荐选用蓝白色钝化处理工艺。

2）可焊性

镉镀层有毒，焊接时易对人身和环境安全产生严重危害，故不允许进行焊接。

3）氢脆敏感性

钢制件电镀镉的氢脆敏感性比电镀锌小，但高强度钢、弹性零件选用镉镀层时，仍需严格进行镀后去氢处理。

4）耐蚀性

按 GB/T 10125 规定的中性盐雾试验方法检测，经钝化处理厚度为 8～12μm 的镉镀层开始腐蚀的时间不低于 96h，基体金属开始腐蚀的时间不低于 360h。

5）耐大气腐蚀性能

镉镀层对海洋性大气环境具有优异的防护能力，其耐蚀性高于锌镀层。在工业大气、特别是酸雨大气环境下，镉镀层的耐蚀性低于锌镀层。此外，与锌镀层相比，镉镀层能更有效地减缓电偶腐蚀的发生。

6）耐热性

经钝化处理的镉镀层，钝化膜在 60℃ 以上会失去自修复能力并产生微裂纹，会显著降低镀层的耐蚀性。因此应尽量避免镉镀层在高温下使用，无法避免时要尽可能增加涂覆有机涂层。

7）有机气氛的腐蚀

和锌镀层类似，非金属材料产生的挥发性有机气氛（如低分子量羧酸、酚、醛、氨气等）能加速镉镀层的腐蚀。应合理选用恰当的非金属材料、包装材料，以防止有机气氛对镉镀层的腐蚀。

3．生产工艺

生产中常用的电镀镉工艺主要有氨羧络合物体系、酸性硫酸盐体系、氰化物体系、焦磷酸盐体系等。

电镀镉与电镀锌工艺流程类似，主要包括镀前去应力处理、除油、酸洗、电镀镉、镀后去氢、钝化、烘干等工序，如图 6-2 所示。根据零件种类、要求不同，工艺流程中的工序可删减。

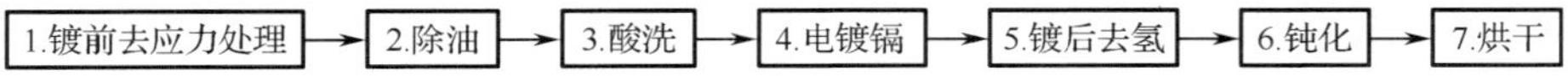

| 1.镀前去应力处理 | → | 2.除油 | → | 3.酸洗 | → | 4.电镀镉 | → | 5.镀后去氢 | → | 6.钝化 | → | 7.烘干 |

图 6-2　电镀镉工艺流程图

电子设备零部件在电镀镉生产过程中应注意以下几点。

（1）抗拉强度大于 1000MPa 的钢制关键件、重要件，镀前应进行消除应力处理。

（2）抗拉强度大于 1300MPa 的钢铁件，不允许进行阴极电解除油。

（3）弹性零件、薄壁零件（厚度在 0.5mm 以下）、抗拉强度大于 1050MPa 的钢铁件，必须在镀镉后 4h 之内（钝化处理前），按表 6-3 规定的温度和时间进行去氢处理。

（4）零件经钝化处理后应烘干坚膜，烘干温度应严格控制在 60℃ 以下。

4．设计选用

1）选用原则

零部件选用镉镀层时，应遵循以下原则。

（1）镉镀层主要用作海洋性大气环境下使用的零部件的防护性镀覆层。

（2）镉镀层尽可能与涂层配合使用作为长效防护层，特别是对于外露表面零部件不宜单独作为防护层使用。

2）应用范围

（1）与海雾、海水直接作用的零件。

（2）在温度超过 60℃ 的水中工作的零件。

（3）与铝合金、镁合金相接触的零件。

（4）拧入铝合金、镁合金的螺纹件。

（5）弹性零件。

3）下列情况不宜选用镉镀层

（1）工作中受摩擦的零件。

（2）抗拉强度大于 1450MPa 的钢零件。

（3）具有渗碳表面的零件。

（4）高湿、有机气氛环境下使用的钢零件。

4）下列情况不允许选用镉镀层

（1）使用温度超过230℃的零件。高于230℃时，镉镀层易导致钢基体产生镉脆。
（2）钛及钛合金零件或与其相接触的零件。
（3）接触液压油、燃油的零件。
（4）要求焊接的零件。

5）电子设备常用的镉镀层厚度系列

电子设备常用的镉镀层厚度系列如表6-6所示。

表6-6 电子设备常用的镉镀层厚度系列

镀覆层	零件材料	表面类型	镀覆标记	应用对象
镉镀层	钢	Ⅰ、Ⅱ	Fe/Ep·Cd12～18·c2C	需涂覆油漆的结构件
		Ⅱ	Fe/Ep·Cd12～18·c2C	直接受海水、海雾作用的零件；与铝合金、镁合金相接触的零件
		Ⅱ	Fe/Ep·Cd5～8·c2C	螺距≤0.8mm的螺纹紧固件；有IT6、IT7配合公差要求的零件
		Ⅱ	Fe/Ep·Cd8～12·c2C	螺距>0.8mm的螺纹紧固件；有IT6、IT7配合公差要求的零件
	铜及铜合金	Ⅱ	Cu/Ep·Cd12～18·c2C	与铝合金、镁合金相接触的零件
		Ⅱ	Cu/Ep·Cd5～8·c2C	螺距≤0.8mm的螺纹紧固件；有IT6、IT7配合公差要求的零件
		Ⅱ	Cu/Ep·Cd8～12·c2C	螺距>0.8mm的螺纹紧固件；有IT6、IT7配合公差要求的零件

6.1.3 铜镀层

1. 概述

铜镀层对于钢铁而言，属于功能性镀层，而不单独用作腐蚀防护层。

铜镀层外观呈粉红色，其稳定性较差，在空气中极易氧化，在受热过程中尤甚。铜镀层质地较软、易于抛光，抛光后的铜镀层具有光亮的装饰性外观。

通常情况下，铜镀层可用于提高其他材料的导电性，常用作装饰性或防护装饰性镀层的底镀层、局部渗碳零件的保护层及润滑减摩层。

铜镀层的基本物理及化学性质如表6-7所示。

表6-7 铜镀层的基本物理及化学性质

基本性质	典型值
密度/（g/cm^3）	8.88～8.91
硬度/HB	60～150

续表

基 本 性 质	典 型 值
标准电极电位（Cu^{2+}/Cu）/V	0.337
熔点/℃	1083
比热容/[J/(g·℃)]	0.386
线膨胀系数/（10^{-6}/℃）	16.7~17.1
电阻率/（μΩ·cm）	1.72
热导率/[W/(m·K)]	398

2．性能

1）孔隙率

铜镀层结晶致密、孔隙率低，并且具有较好的韧性。当铜镀层用作其他镀层的中间镀层时，主要是利用它的这些特点，不仅可以显著提高金属基体和其他镀层之间的结合强度，同时也可大大减小整个镀层体系的孔隙率，从而提高对基体的防护性能。

电子设备常用的防护装饰性铜/镍/铬多层镀覆中采用的厚铜薄镍组合，主要是利用铜镀层低孔隙率的优点，并且可以节省贵重的金属镍。

2）导电性和导热性

铜镀层具有良好的导电性和导热性，其导电、导热能力比钢铁材料高6~7倍，比铝高1.5倍。

3）可焊性

铜镀层可焊性良好，易焊接。

3．生产工艺

生产中常用的电镀铜工艺主要有氰化物体系、酸性硫酸盐体系、焦磷酸盐体系等。

电子设备零部件用作中间镀层的电镀铜工艺流程主要包括除油、酸洗、电镀铜、电镀其他金属层、烘干等工序，如图6-3所示。

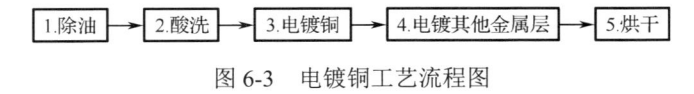

1.除油 → 2.酸洗 → 3.电镀铜 → 4.电镀其他金属层 → 5.烘干

图6-3 电镀铜工艺流程图

4．设计选用

1）选用原则

零部件选用铜镀层时，应遵循以下原则。

（1）铜镀层主要用作防护装饰性镀层的底镀层。

（2）铜镀层不单独用作黑色金属及铝合金的防护层。

2）应用范围

（1）防护装饰性镀层的底镀层。

（2）可焊性镀层的底镀层。

（3）电接触镀层的底镀层。

（4）提高黑色金属的导电性。

（5）防止钢铁件渗碳、渗氮的保护层。

（6）要求黑色外观的钢零件。

3）下列情况不允许选用铜镀层

（1）使用温度超过300℃的导电零件。

（2）高强度钢制件。

4）电子设备常用的铜镀层厚度系列

电子设备常用的铜镀层厚度系列如表6-8所示。

表6-8 电子设备常用的铜镀层厚度系列

镀覆层	零件材料	表面类型	镀覆标记	应用对象
铜镀层	钢	Ⅱ	Fe/Ep·Cu20	要求减摩的零件
			Fe/Ep·Cu12	需要提高导电性的零件；要求黑色外观的零件（需氧化处理）
			Fe/Ep·Cu25	需要局部渗碳、渗氮的零件
	钛及钛合金	Ⅱ	Ti/Ep·Cu5	要求减摩的零件

6.1.4 镍镀层

1．概述

镍镀层对于钢而言为阴极性镀层，只有当镀层完全无孔隙、无损伤时，才能对基体产生机械覆盖的保护作用，反之则会加速基体的腐蚀。镍镀层对除黄铜外的大多数铜合金为阳极性镀层。

镍镀层外观为略带淡黄色的银白色，其结晶细致且具有光亮的装饰性，但随时间的增长，镍镀层会逐渐变暗。因此，镍镀层往往和很薄的铬镀层（厚度为0.3～0.5μm）配合使用以防止表面光泽变暗。

镍镀层主要用作钢铁、铜及铜合金零件的防护装饰性镀层。

镍镀层的基本物理及化学性质如表6-9所示。

表6-9 镍镀层的基本物理及化学性质

基本性质	典型值
密度/（g/cm³）	8.86～8.93

续表

基 本 性 质	典 型 值
硬度/HB	330～550
标准电极电位（Ni^{2+}/Ni）/V	-0.25
熔点/℃	1453
比热容/[J/(g·℃)]	0.469
线膨胀系数/(10^{-6}/℃)	13.6
电阻率/(μΩ·cm)	7.4～11.5
热导率/[W/(m·K)]	90

2．性能

1）孔隙率

镍镀层的孔隙率较高，一般镍镀层厚度至少在 20μm 以上时，才会完全无孔隙，所以常采用多层电镀的方法来消除孔隙，如铜/镍/铬、双层镍、三层镍等。当镍镀层用于铜合金零件时，其厚度通常比钢铁零件采用的厚度薄。

2）可焊性

镍镀层在镀后 4h 内可以进行熔焊和钎焊，镀后超过 4h 则不能直接焊接。因此，当有焊接需要时，应在活性周期内尽快完成。

3）磁性

镍镀层具有磁性，但当受热到 360℃时便失去磁性。

4）抗氧化性

镍镀层具有良好的抗氧化性，在 300～600℃中，能防止钢制零件的氧化。

5）耐蚀性

按 GB/T 10125 规定的铜加速乙酸盐雾试验（CASS）方法检测，厚度为 25～30μm 的镍镀层经24h 试验后，按 GB/T 6461 的规定进行检查和评级，保护等级 R_p 不低于 9 级。

3．生产工艺

生产中常用的电镀镍工艺主要有硫酸盐体系、氯化物体系、氨基磺酸盐体系、焦磷酸盐体系等。按镀层外观的不同，可分为暗镍、半光亮镍、光亮镍、缎面镍等工艺体系。

电镀镍工艺流程主要包括镀前去应力处理、除油、酸洗、电镀镍、电镀装饰铬、镀后去氢、烘干等工序，如图 6-4 所示。根据零件种类、要求不同，工艺流程中的工序可删减。

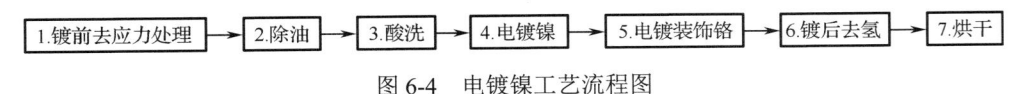

1.镀前去应力处理 → 2.除油 → 3.酸洗 → 4.电镀镍 → 5.电镀装饰铬 → 6.镀后去氢 → 7.烘干

图 6-4 电镀镍工艺流程图

电子设备零部件在电镀镍生产过程中应注意以下几点。

（1）抗拉强度大于 1000MPa 的钢制关键件、重要件，镀前应进行消除应力处理。

（2）抗拉强度大于 1300MPa 的钢铁件，不允许进行阴极电解除油。

（3）抗拉强度大于 1050MPa 的钢铁件，必须在镀镍后 4h 之内，按表 6-3 规定的温度和时间进行去氢处理。

4．设计选用

1）选用原则

零部件选用镍镀层时，应遵循以下原则。

（1）镍镀层主要用作一般大气及工业大气环境下的室内构件的防护装饰性镀层。钢铁零件应采用多层镍或铜/镍/铬复合镀层，铜合金零件可采用单层镍。

（2）镍镀层不建议用作户外构件的防护层。

2）应用范围

（1）防护装饰性镀层的底镀层或中间镀层。
（2）机械负荷不大的摩擦条件下的防护层。
（3）防止钢制件在 300～600℃中被氧化。
（4）改善不锈钢零件的钎焊性能和热控性能。
（5）不锈钢、钛及钛合金等钝态金属电镀的底层。
（6）防止黑色金属表面渗氮的保护层。

3）下列情况不允许选用镍镀层

（1）使用温度超过 650℃的零件。
（2）在矿物油中工作的零件。

4）电子设备常用的镍镀层厚度系列

电子设备常用的镍镀层厚度系列如表 6-10 所示。

表 6-10　电子设备常用的镍镀层厚度系列

镀覆层	零件材料	表面类型	镀覆标记	应用对象
镍镀层	钢	Ⅱ	Fe/Ep·Ni18d	要求装饰性外观的零件
		Ⅱ	Fe/Ep·Ni5～8d	螺距≤0.8mm 的螺纹紧固件
		Ⅱ	Fe/Ep·Ni8～12d	螺距>0.8mm 的螺纹紧固件
	铜及铜合金	Ⅱ	Cu/Ep·Ni10b	要求装饰性外观的零件
		Ⅱ	Cu/Ep·Ni5～8b	螺距≤0.8mm 的螺纹紧固件
镍镀层	铜及铜合金	Ⅱ	Cu/Ep·Ni8～12b	螺距>0.8mm 的螺纹紧固件
	不锈钢	Ⅰ、Ⅱ	Fe/Ep·Ni5～8	需改善钎焊性能、热控性能的零件
	钛及钛合金	Ⅰ、Ⅱ	Ti/Ep·Ni5～8	需改善导电性、钎焊性能的零件

6.1.5 铬镀层

1. 概述

铬镀层对于钢、铝及铝合金而言为阴极性镀层,对于铜及铜合金(黄铜除外)而言为阳极性镀层。

铬镀层外观为略带蓝色的银白色,在大气中能长久保持原有光泽,反光能力和外观装饰性好。它具有很高的硬度、较好的耐热性和优异的耐磨性。

铬镀层按其用途可分为装饰性铬镀层、耐磨铬(硬铬)镀层两类,装饰性铬镀层主要用于要求装饰性外观的零件,硬铬镀层主要用于要求抗磨损的零件。

铬镀层的基本物理及化学性质如表6-11所示。

表6-11 铬镀层的基本物理及化学性质

基本性质	典型值
密度/(g/cm^3)	6.9~7.1
硬度/HV	750~1200
标准电极电位(Cr^{3+}/Cr)/V	−0.744
熔点/℃	1890
比热容/[J/(g·℃)]	0.502
线膨胀系数/(10^{-6}/℃)	7.4
电阻率/(μΩ·cm)	14~67
热导率/[W(m·K)]	69.8
反射系数/%	70~72

2. 性能

1)孔隙率

铬镀层本身具有微裂纹且多孔,因此单层铬镀层不宜用作防护层。一般采用多层电镀的方法来消除孔隙,如铜/镍/铬、多层镍/铬、双层铬(乳白铬/硬铬)等,从而提升对基体金属的保护能力。

2)耐磨性

铬镀层由于其特殊的结构而具有很高的硬度,高的硬度是好的耐磨性的基础;同时,铬镀层具有较低的摩擦系数,特别是它的干摩擦系数是所有镀层中最低的。硬度和摩擦系数两方面因素的作用使得铬镀层具有优异的耐磨性。

3)脆性

铬镀层质脆,不能承受冲击和弯曲。

4）耐热性

铬镀层耐热性较高，400℃时开始氧化变色。

3．生产工艺

生产中常用的电镀铬工艺主要有普通（铬酸）镀铬、复合镀铬、自动调节镀铬、快速镀铬、三价铬盐镀铬等体系。在电镀铬生产过程中，易产生铬雾，对人体和环境安全产生危害，操作人员必须穿戴个人防护设备，生产废水、废气应严格处理并达标排放。

电镀铬工艺流程主要包括镀前去应力处理、除油、酸洗、电镀铜、电镀镍、电镀铬、镀后去氢、烘干等工序，如图6-5所示。根据零件种类、要求不同，工艺流程中的工序可删减。

1.镀前去应力处理 → 2.除油 → 3.酸洗 → 4.电镀铜 → 5.电镀镍 → 6.电镀铬 → 7.镀后去氢 → 8.烘干

图6-5　电镀铬工艺流程图

电子设备零部件在电镀铬生产过程中应注意以下几点。

（1）抗拉强度大于1050MPa的钢制关键件、重要件，镀前应进行消除应力处理。

（2）抗拉强度大于1300MPa的钢铁件，不允许进行阴极电解除油。

（3）抗拉强度大于1050MPa的钢铁件，必须在镀铬后4h之内，按表6-3规定的温度和时间进行去氢处理。

4．设计选用

1）选用原则

零部件选用铬镀层时，应遵循以下原则。

（1）装饰铬镀层主要用作一般大气及工业大气环境下的室内构件的防护装饰性镀层，通常应采用多层镍或铜+镍镀层作为中间镀层。

（2）硬铬镀层主要用作运动摩擦构件的抗磨损保护层，通常应采用镍镀层或乳白铬镀层作为中间镀层；海洋性大气环境下使用时，推荐增加镀层封孔处理。

2）应用范围

（1）要求较高反射能力的零件。

（2）要求持久装饰性光亮外观的零件。

（3）要求耐磨的零件。

（4）修复磨损件的尺寸。

（5）防止与塑料、橡胶等材料的黏结。

3）下列情况不允许选用铬镀层

（1）使用温度超过650℃的零件。

（2）在矿物油中工作的零件。

4）电子设备常用的铬镀层厚度系列

电子设备常用的铬镀层厚度系列如表 6-12 所示。

表 6-12 电子设备常用的铬镀层厚度系列

镀 覆 层	零件材料	表面类型	镀 覆 标 记	应 用 对 象
装饰铬	钢	II	Fe/Ep·Ni18dCr0.3	要求持久装饰性外观的零件； 要求较高反射率的零件
		II	Fe/Ep·Ni5～8dCr0.3	螺距≤0.8mm 的螺纹紧固件
		II	Fe/Ep·Ni8～12dCr0.3	螺距>0.8mm 的螺纹紧固件
	铜及铜合金	II	Cu/Ep·Ni10bCr0.3	要求持久装饰性外观的零件； 要求较高反射率的零件
		II	Cu/Ep·Ni5～8bCr0.3	螺距≤0.8mm 的螺纹紧固件
		II	Cu/Ep·Ni8～12bCr0.3	螺距>0.8mm 的螺纹紧固件
硬铬	钢	II	Fe/Ep·Cr10～20hd	无润滑条件下受摩擦力较小的零件
		II	Fe/Ep·Cr20～40hd	定期润滑条件下受摩擦力较大的零件
		I、II	Fe/Ep·Cr60～80hd	无润滑条件下受摩擦力较大的零件； 海洋性大气环境下的运动摩擦构件

6.1.6 锡及锡合金镀层

1．概述

锡及锡合金镀层对于钢、铝及铝合金而言大多数为阴极性镀层，对于铜及铜合金而言为阳极性镀层。

锡镀层外观为银白色，其质软、能承受弯曲和延展，具有良好的可焊性。锡镀层在温度低于 13.2℃时，易转变为强度低的灰锡；而且，锡镀层经过一段时间后可能生长出晶须，易导致电路短路。

锡铋（铋含量 2%～5%）、锡铅（铅含量 10%～40%）、锡银（银含量 2%～4%）等锡合金镀层不但能有效地阻止灰锡的形成，还能避免晶须的生长。

除锡及锡合金可焊性镀层外，还有锡锌合金镀层，即含锌 25%～30%的锡合金镀层，它对于钢而言为阳极性镀层，具有电化学保护作用，经钝化处理后具有优良的耐蚀性，尤其在海洋性大气环境下可作为镉镀层的替代防护层。

锡及绝大多数锡合金镀层主要用作电子设备的可焊性镀层。钝化处理的锡锌合金镀层常被用作海洋环境结构件的防护性镀层。

锡镀层的基本物理及化学性质如表 6-13 所示。

表 6-13 锡镀层的基本物理及化学性质

基 本 性 质	典 型 值
密度/（g/cm³）	7.2～7.4

续表

基 本 性 质	典 型 值
硬度/HB	12～20
标准电极电位（Sn^{2+}/Sn）/V	−0.136
熔点/℃	232
线膨胀系数/（10^{-6}/℃）	23
电阻率/（μΩ·cm）	11.4～18
热导率/[W/(m·K)]	67

2．性能

1）孔隙率

锡镀层孔隙率较高，其随镀层厚度的增加而减小。单层的锡镀层不宜用作防护层，钢铁零件镀锡一般采用一层铜或镍镀层作为中间镀层，从而提升对基体金属的保护能力。

2）可焊性

锡镀层和锡铋、锡铅、锡银、锡锌等合金镀层都具有良好的可焊性，尤以锡铅合金镀层的综合焊接性能为最佳。在潮湿的大气中，锡及锡合金镀层易发生氧化，可焊性变差。

3）耐蚀性

按 GB/T 10125 规定的中性盐雾试验方法检测，以厚度为 10μm 的铜或镍作为底层的 8～12μm 的锡镀层经 96h 试验后，按 GB/T 6461 的规定进行检查和评级，保护等级 Rp 不低于 9 级。

4）有机气氛的腐蚀

在密闭或空气不流通的环境中，非金属材料产生的挥发性有机气氛能加速锡镀层的腐蚀。

3．生产工艺

生产中常用的电镀锡工艺主要有硫酸盐体系、氟硼酸盐体系、氯化物-氟化物体系、锡酸盐体系等。常用的电镀锡铅合金工艺主要有氟硼酸盐体系、柠檬酸盐体系等。常用的电镀锡铋、锡铈合金工艺主要有硫酸盐体系。

电镀锡及锡合金电镀工艺流程主要包括除油、酸洗、电镀铜/镍、电镀锡/锡合金、钝化、烘干等工序，如图 6-6 所示。根据零件种类、要求不同，工艺流程中的工序可删减。

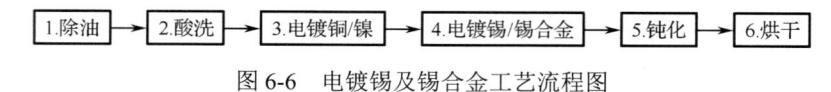

1.除油 → 2.酸洗 → 3.电镀铜/镍 → 4.电镀锡/锡合金 → 5.钝化 → 6.烘干

图 6-6　电镀锡及锡合金工艺流程图

第6章 金属镀覆与化学处理技术

4．设计选用

1）选用原则

零部件选用锡及锡合金镀层时，应遵循以下原则。

（1）锡及锡合金镀层主要用作可焊性镀层，推荐选用锡铋、锡铈、锡铅等合金镀层，不建议选用锡镀层。

（2）锡及锡合金镀层不建议用作大气环境下钢铁零件的防护层。钝化处理的锡锌合金镀层可替代镉镀层用作海洋性大气环境的防护层。

2）应用范围

（1）要求改善焊接性能的零件。
（2）与含硫的非金属制件接触的零件。
（3）防止有色金属接触点的氧化。
（4）工作温度在100℃以下的导电零件。
（5）局部渗氮的保护层。

3）下列情况不宜选用锡镀层

（1）表面受摩擦的零件。
（2）在工作或存放时，晶须可能导致电气短路的零件。

4）电子设备常用的锡及锡合金镀层厚度系列

电子设备常用的锡及锡合金镀层厚度系列如表6-14所示。

表6-14　电子设备常用的锡及锡合金镀层厚度系列

镀覆层	零件材料	表面类型	镀覆标记	应用对象
锡镀层	钢	Ⅱ	Fe/Ep·Cu10bSn12b	要求钎焊的零件； 与含硫非金属接触的零件
锡铋合金镀层	钢	Ⅱ	Fe/Ep·Cu10bSn-Bi（3）12b	要求钎焊的零件； 与含硫非金属接触的零件
	铜及铜合金	Ⅱ	Cu/Ep·Cu5bSn-Bi（3）8b	需要导电、钎焊的零件； 防止橡胶硫化作用的隔离层
	铝及铝合金	Ⅱ	Al/Ap·Ni15Ep·Sn-Bi（3）12b	需要导电、钎焊的零件
锡铅合金镀层	钢	Ⅱ	Fe/Ep·Cu10bSn-Pb（40）12b	要求钎焊的零件； 与含硫非金属接触的零件
	铜及铜合金	Ⅱ	Cu/Ep·Cu5bSn-Pb（40）8b	需要导电、钎焊的零件； 防止橡胶硫化作用的隔离层
锡锌合金镀层	钢	Ⅱ	Fe/Ep·Sn-Zn（25）12～18·c2C	海洋环境下的零件； 与铝合金、镁合金接触的零件
	铜及铜合金	Ⅱ	Cu/Ep·Sn-Zn（25）5～8·c2C	螺距≤0.8mm的螺纹紧固件； 有IT6、IT7配合公差要求的零件
	铜及铜合金	Ⅱ	Cu/Ep·Sn-Zn（25）8～12·c2C	螺距>0.8mm的螺纹紧固件； 有IT6、IT7配合公差要求的零件

6.1.7 银镀层

1. 概述

银镀层对于钢、铜及铜合金、铝及铝合金而言均为阴极性镀层。

银镀层质地较软,能承受弯曲和冲击,其导电性、导热性、可焊性和抗氧化性良好,并且具有高的反光能力。

银镀层主要用于要求具有较高导电性、稳定接触电阻或高反射率的场合,也可用于防止高温下工作的零件相互黏结。

银镀层的基本物理及化学性质如表 6-15 所示。

表 6-15 银镀层的基本物理及化学性质

基 本 性 质	典 型 值
密度/(g/cm^3)	10.0~10.5
硬度/HB	60~140
标准电极电位(Ag$^+$/Ag)/V	0.8
熔点/℃	960
线膨胀系数/(10^{-6}/℃)	18.9
比热容/[J/(g·℃)]	0.234
电阻率/(μΩ·cm)	1.58
反射系数/%	90~95
热导率/[W/(m·K)]	420

2. 性能

1)外观

采取不同电镀或镀后处理工艺的银镀层外观呈现不同颜色,如表 6-16 所示。

表 6-16 不同处理工艺的银镀层外观颜色

处 理 工 艺	外 观 颜 色
电镀光亮银或镀后浸亮	光亮的银白色
铬酸盐钝化	略带浅黄色的银白色
黑色氧化	暗灰色至亮黑色

2)易变色性

银镀层在洁净的空气中很稳定,但在含硫化物(H_2S、SO_2 等)、氨或氯的空气中,其表面易变为黄黑色,导致表面电阻增大,且会降低装饰性和反光性。通常,银镀层应进行铬酸盐钝化、涂覆防变色保护剂或镀钯等防变色处理。

3）可焊性

银镀层具有良好的可焊性。当银镀层发生变色或经铬酸盐钝化、涂覆防变色保护剂等处理后，可焊性变差。

4）耐蚀性

按 GB/T 10125 规定的中性盐雾试验方法检测，铜及铜合金上以厚度为 10μm 的镍作为底层的 8μm 的银镀层经 96h 试验后，按 GB/T6461 的规定进行检查和评级，保护等级 Rp 不低于 9 级。

3．生产工艺

生产中常用的电镀银工艺主要有氰化物镀液体系、硫代硫酸盐镀液体系、磺基水杨酸盐镀液体系等。

电镀银工艺流程主要包括除油、酸洗、电镀镍、电镀银、钝化（防变色处理）、烘干等工序，如图 6-7 所示。根据零件种类、要求不同，工艺流程中的工序可删减。

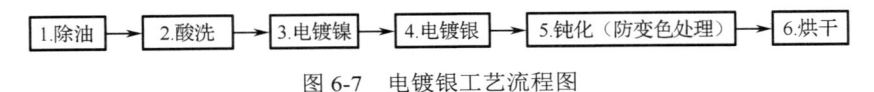

1.除油 → 2.酸洗 → 3.电镀镍 → 4.电镀银 → 5.钝化（防变色处理） → 6.烘干

图 6-7　电镀银工艺流程图

4．设计选用

1）选用原则

零部件选用银镀层时，应遵循以下原则。

（1）银镀层主要用作需提高导电性的功能性镀层。

（2）银镀层不建议用作大气环境下钢铁零件的防护层。

2）应用范围

（1）要求提高表面导电性的零件。

（2）要求高反射率的零件。

（3）需要高温焊接、高频焊接的零件。

（4）有高频导电要求的零件。

（5）防止高温黏结的零件。

3）下列情况不允许选用银镀层

（1）表面受摩擦的零件。

（2）与含硫的非金属材料相接触的零件。

（3）金镀层的底层。

（4）工作温度超过 148℃ 的没有镍底层的铜及铜合金零件，以铜为底层的钢零件。

（5）工作温度超过 400℃ 的零件。

4）电子设备常用的银镀层厚度系列

电子设备常用的银镀层厚度系列如表6-17所示。

表6-17　电子设备常用的银镀层厚度系列

镀覆层	零件材料	表面类型	镀覆标记	应用对象
银镀层	钢	Ⅱ	Fe/Ep·Cu10Ag8	需要高温钎焊、高频焊接的零件
			Fe/Ep·Ni25Ag8b·At	殷瓦钢波导、腔体等
	铜及铜合金	Ⅱ	Cu/Ep·Ni10lsAg8b·At	要求高频导电的零件；要求提高导电性、稳定接触电阻和高反射率的零件
			Cu/Ep·Ni10lsAg8b	要求高频导电并需要焊接的零件
			Cu/Ep·Ag8b·At	要求导电并对电磁性能要求较高的零件，如波导等
	铝及铝合金	Ⅱ	Al/Ap·Ni15Ep·Ag8b·At	要求高频导电的复杂形状零件，如波导等

6.1.8　钯及钯镍合金镀层

1. 概述

钯及钯镍合金镀层对于钢、铜及铜合金、铝及铝合金而言均为阴极性镀层。

钯镀层外观呈银灰色，钯镍合金镀层外观为亮白色，它们在大气中具有极高的稳定性，能够长期保持其外观光泽而不变色。

钯镀层质地较软但比金镀层硬，能承受弯曲和延展，其耐磨性、抗氧化性良好，且具有较低的接触电阻。钯镍合金镀层通常是指镍含量为20%的钯合金镀层，其硬度、耐磨性、可焊性和接触电阻等性能均与硬金镀层相当。

钯及钯镍合金镀层主要用于防止银镀层变色、提高电接触可靠性及耐磨性等场合。

钯镀层的基本物理及化学性质如表6-18所示。

表6-18　钯镀层的基本物理及化学性质

基本性质	典型值
密度/（g/cm³）	12
硬度/HV	200～250
标准电极电位（Pd^{2+}/Pd）/V	0.987
熔点/℃	1555
线膨胀系数/（10^{-6}/℃）	11.6
比热容/[J/(g·℃)]	0.246
电阻率/（μΩ·cm）	10.7
反射系数/%	60～70
热导率/[W/(m·K)]	72

2. 性能

1)孔隙率

钯镀层的孔隙率极低,厚度为 1～2μm 时几乎无孔隙,即能对基体金属实现较可靠的保护。钯镍合金镀层的孔隙率比硬金镀层低,闪镀一层(0.1～0.2μm)金或硬金后,可进一步降低孔隙率。

2)可焊性

钯镀层可以钎焊。钯镍合金镀层和硬金镀层的可焊性相当,闪镀一层(0.1～0.2μm)金后,可获得更优良的可焊性。

3. 生产工艺

生产中常用的电镀钯工艺主要采用二氯二氨基钯盐镀液体系。常用的电镀钯镍工艺主要采用氯化钯+氨基磺酸镍镀液体系。

电镀钯及钯镍合金工艺流程主要包括除油、酸洗、电镀镍、电镀钯/钯镍、烘干等工序,如图 6-8 所示。根据零件种类、要求不同,工艺流程中的工序可删减。

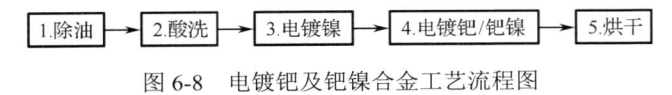

1.除油 → 2.酸洗 → 3.电镀镍 → 4.电镀钯/钯镍 → 5.烘干

图 6-8 电镀钯及钯镍合金工艺流程图

4. 设计选用

1)选用原则

零部件选用钯及钯镍合金镀层时,应遵循以下原则。

(1)钯镀层主要用作防止银镀层变色的保护层。

(2)钯镍合金镀层主要用作高稳定性电接触且耐磨的功能性镀层。

2)钯镀层的应用范围

(1)防止银镀层变色。

(2)防止触点氧化。

3)钯镍合金镀层的应用范围

要求具有长久可靠导电性且耐磨的零件。

4)下列情况不宜选用钯镀层

(1)与有机物、橡胶相接触的零件。

(2)密闭或空气不流通的环境中的零件。

5）电子设备常用的钯及钯镍合金镀层厚度系列

电子设备常用的钯及钯镍合金镀层厚度系列如表 6-19 所示。

表 6-19　电子设备常用的钯及钯镍合金镀层厚度系列

镀 覆 层	零 件 材 料	表 面 类 型	镀 覆 标 记	应 用 对 象
钯镀层	铜及铜合金	Ⅱ	Cu/Ep・Ni10lsAg8bPd1～2	镀银零件
			Cu/Ep・Ni10lsPd2～3	受低摩擦的零件
			Cu/Ep・Ni5lsPd1.3～2.5Au0.1	较高温度下工作的电接点、高密度电连接器等
钯镍合金镀层		Ⅱ	Cu/Ep・Ni5lsPd（80）-Ni1.3～2.5Au0.1	要求耐磨的电接触零件，如印制板插头、电接点、电连接器等
			Cu/Ep・Pd（80）-Ni5Au0.1	要求导电、耐磨的零件，如汇流环等

6.1.9　铑镀层

1. 概述

铑镀层对于钢、铜及铜合金、铝及铝合金而言均为阴极性镀层。

铑镀层外观为略带浅蓝色的银白色，它在大气中具有极高的稳定性，能够长期保持其外观光泽而不变色。铑镀层硬度较高，且具有高的反射性、耐磨性和导电性。

铑镀层主要用于提高电接触可靠性及耐磨性或要求长期保持高反射率的场合。

铑镀层的基本物理及化学性质如表 6-20 所示。

表 6-20　铑镀层的基本物理及化学性质

基 本 性 质	典 型 值
密度/（g/cm³）	12.44
硬度/HB	600～650
标准电极电位（Rh^{3+}/Rh）/V	0.67
熔点/℃	1966
线膨胀系数/（10^{-6}/℃）	8.9
比热容/[J/(g・℃)]	0.250
电阻率/（μΩ・cm）	4.5～8.5
反射系数/%	76～81
热导率/[W/(m・K)]	150

2. 性能

1）反射性能

铑镀层对可见光的反射能力比钯镀层、铂镀层高，稍低于银镀层。

2）硬度

铑镀层的硬度介于镍镀层和铬镀层之间，比钯镀层高 2 倍，是银镀层的 8～10 倍。

3）导电性

铑镀层的导电性比钯镀层好，约为钯镀层的 2 倍。

4）可焊性

铑镀层的可焊性较差，因此，需要焊接的零部件不宜电镀铑。

5）抗氧化性

铑镀层的抗氧化性良好，在 500℃ 以下不发生氧化。

3. 生产工艺

生产中常用的电镀铑工艺主要采用硫酸型镀液体系、磷酸型镀液体系和混合型镀液体系等。

电镀铑工艺流程主要包括除油、酸洗、电镀镍/银、电镀铑、烘干等工序，如图 6-9 所示。根据零件种类、要求不同，工艺流程中的工序可删减。

1.除油 → 2.酸洗 → 3.电镀镍/银 → 4.电镀铑 → 5.烘干

图 6-9　电镀铑工艺流程图

4. 设计选用

1）选用原则

零部件选用铑镀层时，应遵循以下原则。

（1）铑镀层主要用作提高电接触可靠性及耐磨性的功能性镀层。

（2）铑镀层可用作要求长期保持高反射率的功能性镀层。

2）应用范围

（1）提高电接触元件的可靠性及耐磨性。

（2）防止电触点氧化。

（3）要求长期保持高反射率的零件。

（4）受低摩擦的零件。

3）电子设备常用的铑镀层厚度系列

电子设备常用的铑镀层厚度系列如表 6-21 所示。

表 6-21　电子设备常用的铑镀层厚度系列

镀 覆 层	零 件 材 料	表 面 类 型	镀 覆 标 记	应 用 对 象
铑镀层	铜及铜合金	Ⅱ	Cu/Ep·Ni5lsRh3～5	电接触簧片、滑动式电接触导电环等
			Cu/Ep·Ni5lsAg8bRh0.5	高频电接点等
			Cu/Ep·Ag5bRh2～3	受低摩擦力矩的电接触元件

6.1.10　金及金合金镀层

1．概述

金及金合金镀层是功能性镀层，它对于钢、铜及铜合金、铝及铝合金而言均为阴极性镀层。

金及金合金镀层具有优异的化学稳定性、导电性、可焊性及耐高温性，在大气中能长期保持其光泽和低接触电阻。金镀层质软、光泽好、延展性好，耐磨性差。金合金镀层，如金钴（钴含量<1%）、金镍（镍含量<1%）合金镀层，其硬度和耐磨性都比较高，这类金合金镀层常被称作硬金（耐磨金）镀层；此外，还有金铜合金镀层，即铜含量为15%～25%的金合金镀层，被广泛用作首饰、钟表等零件的装饰性镀层。

电子工业中，金镀层主要用于要求耐高温、热压焊并具有高导电性的零件，如半导体器件的基柱、底座，集成电路的引线框架、触点及微波器件等。硬金镀层主要用于要求耐磨和高稳定性的电接触性能的零件，如接插件、印制板插头、触点等。

金镀层的基本物理及化学性质如表 6-22 所示。

表 6-22　金镀层的基本物理及化学性质

基 本 性 质	典 型 值
密度/（g/cm^3）	≈19.3
硬度/HV	40～100（金）；130～250（硬金）
标准电极电位（Au$^+$/Au）/V	1.68
熔点/℃	1063
线膨胀系数/（10^{-6}/℃）	14.3
比热容/[J/(g·℃)]	0.129
电阻率/（μΩ·cm）	2.4
热导率/[W/(m·K)]	318

2．性能

1）外观

金及金合金镀层的外观呈现不同的颜色，如表 6-23 所示。

表 6-23　金及金合金镀层外观颜色

镀　　层	外　观　颜　色
金镀层	半光泽的金黄色→深黄色
有光亮底层的金镀层	光亮的金黄色
金钴合金镀层	随钴含量的增加，金黄色→橘黄色→绿色
金镍合金镀层	随镍含量的增加，金黄色→淡黄色→白色
金铜合金镀层	随铜含量的增加，金黄色→浅红色→红色

2）可焊性

金及金合金镀层都具有良好的可焊性。通常情况下，金合金镀层中金含量越高，可焊性越好。

3）接触电阻

金及金合金镀层的接触电阻较低，如表 6-24 所示。

表 6-24　金及金合金镀层的接触电阻

镀　　层	金含量/%	接触电阻/mΩ
金镀层	99.99～100	0.3
金钴合金镀层	99.5	0.6
金镍合金镀层	99.3	0.3

4）耐蚀性

按 GB/T 10125 规定的中性盐雾试验方法检测，铜及铜合金上以厚度为 10μm 的镍作为底层的 1.5μm 的金及硬金镀层经 96h 试验后，按 GB/T 6461 的规定进行检查和评级，保护等级 Rp 不低于 9 级。

3. 生产工艺

生产中常用的电镀金工艺主要采用氰化物镀液体系、亚硫酸盐镀液体系等。生产中常用的电镀金合金镀液体系主要是在电镀金溶液体系中添加一定量的钴盐、镍盐、铜盐等。

电镀金及金合金工艺流程主要包括除油、酸洗、电镀镍、电镀金/金合金、涂覆电接触保护膜、烘干等工序，如图 6-10 所示。根据零件种类、要求不同，工艺流程中的工序可删减。

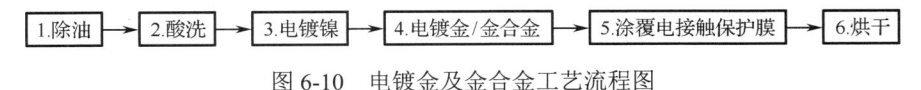

1.除油 → 2.酸洗 → 3.电镀镍 → 4.电镀金/金合金 → 5.涂覆电接触保护膜 → 6.烘干

图 6-10　电镀金及金合金工艺流程图

4. 设计选用

1）选用原则

零部件选用金及金合金镀层时，应遵循以下原则。

（1）金镀层主要用作要求具有长期稳定的高导电性但不要求耐磨的功能性镀层。

（2）硬金镀层主要用作要求具有长期稳定的高导电性且耐磨的功能性镀层。

2）应用范围

（1）要求高导电性并耐磨的零件。

（2）要求高反射率的零件。

（3）要求长期保持低接触电阻的零件。

（4）有热控要求或防真空冷焊要求的铝及铝合金零件。

3）下列情况不允许选用金及金合金镀层

工作温度超过 500℃ 的零件。

4）电子设备常用的金及硬金镀层厚度系列

电子设备常用的金及硬金镀层厚度系列如表 6-25 所示。

表 6-25　电子设备常用的金及硬金镀层厚度系列

镀覆层	零件材料	表面类型	镀覆标记	应用对象
金镀层	铜及铜合金	II	Cu/Ep·Ni20lsAu2.5	要求高导电性的零件
			Cu/Ep·Ni10lsAu1.5	需要焊接的高导电性零件
			Cu/Ep·Ni10lsAu0.3～0.5	需要大面积接地焊的零件
			Cu/Ep·Au0.3～0.5	焊片、焊线类零件
			Cu/Ep·Au1.5	电磁性能要求较高的零件
	铝及铝合金	II	Al/Ap·Ni15Ep·Au2.5	要求高导电性的零件
硬金镀层	铜及铜合金	II	Cu/Ep·Ni20lsAu2.5hd·At	要求高稳定性电接触的零件
			Cu/Ep·Ni10lsAu1.5hd	需要焊接的电接触零件
	铝及铝合金	II	Al/Ap·Ni15Ep·Au2.5hd·At	要求高稳定性电接触的零件

6.2　化学镀层

6.2.1　化学镀镍层

1. 概述

化学镀镍层，通常是指在无外加电流作用的情况下，依靠槽液中的氧化还原反应，在制件表面形成与基体牢固结合的镍-磷共沉积层。

化学镀镍层对于钢、铝及铝合金而言为阴极性镀层，对于铜及铜合金（黄铜除外）而言为阳极性镀层。

化学镀镍层外观为略带淡黄色的银白色或钢灰色，其硬度比电镀镍层高，经过热处理后可高于硬铬镀层。化学镀镍层具有优良的耐磨性、耐蚀性、钎焊性和润滑性能。

化学镀镍层常被用作要求耐磨的钢铁、铜及铜合金、铝及铝合金零部件的防护层或电磁屏蔽层，也可用作其他电镀层的底镀层。

化学镀镍层的基本物理及化学性质如表 6-26 所示。

表 6-26　化学镀镍层的基本物理及化学性质

基 本 性 质	典 型 值
密度/（g/cm³）	7.9～8.5
硬度/HV	500～700（镀态）
熔点/℃	890～1300
线膨胀系数/（10⁻⁶/℃）	12～14
延伸率/%	0.5～1.5
电阻率/（μΩ·cm）	20～120
反射系数/%	50
热导率/[W/(m·K)]	80

2．性能

1）磷含量

采用不同的镀液体系和工艺条件可获得磷含量不同的化学镀镍层。

按照磷含量的不同，化学镀镍层分为低磷、中磷、高磷三类，其组织结构也不尽相同，如表 6-27 所示。

表 6-27　不同磷含量的镍磷合金镀层的组织结构

类　别	镀层磷含量（$P\%$/质量百分比）	镀层组织结构
低磷	1%～4%	晶态
中磷	5%～9%	晶态（$P\%<8\%$）；非晶态（$P\%\geq8\%$）
高磷	≥10%	非晶态

2）孔隙率

化学镀镍层结晶十分致密，其孔隙率远低于电镀镍层，因此，单层的化学镀镍层可作为防护层。

3）磁性

化学镀镍层的磁性取决于磷含量和组织结构，磷含量不低于 8% 的非晶态镀层无磁性，磷含量低于 8% 的晶态镀层具有一定的磁性，但其磁性仍比电镀镍层低。

4）可焊性

化学镀镍层具有良好的可焊性，以低磷镀层的可焊性为最佳，然后依次为中磷镀层、高磷镀层。

5）导电性

化学镀镍层的导电性较差，并且镀层磷含量越高，导电性越差。

6）硬度及耐磨性

不同磷含量的化学镀镍层的镀态硬度及热处理后的硬度大不相同，其磷含量越低，镀态硬度就越高；经适当的热处理（400℃，1h）后，各种磷含量的化学镀镍层的硬度都能显著提高至很高的范围（HV850～950）。

由于化学镀镍层的高硬度，所以它具有良好的耐磨性。

7）耐蚀性

化学镀镍层的磷含量越高，耐蚀性越好。

按 GB/T 10125 规定的中性盐雾试验方法检测，钢上厚度为 30μm 的化学镀镍层经 96h 试验后，按 GB/T 6461 的规定进行检查和评级，保护等级 Rp 不低于 9.5 级。

在同等厚度下，化学镀镍层的防护性能比电镀镍层好，但其成本更高。

8）抗氧化性

化学镀镍层具有良好的抗氧化性，能防止在 300～600℃条件下工作的钢零件发生氧化。

3．生产工艺

化学镀镍生产可采用酸性镀液体系工艺或碱性镀液体系工艺。酸性镀液体系工艺应用广泛，约占工业生产份额的 80% 以上。碱性镀液体系工艺主要应用于半导体器件的镀覆。

化学镀镍工艺流程主要包括除油、酸洗（碱洗）、浸锌、化学镀镍、烘干等工序，如图 6-11 所示。根据零件种类、要求不同，工艺流程中的工序可删减。

1.除油 → 2.酸洗（碱洗）→ 3.浸锌 → 4.化学镀镍 → 5.烘干

图 6-11　化学镀镍工艺流程图

化学镀镍生产中应注意以下几点。

（1）化学镀镍溶液应均匀受热，防止局部过热；停止生产时，镀液应尽快降温，防止空载时间过长。

（2）严格控制镀件装载量，镀液的负荷量一般应控制为 $1dm^2/L$。

（3）防止有害杂质污染镀液。

4．设计选用

1）选用原则

零部件选用化学镀镍层时，应遵循以下原则。

（1）化学镀镍层（低磷）主要用于要求具有良好的可焊性、导电性及耐磨性的场合。

（2）化学镀镍层（中磷）主要用作电磁屏蔽层，且能提高耐磨性与防护性，推荐选用磷含量不低于8%的非晶态镀层。

（3）化学镀镍层（高磷）主要用作工业大气及海洋大气环境下要求耐磨、无磁性及高耐蚀性的防护层。

2）应用范围

（1）要求耐磨、耐腐蚀的零件。
（2）形状复杂而又要求镀层均匀的零件。
（3）要求电磁屏蔽的零件。
（4）中温（600℃以下）条件下工作的钢零件。
（5）电镀其他镀层的底镀层。

3）下列情况不允许选用化学镀镍层

受高载荷、大剪切力作用的零件。

4）电子设备常用的化学镀镍层厚度系列

电子设备常用的化学镀镍层厚度系列如表6-28所示。

表6-28 电子设备常用的化学镀镍层厚度系列

镀覆层	零件材料	表面类型	镀覆标记	应用对象
化学镀镍层	钢	Ⅰ、Ⅱ	Fe/Ap·Ni（高磷）30	要求防护与耐磨的精密零件；中温条件下工作的零件
		Ⅱ	Fe/Ap·Ni（高磷）15	要求防护与耐磨的复杂形状重要件
	铜及铜合金	Ⅱ	Cu/Ap·Ni15	要求提高表面硬度和耐磨性的复杂形状零件
	铝及铝合金	Ⅱ	Al/Ap·Ni15	要求可焊、电磁屏蔽及防护的复杂形状零件

6.2.2 化学镀铜层

1．概述

化学镀铜层外观呈粉红色，组织结构为无定向的分散体，其常用厚度一般较薄，为0.1～1μm。化学镀铜层质软，延展性好，导热、导电性强，其可焊性与电镀铜层相近。化学镀铜层常被用作非金属材料的导电层、印制电路板的孔金属化的底镀层。化学镀铜层的基本物理及化学性质和电镀铜层相似。

2．性能

1）易氧化性

化学镀铜层直接暴露于空气中，会很快氧化变暗或被污染。因此，化学镀铜层一般需要进行防氧化处理,如涂覆有机物络合型防护膜。当化学镀铜层需进行后续电镀工序时,其表面应保持全润湿状态。

2)导电性和导热性

化学镀铜层具有良好的导电性和导热性,其导电、导热能力比钢铁、铝及铝合金好,比电镀铜层稍差。

3)硬度

化学镀铜层的硬度比电镀铜层高1~2倍。

4)可焊性

化学镀铜层可焊性良好,易焊接。

3. 生产工艺

化学镀铜生产中应用最普遍的是碱性甲醛-硫酸铜镀液体系工艺。

非金属化学镀铜工艺流程主要包括除油、粗化、敏化、活化、化学镀铜、防氧化处理等工序,如图6-12所示。

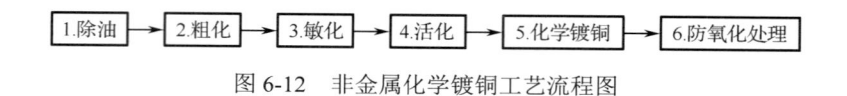

1.除油 → 2.粗化 → 3.敏化 → 4.活化 → 5.化学镀铜 → 6.防氧化处理

图6-12 非金属化学镀铜工艺流程图

4. 设计选用

1)选用原则

零部件选用化学镀铜层时,应遵循以下原则。
(1)化学镀铜层主要用作非金属材料表面的导电层、印制电路板的孔金属化层。
(2)化学镀铜层不建议用作装饰性或防护性镀层。

2)应用范围

(1)要求表面导电的非金属制件。
(2)要求电磁屏蔽的非金属制件。
(3)印制电路板通孔的金属化处理。
(4)电子陶瓷基板的金属化处理。
(5)电镀其他镀层的底镀层。

3)电子设备常用的化学镀铜层厚度系列

电子设备常用的化学镀铜层厚度系列如表6-29所示。

表 6-29 电子设备常用的化学镀铜层厚度系列

镀 覆 层	零件材料	表面类型	镀覆标记	应用对象
化学镀铜层	塑料	II	PL/Ap·Cu1	要求表面导电的零件
	塑料	II	PL/Ap·Cu3Ni2	要求电磁屏蔽的零件
	陶瓷	II	CE/Ap·Cu3	要求金属化的陶瓷基板等
	碳纤维复合材料	II	NM/Ap·Cu1	要求表面导电的零件

6.3 化学转化膜

6.3.1 钢铁化学氧化膜

1．概述

钢铁化学氧化膜是钢铁零件经化学氧化处理（又称发蓝）后生成的保护性的氧化膜，它的主要成分是磁性氧化铁（Fe_3O_4），膜层外观一般呈黑色或蓝黑色，其厚度薄，为 0.5~1.5μm，不耐磨。

钢铁化学氧化膜的耐蚀性不高，通常需经填充及浸油处理以进一步提高其耐蚀性。钢铁零件经化学氧化后，其表面粗糙度和尺寸基本不发生变化。

钢铁化学氧化膜常用于武器、精密零件及使用环境较好的内部零件等的防护装饰。

2．性能

1）外观

钢铁化学氧化膜的外观颜色随基体材料的不同而异，如表 6-30 所示。

表 6-30 不同基体材料钢铁化学氧化膜外观颜色

基 体 材 料	化学氧化膜外观颜色
碳钢、低合金钢	灰黑色、黑色
合金钢	蓝色、紫色、褐色
铸铁、硅钢	黄色、浅棕色
铸钢	暗褐色

2）耐蚀性

经填充及浸油处理的钢铁化学氧化膜的耐蚀性仍然较低，因此，它不是钢铁零件的可靠防护层；在不涂覆油漆的情况下，其防护能力很差，只有在中性油中工作时，才具有一定的防护作用。钢铁零件表面粗糙度越小，其化学氧化膜的防护能力越高。

在 15～20℃下，采用 3%的硫酸铜溶液（使用前新配制）进行化学氧化膜孔隙率和连续性的浸渍试验，保持 30s 取出试样检查，膜层应完好，不应出现红色斑点（置换铜）。

3）可焊性

钢铁化学氧化膜不能焊接。

4）致脆性

化学氧化处理可导致弹性零件（卡具、弹簧、锁环等）、高强度钢零件产生一定的脆性，因此，这类零件化学氧化处理后应进行消除脆性处理。

3．生产工艺

钢铁化学氧化膜生产中应用最普遍的是碱性氧化工艺，通常是在较高温度（135℃以上）下，在含有氧化剂（硝酸钠或亚硝酸钠）的氢氧化钠溶液中进行处理。

钢铁化学氧化工艺流程主要包括去应力处理、除油、酸洗、化学氧化、消除脆性处理、填充处理和浸油等工序，如图 6-13 所示。根据零件种类、要求不同，工艺流程中的工序可删减。

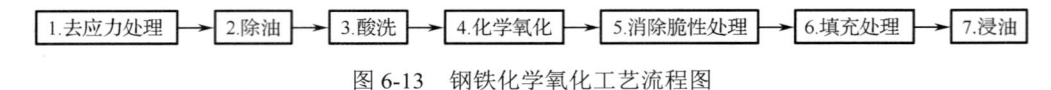

1.去应力处理 → 2.除油 → 3.酸洗 → 4.化学氧化 → 5.消除脆性处理 → 6.填充处理 → 7.浸油

图 6-13 钢铁化学氧化工艺流程图

钢铁化学氧化膜生产过程中应注意以下几点。

（1）抗拉强度不小于 1050MPa 的关键件和重要件，氧化处理前应进行去应力处理。

（2）弹性零件、薄壁零件（厚度在 1mm 以下）及抗拉强度不小于 1300MPa 的零件，不允许进行阴极除油及浸蚀。

（3）抗拉强度不小于 1300MPa 的关键件和重要件，氧化处理后应在 180～200℃的油中保温不少于 3h 进行消除脆性处理。

4．设计选用

1）选用原则

钢铁零部件选用化学氧化膜时，应遵循以下原则。

（1）化学氧化膜不能单独用作大气环境下钢铁零件的可靠防护层；配合油漆涂层使用，可用作大气环境下的防护层。

（2）经浸油处理的化学氧化膜可用作在油中工作的钢铁零件的防护层。

2）应用范围

（1）在 200℃以下油中工作或定期添加润滑油的零件。

（2）精度高、尺寸公差小的零件。

（3）在良好环境下工作的要求黑色外观的零件。

3）下列情况不宜选用化学氧化膜

（1）不允许浸油的零件。
（2）含有有色金属（铝、锌、锡、铅等）或非金属（橡胶、塑料等）的组合件。
（3）受摩擦的零件。
（4）用锡或锡铅焊料、铜焊料钎焊的组合件。
（5）中空和密封结构的零件。

4）钢铁化学氧化膜镀覆标记与应用对象

钢铁化学氧化膜镀覆标记与应用对象如表 6-31 所示。

表 6-31　钢铁化学氧化膜镀覆标记与应用对象

镀覆层	零件材料	表面类型	镀覆标记	应用对象
化学氧化膜	钢	II	Fe/Ct·O	在 200℃ 以下润滑油中工作的精密零件；不受外界大气影响的密封装置中的零件

6.3.2　铜及铜合金化学氧化膜

1．概述

铜及铜合金零件经化学氧化处理后，可获得具有一定防护能力的氧化膜，氧化膜的主要成分是氧化铜、氧化亚铜、硫化铜或它们的混合物。

铜及铜合金化学氧化膜外观一般呈黑色或褐色，膜层薄（厚度不超过 2μm），仅在干燥的环境中或仪器、仪表内部，才具有一定的耐蚀性。膜层不耐磨、质脆，不能承受冲击和变形。

铜及铜合金化学氧化膜常用于精密仪器、仪表内部零件、工艺品等的防护装饰或散热。

2．性能

1）外观

铜及铜合金化学氧化膜的外观颜色随处理工艺的不同而异，如表 6-32 所示。

表 6-32　不同处理工艺的铜及铜合金化学氧化膜外观颜色

处理工艺	化学氧化膜外观颜色
铜氨溶液中氧化	蓝黑色至黑色
碱性溶液中氧化	黑色或黑褐色

2）耐蚀性

铜及铜合金化学氧化膜的耐蚀性不高，比钝化膜低，仅在良好环境下具有一定的防护能力。

3）可焊性

铜及铜合金化学氧化膜不易焊接。

3．生产工艺

铜化学氧化膜生产中应用较广泛的是碱性氧化工艺，在含有过硫酸盐的氢氧化钠溶液中进行处理。铜合金化学氧化膜生产大多采用氨液氧化工艺，在含有碱式碳酸铜的氨液中进行处理。

铜及铜合金化学氧化工艺流程主要包括除油、酸洗、化学氧化、干燥等工序，如图 6-14 所示。

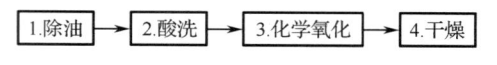

1.除油 → 2.酸洗 → 3.化学氧化 → 4.干燥

图 6-14　铜及铜合金化学氧化工艺流程图

4．设计选用

1）选用原则

铜及铜合金零部件选用化学氧化膜时，应遵循以下原则。
（1）化学氧化膜不能单独用作大气环境下铜及铜合金零件的可靠防护层。
（2）化学氧化膜可用作在良好环境下使用的铜及铜合金零件的防护装饰层。

2）应用范围

（1）要求黑色外观的零件。
（2）要求散热的零件。
（3）仪器、仪表内部的零件。

3）铜及铜合金化学氧化膜镀覆标记与应用对象

铜及铜合金化学氧化膜镀覆标记与应用对象如表 6-33 所示。

表 6-33　铜及铜合金化学氧化膜镀覆标记与应用对象

镀 覆 层	零件材料	表面类型	镀覆标记	应 用 对 象
化学氧化膜	铜及铜合金	Ⅱ	Cu/Ct·O	要求黑色外观的零件；要求散热的零件；仪器、仪表内部的零件

6.3.3　铜及铜合金钝化膜

1．概述

铜及铜合金零件经钝化处理后，可获得略高于原金属防护能力的钝化膜。

铜及铜合金钝化膜外观呈金属本色或彩虹色，膜层薄、不耐磨、耐蚀性不高，具有一定的装饰性。

铜及铜合金钝化膜常用作良好环境下使用的防护层、工序间临时防护层或油漆涂层的底层。

2．性能

1）外观

铜及铜合金钝化膜的外观颜色随处理工艺和基体材料的不同而异，如表6-34所示。

表6-34 不同处理工艺和基体材料的铜及铜合金钝化膜外观颜色

处 理 工 艺	基 体 材 料	钝化膜外观颜色
铬酸盐钝化	紫铜、黄铜、磷青铜、铝青铜、锡青铜	金属本色
重铬酸盐钝化	紫铜、黄铜	金黄色为主的彩虹色
	磷青铜、铝青铜、锡青铜	浅彩虹色

2）耐蚀性

铜及铜合金钝化膜的耐蚀性不高，但比化学氧化膜高，在良好环境下具有一定的防护能力。

采用1∶1（体积比）的硝酸溶液进行钝化膜耐蚀性的点滴试验，开始出现气泡的时间应不少于5s。

3）可焊性

铜及铜合金本色钝化膜可以钎焊，彩虹色钝化膜不易钎焊。因此，需要钎焊的零件，一般进行铬酸盐钝化处理。

3．生产工艺

铜及铜合金本色钝化膜生产主要采用铬酸盐钝化工艺，彩虹色钝化膜生产主要采用重铬酸盐钝化工艺。

铜及铜合金钝化工艺流程主要包括除油、酸洗、钝化、干燥等工序，如图6-15所示。

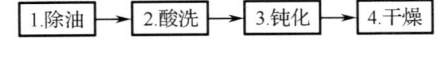

1.除油 → 2.酸洗 → 3.钝化 → 4.干燥

图6-15 铜及铜合金钝化工艺流程图

4．设计选用

1）选用原则

铜及铜合金零部件选用钝化膜时，应遵循以下原则。

（1）钝化膜不能单独用作大气环境下铜及铜合金零件的可靠防护层；配合油漆涂层

使用，可用作大气环境下的长效防护层。

(2) 钝化膜可用作在良好环境下使用的铜及铜合金零件的防护层或工序间短期防护层。

2) 应用范围

(1) 要求钎焊的零件。

(2) 仪器、仪表内部的零件。

(3) 油漆涂层的底层。

(4) 工序间的临时防护层。

3) 铜及铜合金钝化膜镀覆标记与应用对象

铜及铜合金钝化膜镀覆标记与应用对象如表 6-35 所示。

表 6-35　铜及铜合金钝化膜镀覆标记与应用对象

镀覆层	零件材料	表面类型	镀覆标记	应用对象
钝化膜	铜及铜合金	II	Cu/Ct·P	良好环境条件下工作的零件； 需要钎焊的零件； 要求材料本色外观的零件； 需要涂覆油漆的零件

6.3.4　铝及铝合金化学氧化膜

1. 概述

铝及铝合金化学氧化膜是铝制件表面通过化学反应所生成的膜层，膜层薄，厚度一般为 0.5～3μm。

铝及铝合金化学氧化膜接触电阻低、能导电，硬度低、不耐磨、易被擦伤，能承受轻微弯曲；膜层多孔、具有较好的吸附能力，是油漆涂层的良好底层。铝及铝合金化学氧化膜耐蚀性较好，具有一定的可靠防护能力。

铝及铝合金化学氧化膜常用作良好及一般环境下使用的防护层及油漆涂层的底层。

2. 性能

1) 外观

铝及铝合金化学氧化膜的外观颜色按处理工艺不同而异，如表 6-36 所示。通常情况下，建议选用六价铬体系处理工艺生产的彩虹色氧化膜。

表 6-36　不同处理工艺的铝及铝合金化学氧化膜外观颜色

处理工艺	化学氧化膜外观颜色
六价铬体系	彩虹色
三价铬体系	无色、彩虹色
无铬体系	无色、彩虹色、金黄色

2）耐蚀性

采取不同处理工艺所获得的化学氧化膜的耐蚀性不尽相同，一般来说，膜层颜色越深，耐蚀性越好。铝及铝合金化学氧化膜的耐蚀性低于阳极氧化膜。

六价铬彩虹色氧化膜经168h中性盐雾试验后，每一件试板（长254mm，宽76mm）出现的腐蚀点（直径不大于0.8mm）不超过5个，所有五件试板的腐蚀点总数量不超过15个。

3）导电性及接触电阻

铝及铝合金化学氧化膜都是导电的，一般膜层颜色越浅，导电性越好。

对于有低接触电阻要求的铝及铝合金化学氧化膜，在氧化膜上施加一个1.4MPa压强的电极（电极面积为6.45cm^2）进行接触电阻测试，初始状态的接触电阻不大于30mΩ；在168h中性盐雾试验后，接触电阻应不大于60mΩ。

4）可焊性

铝及铝合金化学氧化膜不能锡焊，但可以点焊。

3．生产工艺

铝及铝合金化学氧化膜生产的工艺方法较多，主要有铬酸法、铬酸磷酸法、三价铬或无铬法，以铬酸法应用最广泛。

铝及铝合金化学氧化工艺流程主要包括除油、碱洗、化学氧化、干燥等工序，如图6-16所示。

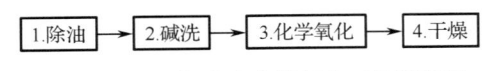

1.除油 → 2.碱洗 → 3.化学氧化 → 4.干燥

图6-16　铝及铝合金化学氧化工艺流程图

4．设计选用

1）选用原则

铝及铝合金零部件选用化学氧化膜时，应遵循以下原则。

（1）化学氧化膜常用作室内使用的铝及铝合金零件的防护层；配合油漆涂层使用，可用作户外使用的铝及铝合金零件的长效防护层。

（2）在无特定外观要求的前提下，化学氧化膜优先选用六价铬彩虹色膜层。

2）应用范围

（1）要求表面导电的零件。

（2）油漆涂层的底层。

（3）复杂形状零件的防护层。

3）下列情况不宜选用化学氧化膜

（1）受摩擦或气流冲刷的零件。

（2）使用环境温度超过 65℃ 的零件。

（3）使用环境恶劣而又不允许涂漆的零件。

4）铝及铝合金化学氧化膜镀覆标记与应用对象

铝及铝合金化学氧化膜镀覆标记与应用对象如表 6-37 所示。

表 6-37 铝及铝合金化学氧化膜镀覆标记与应用对象

镀 覆 层	零 件 材 料	表面类型	镀 覆 标 记	应 用 对 象
化学氧化膜	铝及铝合金	Ⅱ	Al/Ct·Ocd1A	要求导电但不要求低接触电阻的零件；需要涂覆油漆的零件
			Al/Ct·Ocd3	要求导电和低接触电阻的零件；需要涂覆油漆的零件

6.3.5 镁合金化学氧化膜

1．概述

镁合金零件经化学氧化处理后，可获得具有一定防护能力的氧化膜，该膜层薄，厚度为 0.5～3μm，耐蚀性不高，质地柔软、不耐磨。

镁合金化学氧化膜常用作机械加工工序间临时保护层和油漆涂层的底层。

2．性能

1）外观

镁合金化学氧化膜的外观颜色随处理工艺的不同而异，如表 6-38 所示。

表 6-38 不同处理工艺的镁合金化学氧化膜外观颜色

处 理 工 艺	化学氧化膜外观颜色
氟化钠法	深棕色至黑色
重铬酸钾-硫酸铝钾-醋酸法	金黄色、褐色、黑色
重铬酸钠-硫酸锰-硫酸镁-铬酐法	深棕色至黑色
重铬酸钾-硫酸铵-邻苯二甲酸氢钾法	褐色至黑色

2）耐蚀性

镁合金化学氧化膜仅具备有限的防护能力，其中以黑色氧化膜耐蚀性最高，金黄色氧化膜的耐蚀性最低。

在 15～20℃ 下，采用含 0.5g/L 高锰酸钾的 5%（体积百分比）硝酸溶液进行镁合金化学氧化膜耐蚀性的点滴试验，试样表面溶液由紫红色变为无色的时间应不低于30s。

3）可焊性

镁合金化学氧化膜不易焊接。

3．生产工艺

镁合金化学氧化膜生产中应用较普遍的是氟化钠氧化工艺和重铬酸盐氧化工艺。

镁合金化学氧化工艺流程主要包括除油、酸洗、碱洗、铬酸处理、化学氧化、填充处理、干燥等工序，如图6-17所示。根据零件种类、要求不同，工艺流程中的工序可删减。

1.除油 → 2.酸洗 → 3.碱洗 → 4.铬酸处理 → 5.化学氧化 → 6.填充处理 → 7.干燥

图6-17 镁合金化学氧化工艺流程图

4．设计选用

1）选用原则

镁合金零部件选用化学氧化膜时，应遵循以下原则。

（1）化学氧化膜一般不能单独用作大气环境下的防护层，黑色化学氧化膜可用作航天产品的防护层。

（2）化学氧化膜配合油漆涂层使用，可用作大气环境下的长效防护层。

2）应用范围

（1）加工工序间临时防护。

（2）油漆涂层的底层。

3）镁合金化学氧化膜镀覆标记与应用对象

镁合金化学氧化膜镀覆标记与应用对象如表6-39所示。

表6-39 镁合金化学氧化膜镀覆标记与应用对象

镀覆层	零件材料	表面类型	镀覆标记	应用对象
化学氧化膜	镁合金	Ⅱ	Mg/Ct·O	要求加工工序间防腐蚀的零件；空间环境下使用的零件；需要涂覆油漆的零件

6.3.6 不锈钢钝化膜

1．概述

不锈钢零件经化学钝化处理后，可获得钝化膜，该膜层可提高不锈钢零件在大气环境下的抗点蚀能力。

不锈钢钝化膜外观呈金属本色或灰色，膜层薄、不耐磨。

不锈钢钝化膜常用作不锈钢零件的防护层或油漆涂层的底层。

2．性能

1）外观

不锈钢钝化膜的外观颜色随不锈钢牌号的不同而异，如表6-40所示。

表6-40　不同不锈钢牌号的不锈钢钝化膜外观颜色

不锈钢牌号	钝化膜外观颜色
1Cr18Ni9Ti	金属本色
其他牌号	灰白色、钢灰色、灰黑色

2）完整性

采用新配制的含有16g/L硫酸铜（$CuSO_4 \cdot 5H_2O$）、4ml/L硫酸（H_2SO_4，比重1.84g/mL）的溶液进行钝化膜完整性的浸渍试验，保持6min后取出试样，经漂洗和干燥后检查试样表面，膜层应完好，不应出现红色斑点（置换铜）。

3）耐蚀性

采用奥氏体不锈钢钝化膜试样进行浸渍试验，浸入3%氯化钠溶液中，在10～25℃下保持24h后，取出试样并目视检查，试样表面应无腐蚀。

4）可焊性

不锈钢钝化膜不易焊接。

3．生产工艺

不锈钢钝化膜生产可采用硝酸型钝化工艺和柠檬酸型钝化工艺。硝酸型钝化工艺操作范围大，便于控制，应用较广泛。柠檬酸型钝化工艺操作范围较小，过程控制要求高。

不锈钢钝化工艺流程主要包括除油、酸洗、钝化、干燥等工序，如图6-18所示。

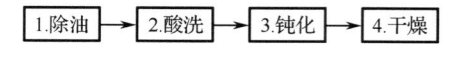

1.除油 → 2.酸洗 → 3.钝化 → 4.干燥

图6-18　不锈钢钝化工艺流程图

4．设计选用

1）选用原则

不锈钢零部件选用钝化膜时，应遵循以下原则。

（1）钝化膜常用作大气环境下不锈钢零件的防护层；户外使用时，建议增加油漆涂层。

（2）海洋环境下，钝化膜宜配合油漆涂层一起使用。

2）应用范围

（1）要求提高抗点蚀能力的零件。

（2）油漆涂层的底层。

3）下列情况不宜选用钝化膜

（1）有狭窄缝隙的复杂形状零件。

（2）含不同金属材料的组合件。

4）不锈钢钝化膜镀覆标记与应用对象

不锈钢钝化膜镀覆标记与应用对象如表6-41所示。

表6-41 不锈钢钝化膜镀覆标记与应用对象

镀覆层	零件材料	表面类型	镀覆标记	应用对象
钝化膜	不锈钢	Ⅰ、Ⅱ	Fe/Ct·P	需要提高抗点蚀能力的零件；需要涂覆油漆的零件

6.4 电化学转化膜

6.4.1 铝及铝合金硫酸阳极氧化膜

1. 概述

铝及铝合金零件在硫酸溶液中进行阳极氧化处理后，可获得一层耐蚀性较高的氧化膜，即硫酸阳极氧化膜。

铝及铝合金硫酸阳极氧化膜的厚度一般为 5~20μm，具有较高的耐热性、绝缘性和良好的吸附能力，膜层多孔，封闭处理后可提高耐蚀性，染色（电解着色）后可呈现多种颜色外观。铝及铝合金抛光后进行硫酸阳极氧化再着色，可得到光亮的装饰性外观。

硫酸阳极氧化膜常用于铝及铝合金零件的防护、装饰及标记。

2. 性能

1）外观

铝及铝合金硫酸阳极氧化膜的外观颜色随处理工艺的不同而异，如表6-42所示。

2）耐蚀性

铝及铝合金硫酸阳极氧化膜的耐蚀性高于化学氧化膜，一般膜层越厚，耐蚀性越高。

染色（电解着色）的氧化膜的耐蚀性低于热水（蒸汽）、重铬酸盐封闭的氧化膜。

表 6-42 不同处理工艺的铝及铝合金硫酸阳极氧化膜外观颜色

处 理 工 艺	阳极氧化膜外观颜色
热水（蒸汽）封闭	铝本色、乳白色
重铬酸盐封闭	浅黄色至黄绿色
染色	红色、绿色、蓝色、金黄色、黑色等
电解着色	金黄色、棕色、咖啡色、黑色

经热水或重铬酸盐封闭的铝及铝合金硫酸阳极氧化膜试样进行 336h 中性盐雾试验后，按 GB/T 6461 进行保护等级评定，保护等级不低于 9 级。

3）绝缘性

铝及铝合金硫酸阳极氧化膜具有一定的绝缘性，不导电。

3．生产工艺

铝及铝合金硫酸阳极氧化工艺流程主要包括除油、碱洗、硫酸阳极氧化、封闭、干燥等工序，如图 6-19 所示。

1.除油 → 2.碱洗 → 3.硫酸阳极氧化 → 4.封闭 → 5.干燥

图 6-19 铝及铝合金硫酸阳极氧化工艺流程图

4．设计选用

1）选用原则

铝及铝合金零部件选用硫酸阳极氧化膜时，应遵循以下原则。

硫酸阳极氧化膜主要用作铝及铝合金零件的防护层；配合油漆涂层使用，可用作室外使用的铝及铝合金零件的长效防护层。

2）应用范围

（1）铝及铝合金零件的防护。

（2）为了装饰和用作识别标记而要求特殊颜色外观的零件。

（3）油漆涂层的底层。

3）下列情况不宜选用硫酸阳极氧化膜

（1）搭接、点焊或铆接的组合件。

（2）由不同铝合金构成的组合件及铝件与非铝件构成的组合件。

（3）含螺纹孔径<6mm 的盲孔的零件。

（4）气孔率超过 3 级的铸件。

4）铝及铝合金硫酸阳极氧化膜镀覆标记与应用对象

铝及铝合金硫酸阳极氧化膜镀覆标记与应用对象如表 6-43 所示。

表 6-43 铝及铝合金硫酸阳极氧化膜镀覆标记与应用对象

镀 覆 层	零 件 材 料	表 面 类 型	镀 覆 标 记	应 用 对 象
硫酸阳极氧化膜	铝及铝合金	II	Al/Et·A（S）·S	要求防护的零件； 要求装饰或识别标记的零件； 需要涂覆油漆的零件； 需要热辐射控制的零件

6.4.2 铝及铝合金磷酸阳极氧化膜

1．概述

铝及铝合金零件在磷酸溶液中进行阳极氧化处理获得的氧化膜，称为磷酸阳极氧化膜。

铝及铝合金磷酸阳极氧化膜厚度薄，膜层多孔且孔径大，具有优异的胶接性能。

铝及铝合金磷酸阳极氧化膜常用于铝及铝合金零件胶接前处理。

2．性能

1）外观

在天然散射光或无反射光的白色透射光下以约 5°的入射角观察铝及铝合金零件表面的磷酸阳极氧化膜，膜层表面呈现暗红色（紫色）、绿色等"干涉"颜色。

2）胶接性能

铝及铝合金磷酸阳极氧化膜的孔径大，约为 30nm，比用于胶接前处理的铬酸阳极氧化膜的孔径大，所以其胶接强度高于铬酸阳极氧化膜，胶接可靠性及环境耐久性比其他阳极氧化膜好。

3）导电性

铝及铝合金磷酸阳极氧化膜具有一定的导电性。

3．生产工艺

铝及铝合金磷酸阳极氧化工艺流程主要包括除油、碱洗、磷酸阳极氧化、干燥等工序，如图 6-20 所示。

1.除油 → 2.碱洗 → 3.磷酸阳极氧化 → 4.干燥

图 6-20 铝及铝合金磷酸阳极氧化工艺流程图

4．设计选用

1）选用原则

铝及铝合金零部件选用磷酸阳极氧化膜时，应遵循以下原则。

磷酸阳极氧化膜主要用作铝及铝合金零件胶接前处理层，一般不用作防护层。

2）应用范围

（1）胶接前处理。

（2）电镀前的预处理层。

3）铝及铝合金磷酸阳极氧化膜镀覆标记与应用对象

铝及铝合金磷酸阳极氧化膜镀覆标记与应用对象如表6-44所示。

表6-44　铝及铝合金磷酸阳极氧化膜镀覆标记与应用对象

镀 覆 层	零件材料	表面类型	镀覆标记	应 用 对 象
磷酸阳极氧化膜	铝及铝合金	II	Al/Et·A（P）	胶接强度要求高的零件；需要电镀的零件

6.4.3　铝及铝合金硬质阳极氧化膜

1．概述

铝及铝合金零件在以硫酸为主要成分的电解质溶液中进行阳极氧化处理后，可获得一层硬度很高的氧化膜，即硬质阳极氧化膜。

铝及铝合金硬质阳极氧化膜厚度一般为$30\mu m$以上，最高可达$90\mu m$，膜层硬度高，为HV250～HV300，质脆且随着膜层厚度的增加脆性变大，不能承受冲击和弯曲。膜层具有高绝缘性，良好的耐磨性、耐热性及耐蚀性。膜层与基体结合力良好，多孔、吸附能力强。

铝及铝合金硬质阳极氧化膜常用作要求具有高耐磨性、高绝缘性的防护层。

2．性能

1）外观

铝及铝合金硬质阳极氧化膜的外观颜色随处理工艺的不同而异，如表6-45所示。

表6-45　不同处理工艺的铝及铝合金硬质阳极氧化膜外观颜色

处 理 工 艺	阳极氧化膜外观颜色
低温硬质阳极氧化	深灰色至黑色
常温硬质阳极氧化	褐色、浅灰色

2）硬度

硬质阳极氧化膜的硬度高，2A12 铝合金硬质阳极氧化膜的硬度为 HV250 以上，其他牌号铝合金硬质阳极氧化膜的硬度为 HV300 以上。

3）绝缘性

铝及铝合金硬质阳极氧化膜具有高的绝缘性能，电阻率达 $10^4\Omega \cdot mm$，厚度为 $60\mu m$ 以上的膜层经热水封闭、石蜡（绝缘漆）浸渍处理后，击穿电压可达 2000V。

4）耐磨性

经 TABER 磨损试验后，铜含量大于 1%的铝合金硬质阳极氧化膜层的质量损失不应超过 40mg，铜含量小于 1%的铝合金硬质阳极氧化膜层的质量损失不应超过 20mg。

5）耐蚀性

铝及铝合金硬质阳极氧化膜的耐蚀性高于普通阳极氧化膜。

按 GB/T 10125 进行 336h 中性盐雾试验后，厚度为 $50\mu m$ 的硬质阳极氧化膜应不发生腐蚀。

6）耐热性

铝及铝合金硬质阳极氧化膜在短时间内，能经受 1500～2000℃的高温，膜层越厚，耐热冲击的时间越长。

3．生产工艺

常用的铝及铝合金硬质阳极氧化膜生产工艺主要有低温工艺和常温工艺。低温工艺采用硫酸溶液体系，常温工艺采用含有硫酸、苹果酸或乳酸、甘油的混合溶液体系。

铝及铝合金硬质阳极氧化工艺流程主要包括除油、碱洗、硬质阳极氧化、封闭、干燥等工序，如图 6-21 所示。

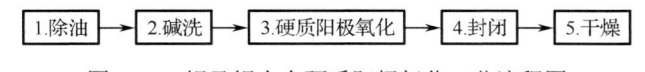

1.除油 → 2.碱洗 → 3.硬质阳极氧化 → 4.封闭 → 5.干燥

图 6-21 铝及铝合金硬质阳极氧化工艺流程图

4．设计选用

1）选用原则

铝及铝合金零部件选用硬质阳极氧化膜时，应遵循以下原则。

硬质阳极氧化膜主要用作铝及铝合金零件高硬度的耐磨防护层。

2）应用范围

（1）提高零件表面硬度和耐磨性。

（2）提高零件表面的绝缘性能。

（3）耐气流冲刷的零件。
（4）需要隔热的零件。

3）下列情况不宜选用硬质阳极氧化膜

（1）搭接、点焊或铆接的组合件。
（2）由不同铝合金构成的组合件及铝件与非铝件构成的组合件。
（3）承受冲击载荷的零件。
（4）含螺纹的零件。
（5）硅含量高的铸件。

4）电子设备常用的铝及铝合金硬质阳极氧化膜厚度系列

电子设备常用的铝及铝合金硬质阳极氧化膜厚度系列如表6-46所示。

表6-46 电子设备常用的铝及铝合金硬质阳极氧化膜厚度系列

镀覆层	零件材料	表面类型	镀覆标记	应用对象
硬质阳极氧化膜	铝及铝合金	II	Al/Et·A20～40hd	要求电绝缘的零件；受力较小并要求耐磨的零件；要求耐气流冲刷的零件
			Al/Et·A40～60hd	要求硬度高、耐磨性良好的零件
			Al/Et·A60～80hd	需要隔热的零件

6.4.4 钛及钛合金阳极氧化膜

1. 概述

钛及钛合金零件经阳极氧化处理后可获得阳极氧化膜。

钛及钛合金阳极氧化膜外观一般为蓝色，膜层薄，为0.2～2μm，膜层具有一定的耐磨性（耐划伤性）和电绝缘性。

钛及钛合金阳极氧化膜主要用作防止表面被划伤及与异种金属接触时发生电偶腐蚀的保护层、胶接前处理层和油漆底层。

2. 性能

1）外观

钛及钛合金阳极氧化膜外观按阳极氧化电压的不同呈褐色、紫色、蓝色、黄色、金黄色、绿色等，其中，蓝色膜层应用较广泛。

2）绝缘性

钛及钛合金阳极氧化膜具有一定的绝缘性，不导电。

3）耐蚀性

钛及钛合金阳极氧化膜按 GB/T 10125 进行 336h 中性盐雾试验后，膜层应无腐蚀，但允许膜层颜色稍有变化。

3．生产工艺

钛及钛合金阳极氧化膜生产一般采用酸性氧化工艺或碱性氧化工艺，酸性氧化工艺大多采用磷酸溶液或硫酸-磷酸混合溶液作为氧化溶液，碱性氧化工艺大多采用氢氧化钠溶液或磷酸钠溶液作为氧化溶液。

钛及钛合金阳极氧化工艺流程主要包括除油、酸洗、阳极氧化、干燥等工序，如图 6-22 所示。

1.除油 → 2.酸洗 → 3.阳极氧化 → 4.干燥

图 6-22　钛及钛合金阳极氧化工艺流程图

4．设计选用

1）选用原则

钛及钛合金零部件选用阳极氧化膜时，应遵循以下原则。

阳极氧化膜主要用于防止零件表面被划伤及与异种金属接触时发生电偶腐蚀。

2）应用范围

（1）防止零件在加工、装配过程中被划伤。

（2）与铝合金、不锈钢等接触的零件。

（3）用作胶接或油漆涂层的底层。

3）钛及钛合金阳极氧化膜镀覆标记与应用对象

钛及钛合金阳极氧化膜镀覆标记与应用对象如表 6-47 所示。

表 6-47　钛及钛合金阳极氧化膜镀覆标记与应用对象

镀覆层	零件材料	表面类型	镀覆标记	应用对象
阳极氧化膜	钛及钛合金	Ⅰ、Ⅱ	Ti/Et·A	要求提高表面耐磨性的零件； 与铝合金、不锈钢等接触的零件； 需要胶接的零件； 需要涂覆油漆的零件； 要求有一定电绝缘性能及防黏结的零件

6.4.5　微弧氧化膜

1．概述

将铝、镁、钛等金属及其合金制件作为阳极，置于脉冲电场环境的电解液中，制件表面在脉冲电场作用下产生微弧放电，从而生成一层与基体以冶金形式结合的氧化物陶瓷层，即微弧氧化膜。

微弧氧化膜外观一般为灰白色或灰色，膜层厚度为 10～300μm；膜层为基体原位生长的陶瓷膜，与基体结合牢固，结构致密且有韧性，硬度高，具有优良的耐磨性、耐蚀性、耐热性和电绝缘性。

微弧氧化膜主要用于对耐磨、耐蚀、耐热冲击、绝缘等性能有特殊要求的铝、镁、钛及其合金零部件的表面强化处理。

2．性能

1）硬度及耐磨性

微弧氧化膜能大幅提高基体材料的表面硬度，硬度通常为 HV800 以上，最高可达 HV3000，比硬质阳极氧化膜的硬度高 4～5 倍。

微弧氧化膜的耐磨性能优异，在同等摩擦条件下，2A12 铝合金微弧氧化膜的耐磨性能优于硬铬镀层。

2）绝缘性

微弧氧化膜具有良好的绝缘性能，绝缘电阻为 10～500MΩ，击穿电压为 200～2000V。

3）耐蚀性

微弧氧化膜具有优异的耐蚀性，厚度为 20μm 以上的微弧氧化膜按 GB/T 10125 进行 500h 中性盐雾试验后，按 GB/T 6461 进行保护等级评定，保护等级不低于 9 级。

4）耐热冲击性能

微弧氧化膜耐热冲击性能优良，可经受 1300～1500℃高温冲击，骤冷后膜层不发生龟裂或脱落。

3．生产工艺

微弧氧化膜生产常采用环保型碱性电解液体系，如硅酸盐体系、磷酸盐体系及铝酸盐体系等。处理过程简单，不需要酸洗或碱洗过程来除去零件表面原有的氧化膜（氧化皮），仅需要除去零件表面油污，相比电镀、阳极氧化等过程，减少了废水排放。

微弧氧化工艺流程主要包括除油、微弧氧化、封闭、干燥等工序，如图 6-23 所示。

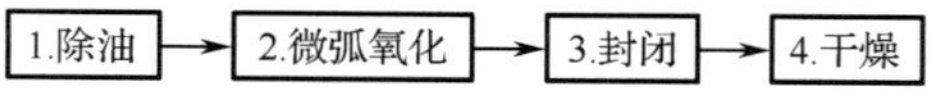

1.除油 → 2.微弧氧化 → 3.封闭 → 4.干燥

图 6-23　微弧氧化工艺流程图

4．设计选用

1）选用原则

零部件选用微弧氧化膜时，应遵循以下原则。

（1）微弧氧化膜主要用作铝及铝合金、钛及钛合金零部件高耐磨性的防护层。
（2）微弧氧化膜配合油漆涂层使用，主要用作镁合金零部件高耐蚀性的长效防护层。

2）应用范围

（1）提高零件表面硬度及耐磨性。
（2）镁合金零件的长效防护。
（3）航天零部件的热控涂层。

3）下列情况不宜选用微弧氧化膜

（1）由不同金属构成的组合件。
（2）含螺纹的零件。

4）电子设备常用的微弧氧化膜厚度系列

电子设备常用的微弧氧化膜厚度系列如表 6-48 所示。

表 6-48　电子设备常用的微弧氧化膜厚度系列

镀覆层	零件材料	表面类型	镀覆标记	应用对象
微弧氧化膜	铝及铝合金	II	Al/Et·MAO30～50·S	要求高耐磨性的零件
	镁及镁合金	II	Mg/Et·MAO20～30·S	需要涂覆油漆的零件
	钛及钛合金	I、II	Ti/Et·MAO30～50·S	要求高耐磨性的零件

6.5　其他镀覆层

6.5.1　热浸锌层

1．概述

钢铁零件经清洗、活化后浸于熔融的锌液中，通过铁与锌之间的反应和扩散，在零件表面获得的附着性良好的锌合金镀层，即热浸锌层，也称为热镀锌层。

热浸锌层对钢铁而言，具有电化学保护作用，依靠自身的腐蚀来保护基体免遭腐蚀。

热浸锌层外观呈银白色，其厚度一般为 45～85μm，镀层组织致密，耐蚀性好，长效防护能力高于电镀锌层。热浸锌层与基体结合牢固、覆盖性完整，韧性好、使用寿命长、维护成本低。通常，热浸锌层应进行钝化或磷化等镀后处理。

热浸锌层常用于钢板、钢带、钢丝、钢管、户外钢结构及紧固件的腐蚀防护。

2. 性能

1）耐蚀性

热浸锌层的耐蚀性主要取决于镀层的厚度，镀层越厚，耐蚀性越高。同等的镀层厚度下，热浸锌层的耐蚀性高于电镀锌层或热喷锌层。

厚度为 45μm 的热浸锌层按 GB/T 10125 进行 96h 中性盐雾试验后，应无腐蚀。

2）氢脆敏感性

热浸锌过程的氢脆敏感性极低，不易导致基体金属产生脆化。当高强钢零件选用热浸锌层时，应尽量避免采用酸洗处理工艺。

3）潮湿环境敏感性

新镀的热浸锌层对潮湿、通风不良的储存和运输环境敏感，表面易产生白锈，因此，热浸锌成品应储存于干燥的、具备良好通风条件的环境中，运输过程应采用干燥、通风的防护包装方式；在不具备良好防护包装的条件下，应避免密集堆叠存放。

3. 生产工艺

热浸锌工艺流程主要包括镀前去应力、除油、清洗、活化、预热、热浸镀锌、整理、后处理（钝化或磷化）等工序，如图 6-24 所示。根据零件种类、要求不同，工艺流程中的工序可删减。

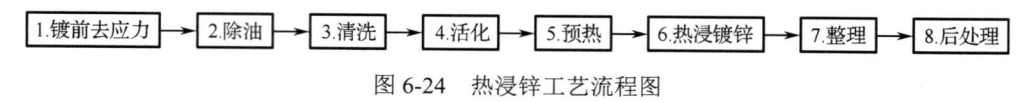

1.镀前去应力 → 2.除油 → 3.清洗 → 4.活化 → 5.预热 → 6.热浸镀锌 → 7.整理 → 8.后处理

图 6-24　热浸锌工艺流程图

4. 设计选用

1）选用原则

零部件选用热浸锌层时，应遵循以下原则。

（1）热浸锌层主要用作大气环境下户外钢铁结构件的防护层。

（2）热浸锌层配合油漆涂层使用，常用作高温、高湿、高盐雾等恶劣环境下的长效防护层。

2）应用范围

（1）无装饰性要求的钢铁结构件的防护。

（2）M10 以上的钢铁紧固件的防护。

（3）与土壤接触的地钉、地桩等。

3）下列情况不宜选用热浸锌层

（1）含有密闭空腔结构的零件。

（2）含有单面焊缝或断续焊缝的零件。

4）电子设备常用的热浸锌层厚度系列

电子设备常用的热浸锌层厚度系列如表 6-49 所示。

表 6-49 电子设备常用的热浸锌层厚度系列

镀 覆 层	零件材料	表面类型	镀覆标记	应 用 对 象
热浸锌层	钢铁	Ⅰ、Ⅱ	Fe/Hd·Zn70·c2C	无装饰要求的结构件
		Ⅰ、Ⅱ	Fe/Hd·Zn50·c2C	M10 以上的紧固件
		Ⅰ	Fe/Hd·Zn70	与土壤接触的地钉、地桩等

6.5.2 热喷锌/铝层

1．概述

利用电弧或火焰喷涂设备，以电弧（温度可达 5000℃以上）或乙炔-氧气燃烧火焰（温度可达 3000℃以上）为热源用空气或其他气体为喷射气流，在短时间内，将锌/铝丝熔融、雾化喷涂到经预先处理的钢结构件上，形成机械-冶金结合的层状结构的锌/铝层，即热喷锌/铝层。

热喷锌/铝层对于钢铁而言，具有电化学保护作用，通过腐蚀自身来保护基体免遭腐蚀。

热喷锌/铝层外观呈灰色，厚度一般为 100～200μm，其与基体结合强度较高，抗拉强度可达 6MPa 以上。热喷锌/铝层表面较粗糙、孔隙率高，需涂覆封闭涂层以提高对基体的保护能力。

热喷锌/铝层常用作大型钢结构的重防腐涂层体系的底层。

2．性能

1）耐蚀性

热喷锌/铝层多孔（孔隙率为 5%～15%），其孔隙率随锌/铝层厚度的增加而降低，未经封闭处理的热喷锌/铝层的耐蚀性比电镀锌层低。因此，单独使用热喷锌/铝层作为防护层时，必须进行封闭处理。海洋环境下，热喷铝层的腐蚀速率低于热喷锌层。

2）机械强度

热喷锌/铝层的机械强度比电镀锌层、热浸锌层低。

3）氢脆敏感性

热喷锌/铝处理对基体不产生氢脆影响，零件无须加热或经受对基体材料力学性能有影响的其他处理工艺。

3. 生产工艺

热喷锌/铝工艺流程主要包括除油（去除重油污）、喷砂、热喷锌/铝、封闭等工序，如图6-25所示。

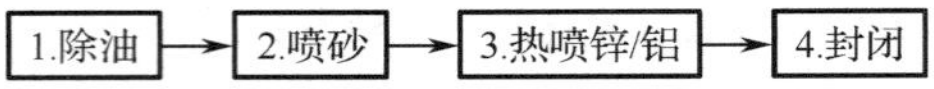

```
1.除油 → 2.喷砂 → 3.热喷锌/铝 → 4.封闭
```

图6-25 热喷锌/铝工艺流程图

热喷锌/铝生产过程中应注意以下几点。

（1）施工环境温度为5～38℃，空气相对湿度必须小于85%。

（2）喷砂处理的除锈等级应满足GB/T 8923规定的Sa3级相应要求，粗糙度（Rz）为60～100μm。

（3）喷砂处理后4h之内应进行热喷锌/铝，同时确保待喷涂工件表面温度高于露点温度3℃以上。

（4）热喷锌/铝后8h之内必须涂覆封闭漆进行封闭。

4. 设计选用

1）选用原则

零部件选用热喷锌/铝层时，应遵循以下原则。

（1）热喷锌/铝层配合油漆涂层使用，主要用作户外钢铁结构件的长效重防腐涂层。

（2）经封闭处理的热喷锌层单独使用，主要用作非海洋性大气环境下钢铁结构件的防护层；经封闭处理的热喷铝层单独使用，主要用作海洋性大气环境下钢铁结构件的防护层。

2）应用范围

（1）大型钢铁结构件的防护。

（2）薄壁、密闭腔体、箱体、罐体等钢铁结构件的防护。

3）下列情况不宜选用热喷锌/铝层

（1）需连续浸水的表面。

（2）零件的螺纹部位。

（3）润滑和液压系统内表面。

（4）不锈钢零件。

4）电子设备常用的热喷锌/铝层厚度系列

电子设备常用的热喷锌/铝层厚度系列如表6-50所示。

表 6-50　电子设备常用的热喷锌/铝层厚度系列

镀 覆 层	零件材料	表 面 类 型	镀 覆 标 记	应 用 对 象
热喷锌层	钢铁	Ⅰ、Ⅱ	Fe/TS·Zn100	需要涂覆油漆的大型构件
		Ⅰ	Fe/TS·Zn200	非海洋性大气环境下不需要涂覆油漆的大型构件
热喷铝层		Ⅰ、Ⅱ	Fe/TS·Al100	需要涂覆油漆的大型构件
		Ⅰ	Fe/TS·Al150	海洋性大气环境下不需要涂覆油漆的大型构件

6.5.3　锌铬涂层（达克罗）

1．概述

采用浸涂、刷涂或喷涂的方式将含锌粉和铬酸的混合液覆盖于经预先处理的钢铁制件表面，经高温（300℃左右）烧结后，形成以鳞片状锌和锌的铬酸盐为主要成分的无机腐蚀防护涂层，即为锌铬涂层，又称为达克罗（Dacromet）。

锌铬涂层中鳞片状锌为层状堆叠结构，对基体产生很好的屏蔽、阻隔作用；锌的电位比钢铁低，具有电化学保护作用，可通过腐蚀自身来保护基体。这种双重保护作用决定了锌铬涂层具有优异的耐蚀性能。

锌铬涂层的外观一般呈银灰色，经表面改性处理后可以获得其他颜色，如黑色等；厚度一般为 2～10μm。锌铬涂层最突出的特点是其极佳的耐蚀性能，但是涂层质地较软、硬度低、不耐磨，导电性不好。

锌铬涂层主要用于在较严重的腐蚀性环境下（如海洋性大气、工业大气、湿热气氛等）使用的钢铁紧固件、结构件的腐蚀防护。

2．性能

1）耐蚀性

锌铬涂层的耐蚀性能极佳，同等厚度下优于电镀锌、热浸镀锌、热喷锌等其他锌镀（涂）层。经锌铬涂层（厚度为 10μm）处理的钢铁制件，按 GB/T 10125 进行 1000h 中性盐雾试验后，基体无腐蚀（无红锈）。

2）耐热性

锌铬涂层的耐热性能优于电镀锌、热浸镀锌及热喷锌，在较高的温度（≤300℃）下仍具有良好的耐蚀性能。

3）氢脆敏感性

锌铬涂层处理对基体不会产生氢脆。此外为了避免氢脆，前处理也应采用溶剂除油、机械除锈等不会产生氢脆的工艺。

4）深涂性能

锌铬涂层处理可以在制件的深孔、狭缝，管件内壁等难以电镀（电力线屏蔽效应所致）的部位形成有效厚度的涂层，具有良好的深涂性能。

5）耐磨性

锌铬涂层硬度低，耐磨性能差。

6）导电性

锌铬涂层的导电性能不好，不宜用于需导电连接的场合。

3. 生产工艺

锌铬涂层处理工艺流程主要包括除油、除锈、涂覆（刷涂/浸涂/喷涂）、沥干/离心甩干、烧结、冷却等工序，如图 6-26 所示。根据制件结构形式的不同，可采用一涂一烘、二涂二烘（工序 3～工序 5 重复一次）及三涂三烘（工序 3～工序 5 重复两次）的处理方式。

为了防止产生氢脆，通常采用有机溶剂或碱性清洗剂进行除油、喷砂/丸进行除锈，应尽量避免酸洗除锈。

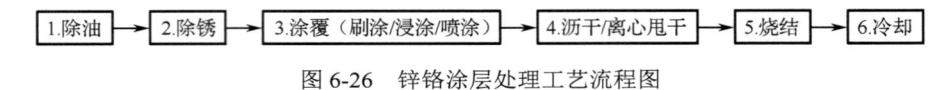

1.除油 → 2.除锈 → 3.涂覆（刷涂/浸涂/喷涂） → 4.沥干/离心甩干 → 5.烧结 → 6.冷却

图 6-26 锌铬涂层处理工艺流程图

4. 设计选用

1）选用原则

零部件选用锌铬涂层时，应遵循以下原则。

锌铬涂层主要用作在较严重的腐蚀性环境下（如海洋性大气、工业大气、湿热气氛等）使用的钢铁紧固件、结构件的防护层。

2）应用范围

（1）高耐蚀性的高强度钢紧固件、结构件的防护。

（2）管类、腔体类等复杂形状钢铁结构件的防护。

（3）在较高温度下（≤250℃）长期使用的钢铁结构件的防护。

3）下列情况不宜选用锌铬涂层

（1）工作中受摩擦的零部件。

（2）需反复拆装的紧固件。

（3）回火温度小于 300℃ 的零部件。

（4）有导电要求的零部件。

4）电子设备推荐选用的锌铬涂层厚度系列

电子设备常用的锌铬涂层厚度系列如表6-51所示。

表6-51 电子设备常用的锌铬涂层厚度系列

镀覆层	零件材料	表面类型	镀覆标记	应用对象
锌铬涂层	钢铁	Ⅱ	Fe/Ct•flZnCr5	螺距≤0.8mm 的螺纹紧固件
		Ⅰ、Ⅱ	Fe/Ct•flZnCr8	螺距>0.8mm 的螺纹紧固件
		Ⅰ、Ⅱ	Fe/Ct•flZnCr12	在海洋性大气、工业大气、湿热环境下使用的零件； 高强度钢紧固件、弹性零件及结构件； 与镁合金、钛合金接触的零件； 有耐热（≤300℃）要求的零件

注：镀覆标记中"fl"表示锌为片状。

6.5.4 可控离子渗层（PIP 渗层）

1. 概述

通过可控离子渗入技术（Programmable Ion Permeation Technology，PIP），采用盐浴法将碳、氮、氧、钇、镧等元素渗入到金属零件中，在零件表面形成厚度可控的复合腐蚀防护耐磨层，即可控离子渗层（PIP 渗层）。

经可控离子渗入处理的零件外观呈黑色，形成的渗层总厚度为 0.2～0.3mm，化合物层厚度可控制为 30～60μm，表面硬度高，具有优异的耐磨性和耐蚀性。

可控离子渗层主要用作钻杆、液压活塞杆、销轴、齿轮、紧固件等零件的耐磨防护层。

2. 性能

1）耐磨性

PIP 渗层硬度高，一般达 HV800 以上，而且降低了零件表面的摩擦系数，因此，PIP 渗层具有优良的耐磨性，整体水平与硬铬镀层相当。

2）耐蚀性

PIP 渗层的耐蚀性主要取决于其化合物层厚度，化合物层越厚，耐蚀性越好；此外，微量稀土元素钇、镧和基体形成的过饱和固溶体能大幅提升基体的耐蚀性，因此，PIP 渗层具有优良的耐蚀性。

经 PIP 处理的 40Cr 试样进行 500h 中性盐雾试验后，按 GB/T6461 进行保护等级评定，保护等级不低于 9 级。

3）防咬合性能

PIP 渗层具有良好的防咬合性能。经 PIP 处理的 12.9 级高强度螺栓螺母，经过 500

次反复拆卸后,未发生咬合现象,其防咬合性能高于同等级不锈钢紧固件。

4) 氢脆敏感性

PIP处理对基体不产生氢脆影响,可用于承受较大载荷的零件。

3．生产工艺

PIP处理工艺流程主要包括清洗、预热、离子渗入（420～660℃）、离子活化（400℃）、离子稳定化（180℃）、浸油等工序,如图6-27所示。

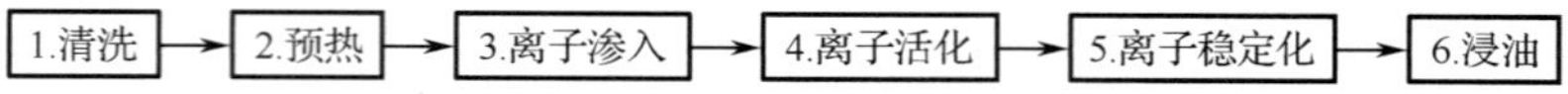

1.清洗 → 2.预热 → 3.离子渗入 → 4.离子活化 → 5.离子稳定化 → 6.浸油

图6-27　PIP处理工艺流程图

4．设计选用

1) 选用原则

零部件选用PIP渗层时,应遵循以下原则。
（1）PIP渗层主要用作活塞杆、销轴、齿轮/齿条等运动摩擦构件的耐磨防护层。
（2）PIP渗层配合润滑油脂使用,常用作海洋环境下户外零部件摩擦贴合面的防护层。

2) 应用范围

（1）高耐磨性的碳钢、合金钢、工具钢、不锈钢及铸铁等黑色金属零部件的防护。
（2）复杂形状零件的耐磨防护。
（3）紧固件的防咬合。

3) 下列情况不能选用PIP渗层

铝、镁、铜等有色金属零部件。

6.5.5　二硫化钼溅射膜

1．概述

采用真空溅射方式在零件表面制备的二硫化钼薄膜,即二硫化钼溅射膜。

二硫化钼溅射膜是一种固体润滑薄膜,外观呈灰黑色,厚度一般为0.2～2μm,具有良好的润滑性能和宽广的使用温度范围,在空气中-180～349℃下或真空中1000℃下均能长期保持低摩擦系数；此外,它能在重负荷条件及空间环境下长期正常工作,这是其他任何润滑油脂和固体润滑剂难以达到的。

二硫化钼溅射膜常用作高温、高负荷、超低温、超高真空、强氧化或还原气氛、强辐射等特殊环境下的润滑膜层。

2．性能

1）润滑性

二硫化钼溅射膜在空气和真空中的摩擦系数极低，一般为 0.03～0.06，能长期保持优良的润滑性能。

2）防真空冷焊能力

二硫化钼溅射膜能有效防止高真空环境中互相接触的金属零部件之间产生黏合（冷焊）现象。按 GJB 3032 进行真空冷焊试验后，二硫化钼溅射膜与其偶件的黏着系数 α 不大于 1×10^{-4}。

3）高承载能力

在极高压强（2000MPa）下，二硫化钼溅射膜仍能保持良好的润滑能力，零件接触表面不发生咬合或熔接现象。

3．生产工艺

二硫化钼溅射工艺流程主要包括预处理、清洗、烘干、溅射、出炉、后处理等工序，如图 6-28 所示。

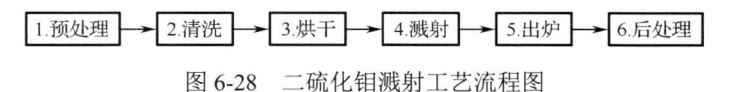

1.预处理 → 2.清洗 → 3.烘干 → 4.溅射 → 5.出炉 → 6.后处理

图 6-28　二硫化钼溅射工艺流程图

4．设计选用

1）选用原则

零部件选用二硫化钼溅射膜时，应遵循以下原则。
二硫化钼溅射膜主要用于航天器精密机械系统零部件的润滑及防止真空冷焊。

2）应用范围

（1）卫星、空间站的驱动及展开机构中要求润滑的零部件。

（2）用于控制热变形的垫片。

（3）机器人的齿轮、减速器、轴承、链轮等构件。

第 7 章

涂层及涂装技术

【概要】

电子设备中使用的金属和非金属结构件及零部件单纯依靠镀覆金属镀层，一般难以满足使用环境下整机的腐蚀防护需求，因此需要在构件表面覆盖一层或多层涂层，实现进一步防止基材的腐蚀。本章主要介绍涂料组成、分类及其性能，重点论述使涂层系统性能达到防护质量要求的选用原则、结构设计要求及施工工艺。

7.1 涂料概述

涂料是一种以树脂和油脂制成的有机高分子为主体的胶体溶液，或者不含溶剂的固态粉末状材料，将其涂覆于物体表面，形成具有一定功能并牢固附着于基体的连续薄膜，用于防护、装饰物体或使之具有其他特殊功能。

早期的涂料大多数以植物油为主要原料，故有"油漆"之称。随着科学技术的发展，各种高分子合成树脂研制成功，现在合成树脂已经取代了植物油，故称为"涂料"。由于合成树脂是广泛用作涂料的主要成膜物质，所以涂料的产品和性能发生了根本性的变化。

7.1.1 涂料组成

涂料有四个组成部分：主要成膜物质、颜料、溶剂和助剂。

1. 主要成膜物质

涂料要成为黏附于物体表面的薄膜，必须有黏结剂，黏结剂就是涂料中的主要成膜物质。按主要成膜物质，涂料可分为有机涂料和无机涂料，在工业上具有重要意义的是有机涂料，有机涂料的主要成膜物质包括植物油和树脂（见表7-1）。植物油是植物种子压榨后得到的油脂，如豆油、花生油等。树脂的原始含义为树木渗出物，如松香、生漆等，现在泛指合成的、还没有进一步应用的聚合物，如醇酸树脂、氨基树脂、聚氨酯树脂等。主要成膜物质既可以单独形成漆膜，又可以黏结颜料颗粒成膜，是构成涂料的基础物质。涂料的基本物理机械性能大都是由树脂自身的特性所决定的。它的作用是使涂料具有一定的硬度、耐久性、弹性、附着力等，并具有一定的保护与装饰作用，如耐水、耐酸碱、耐各种介质、抗石击、抗划伤、光泽等。没有成膜物质的表面涂覆物不能称为涂料。

表 7-1 有机涂料中使用的主要成膜物质

序号	成膜物质类别	代号	主要成膜物质
1	油脂	Y	天然植物油（桐油、亚麻仁油、豆油、蓖麻油），鱼油，合成油等
2	天然树脂	T	松香及其衍生物、虫胶、乳酪素、动物胶、大漆及其衍生物等
3	酚醛树脂	F	纯酚醛树脂、改性酚醛树脂、二甲苯树脂
4	沥青	L	天然沥青、煤焦沥青、硬脂酸沥青、石油沥青
5	醇酸树脂	C	甘油醇酸树脂、改性醇酸树脂、季戊四醇及其他醇类的醇酸树脂等
6	氨基树脂	A	脲醛树脂、三聚氰胺甲醛树脂
7	硝基纤维素（酯）	Q	硝基纤维素、改性硝基纤维素
8	纤维酯、纤维醚	M	乙酸纤维、苄基纤维、乙基纤维、羟甲基纤维、其他纤维酯及醚类
9	过氯乙烯树脂	G	过氯乙烯树脂、改性过氯乙烯树脂
10	烯类树脂	X	聚二乙烯乙炔树脂、氯乙烯共聚树脂、氯化聚丙烯树脂、石油树脂等
11	丙烯酸树脂	B	丙烯酸树脂、丙烯酸共聚树脂及其改性树脂
12	聚酯树脂	Z	饱和聚酯树脂、不饱和聚酯树脂
13	环氧树脂	H	环氧树脂、改性环氧树脂
14	聚氨基甲酸酯（聚氨酯）	S	聚氨基甲酸酯树脂、改性聚氨酯树脂
15	元素有机聚合物	W	有机硅、有机钛、有机铝等元素有机聚合物
16	橡胶	J	天然橡胶及其衍生物、合成橡胶及其衍生物
17	其他	E	以上16种以外的成膜物质，如无机高分子材料、聚酰亚胺树脂等

其中，性能较好、应用较为广泛的主要有环氧树脂、丙烯酸树脂及聚氨酯树脂。

2. 颜料

粒径一般在 0.2～10μm 之间，呈粉末状态。颜料不溶于涂料的溶剂或漆料中，在涂料中以颗粒状态分散存在，其理化性质基本上不因分散介质而变化。颜料分为着色颜料、体质颜料、防锈颜料、功能颜料等。颜料的品种很多，各具有不同的性能和作用。

1）着色颜料

着色颜料的作用主要是赋予漆膜色彩，提高装饰性和美观性；使形成的漆膜遮蔽被涂物表面，使表面显得平滑，并富有光泽。着色颜料的分类及品种举例如表 7-2 所示。

表 7-2 着色颜料的分类及品种举例

颜料颜色	类 型	颜料品种举例
白色颜料	无机	钛白粉、氧化锌、锌钡白、锑白、铅白、碱式硫酸铅等
红色颜料	无机	氧化铁红、钼铬红、镉红、银朱、锑红等
红色颜料	有机	颜料红（甲苯胺红）、蓝光色淀红（立索尔红）、黄光颜料
黄色颜料	无机	铅铬黄、氧化铁黄、镉黄、钛镍黄、锑黄、锶黄、锶钙黄等
黄色颜料	有机	颜料耐晒黄（汉沙黄）、联苯胺黄、槐黄等
绿色颜料	无机	铬绿、锌绿、钴绿、铬翠绿、氧化铬绿、镉绿、铁绿等
绿色颜料	有机	钛菁绿、孔雀石绿、维多利亚绿等
蓝色颜料	无机	铁蓝、群青、钴蓝等
蓝色颜料	有机	铜钛菁蓝、孔雀蓝、靛蓝等
紫色颜料	无机	群青紫、钴紫、锰紫等
紫色颜料	有机	甲基紫、苄基紫、颜料枣红（紫酱）、茜素紫等
黑色颜料	无机	炭黑、氧化铁黑、石墨等
黑色颜料	有机	苯胺黑、磺化苯胺黑等
金属颜料	无机	锌粉、铝粉（银粉）、锌铜合金粉（金粉）、不锈钢粉等
金属颜料	有机	高分子液晶材料
珠光颜料	无机	氯氧化铋、碱式碳酸铅、云母钛珠光颜料、纳米级二氧化钛等
珠光颜料	有机	鸟嘌呤、乙二醇硬脂酸酯等

2）体质颜料

体质颜料用于提高涂料和漆膜的机械强度，它在涂料和漆膜中的作用与混凝土中的砂石、钢筋的作用类似，起到骨架支撑的作用；它可与成膜物质发生化学反应，使之成为一个整体，让漆膜能有效地阻挡光线的穿透，提高耐水性和耐候性，延长漆膜的使用寿命。同时，作为涂料中的填充剂，可减少树脂用量，提高涂料的固体含量，降低生产成本。体质颜料的种类及品种举例如表 7-3 所示。

表 7-3 体质颜料的种类及品种举例

体质颜料种类（化合物种类）	天然体质颜料品种举例	合成体质颜料品种举例
氧化物和氢氧化物	氧化铝、氧化镁	氢氧化铝、氢氧化镁
二氧化硅和硅酸盐	硅砂、硅藻土、滑石粉、高岭土、云母	煅烧二氧化硅、沉淀二氧化硅、硅铝酸钙
碳酸盐	方解石、白垩、白云石、菱美石	沉淀碳酸钙
硫酸盐	重晶石、石膏	沉淀硫酸钡
其他体质颜料	软木粉、褐块石棉	玻璃珠、玻璃纤维、聚合物纤维

3）防锈颜料

防锈颜料具有特殊的防锈能力，可阻滞和防止金属发生化学或电化学腐蚀，甚至漆膜略为擦破也不致生锈。防锈颜料的种类及品种举例如表 7-4 所示。

表 7-4 防锈颜料的种类及品种举例

大 类	作 用	类 型	品种举例
化学防锈颜料	本身有化学活性，依靠化学反应起防锈作用	铅系化合物	红丹、铅酸钙、氰氨化铅、碱式硫酸铅、铅白、金属铅粉、次氧化铅
		铬酸盐	锌铬黄及四碱式锌黄、锶铬黄（铬酸锶）、钙铬黄（铬酸钙）、钡铬黄（铬酸钡）、碱式硅铬酸铅
		钼酸盐	钼酸锌、钼酸锶、钼酸钙
		磷酸盐	磷酸锌、三聚磷酸铝
		硼酸盐	偏硼酸钡、硼酸锌
物理防锈颜料	本身不溶于水，具有惰性，起隔离屏蔽作用	铁系	氧化铁红、云母氧化铁
		片状防锈颜料	铝粉、石墨粉、玻璃鳞片
电化学防锈颜料	具有比钢铁更低的电位，起阴极保护作用	金属颜料	锌粉

除以上传统常用颜料外，现在还有石墨烯及其他类似的片层结构颜料。石墨烯加入环氧富锌底漆中，主要通过采用环氧树脂与石墨烯粉体共研磨或直接在树脂中加入石墨烯浆料的方式，加入量为 0.5%～1.0%。试验结果表明，在锌粉质量分数为 40%～50%、漆膜厚度为 80μm 时，耐中性盐雾可以达到 1500h，划痕处单边扩蚀<2mm。该测试结果是相同锌含量环氧富锌底漆耐盐雾性能的 3 倍以上，并高于普通高锌含量（≥70%）环氧富锌底漆。钢基材锈蚀的过程实际上是一个电化学反应的过程，锌粉作为阳极，并通过锌粉颗粒的堆积起到导电通路作用。锌粉被氧化后失去了导电作用，锌粉间的导电通路在一定程度上被阻隔，从而使锌粉不再具有阴极保护作用。当涂层中加入石墨烯后，片状石墨烯纳米材料具有很好的导电性，增强了锌粉颗料间的电化学通路，从而提高对钢基材的阴极保护作用。另外，均匀分散的石墨烯能在涂层中形成物理隔绝层，起到屏蔽作用，提高了富锌底漆的耐腐蚀性能。

3．溶剂

涂料中的溶剂是指在一般干燥条件下，可挥发的并能溶解漆基的单组分或多组分液体。它是液态涂料的重要组成部分，它溶解或分散成膜物质形成便于施工的液态涂料，并在漆膜形成过程中挥发掉。它又称为液态涂料的挥发分，在常规液态涂料中占40%～50%（质量分数）。溶剂溶解或分散树脂成为流体。尽管溶剂在形成漆膜的过程中挥发了，但对于形成漆膜的质量非常重要，合理选择和使用溶剂可以提高涂层性能，如外观、光泽、致密性等。完全以有机溶剂为分散介质的涂料为溶剂型涂料；完全或主要以水为分散介质的涂料为水性涂料；不含溶剂，即以空气为分散介质的涂料为粉末涂料。

溶剂按其在涂料中的作用，可分为主溶剂（活性溶剂）、助溶剂和稀释剂等。

（1）主溶剂是可挥发并能完全溶解漆基的单组分或多组分的液体。

（2）助溶剂本身没有溶解成膜物质的能力，但若以适当的比例与某种主溶剂混合，则能增加溶剂的溶解能力。助溶剂通常与主溶剂一起使用，使涂料易于施工，控制挥发速率，提高漆膜质量。

（3）稀释剂是单组分或多组分的挥发性液体，加入涂料中能降低其黏度，主要用来稀释现成涂料，以便于涂料施工。在普通环境温度下，稀释剂应与涂料完全混溶，并且在任何阶段都不会引起组分沉淀。

（4）反应性溶剂或活性稀释剂既能溶解或分散成膜物质，又能在涂料成膜过程中和成膜物质发生化学反应，形成不挥发而留在漆膜中的化合物。它们也属于溶剂组分，是新开发的一种溶剂。

（5）溶剂在涂料中具有以下作用。

① 溶解、分散涂料中成膜物质，形成液态涂料，并调节其黏度和流变性，使其易于涂料施工，适合于所选定的涂装方式。

② 增加涂料的储存稳定性。

③ 增加涂料对被涂基材的润湿性，提高附着力。

④ 形成合理的蒸发速率，赋予涂料最佳的流动性和流平性。

⑤ 改善漆膜外观，如光泽、丰满度等。

4．助剂

助剂是涂料的辅助成膜物质，也称涂料的辅助材料。它不能单独形成漆膜，而是作为涂料或漆膜中的一个组分，对涂料或漆膜的某一特定方面起改进作用，虽然在涂料中用量很少，却能显著改善涂料漆膜性能。

助剂的品种及其在涂料中的功能如表7-5所示。

表7-5 助剂的品种及其在涂料中的功能

助剂的功能	助剂的功能表现	使用助剂的品种
改善涂料的加工性能	如提高研磨效率，避免加工过程中产生结皮，消除泡沫	湿润剂、分散剂、消泡剂、防结皮剂、乳化剂、引发剂等
改善涂料的储存性能	如防止颜料沉底结块，防止结皮、胶凝、发霉腐烂等	防沉淀剂、防结皮剂、防胶凝剂、防霉防腐剂、冻融稳定剂等
改善涂料的施工性能	如防止施工流挂，使涂料适用静电喷涂、电沉积涂装、辊涂等	触变剂、流平剂、防流挂剂、电阻调节剂等
改善涂料的固化成膜性能	涂料固化成膜或使其适用于特殊的固化方式，如紫外光（UV）固化等	催干剂、固化促进剂、光敏剂、光引发剂、助成膜剂等
改善漆膜性能	防止漆膜病态产生，如防止缩边、缩孔、浮色、发花	流平剂、增塑剂、消光剂、防浮色发花剂、防缩孔剂、成膜助剂等
提高漆膜性能	如增加光泽、白度、防止老化、提高附着力	附着力促进剂、增光剂、增滑剂、抗划伤助剂、防粘连剂、光稳定剂等
赋予漆膜某种特殊功能	如抗静电、防霉、阻燃、防污等	助燃剂、防霉剂、防污剂、光稳定剂、抗静电剂等

但也并非每种涂料都同时具有主要成膜物质、颜料、溶剂和助剂。没有颜料的涂料是黏性透明流体，称为清漆。极少数涂料中只有植物油作为主要成膜物质，这些涂料称

为清油。有颜料的涂料称为色漆。加有大量颜料的稠厚浆状体涂料称为腻子。没有溶剂呈粉末状的称为粉末涂料。溶剂是有机的涂料称为溶剂型涂料。以水作为主要溶剂的称为水性涂料。

7.1.2 涂料分类

涂料应用历史悠久，使用范围广泛，根据人们长期形成的习惯，涂料有以下分类方法。

（1）按形态分为有溶剂性涂料、高固体分涂料、水性涂料及粉末涂料等。高固体分涂料通常指涂料的固体含量高于 70%。

（2）按漆膜功能分为防腐蚀涂料、耐高温涂料、耐磨涂料、绝缘涂料、导电涂料、带锈涂料、防污涂料及各种功能涂料等。

（3）按施工方法分为喷涂涂料、静电喷涂涂料、电泳涂料和自泳涂料等。

（4）按成膜机理分为转化型涂料和非转化型涂料。非转化型涂料在成膜过程中不需要发生化学反应，如挥发性涂料、热塑性粉末涂料、乳胶漆等。转化型涂料则发生化学反应，如气干性涂料、用固化剂的涂料、烘烤固化的涂料及辐射固化涂料等。

（5）按主要成膜物质分为 17 类（见表 7-1）。主要成膜物质包括树脂和油脂，起黏合剂的作用，使涂层牢固附着于被涂物表面，形成连续漆膜。颜、填粉末被其黏合，形成色漆层。主要成膜物质对涂料和漆膜的性质起决定性作用，而且每种涂料中都含有主要成膜物质，其他组分却并不一定含有。涂料的分类要以主要成膜物质来划分。

7.2 常用涂料及其性能

7.2.1 装饰防护性涂料

虽然涂料树脂的种类有很多种，但综合性能较好、较常用的主要是以环氧树脂或聚氨酯树脂为基体的两类涂料，常用作防护性底漆、中间漆或装饰性面漆。将树脂进行改性或添加不同填料后也可获得具有不同功能的涂料。

1．环氧涂料

环氧树脂作为涂料的主要成膜物质是由于它对多种基材具有优异的附着力，漆膜的机械强度、电绝缘性、抗化学药品性都非常出众，因此在我国环氧树脂应用的领域中有30%~40%的环氧树脂被加工成各种各样的涂料，在汽车、家电、机电工业等有着广泛的应用。但这类漆膜外观和耐候性差，故主要用作防腐底漆和中间漆。

1）性能特点

（1）优异的附着力，特别是对金属表面有很强的附着力，与其他材料，如非金属复合材料、木材等表面也有优良的附着力。

（2）良好的耐化学药品性，对化学品介质有较好的稳定性，对水、中等浓度的酸、碱和某些溶剂有良好的耐蚀性和防渗性。通过各种树脂对环氧改性，或者采用多种多样的固化剂体系，使以环氧树脂为主的涂料具有良好的耐蚀性。

（3）漆膜坚韧耐磨，并具有较好的保色性、热稳定性和电绝缘性。

（4）漆膜户外耐候性差，易粉化、失光，漆膜丰满度不好，不宜作为高质量的户外用漆和高装饰性用漆。

2）应用

环氧树脂涂料主要用作防腐底漆和中间漆，常用的品种有环氧耐腐蚀底漆、环氧富锌底漆、环氧云铁中间漆、环氧清漆、高固体分环氧涂料等。环氧树脂涂料是一种良好的防腐蚀涂料。

2．聚氨酯树脂涂料

聚氨酯树脂涂料是现代防腐涂料中重要的品种，它具有其他涂料系列所不具备的优异的综合性能，尤其是低温和高度潮湿固化性能。它主要有芳香族、脂肪族，其中，芳香族涂层较易吸收紫外线而通常用作内用涂层，脂肪族涂层由于其具有良好的耐候性而被广泛用作户外防腐蚀涂层。

聚氨酯涂料中还有一类不容忽视的是含氟聚氨酯，通过引入高键能的 C-F 键，使得含氟聚氨酯既具有含氟化合物的低表面能、低摩擦系数、耐候性等优异性能，同时还具有聚氨酯高韧性、高附着力等优点。

1）性能特点

（1）附着力强，它对多数底材都具有优良的附着力，对金属的附着力比环氧树脂涂料差，但对橡胶等材质的附着力比环氧树脂涂料强。漆膜在浸水的环境下，附着力变化也不大。

（2）漆膜刚柔均宜，可通过调节配方，制成聚氨酯刚性涂料，也可制成弹性涂料。

（3）优良的耐蚀性，漆膜能耐水、油、盐液等浸泡，具有耐化学药品性。可制备在低温潮湿环境条件下应用的防腐蚀涂料，可与多种树脂混合或改性制备各种有特色的防腐涂料产品。

（4）具有优良的耐大气老化性，已成为目前应用在大气中防腐蚀涂料体系里的重要面漆品种。

（5）低温固化性能，低温固化性能使聚氨酯树脂涂料可以在较长的施工季节中应用。

（6）装饰性能，具有良好的保光性、保色性、光泽性，是户外广泛应用的装饰性保护涂料。

2）应用

由于聚氨酯树脂涂料具有多种优异性能，不仅漆膜坚硬、柔韧、耐磨、光亮丰满、附着力强，耐油性、耐酸性、耐溶剂性、耐化学药品性、电绝缘性能好，可低温或室温固化，并能和多种树脂混溶，可在广泛范围内调整配方，用以制备多品种、多性能、多用途的涂料产品。近年来，聚氨酯树脂涂料发展很快，广泛用于国民经济的各个领域。

7.2.2 功能性涂料

功能性涂料通常是指除具有一般涂料的防护和装饰等性能外，还具有一些特殊功能的专用涂料，以满足不同的特殊需求，如耐热、导电、伪装等表面涂装用的涂料。功能性涂料以其成本低廉、效果显著、施工方便等特点获得了快速发展，现已成为机械、电子、化工、国防等领域不可缺少的涂料。

近年来，功能性涂料发展很快，品种繁多。按其所用基料的类型，可分为有机型、无机型和有机-无机复合型三大类。按其所具有的特殊功能的属性，可分为热功能涂料、电磁功能涂料、力学及界面功能涂料、光学功能涂料、生物学功能涂料、化学功能涂料六大类，具体内容如表 7-6 所示。其中在电子设备中应用较多的是导电涂料、隐身涂料、电气绝缘涂料、示温涂料、低表面能涂料等。

表 7-6 功能性涂料分类及主要品种

分 类	主 要 品 种
热功能涂料	耐热涂料（耐高温涂料）、烧蚀隔热涂料（消融防热涂料）、防火涂料、阻燃涂料、自熄涂料、示温涂料、耐低温涂料
电磁功能涂料	导电涂料、防静电涂料、电磁屏蔽涂料、电绝缘涂料、电场缓和涂料、磁性涂料
力学及界面功能涂料	阻尼涂料、抗石击涂料、弹性涂料、膨胀涂料、润滑涂料、表面硬化涂料、耐磨涂料、防结露（防雾）涂料、防冰雪涂料、可剥性涂料、防污涂料
光学功能涂料	发光涂料、荧光涂料、磷光涂料、光反射涂料、太阳光选择性吸收涂料、液晶涂料、防辐射涂料、防探测（隐身）涂料（伪装涂料）
生物学功能涂料	防污涂料、防霉涂料、杀虫涂料、杀菌涂料
化学功能涂料	防腐蚀涂料、耐酸/碱涂料、防水涂料、耐沸水涂料、耐化学药品涂料、带锈涂料、自净化涂料、防氢离子催化涂料

1. 导电涂料

1）简介

导电涂料是随着科学技术的不断提高而日益发展起来的赋予物体以导电能力及排除积累静电荷能力的一种功能性涂料，约半个世纪以来，导电涂料被广泛运用于电路成型、电磁波屏蔽和防止静电等。

导电涂料不仅会给不能导电的物质赋予导电的能力，还具有排除其他一些物质中积累静电荷的优良性能。导电涂料主要运用在塑料、橡胶及合成纤维等物质的抗静电和电磁屏蔽领域。导电涂料根据导电机理可以分为两种，即填充型导电涂料和结构型导电涂料。填充型导电涂料指的是可以导电的一些无机粒子或者是将有机抗静电剂直接加入到不导电的树脂中，把导电填料的导电性和树脂的耐候性、耐污染性、耐高温性等一些优异的物理性能结合起来而制备出来的导电涂料；结构型导电涂料指的是将本身就具有导电能力的高分子材料或者是经过掺杂一些其他物质后而具有导电能力的高分子材料直接使其成膜，或者是将这些本身就具有导电能力的高分子材料中加入一些其他的有机高分子而制备出来的导电涂料。

填充型导电涂料是现在应用范围最广的导电涂料之一，它一般由高分子有机物作为基料，再向里面加入导电性良好的导电填料和分散剂、防沉剂、稀释剂等其他助剂制备而成。现在我们使用比较多的导电填料有金属类的导电涂料、碳系导电涂料，金属类的导电涂料具备良好的导电性能，然而金属类导电涂料有密度大、在涂料中容易沉淀、容易被氧化等缺点，因此，最后会导致导电涂料的导电性下降，甚至丧失其导电性。在导电涂料中，与金属类导电涂料相比，碳系导电涂料有密度较小、耐腐蚀性强、稳定性高及良好的导电性等特点。碳系导电涂料中炭黑和石墨是人们常用的导电涂料。其余的助剂有防沉剂、流平剂、分散剂、稀释剂、消泡剂等。

2）应用

导电涂料在抗静电方面应用比较普遍。随着塑料、橡胶、合成纤维等高分子材料在产品中应用得越来越普遍，静电危害影响越来越大，在电子行业中，会造成电子元件因为静电放电而损伤或失效。因此，为防止静电产生而带来的恶劣影响，常在绝缘物质的表层涂一层抗静电涂料。

另外，导电涂料在电磁屏蔽方面也有广泛的应用。一方面是电磁屏蔽可以避免内部电磁波辐射到外面而导致的信息泄露；二是电磁屏蔽导电涂料可以屏蔽从外面进来的电磁波，从而消除其他电磁波的干扰。我们所使用的电子仪器的内部都会产生很小的电流，当制备的这些电子设备的外部材料是塑料等高分子材料时，就没有屏蔽电磁波的能力，所以这些电子设备会受到外部电磁波的影响而变得不够精确。这时，我们可以使用金属导电涂料，在这种塑料高分子材料表层涂一层金属导电涂料，这个金属导电涂层会对外来的电磁波不断地进行反射、折射等，从而使外来的电磁波不会干扰电子设备的使用。

2. 隐身涂料

1）简介

隐身涂料又称伪装涂料，是隐身技术的重要组成部分。隐身技术是指减小目标的各种可探测特征，使敌方探测设备难以发现或使其探测能力降低的综合性技术。隐身涂料作为一种最方便、最经济、适应性极强的隐身技术已经在航空航天、军事装备、战略目标及各种固定式机动的武器发射平台和武器自身的伪装防护等方面得到广泛应用。隐身涂料涂覆于设备的表面，使装备在可见光、红外线、紫外线、雷达波、激光等侦察条件下，具有与背景（环境）相同或相似的识认特征，从而不被侦察者观察到，或者是装备利用红外线或雷达波等导引手段迷惑制导的武器系统，使其无法实施精确攻击，从而达到"隐身"效果。

2）应用

隐身涂料按其功能及适用范围分为可见光隐身涂料、红外线隐身涂料、激光隐身涂料、雷达波隐身涂料、超声波隐身涂料和多功能隐身涂料（纳米隐身）等。隐身涂层要求具有：较宽温度的化学稳定性；较好的频带特性；面密度小，质量轻；黏结强度高，耐一定的温度和不同的环境变化。

对隐身涂料的具体技术要求如下。

（1）较好的频带特性，频带宽兼容性好，成本低廉，功能多。

（2）降低隐身涂料涂层的厚度，由于受吸波材料性能的限制及所采用的技术，致使目前吸收雷达波涂层的厚度达到毫米级；超声波涂层厚度不小于3cm；红外控制辐射涂层的厚度为1~2mm。今后发展的目标是使吸波涂层厚度相应降低。

（3）减小涂层密度和涂料量，目前隐身涂料的涂层厚度至少在1mm以上，最厚的吸超声波涂层厚度达3cm，单位面积的涂料量相当大；而普遍采用的雷达波吸收材料——铁氧体等材料的密度都大于$6g/cm^3$，每平方米的涂层质量高达$3kg/m^2$以上。因此，需要开发新型低密度高性能的吸波材料，以达到面密度小、质量轻的要求。

（4）一体化隐身，实现可见光、近红外、热红外、雷达波复合隐身的涂料——多功能隐身涂料。实战面临多种侦察手段的复合使用，因此，实现隐身涂料的多功能化势在必行。

（5）可行的涂装技术及施工工艺，高固体含量及超厚涂层的施工难度大，会产生复杂表面（如曲面、垂直面等）的涂装均匀性、厚涂层的防应力开裂、附着力等的技术难题。

（6）涂料应满足使用环境的基本技术要求，不同的武器所处的环境不同，均有不同的要求，主要内容如下。

① 耐大气腐蚀、耐老化。

② 耐盐雾及海水浸泡（军舰、水陆两栖战车等）。

③ 耐湿热（雷达波隐身涂层对湿气相当敏感）。

④ 耐冷热交替，通常要求耐冷热温度为-55℃~+85℃。

⑤ 耐柴油、耐酸碱等腐蚀介质。

（7）较宽温域的化学（技术性能）稳定性，隐身涂料的性能与温度的依赖性很强，尤其是热红外隐身涂料等，它们在高温区的性能急剧下降，因此对不同温域使用的隐身涂料的技术指标也有差别，要求有较宽温域的化学稳定性。

3．电气绝缘涂料

1）简介

电气绝缘涂料是一类涂覆在电机、电气部件上的涂料，包括漆包线漆、浸渍漆、粉末涂料等。其中可用的粉末涂料品种主要是环氧、环氧-聚酯和聚氨酯粉末涂料，使用最多的还是环氧涂料。电气绝缘涂料除拥有一般涂料所应具有的保护和装饰功能外，还具有以下的特殊性能：

① 电阻率大、击穿电压和软化击穿电压高，具有优异的电气绝缘性能。
② 涂层无针孔、缩孔等缺陷，致密性和均匀性好，涂层的边角覆盖性好。
③ 涂层附着力好，柔韧性、抗冲击性等物理性能好。
④ 涂层的吸水率低，耐水、耐湿热、耐温和耐化学药品性能好。

2) 应用

汇流条是一种单层或多层层压结构的导电连接部件，具有感抗低、抗干扰、高频滤波效果好、可靠性高、节省空间和装配简单快捷等优异特点。采用汇流条式结构可以大幅减少线缆连接的数量，解决电子系统高密度布局的难题。从 20 世纪 60 年代开始，汇流条就作为馈电线在计算机、通信及军用电子设备中得到了广泛应用。目前汇流条在电力系统、通信基站、军工、交通运输系统、能源等领域均得到了重要的应用。随着汇流条应用领域的不断拓展，高可靠绝缘用涂料的研究及应用也随之深入。

4．示温涂料

1) 简介

示温涂料是指当涂层被加热到一定温度后颜色会发生变化或其他现象来指示物体表面温度及温度分布的涂料，通常也称为变色涂料或热敏涂料。根据示温涂料变色后出现颜色的稳定性，可以分为可逆型示温涂料和不可逆型示温涂料两大类。示温涂料操作简便、快速、直观，只要将示温涂料涂覆在被测温物体的表面并固化后，操作人员持标准比色卡对照颜色，即能直观判读被测温物体的温度范围。

2) 应用

由于示温涂料特殊的使用价值，已受到各国的广泛重视，常被用于测量飞机、炮弹的表面温度，还应用于电子元件、高压电路表面温度的测量以及超温报警、防伪等各个方面。

5．低表面能涂料

1) 简介

当材料具有较低的表面能时，物质在此表面附着力会变小，接触角和滚动角是较为直观的衡量标准，故低表面能涂料指固体涂膜的静态水接触角大于 90°，部分经修饰后的低表面能涂层水接触角可超过 150°。通常由氟碳树脂、硅溶胶、碳纳米管等特种改性材料构成，具有防水、防雾、防雪、防污染、抗粘连、防腐蚀、自清洁以及减阻等重要特点。

2) 应用

低表面能涂料具有防水、防雾、防雪、防污染、抗粘连、抗氧化、防腐蚀和自清洁，以及防止电流传导等特点。因其具有较低的表面能，使得生物、污染物、冰、水等物质难以附着或附着后易脱落，常用于防污涂层或防覆冰涂层，或用于印制电路板表面起防水、防尘、防盐雾的作用。同时，低表面能涂料表面由于粗糙度和低表面自由能的影响，表现出很好的疏水性，涂料表面上的液体容易产生滑移，使其具有减阻的作用，可用于舰艇、水下航行器等表面以减小航行时所受到的流体阻力。

7.3 涂层系统

基体材料、前处理、涂料、涂层系统、涂装之间有着复杂的关系。涂料制造和涂装实施的最终目的，是要在产品或设备的表面获得满足人们设计所需的涂层系统，基体材料与涂层有效配套组合为一体，形成腐蚀防护体系。

7.3.1 涂层系统组成及功能

采用有机涂层是对材料进行腐蚀防护最普遍、最重要的手段，施工简单、维修方便、成本低廉、适应性广，对于电子设备，还能兼顾装饰及特种功能作用。一般情况下，被涂装的物品都不是使用单层的涂层，而是根据需要将多层涂层组合起来形成一个涂层系统，按照所形成的涂层系统的结构划分，可以分为两涂层系统、三涂层系统、四涂层系统、多涂层系统等，功能性涂层系统则根据功能需求具体设计。严格地讲，涂层系统应该由基体表面、前处理层、底漆层、中间层、面漆层、后处理层等组成，根据产品需求或环境的不同，涂层系统可以进行增减。

装饰防护性涂层系统的分类选用，应综合考虑表面类型、环境、性能和成本四方面的因素。如图7-1所示，综合表面类型、环境、性能和成本因素，有A、B、C、D四类涂层系统。

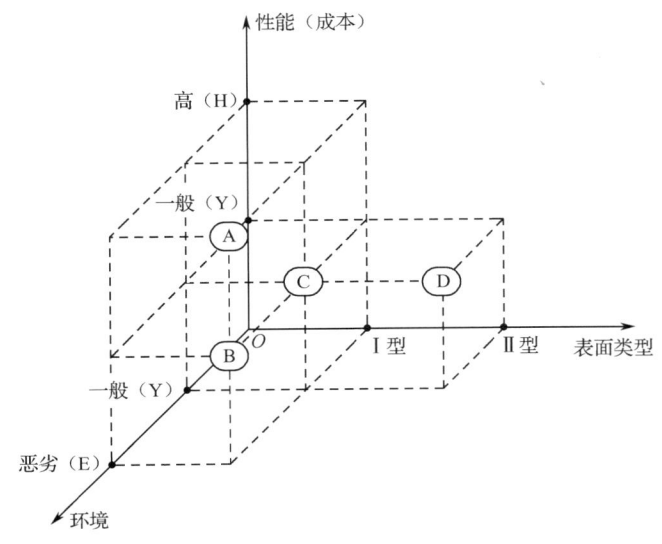

图7-1 装饰防护性涂层系统的分类及选用

A类：Ⅰ型表面恶劣环境下高性能（高成本）涂层系统，适用于暴露表面在恶劣环境中长期不维护（维修）的情况。

B类：Ⅰ型表面恶劣环境下一般性能（低成本）涂层系统，适用于暴露表面在恶劣环境下能够定期（3～5年）维护（维修）的情况。B类涂层系统的涂料成本为A类的30%～40%，施工成本相当，综合成本为A类的50%～70%。

C类：Ⅰ型表面一般环境涂层系统，适用于暴露表面在一般环境下的情况，成本与B类涂层系统相当。

D类：Ⅱ型表面一般环境涂层系统，适用于非暴露表面在一般环境下的情况。

其中，一般环境是指海拔低于1000m且距离海岸线25km以外地区的环境；恶劣环境是指海拔高于1000m或者距离海岸线25km以内地区的环境。Ⅰ型表面是指当设备处于工作或行进状态时暴露于自然环境的表面，或虽未暴露于自然环境，但能够受到各种气候因素直接作用的表面。气候因素包括极端温度、极端湿度、雨、冰雹、雪、雨雪、含盐大气、工业大气、日光直接照射、尘埃、风沙等。Ⅱ型表面是指设备工作时不暴露于自然环境，并且不会受到雨、冰雹、雪、雨雪的直接作用，不会受到日光直接照射和风砂直接作用的表面。

涂层系统的组成及其功能如表7-7所示。

表7-7 涂层系统的组成及其功能

涂层的名称		功能特点	备注
底漆层：涂层系统中处于中间层或面漆层之下的涂层，或者直接涂于基体表面的涂层	溶剂型底漆	底漆层是与被涂装工件基体材料或前处理层直接接触的最下层的涂层，是涂层系统最重要的基础。其主要作用是强化涂层与基体材料或前处理层之间的附着力，提高涂层耐腐蚀能力	单组分、双组分等
	水性底漆		
	电泳底漆		底漆或底面二合一涂层
	车间底漆		可与溶剂型、水性底漆配套使用
	磷化底漆		
	封闭底漆		可与溶剂型、水性底漆配套使用
	带锈底漆		可与溶剂型、水性底漆配套使用
	其他底漆		
中间层：涂层系统中处于底漆层和面漆层之间的涂层	溶剂型中间漆	中间层的主要作用是增厚并提高屏蔽、缓冲冲击力、平整涂层表面；与底、面漆结合良好，承上启下；在底漆、腻子完成后填平被涂工件表面的微小缺陷；提高涂层的装饰性	单组分、双组分等
	水性中间漆		
	云铁中间漆		
	玻璃鳞片中间漆		
	其他中间漆		
面漆层：涂层系统中处于中间层或底漆层上的涂层	本色面漆层（又称为素色面漆层、实色面漆层）	面漆层的主要作用是提高装饰性，具有耐环境化学腐蚀性、装饰美观性、标志性、抗紫外老化性、耐候性等	
	金属闪光色涂层		与清漆涂层配套使用
	珠光色涂层		与清漆涂层配套使用
	清漆涂层（罩光漆层）		
其他涂层		各种特种涂层、功能涂层，适合各种表面或功能需求，一般可直接涂覆于基体，或者涂覆在底漆上	如导电涂料、隐身涂料、抗静电耐雨蚀涂料等

7.3.2 设计选用

涂层系统的设计选用与涂层系统缺陷的表现有很强的关联性，设计师应根据电子设备和基体材料的性能、涂料功能与配套性及使用环境条件等因素合理选用涂层系统。

1. 涂层是否符合设备的使用环境

在进行产品设计前，需要对使用环境的腐蚀等级（程度）有比较清晰的认识，从而对使用的基体材料有一定的选择，再选择合适的防护涂层系统，同时考虑选择的涂层是否符合使用环境，是单涂层还是数种涂层形成的多涂层系统。如恶劣环境下的 I 型表面，应选用带有中间漆的三层涂层系统，厚度至少在 220μm 以上，面漆应选用耐候性能优异的含氟聚氨酯类。

2. 涂层是否符合设备的设计或使用寿命

产品表面涂层的使用寿命（耐久性）是与腐蚀环境紧密相连的，同样一种涂层，环境腐蚀性越小，其耐久性就越好；环境腐蚀性越严酷，其耐久性就越差。

进行防腐蚀涂料体系设计和涂料选择时，必须考虑涂料体系的耐久性。耐久性定义为制品、结构物涂装结束后到第一次维护要求的时间，分为三个等级：低等（L，2～5 年），中等（M，5～15 年），高等（H，15 年以上）。

3. 涂层与基材或其他表面工程技术的配套性

产品设计工程师在设计一个产品时，往往会有成百上千（或更多）个零部件，一个零部件表面要进行多种表面工程技术的处理，有一个界面问题。例如，机加工的防锈表面/涂装涂层表面之间的界面，电镀涂层/涂装涂层之间的界面，运动或摩擦的表面/涂装涂层或电镀涂层之间的界面等。由于情况比较复杂，协调处理不好会带来各种各样的缺陷或弊病。在没有实际使用证明的情况下，一定要对配套性进行工艺试验，确认可行之后再对产品实施。

4. 满足技术可实施性、工艺性

产品设计工程师对于所设计的产品，是否符合机加工、焊接、装配工艺还是比较重视的，但对于是否符合表面工程技术的工艺或实施，确实会经常忘记或重视不够，这种情况在生产实际中频频出现，主要原因是产品设计工程师认为此项工作不重要，或者认为此项工作是工艺人员的工作，或者对所用的表面工程技术不了解并且也不请教有关人员。

产品的结构形式对实施表面工程技术工艺影响很大，有时会严重影响产品的腐蚀防护质量。例如，在设计箱型结构的柜类产品时，使用冷轧钢板冲压—焊接—前处理—电镀锌的工艺，就带来了严重的缝隙夹带酸液、电镀不完整等诸多缺陷。同样的产品，如果使用镀锌钢板制造，就可以完全避免这些问题。再如，将热容量很大的钢结构件进行粉末涂装，不是工艺不能进行，而是工件热容量太大，粉末烘干时需要的热量非常大，致使耗能巨大造成浪费并使成本增加，这也是应该避免的。

另外，产品设计时没有考虑到各种液体的流进流出工件内部，致使前处理、电泳工艺时间过长，积水无法除净；没有考虑抛丸、喷丸、喷漆时的角度和距离，造成无法实施作业等。此类例子比比皆是，需要引起产品设计工程师的高度重视。

5. 经济效益

在激烈的市场竞争条件之下，一个产品要在市场上有更好、更高的性价比才能算是好的产品。因此，表面工程技术的选择，也会受到价格或成本的限制，需要进行经济效益的分析。在满足零件各项技术要求的前提下，尽可能地选择高性价比、经济效益好的表面工程技术。当然，要进行全寿命周期经济效益分析，不能只考虑眼前的制造成本。

7.3.3 结构设计工艺性要求

结构设计应充分考虑腐蚀防护的要求，包括后期防护措施的可实施性及其效果。设计时应根据所涉及结构的主要特征选择防护体系，再根据防护体系的具体要求进行可加工的细节设计。

1. 涂装时效对涂层设计的要求

电镀锌钝化、铝及铝合金的阳极氧化、化学氧化等表面处理的制件，处理完成后需在规定的时间内进行涂装，否则会造成涂层附着力下降，即存在涂装时效问题。因此，上述表面需要涂漆时，需考虑涂漆施工的要求，至少应保证上述表面处理和底漆标注在一起。

2. 装配顺序对涂层设计的要求

应尽量避免零部件装配成整件后进行统一涂装，宜在零部件单独涂覆底漆后进行装配，装配完成后进行面漆的统一涂覆。除非可保证不形成影响涂装完整性的遮蔽并且无后期拆卸（包括维修）破坏涂层完整性的隐患。应在零部件级别图纸上进行涂层系统的选用标注，零部件单独完成涂装后再进行装配，可有效避免因装配遮蔽引起的无法完整涂覆和拆卸对漆膜完整性的破坏。

3. 涂层外观等级对基材表面状态的要求

在选用涂层系统外观等级时需考虑所选基材的表面状态。越平整光滑的表面越容易得到高的涂装外观质量，毛刺、凸瘤、型砂、焊渣和焊接飞溅物等有害附着物以及腐蚀凹坑等都会严重影响涂层的外观质量。在不平整的表面要求高的涂层外观等级，往往需要通过腻子对基材表面缺陷的填充，而腻子的使用会明显降低涂层系统的防护能力，因此在户外环境，腻子的使用是受限制的。

IIIa 级外观要求是户外涂层经常选用的外观等级，需保证在不使用腻子的情况下达到 III 级外观要求；IIIb 级外观要求可使用腻子进行局部的缺陷修补，但腻子的最大厚度不应超过 0.5mm。一个典型的例子是，砂型铸造的表面要求进行 III 级外观涂覆，IIIa 级由于不允许使用腻子而无法实现，IIIb 级会由于腻子的厚度超过 0.5mm 也无法实现。因此，对于 III 级及以上涂层外观要求的制件，应在图纸上明确提出清除凸瘤、型砂、焊渣、焊接飞溅物或选用可获得良好基材表面状态的材料及加工工艺。

7.4 涂装技术

7.4.1 涂装工艺流程

涂装生产的依据一般是设计图纸、工艺文件和操作规范。设计图纸规定了所选用的涂层系统组成、外观等级要求和需要的涂覆范围。不同外观等级涂层涂覆工艺流程如表 7-8 示。

表 7-8 不同外观等级涂层涂覆工艺流程

工步号	工步名称	外观等级 I、II 级	外观等级 III 级	外观等级 IV 级
1	表面前处理	√	√	√
2	保护遮蔽	√	√	√
3	涂磷化底漆	√	√	
4	涂底漆	√	√	√
5	刮腻子、打磨	√	√	
6	涂第二道底漆	√	√	
7	刮腻子、打磨	√		
8	涂第三道底漆	√		
9	打磨		√	√
10	涂面漆	√	√	√
11	打磨	√		
12	涂第二道面漆	√		
13	去保护		√	√
14	检验	√	√	√

7.4.2 涂装前处理技术

各类零部件、制品或材料，在涂装前对其表面进行清除油污、铁锈、氧化物、旧漆膜、整平及覆盖化学转化膜等的任何准备工作，统称为涂装表面前处理（简称涂装前处理）。涂装前处理是涂装技术的一个重要组成部分，对提高涂层质量起着重要的作用。

1. 涂装前处理的作用

1）提高涂层的附着力

清除被涂工件表面的油脂、污垢、铁锈、氧化皮、焊渣、型砂、加工碎屑、尘土、旧漆等各种污物；通过喷射清理，增加表面均匀的粗糙度，以提高涂层对基材的附着力；对塑料件进行特种化学处理，提高漆膜对塑料基材的结合力。

2）提高涂层对金属基体的耐腐蚀性

钢铁的腐蚀产物铁锈如果不清除干净，它还会在涂层下扩展和蔓延，破坏其涂层而丧失保护功能。因此彻底清除铁锈，不但能提高钢铁附着力，还可提高其耐腐蚀性。对钢铁件进行磷化处理，对铝合金件进行氧化处理等以在其表面形成化学转化膜，能大幅度地提高涂层的耐蚀性。

3）提高基体表面平整度和涂层装饰性

铸件表面的型砂、钢铁件表面的焊渣及焊接飞溅等都会影响涂层的外观，必须清除掉。对于粗糙表面，涂装后漆膜暗淡无光。一般要求基材表面粗糙度 Ra 为 $1.6\sim6.3\mu m$。对于高装饰性漆膜，要求有较高的平整度，以提高漆膜的鲜映性（即漆膜成像清晰度）。

2. 涂装前处理的方法

1）除油

金属表面的油污来源主要有两种：一种是在储存过程中涂上的暂时性防护油膏；另一种是在生产过程中碰到的润滑油、切削油、拉延油、抛光膏。这些油脂可分为两类：一类是能皂化的动植物油脂，如菌麻油、牛油、羊油等；另一类是不能皂化的矿物油，如凡士林等。除油可以采用机械法如手工擦刷、喷砂抛丸、火焰灼烧等，但更多的是采用化学法，即溶剂清洗、碱液清洗、乳化清洗、超声波情况等单独或联合进行。

（1）溶剂清洗：选择清洗溶剂的原则是溶解力强、毒性小、不易燃、成本低。常用的溶剂有 $200^{\#}$ 石油溶剂油、松节油、三氯乙烯、四氯化碳、二氯甲烷、三氯乙烷等，其中含氯溶剂较常使用。

（2）碱性清洗：用碱或碱式盐的溶液，采用浸渍、压力喷射等方法，也可除去钢铁制品及有色金属表面的油污。浸渍法较简单，但应注意当槽液使用一段时间后，槽液表面会有油污，当工件从槽液中取出时，油污会重新粘到工件上，因此需要用活性炭或硅藻土吸附处理掉液面上的油污。压力喷射法可使用低浓度的碱液，适用于流水线操作。

（3）乳化清洗：以表面活性剂为基础，辅助以碱性物质和其他助剂配制而成的乳化清洗液，商品名多称为金属清洗剂。它除油效率高，不易着火和中毒，是目前涂装前除油的较好方法，且特别适用于非定型产品和部件。

（4）超声波清洗：是利用超声波将浸泡在溶液中的部件上的污物除去的一种方法，其清洗作用强、适应范围广，可以达到很高的清洁程度。超声波清洗作用很强，可以除去基体表面附着的灰尘、油脂、抛光膏、研磨膏以及脱模剂等黏稠污物,且不损伤基体,适用于钢铁、非铁金属、玻璃、陶瓷等制品的清洗。由于其所产生的气泡流具有小尺寸和相对高的能量,所以超声波清洗能进入极小的缝隙清除嵌入的污物,对组合件和堆叠的部件提供极好的渗透和清洗力。

2)除锈

钢铁在一般大气环境下,主要发生电化学腐蚀,腐蚀产物铁锈是 FeO、$Fe(OH)_3$、Fe_3O_4、Fe_2O_3 等氧化物的疏松混合物。在高温环境下,则产生高温氧化化学腐蚀,腐蚀产物氧化皮由内层 FeO、中层 Fe_3O_4 和外层 Fe_2O_3 构成。除锈的方法如下。

(1)手工和动力工具清理。

手工和动力工具清理是指利用手工工具和动力工具除去被涂物表面异物的过程。手工工具清理一般只能除去疏松的氧化层。

(2)机械清理。

机械清理借助于机械冲击与摩擦作用,可以用来清除氧化皮、锈层、旧涂层及焊渣等,其特点是操作简单,效率比手工工具除锈高。

(3)喷射除锈。

喷射除锈是利用机械离心力、压缩空气和高压水流等,将磨料钢丸、砂石推(吸)进喷枪,从喷嘴喷出,撞击工件表面,使锈层、旧漆膜、型砂和焊渣等杂质脱落。它的工作效率高,除锈彻底。喷射除锈又可分为喷砂和抛丸(喷射钢丸)两类。在喷砂除锈过程中,会产生大量粉尘,作业环境差。为此,可采用真空喷砂除锈系统或湿喷砂方法。真空喷砂除锈系统是利用真空吸回喷出的砂粒和粉尘,经分离、过滤除去粉尘,砂粒可循环使用,整个过程在密封条件下进行,大大改善作业环境。湿喷砂法是在喷砂时加水或水洗液,以避免粉尘飞扬,同时又有清洗除锈作用。抛丸除锈是靠叶轮在高速转动时的离心力将钢丸沿叶片以一定的扇形高速抛出,撞击制件表面使锈层脱落。抛丸除锈还能使钢件表面强化,提高耐疲劳性能和抗应力腐蚀性能。但该方法设备复杂,方向变换不理想,应用范围有一定的限制。

(4)化学除锈。

化学除锈是以酸溶液使物件表面锈层发生化学变化并溶解在酸溶液中从而除去锈层的一种方法,由于主要使用盐酸、硫酸、硝酸、磷酸及其他有机酸和氢氟酸的复合酸液,再辅以缓蚀剂和抑雾剂等助剂,所以此法通常称为酸洗。

3)化学及电化学处理

(1)磷化。

用铁、锰、镁、镉的正磷酸盐处理金属表面,在表面上生成一层不溶性磷酸盐保护膜的过程称为金属的磷化处理。磷化膜具有微孔结构,在大气条件下比较稳定,具有一定的防锈能力,可提高金属制品的耐蚀性和绝缘性,并能作为涂料的良好底层。磷化分类方法有很多,如按材质可分为钢铁件、铝件、锌件及混合件磷化等。

(2) 钝化。

钝化处理是一种采用化学方法使基体金属表面产生一层结构致密的钝性薄膜，防止金属清洗后的氧化腐蚀，增加表面的涂装活性，提高金属与涂层间的附着力的表面处理方法。一般钝化处理很少单独使用，常与磷化处理配套使用。目前钝化主要分为铬酸盐钝化和无铬钝化（锆盐类、植酸类和稀土类），后者已经取代前者成为钝化工艺的首选。

(3) 表面转化处理。

对于新的铝及其合金表面，较好的前处理方法是氧化处理。一般有化学氧化法（酸性、碱性、磷酸-铬酸盐）和电化学氧化法。化学氧化法生产效率高、成本低。电化学氧化法又叫阳极化法，即以铝合金工件为电解槽的阳极，通电后槽液电解，使工件表面生成厚度为 5~20μm 的氧化膜，它由内外两层组成，具有多孔性、吸附能力强、与基材金属及后续涂层结合牢固、耐热、不导电、有很好的化学稳定性等特点，故在工业上广泛应用。

7.4.3 常用涂料涂装技术

涂装方法是指借助于工具或设备装置（器具）将涂料均匀地涂覆在被涂工件表面上的施工方法。常用涂装方法的特点和适用范围如表 7-9 所示。

表 7-9 常用涂装方法的特点和适用范围

涂装方法		特点	适用范围	涂层可达到的外观等级	设备费用
刷涂		手工用毛刷涂刷，适用性强，节省涂料，作业条件差，劳动强度大，效率低，漆膜厚度不均，外观差	适用于大件、单件小批量生产，或者用于补漆，不适宜涂覆快干型涂料	III	很小
浸涂		工艺简便，设备简单，涂料损失少。用输送装置可实现自动浸涂，生产效率高，溶剂挥发量大，漆膜有流痕，外观装饰性不高	浸涂适用于形状复杂的工件，不适用于带有深槽、不通孔等能积存余漆的工件。适用于大批量流水线生产	III~IV	中
喷涂	空气喷涂	用压缩空气雾化喷涂，漆膜均匀平滑，装饰性好。漆雾飞散多，涂料损耗大	适应性强。几乎对各种涂料和各种材质、各种形状的工件都适用	I	中
	高压无气喷涂	利用高压泵，将涂料加压至 12~21MPa，使之雾化，喷射于工件表面。涂料喷出量大，生产效率高，可获得厚膜层，涂料利用率比空气喷涂高	适用于大型、大面积、复杂工件及高黏度涂料的喷涂	II	中
	静电喷涂	在高压直流电场作用下，使雾化涂料带电后吸附于工件表面，形成漆膜。涂料利用率高、漆膜平整、均匀、光滑、装饰性好，便于自动化生产。但复杂工件死角不易喷到。不良导体材质的工件，需经特殊表面处理后才能进行喷涂	适用于各类静电涂料固定式喷枪，适用于单一工件、形状简单或中等复杂程度工件的大批量生产，手提式喷枪适用于各类工件的喷涂	I	高

续表

涂装方法		特 点	适 用 范 围	涂层可达到的外观等级	设备费用
电泳涂装		在外加电场的作用下,使电泳涂料的乳胶粒子迁移并沉积于工件表面上。涂料利用率高,漆膜均匀,附着力强,便于自动化生产。对涂装前处理要求高,设备较复杂,冲洗用水量大	适用于各种形状的导电性工件的大批量生产,涂覆底漆	Ⅱ	高
粉末涂装	粉末静电喷涂	用压缩空气吹动粉末涂料进入静电喷枪,并随气流成雾状而喷出,在枪口带上电荷,经工件上异电荷的吸引而附着工件表面。漆膜相对较薄,为 50~150μm,且均匀、无流挂,喷逸的涂料可以回收再利用,易于实现机械化、自动化生产。更换粉末涂料品种和更换颜色较麻烦	几乎所有粉末涂料品种都适用。适用的粉末涂料的粒度范围为 150μm 以下。静电喷涂是粉末涂装中使用最多、应用最广泛的一种涂装方法,适用于大批量生产的各种形状工件的涂装	Ⅱ	高
粉末涂装	流化床浸涂	用气流使粉末涂料呈沸腾状态,将预热的工件放入流化床中,使粉末黏附在工件表面上形成漆膜。一次涂装的漆膜厚度可达 150~1000μm,漆膜的耐久性、耐蚀性和电绝缘性能很好。涂装设备较简单,涂料损失少,不易涂薄,漆膜均匀性差	适用的粉末涂料品种多,适用的粉末涂料的粒度范围为 50~300μm。适用于大批量生产的热容量大的中小型工件的涂装	Ⅱ	中

1．液体涂料涂装

1）刷涂

刷涂是指以手工用毛刷将涂料均匀涂覆于工件表面上的一种涂装方法。这是最早、最古老、最简便且广泛使用的传统涂装方法,已形成了一整套传统的工艺操作技术。即使在涂料、涂装技术得到很大的发展,新的涂装工艺方法不断涌现的今天,刷涂仍然在普遍地应用。

（1）刷涂的优点。

① 适用于刷涂各种材质、各种形状、大小的工件制品,特别适用于不能使用喷涂方式的复杂部位。

② 人工刷涂时涂料渗透性强,能使涂料渗入底材的细孔、缝中,增强涂料的附着力。

③ 节省漆料,工具简单,施工不受场地、环境条件的限制。

（2）刷涂的缺点。

① 劳动强度大,生产效率比较低。

② 刷涂如硝基漆之类的快干漆料较困难,被涂工件表面漆膜易出现刷痕。

③ 装饰性较差,漆膜外观质量、刷涂效率和漆料用量等在很大程度上取决于操作者的熟练程度和经验。

(3) 刷涂的应用。

① 刷涂应用于小批量零星生产、小面积涂漆。

② 对于喷涂难以达到或厚度难以保证的部位，往往用它来进行预涂。

③ 用于工件涂漆后的补漆等。

④ 刷涂对涂料品种的适应性很强，适用于油性漆、油性磁漆、醇酸树脂涂料、不饱和聚酯涂料、合成树脂涂料、水性涂料等。

2）空气喷涂

空气喷涂是借助压缩空气的气流急骤膨胀与扩散作用，使涂料雾化成雾状，在气流的带动下，喷涂到工件表面上的一种涂装方法。空气喷涂自20世纪20年代在工业上获得应用以来，在喷涂方式、喷枪结构和涂料供给等方面都有很大的改进和更新，在高效、低耗、节能、减少污染和改善劳动条件等方面都取得了很大的进步。空气喷涂方法几乎适合各种涂料和各种工件，虽然目前拥有很多新的涂装方法，但它仍然是应用最广泛的涂装工艺之一。

(1) 空气喷涂的优点。

① 空气喷涂生产效率高，每小时可涂装 $100\sim200m^2$，为刷涂的 8~10 倍。

② 涂层质量好，空气喷涂所获得的漆膜厚度均匀、平整光滑，可达到最好的装饰性。

③ 适应性强，几乎对各种涂料和各种材质、各种形状的工件都适用，可应用于各种涂装作业场所，特别适用于快干型涂料的施工，是目前应用最广泛的一种涂装方法。

④ 工艺作业性好，可以手工喷涂，也容易实现半自动和自动喷涂。

(2) 空气喷涂的缺点。

① 漆雾飞散多，易污染环境，涂料损耗大，普通空气喷枪喷涂的涂料利用率一般只有 30%~50%，甚至更少。

② 稀释剂用量大，作业中溶剂大量挥发，易污染环境，易引起燃烧、爆炸等事故。

3）高压无气喷涂

高压无气喷涂简称无气喷涂。无气喷涂靠高压泵压送涂料，获得高压（通常为 11~21Pa）的涂料以极高速度（约为 100m/s），从喷枪的喷嘴中喷出，随着冲击空气和高压急速下降，涂料内溶剂急速挥发，其体积急骤膨胀而分散雾化，高速地喷涂在工件上。因为涂料雾化不需要使用压缩空气，所以称之为无气喷涂。

(1) 无气喷涂的优点。

① 由于无气喷涂的涂料喷出量大，所以涂装效率高，涂装效率比空气喷涂高 3 倍以上。

② 对工件的间隙、拐角等处，有很好的涂覆效果。由于涂料喷雾不混进压缩空气流，喷射速度快，避免了在拐角、缝隙等死角部位因气流反弹对涂料喷雾沉积的屏蔽作用。

③ 不用空气雾化，喷雾飞散小，涂料利用率高，减少涂装环境污染。

④ 对涂料黏度适用范围广，既适用于喷涂黏度较低的普通涂料，也适用于喷涂高黏度涂料，单次喷涂可获得厚涂层，减少喷涂次数。

（2）无气喷涂的缺点
① 喷涂操作时，喷雾幅度和喷出量不能调节，必须通过更换喷嘴来调节。
② 工件复杂表面不易进行喷涂，即使进行喷涂也会导致漏喷，往往需通过预喷或手工补喷。
③ 与空气喷涂相比，漆膜外观质量稍差，尤其不适用于高装饰性的薄层涂装。

4）静电喷涂

静电喷涂是在静电喷枪电极与工件之间建立一个高压静电场，以接地工件为阳极，喷枪为阴极，接上高压电。当电压高到一定程度时，在阴极附近的空气产生电晕放电，激发游离出大量电子，使喷出的漆滴获得负电荷，由于同性相斥使涂料进一步雾化，受静电场引力的作用，沿电力线方向运动被极性相反的工件所吸附，形成涂层。

（1）静电喷涂的优点。
① 较大地提高了涂料利用率。静电喷涂靠静电引力将涂料粒子吸附于工件正面、侧面及背面上。环抱效应大大地减少了喷雾回弹和喷逸现象（没有喷到工件的涂料漆雾飞散损失）。一般空气喷涂的涂料利用率仅为30%～50%，甚至更低（如喷涂网状或管状工件时，涂料利用率在30%以下），而静电喷涂的涂料利用率一般可达80%～90%，涂料的利用率比空气喷涂高1～2倍。
② 提高了产品涂层质量。利用静电喷涂的特点，并通过对喷涂参数的调节，可获得平整、均匀、光滑、丰满的涂层，提高了装饰性。
③ 提高了劳动生产效率，适用于大批量生产，可实现多支喷枪同时喷涂，生产效率比空气喷涂高1～3倍，圆盘式静电喷涂的效率更高。
④ 便于实现喷涂作业自动化，减轻劳动强度。
⑤ 工件的凸出部位、端部、角部等都能较好地涂上漆。
⑥ 减少产生大量废漆雾，改善作业环境，减轻治理负担。

（2）静电喷涂的缺点。
① 因为静电场尖端效应，电场分布不均，所以易致使漆膜在凸出、尖端和锐边部位很厚，对坑凹处会产生静电屏蔽，坑凹处涂层很薄，甚至涂不到漆，还需手工补漆。
② 不良导体（如木材、塑料、橡胶、玻璃等）材质的工件，要经特殊表面前处理，才能进行静电喷涂。
③ 对所有涂料和溶剂有一定要求，如对涂料的电特性（介电常数、导电性、电阻等）和对溶剂的沸点及溶解性等都有一定要求。
④ 静电喷涂使用高压电，必须有可靠的安全接地；静电喷涂存在高压火花放电，而当工件装挂不符合规定或在行走中晃动时，使两极间距缩短易产生火花放电或人工误操作，引起火灾的危险性较大。

5）电泳涂装

电泳涂装是近年来快速发展的一种高效、安全、经济的涂装方法。其涂装原理是，将被涂工件浸渍在水溶性涂料中作为阳极（或阴极），另设置与其相对应的电极，即阴极（或阳极），在两极之间通以直流电，在电场的作用下，带电荷的胶体粒子受电场影响，向其相反的电极（被涂工件）移动，并在工件上析出。如在阴极电泳涂装过程中，带正电荷的胶体粒子和颜料粒子移向作为阴极的被涂工件表面上析出形成不溶于水的漆膜。电泳涂装过程伴随复杂的物理化学、胶体化学、电化学过程，一般至少包括电解、电泳、电沉积、电渗等四种反应过程。

根据被涂工件的极性和电泳涂料的种类，电泳涂装分为阳极电泳涂装（被涂工件是阳极，涂料是阴离子型的，带负电荷）和阴极电泳涂装（被涂工件是阴极，涂料是阳离子型的，带正电荷）两种电泳涂装方法。

（1）电泳涂装的优点。

① 采用水溶性涂料，挥发的基本上是水分，无火灾危险，安全卫生，并且节省大量有机溶剂，从根本上改善了劳动条件及对环境的污染。

② 涂覆效率高，涂料损失小，涂料以水为稀释剂，一般浓度较低，黏度较小，由工件带出损耗很少，特别是采用超滤装置和电泳涂漆后的超滤液闭路循环逆流清洗，从漆槽带出的漆量几乎可以全部回收，涂料的有效利用率可达95%以上。

③ 泳透性能好，漆膜厚度均匀，用喷涂法喷涂不到的部位也能涂上漆，随着漆膜的形成，其电阻值增高，当漆膜厚度增加到一定值时，涂料就渐渐附着至未涂上漆的表面，使焊缝、内腔等不直接对着电极的表面也能有漆层覆盖，因而促使整个表面漆膜厚度均匀。通过控制电泳参数，还能调整漆膜厚度，在采用高泳透性电泳涂料时，工件内腔表面的漆膜厚度能达到外表面漆膜厚度的 2/3 以上。

④ 漆膜具有优异的附着力、抗冲击强度和耐蚀性，作为底漆能显著地提高涂层的耐蚀性和耐潮湿性，尤其是阴极电泳涂装。

⑤ 生产效率高，更适用于大批量流水线的生产，有利于实现涂装工艺机械自动化生产，大大减轻了劳动强度，改善了劳动条件。

⑥ 在正常生产情况下，不会产生垂流、堆积、气泡等漆膜问题。

（2）电泳涂装的缺点。

① 仅适用于具有导电性的工件涂覆，非导电性物件如塑料、木材等不能采用这种涂装方法；由于电泳漆膜烘干温度较高，不耐高温（165℃以上）的被涂物也不能采用电泳涂装工艺方法。

② 一般电泳漆膜的耐候性较差，对外观有装饰性要求的，还需要在电泳漆膜上再涂覆面漆。

③ 设备较复杂，投资费用高，为保持涂料和涂装条件稳定，需要相当复杂的附属设备（如整流器、超滤装置、漆液循环搅拌装置、阳极液循环装置、调温控温装置、调漆供漆装置、储漆槽、漆后清洗装置等）。

④ 涂料和涂装管理较复杂，涂装工艺规范条件控制要求较严格。

⑤ 挂具必须经常清理，以确保良好的导电性，清理挂具工作量大。

⑥ 生产过程中不能改变涂层颜色，不适用于复色的装饰性涂装，经验表明，为保持漆液稳定性，漆液更新周期（因消耗而添加的电泳涂料总量达到配槽所用漆量的所需时间）一般不宜超过 3 个月，对很小批量生产场合（槽液更新周期超过 6 个月时），不宜推荐采用电泳涂装。

2. 粉末涂料和粉末涂装

粉末涂料和粉末涂装获得工业应用虽已近半个世纪，但在工业涂装领域的普及应用较缓慢。自 20 世纪 90 年代以来，各国对环境保护提出了越来越高的要求，对涂装作业有机溶剂排放（VOC）限制越来越严，而粉末涂料是无溶剂涂料，属于环保型涂料和绿色涂装工艺，在环保法规的促进下，粉末涂料和粉末涂装得到了高速发展。近十多年来，随着粉末涂料制造技术和涂装技术的完善和进步，粉末涂料取代液体涂料已成为涂装技术的趋势之一。粉末涂料的应用已进入工业及各个行业的诸多领域，取得了巨大的经济效益和社会效益。

粉末涂装是指将粉末涂料涂覆到已经过表面处理的被涂工件表面上，经过烘烤成膜的一种工艺方法。粉末涂料的成膜机理不同于液态涂料，其涂装后呈固体粒子状，不存在溶剂的挥发，不需要晾干过程，而是靠热熔融、流平、湿润、反应固化而成膜的。

粉末涂料的品种有热塑性粉末涂料和热固性粉末涂料两大类。由于这两大类合成树脂的成膜机理不同，使它们的涂覆方法、成膜后的化学及物理性能也各具特点，应用范围也有所区别。

热塑性粉末涂料以热塑性树脂作为成膜物质，其特点是合成树脂随温度升高而变软，以至熔融，经冷却后变得坚硬而成膜，粉末成膜过程无交联反应发生。可作为热塑性粉末涂料用的树脂很多，常用的有聚乙烯、聚丙烯、聚氯乙烯、聚酰胺（尼龙）、聚酯、氯化聚醚等。热塑性粉末涂料常用作防腐涂层、耐磨涂层、绝缘涂层。热塑性粉末涂料附着力差，故多数情况下需要配套底漆。

热固性粉末涂料以热固性树脂作为成膜物质，其特点是热固性树脂和固化剂都带有反应性基团，在烘烤过程中，热固性树脂反应性基团与固化剂反应性基团之间相互交联反应固化而成膜。热固性粉末涂料常用的树脂有环氧、聚酯、丙烯酸等。其中以环氧和环氧改性树脂的粉末用途最广。热固性粉末涂料适用于对耐腐蚀性和装饰性要求较高的涂层。热固性粉末涂料附着力强，不需要配套底漆。

粉末涂装方法有：流化床浸涂法、粉末静电喷涂法、粉末摩擦静电喷涂法、粉末火焰喷涂法、粉末空气喷涂法、静电流化床浸涂法、电场云涂装法等。其中粉末静电喷涂法、流化床浸涂法和粉末火焰喷涂法应用普遍，而目前应用最广泛的是粉末静电喷涂法，其次是流化床浸涂法。涂装方法与相适用的粉末涂料如表 7-10 所示。

表 7-10　涂装方法与相适用的粉末涂料

涂装方法	适用的粉末涂料品种	标准粒度范围
流化床浸涂法	几乎适用于所有粉末涂料品种，多采用热塑性粉末涂料；环氧树脂热固性粉末涂料也适用，这时应加有抗膜厚偏差的添加剂	50～300μm，微粒易飞散不适用
粉末静电喷涂法	所有粉末涂料品种都适用。实际上采用热固型的多，必须注意粉末粒子的电特性	150μm 以下
粉末火焰喷涂法	适用于热塑性型，采用热固性型时，需后加热易受氧化的树脂不适用。膜厚度控制困难，需采用涂装厚膜产生气泡少的粉末涂料	粗粒子较好 100～200μm

1）流化床浸涂法

流化床浸涂法的工作原理是：将粉末涂料装入具有微孔透气底隔板的槽中（容器中），从微孔透气底隔板底下供给压缩空气，气流均压后通过微孔透气底隔板进入流化槽中，槽中的粉末涂料在压缩空气的吹动搅拌下飘动上升悬浮起来，形成平稳悬浮流动的沸腾状态（称之为流化床），将预热到粉末熔融点以上温度的被涂工件浸入流化槽中，飘浮在工件周围的粉末，接触到热工件就立即黏附、熔融在工件表面上，随后工件从槽中取出加热烘烤形成连续均匀的粉末漆膜。

（1）流化床浸涂法的优点。

① 一次涂装的漆膜厚度可达 150～1000μm，漆膜的耐久性、耐蚀性和电绝缘性能很好。

② 涂装设备比较简单，又不需要粉末涂料的专用回收设备，设备的投资比较少。

③ 涂装时粉末涂料的损失很少，粉末涂料的利用率几乎达到百分之百。

④ 比较适用于工件要求厚漆膜及耐腐蚀的涂装。

（2）流化床浸涂法的缺点。

① 不容易薄涂，漆膜的均匀性差。

② 对结构比较复杂的工件和大型工件的涂装比较困难，因为被涂工件的热容量大。

③ 被涂工件必须预热，而且预热温度比较高，能量消耗比较大。

2）粉末静电喷涂法

粉末静电喷涂法是粉末涂装中使用最多、应用最广泛的一种涂装方法。

粉末静电喷涂法的工作原理与一般的溶剂型涂料的静电喷涂法（尤其是采用空气雾化的静电喷枪）基本相同，所不同之处是粉末静电喷涂为分散而非雾化。粉末静电喷涂法靠粉末静电喷枪喷出的粉末涂料，在分散的同时使粉末粒子带负电荷（带相同电荷的粒子间相互排斥，这有助于分散和阻止聚集）。带电的粉末粒子在空气流的推动下，受静电场静电引力的作用，涂覆到接地的被涂工件上，经加热熔融固化成膜。

粉末粒子的绝缘电阻都很高，当附着到被涂工件后，其自身所保有的荷电量不能立即减少，能保持相当长的时间。因此，涂覆的粉末涂料粒子虽然未熔融，但不受重力、空气流动或振动的影响，能很好地附着在被涂工件上，这就是粉末静电喷涂法的被涂工件不需要预热可常温涂装的原因。另外，涂覆的粒子层受粉末粒子极化产生的束缚电荷之间引力的作用，显示出非常高的集积密度（接近最紧密状态）。使得在随后的烘烤固化中，形成内藏气泡少、表面平滑的涂层。

（1）粉末静电喷涂的优点。

① 被涂工件不需要预热，经前处理后可以直接进行静电喷涂。

② 漆膜较薄，厚度为 50～150μm，且均匀、无流挂；随着今后粉末涂料微细化和薄层技术的发展，能够涂装更薄的漆膜。

③ 喷逸的涂料可以回收再利用，粉末利用率很高，利用率在 95% 以上。

④ 在工件的锐边和粗糙的表面均能获得连续、平整的漆膜。

⑤ 对于各种粉末涂料的适应性强，几乎所有粉末涂料品种都适用。
⑥ 对各形状和大小的工件、包括管道内外壁都可以涂覆，适用的工件范围很广。
⑦ 涂装设备操作方便，易于实现机械化、自动化生产，提高劳动生产率。

（2）粉末静电喷涂的缺点。
① 需要专用的涂装设备和粉末涂料的回收设备，设备的投资大。
② 更换粉末涂料品种和更换颜色，比溶剂型涂料或水性涂料麻烦。

7.5 涂层质量控制

7.5.1 涂装生产过程质量控制

涂层的生产质量无法仅靠成品质量检验进行全面判断，问题往往是在产品使用后才显现的，因此涂装生产过程的质量控制非常关键。制造单位应按照质量管理体系要求将涂层的生产过程视为特殊过程，对关键要素和生产过程进行严格管控。

1．人员

涂料涂装操作人员须通过全面培训、考核，充分掌握施工工艺要求，明晰生产过程质量管控要求，并严格遵循。

2．生产条件

涂料涂装生产应配备符合工艺要求的生产和检测设备，定期检查、计量，喷涂使用的压缩空气应按污染物净化等级标准（GB/T 13277.1）的相应要求严格进行除油、除水。

3．原材料

（1）应对涂层生产用原材料进行来料检验，并按材料说明书规定的存放条件和有效期进行存放保管，确保用于生产的原材料合格、有效。

（2）涂料应严格按照规定的配比和配制步骤进行调配，避免因配制不当带来的涂层质量缺陷和隐患。

4．环境条件

涂装生产环境的温度、湿度、洁净度等因素会对涂层的质量产生较大影响，需进行严格控制。

（1）涂装生产环境温度会对混合涂料使用时间、黏度、喷涂性能及基材表面温度产生影响，因此应避免在过低或过高温度下施工，通常涂装环境温度宜控制在15℃～35℃。

（2）涂装生产环境相对湿度太高时，被涂基材表面可能产生凝露，使得涂装质量难以保证；过高的环境湿度会使溶剂不易挥发，甚至与部分固化剂发生反应，影响涂料固化。此外，若涂料固化过程暴露于高湿度环境下会出现发白和光泽差等弊病，对环氧类涂料会出现胺至变白。因此应避免在高湿度条件下施工，涂装场所的相对湿度通常应控制在85%以下。

（3）涂装生产环境中的灰尘、污物等会影响涂层与基材的附着性、涂层的致密性以及涂层的外观质量，因此应采取必要的环境洁净度控制措施（特别对于高外观等级涂层）。

5．工艺方法

应根据涂装场地、被涂物的形状大小、材质、产量、涂料品种及涂装标准等，选定适宜的涂装方法，必要时应先进行试生产确认。

7.5.2 涂层质量要求

1．外观

在室内标准状态下制备的试板干燥后，在日光下用肉眼观察，检查漆膜有无缺陷，如刷痕、颗粒、起泡、起皱、针孔、麻点、斑点、缩孔、开裂、划伤及平整度、光滑度等，并与标准试板对比。

一般采用目测的方法，通过与标准试板对比，观察漆膜表面有无缺陷现象。按照《涂料涂覆通用技术条件》（SJ/T 10674），漆膜外观等级分为4级。

2．光泽

光泽是漆膜性能检测中的一个重要项目。漆膜光泽就是漆膜表面将照射在其上的光纤向一定方向反射出去的能力，反射的光量越大，则其光泽越高。按照《色漆和清漆不含金属颜料的色漆漆膜的20°、60°和85°镜面光泽的测定》（GB/T 9754）进行检测。

漆膜光泽（以60°光泽计测量）的分类如表7-11所示。

表7-11 漆膜光泽（以60°光泽计测量）的分类

涂膜光泽	光泽	漆膜光泽		光泽
高光泽漆膜	>70%	低光泽漆膜	淡光	6%～30%
一般光泽漆膜（半光或中等光泽）	30%～70%		平光	2%～6%
			无光	<2%

3．厚度

1）要求

无固定要求，需根据应用环境、使用年限及涂层配套体系进行具体设计。

2）测试方法

测定漆膜厚度有多种方法和仪器，应根据测定漆膜的场合（实验室或现场）、底材（金属、非金属等）、表面状况（平整、粗糙、平面、曲面）和漆膜状态（湿、干）等因素选择合适的仪器。

（1）湿膜厚度的测定。

应在漆膜制备后立即进行，以免由于溶剂的挥发而使漆膜变薄。GB/T 13452.2 的方法 6 规定使用轮规和梳规测定的方法。ASTM D1212 中规定使用轮规和 Pfund 湿膜计测定的方法。

（2）干膜厚度的测定。

测量干膜厚度有多种方法和仪器，但每一种都有一定的局限性。按照工作原理可大致分为两大类：磁性法和机械法。

4．附着力

1）要求

附着力是漆膜对底材表面物理和化学作用而产生的结合力的总和，也是涂层一切性能的基础，附着力丧失直接导致产品起泡、脱落，装饰及防护性能即刻丧失。工程应用上同时包含了碳钢、不锈钢、铝和玻璃钢等材质，表面处理可能是打磨、喷砂及磷化处理等，这就要求涂料拥有很好的适用性。常规工程行业膜厚相对比较薄，整体涂层厚度大多在 150μm 以内。附着力测试多选用划格法，合格标准基本为 0~1 级。除了常规附着力测试，部分企业还重点检查"湿附着力"情况，湿附着力可以表征水取代成膜物与底材结合的能力，对浸没及高湿环境涂层性能评估很有价值。

2）测定漆膜附着力的方法

划格法用规定的刀具纵横交叉切割间距为 1mm 的格子，格子总数为 55 个，然后根据《色漆和清漆漆膜的划格试验》（GB/T 9286）规定的评判标准分级，0 级最好，5 级最差。但 ASTM D3259 中的 B 法的分级方法与我国国家标准相反，5 级最好，0 级最差，德国 DIN 53151 标准则与我国的一致。

《漆膜附着力测定法》（GB/T 1720）中使用附着力测定仪，施加载荷至划针能划透漆膜，均匀地划出长度为(7.5±0.5)cm、依次重叠的圆滚线划痕，使漆膜分成面积大小不同的 7 个部位，若在最小格子中漆膜保留 70% 以上，则为 1 级（最好），以此类推，7 级最差。

拉开法在《色漆和清漆　拉开法附着力试验》（GB/T 5210）中有所规定，即用拉力试验机，测定时夹具以 10mm/min 的速度进行拉伸，直至破坏，考核其附着力和破坏形式。附着力按下式计算：

$$P=G/S$$

式中，P 为涂层的附着力，单位为 Pa；G 为试样被拉开破坏时的负荷值，单位为 N；S 为被测涂层的试柱横截面面积，单位为 cm^2。

5．硬度

1）要求

硬度就是漆膜对作用在其上的另一个硬度较大的物体的阻力。设备使用环境中砂石泥土很多，与漆膜表面经常刮擦，这就要求产品具有很好的硬度，不会因为轻度的摩擦就导致漆膜被划伤，表面刮花，局部平整度下降和表面光泽变低，甚至导致基材锈蚀，整体外观质量显著下降。硬度是表征漆膜机械强度的最重要的指标之一，一般采用铅笔硬度测试的方法，划伤硬度要求大多分布在HB～H中。

2）测试方法

测定漆膜硬度的方法常用的有三类，即摆杆阻尼硬度法、划痕硬度法和压痕硬度法。三种方法表达漆膜的不同类型阻力。

（1）摆杆阻尼硬度法。

通过摆杆横杆下面嵌入的两个钢球接触漆膜试板，当摆杆以一定周期摆动时，摆杆的固定质量对漆膜进行压迫，使漆膜产生抗力，根据摆杆的摇摆规定振幅所需要的时间判定漆膜的硬度，摆动衰减时间越长，漆膜硬度越高。《漆膜硬度的测定法　摆杆阻尼试验》（GB/T 1730）规定了相应的检测方法。美国 ASTM D2134 所规定的斯华特硬度计（SwardRooker）与摆杆阻尼试验仪的原理相同。

（2）划痕硬度法。

划痕硬度法就是在漆膜表面用硬物划伤漆膜来测定硬度，常用的是铅笔硬度。《色漆和清漆　铅笔法测定漆膜硬度》（GB/T 6739）中规定使用的铅笔由9B到9H共20级，可手工操作，也可仪器测试。铅笔划漆膜时，既有压力，又有剪切作用力，对漆膜的附着力也有所规定，因此与摆杆硬度是不同的，它们之间没有换算关系。

（3）压痕硬度法。

采用一定质量的压头及漆膜压力，从压痕的长度或面积来测定漆膜的硬度。GB/T 9275 及 ASTM D1474 中规定了相应的仪器及检测操作方法。

6．耐温变性

1）要求

耐温变性是指漆膜在经受高温和低温急速变化情况下，抵抗被破坏的能力。要求涂层在经若干次循环后无变色、失光、开裂、脱落。

2）测试方法

在规定的温度和时间内（如在高温 60℃保持一定时间后，再在低温-20℃放置一定时间），经若干次循环后观察漆膜是否有变色、失光、开裂、脱落等缺陷，具体的试验温度范围及速率、保持时间和循环次数根据产品标准规定进行。

7．耐介质

1）要求

耐介质包括耐水性、耐酸碱性、耐油性及耐溶剂性。要求漆膜在经介质擦拭或浸泡后，无失光、变色、起泡、起皱、脱落、生锈等现象。

2）测试方法

耐水性测试按《漆膜耐水性测定法》（GB/T 1733）规定，将漆膜试板浸泡在水中，在达到规定的时间后取出，以漆膜表面变化现象表示其耐水性能。

耐酸碱性是将试板放入要求的酸、碱介质中，在规定的温度和时间内，观察漆膜受介质浸蚀情况。

耐溶剂性是按《色漆和清漆　耐液体介质的测定》（GB/T 9274）将试板放入测试的介质中，在规定的温度和时间内，观察漆膜受介质浸蚀情况。

8．耐盐雾

1）要求

电子设备产品的主要结构件主要采用铝合金等有色金属及非金属复合材料，漆膜较薄，部分产品设计涂层厚度只有 100～120μm，这就要求涂料需要有很好的腐蚀防护能力。行业内一般采用耐中性盐雾的腐蚀加速测试方案，此方案也有很好的实际指导意义。氯离子在离岸及近海的空气中大量存在，在湿润的漆膜上会形成严重的腐蚀。一般要求耐中性盐雾时间为 480～1000h，判断测试指标基本为单侧锈蚀宽度不超过 2mm，涂层表面无起泡、生锈、剥落等现象。

2）测试方法

在腐蚀防护研究方面，人们一直采用盐雾试验来作为人工加速腐蚀试验的方法。盐雾试验有中性盐雾试验（SS）和醋酸盐雾试验（ASS）。

中性盐雾按 GB/T 1771 规定，水溶液浓度为(50±10)g/L，pH 值为 6.5～7.2，温度为 (35±2)℃，试板以 20°±5° 倾斜。被试面朝上置于盐雾箱内进行连续喷雾试验，每 24h 检查一次至规定时间取出，检查起泡、生锈、附着力等情况。对于军用电子设备则按照 GJB 150.11A 中相关规定进行测试。

醋酸盐雾试验是为了提高腐蚀试验效果，盐雾的 pH 值为 3.1～3.3，也可在醋酸盐水中加入 $CuCl_2 \cdot H_2O$ 进行改性醋酸盐雾试验（CASS），进一步加快腐蚀试验速度。

9．耐湿热

1）要求

耐湿性是指漆膜受潮湿环境作用的抵抗能力。涂层是一层半透膜，从长时间来看，水汽等最终将穿透漆膜达到基材表面，引起腐蚀，高温高湿的环境能加速表面水汽的渗透。

耐湿热测试能很好评估涂层被水等物质穿透的能力，综合评定漆膜在测试中及结束后的生锈、起泡、变色及开裂现象，测试的时间大多是240~1000h，涂层只允许轻微变色。

2）测试方法

等效采用ISO 6270标准，GB/T 13893中规定采用耐湿性测定仪，试板放于仪器的顶盖位置，仪器的水浴温度控制在(40±2)℃，保持试板下方25mm空间的气温为(37±2)℃，使涂层表面连续处于冷凝状态，因此称之为连续冷凝法。ASTM D4585也采用连续冷凝法。对于军用电子设备则按照GJB 150.10A中相关规定进行测试。

10．耐候性

1）要求

产品品类不同，设计寿命略有差异，一般为5~10年。漆膜的失光变色粉化是产品服务过程中最常见的弊病之一。产品的总体要求大多是在产品生命周期中涂层不开裂、不粉化、不起泡，只允许有轻微的失光和变色。

2）测试方法

测试方法包括自然老化试验和人工加速老化试验两大类。

（1）自然老化试验。

用于评价涂层对大气环境的耐久性，其结果是涂层各项性能的综合体现，代表了涂层的使用寿命。暴晒场地应选择在能代表某一气候最严酷的地方或近似实际应用的环境条件下建立，如沿海地区、工业区等。暴晒地区周围应空旷，场地要平坦，并保持当地的自然植被状态，而且沿海地区暴晒场地应设在海边有代表性的地方，工业区暴晒场地设在工厂区内。远离气象台（站）的暴晒场地应设立气象观测站，记录紫外线辐射量、腐蚀气体种类与含量或氯化钠含量等。暴晒试板的朝向可分为朝南45°、当地纬度、垂直角及水平暴露等。试板暴晒后，可按GB/T 1766《色漆和清漆 涂层老化的评级方法》进行检查评定。

（2）人工加速老化试验。

由于自然老化测试周期一般都在2~3年或以上，很多企业更加关注人工加速老化试验的结果。人工加速老化试验就是在实验室内人为地模拟大气环境条件并给予一定的加速性，这样可避免自然老化试验时间过长的不足。GB/T 1865规定采用6000W水冷式管状氙灯，试板与光源间距离为350~400mm，实验室空气温度为(45±2)℃，相对湿度为70%±5%，降雨周期为12min/h，也可根据试验目的和要求调整温度、湿度、降雨周期和时间。美国较多地采用QUV加速老化试验，紫外光源主辐射峰为313nm，有氧气和水汽辅助装置，试验速度快。

第 8 章
敷形涂覆及密封处理技术

【概要】
本章节对敷形涂覆及密封的概念、分类进行简述,重点阐述印制板组件的敷形涂覆的准则、分类,材料和典型工艺,以及电子设备常用密封处理工艺的原理、特点及选用。

8.1 印制板组件敷形涂覆

印制板组件敷形涂覆的目的是使印制板组件在工作或储存期间,能抵御恶劣环境对电路和元器件的影响。元器件通过涂层与底板黏结而增加机械强度和可靠性,达到长期防霉、防潮、防盐雾侵蚀的作用,并能防止由于温度骤然变化所引起的"凝露"使印制导线或焊点间漏导增加、短路甚至击穿。对高电压的印制电路导线或在低电压下工作的印制电路组件进行保护涂覆后,可以有效地避免导线制件爬电、击穿现象,从而提高产品的可靠性。

根据电子产品的应用及环境要求,IPC(The Institute for Interconnecting and Packaging electronic Circuits)将电子产品分成三类:

(1)消费电子产品(一般电子产品)。
(2)工业电子产品(计算机、通信设备等)。
(3)高可靠电子产品(主要指军用产品及高密度组装电路等)。

一般情况下,高可靠电子产品尤其是工作在野外、航天和海上的电子设备,为适应湿热、霉菌、盐雾环境和高冲击振动,确保印制板的正常工作,必须对印制板组装件进行敷形涂覆。

8.1.1 印制板组件敷形涂层及其性能

敷形涂层又称三防漆,是涂覆于印制板组装件(印制板)表面,与被涂物体外形保持一致的绝缘保护层。

三防漆从固化方式上分室温固化、热固化和光固化等，从化学成分上主要可分为丙烯酸树脂、环氧树脂、聚氨酯树脂、有机硅树脂和聚对二甲苯五大类。

1．丙烯酸树脂

丙烯酸树脂类涂料具有良好的电性能和优良的附着力，工艺性良好，适用于室内产品，可浸涂、刷涂和喷涂。丙烯酸树脂三防涂料以单组分居多，操作方便，涂层外观美观。

丙烯酸树脂类三防漆的优点为固化工艺相对简单，不与空气反应，靠溶剂的挥发进行固化；具有良好的防潮效果及灵活的黏度调整性；返工也较容易；成本相对较低。但其固化后防护层过薄，固化方式决定了其挥发性溶剂含量非常高，工作环境需要具备良好的抽风系统；黏度维持困难，高温高湿下存在返黏情况。该类三防漆可用于普通电子产品。

2．环氧树脂

环氧树脂类涂料具有良好的电性能和优良的附着力，工艺性良好。但由于聚合时产生应力，对一些易脆元器件须进行特殊保护。ER 可用于浸涂、刷涂和喷涂等工艺，它具有干燥快、光泽较好的优点，且有一定的耐油防潮、耐化学气体腐蚀性能；自干、烘干均可，烘干性能较好。环氧树脂中加对硝基苯酚则抗霉菌能力更强。

环氧树脂类三防漆具有良好的防潮、抗盐雾和抗化学品性能，可耐 150℃高温，耐磨损，具有较好的介电性能。但其返修十分困难，必须先用物理手段剥离环氧树脂膜才能进行，对器件及板卡会造成损坏。另外，其潜在的高内应力，也可能对易碎元件造成损伤，涂覆前需对易碎元件进行防护；具有较高的氯离子含量风险；双组分配比复杂，黏度也不易维持；低温时性能不佳，固化收缩率高。该类三防漆应用并不广泛。

3．聚氨酯树脂

聚氨酯树脂类涂料适用于要求具有耐湿热和耐盐雾腐蚀性能的印制板组件的涂覆，可浸涂、刷涂和喷涂。聚氨酯树脂类三防涂料以双组分居多，双组分主要为多羟基化合物固化型聚氨酯。单组分聚氨酯也有使用，以氧固化型和湿固化型居多。聚氨酯树脂类三防涂层的漆膜光滑、丰满、坚硬、附着力强，具有耐水、防潮、防霉、耐磨、防化学腐蚀等性能。

聚氨酯树脂类三防漆是三防漆中较为常用的一种，也叫聚氨酯醇酸树脂类三防漆。其主要固化原理为与空气中氧气发生化学反应固化，形成的聚合物涂层具有良好的耐酸碱性和优越的耐潮湿性。但其完全固化过程较长，VOC 含量较高，高温下容易黄变，容易腐蚀镀锌螺钉。该类三防漆目前应用较为广泛，可应用于汽车工业、工控电子仪器仪表、电源通信等行业。

4．有机硅树脂

有机硅树脂类涂料是线型聚硅氧烷和硅树脂的嵌段共聚物，具有可室温固化、施工方便的特点。它是一种液态涂料，固化后的漆膜既有橡胶的柔韧性，又有平滑透明的塑性疏水表面，所以又称弹塑性有机硅涂料。它还具有耐温度冲击、高频性能好等优点，可以满足整机高频、低频段及混合电路的保护涂覆。弹塑性有机硅涂料最早由美国 DowCorning 公司于 20 世纪 80 年代推出，其弹塑性有机硅涂料的电性能优异；另外它还具有柔韧性好、硬度低、可焊性好的特点，用于对 PCB 的保护且不影响其维修性；表面的疏水性能可保护 PCB 在潮湿环境下不吸潮；弹塑性有机硅涂料也可作为电子器件的封装材料。由于它具有独特的优异性能，在美国军标中弹塑性有机硅涂料被推荐作为电子设备高频部件及其他电子部件的保护涂料。

有机硅树脂类三防漆是具有柔软弹性的涂层材料，其柔韧性佳；工作温度范围很宽，可耐 200℃高温；具有很好的防潮及耐紫外线性能；易修复；具有显著的电绝缘特性和较低的表面能，与基材的润湿性好。但其机械强度低，不耐刮擦，与基材的附着力也较差。该类三防漆适合那些有高发热元件，如大功率电阻多的高频电路板，可应用于航空、航海、军工、雷达控制系统。

5．聚对二甲苯

聚对二甲苯是对二甲苯的聚合物，其漆膜具有高的耐溶剂性和熔点、优异的电绝缘性能和物理机械性能、优良的阻隔性能等。聚对二甲苯最早由美国 Union Carbide 公司推出，与其他一些三防涂料不同，聚对二甲苯不溶于多数溶剂，它必须通过化学气相沉积（CVD）的工艺方法得到高分子涂层。聚对二甲苯纯度高、致密，作为电子电路的防护涂层时，厚度为 7～8μm 即可达到较好的防护效果。由于分子的对称性和极薄均匀的涂层，聚对二甲苯的高频性能非常优异，具有稳定的介电常数和极低的损耗因子。在国外，聚对二甲苯一直是高频微波电子器件不可多得的一种防护涂层材料。

聚对二甲苯的化学气相沉积是先将聚对二甲苯聚合物加热升华为气体，再经高温裂解成单体，最后在真空室内将聚对二甲苯单体室温气相沉积在待涂工件上。与传统涂料相比，聚对二甲苯涂层具有以下优点。

（1）涂覆过程中无须溶剂，涂层致密，无针孔。

（2）作为敷形涂层，CVD 能在形状复杂的元器件上生成一层连续均匀、极薄的保护涂层，这些涂层有极好的三防性能和温度范围较广的稳定绝缘性，过程操作的可靠性减少了密集工件的复杂性和常规涂层的检测操作。

（3）在室温下涂覆，不会损伤元器件。

（4）当元器件与底材的间隙小于 10μm 时，CVD 聚合过程可渗透到这一狭小的区域（涂覆器件和底材的相邻部分），而这是常规涂料所无法涂覆到的狭小区域。

（5）可精确控制涂层厚度为 1～100μm。

8.1.2 印制板组件涂覆选用准则

敷形涂覆虽然提高了印制板及其组件的可靠性，但也会带来一些不良影响，如会使一些高频电路或高阻抗电路原有的参数和特性改变。因此，并不是所有的高分子树脂都适用于三防保护，它是一种特种涂料，必须满足以下要求。

（1）有较好的电性能：介电常数 ε 及介质损耗因子 tanδ 要小，电阻率 ρ_V 要高，涂料的电性能随温度、湿度变化要小。

（2）防潮性能好，潮湿条件下绝缘电阻无明显降低，受潮以后在正常条件下能迅速恢复原有性能。

（3）物理机械性能好，对基板及元器件有良好的黏结性和柔韧性，在反复温度冲击后不开裂不脱层。

（4）涂料和溶剂应是无害的，不会引起印制板、金属镀层、锡铅焊料元器件表面变色、起皱、溶蚀。

（5）涂层应是无色透明的（允许添加附加物发荧光），不掩盖或减弱元器件上的鉴别标志和色码；涂层应是光滑、连续、均一的，不应有起泡、针孔、起皱、龟裂、脱层现象。

（6）有良好的工艺性，可采用浸涂、喷涂、刷涂等工艺，表干时间短，以便于进入下一步工序。常用敷形涂层主要性能如表 8-1 所示。

表 8-1 常用敷形涂层主要性能

项 目	丙烯酸树脂	聚氨酯树脂	环氧树脂	有机硅树脂	派拉伦 N	派拉伦 C	派拉伦 D
介电强度/（V·mil^{-1}）	1200	1400	900-1000	1100	7000	5600	5500
电阻率（23℃，50%RH）ρ_V/（Ω·cm）	10^{12}~14	10^{11}~15	10^{12}~17	10^{15}~16	1.4×10^{17}	(6~8)×10^{16}	1.2×10^{16}
介电常数 ε	3.8~4.2	4.2~7.8	3.3~5.0	2.6~3.1	2.65	3.15	2.84
介质损耗因子 tanδ	3.5×10^{-2}	3.4×10^{-2}	2.3×10^{-2}	3.5×10^{-3}	2×10^{-4}	2×10^{-2}	4×10^{-3}
线膨胀系数（25℃）/（10^{-5}/℃）	0.5~15	10~20	4.6~6.5	25~30	6.9	3.5	3~8
表面电阻/Ω	10^{14}	10^{14}	10^{13}	10^{13}	10^{13}	10^{14}	10^{16}
抗拉强度/MPa	32~77	1.13~7.0	2.8~9.1	5.6~7	4.5	7.0	7.5
吸水性（24h）/%	—	0.02~4.5	0.08~0.15	0.12（168h）	<0.1	<0.1	<0.1
导热性 10^{14}Cal/（cm·s·℃）	3~6	5.0	4~5	3.5~7.5	3.0	2.0	—
耐热性/℃	120	120	130	180	130	130	130
水汽渗透（37℃，90%RH）/[（g·mil)/(100in^2·d）]	27.8	20.2	6.6	220	1.5	0.21	0.25

8.1.3 印制板组件敷形涂覆技术

1. 液体敷形涂覆技术

1）刷涂

刷涂是最简单的涂覆方法，通常用于局部的修补和维修，也可用于实验室环境或小批量试制/生产，一般应用于涂覆质量要求不是很高的场合。刷涂工艺对操作者要求较高，在施工前需仔细消化图纸和对保护涂覆的要求，能识别印制板上的元器件，对不允许涂漆的部位，要有醒目标志。刷涂时对焊点及元器件引线必须有序地施工以避免遗漏，操作者在任何情况下，不允许用手触摸印制插件，以避免插件被污染。

优点：几乎不需要设备夹具的投资；节省涂覆材料；一般不需要遮蔽工序。

缺点：适用范围窄，效率低；整板刷涂时有遮蔽效应，涂覆一致性差，因人工操作，易出现气泡、波纹、厚度不均匀等缺陷，需要大量人力。

2）浸涂

浸涂从涂覆工艺初期至今，一直有较广泛的应用，适用于需完全涂覆的场合；就涂覆的效果而言，浸涂是最有效的方法之一。

优点：可采用手工或自动化涂覆。手工操作简便易行，投资小；材料转移率高，可完全涂覆整个产品而无遮蔽效应。自动化浸涂设备可满足大批量生产的需要。

缺点：涂覆材料容器若是开放式的，则随着涂覆次数的增加，会有杂质问题，需定期更换材料并清洁容器，溶剂也需要不断补充；遮蔽/去除遮蔽需要大量的人力及物力；涂覆质量难以控制，一致性差；过多的人工操作可能会对产品造成不必要的物理性损伤；应以密度计随时监控溶剂的损失，以保证合理的配比；进入和抽出速度应加以控制，以获得满意的涂覆厚度并可减少气泡等缺陷；应在洁净且温度、湿度受控的环境下操作，以免影响材料的黏结力；应选择无残胶且防静电的遮蔽胶带，如果选择普通胶带，则必须使用去离子风机。

3）喷涂

喷涂是使用很广，易于为人们接受的工艺方法。喷涂是业界最常用的涂覆方法之一，它有手持式喷枪、自动涂覆设备等多种选择。使用喷雾罐型产品可方便地应用于维修和小规模的生产，喷枪适用于大规模的生产，但这两种喷涂方式对于操作的准确性要求较高，且可能产生阴影（元器件下部未附着三防漆的地方）。

优点：手工喷涂投资小，操作简便；自动化设备的涂覆一致性较好，生产效率最高，易于实现在线式自动化生产，可适用于大众小批量生产。喷涂的一致性及材料成本通常优于浸涂，虽然也需要遮蔽工序但不如浸涂的要求高。

缺点：需要遮蔽工序；材料浪费量大；需要大量人力；涂覆一致性差，可能有遮蔽效应，对窄边距元器件下面喷涂困难。

4）选择性涂覆

选择性涂覆是当今业界的焦点，近年来发展迅速，出现了多种相关技术，选择性涂覆均采用自动化设备和程序控制，有选择性地涂覆相关区域，适用于中大批量生产。它采用无空气喷嘴来进行涂覆。涂覆准确且不浪费材料，适用于大批量的覆膜，但对涂覆设备的要求较高。PCB 喷漆时，有很多接插件不用喷漆。贴胶纸太慢而且撕的时候有太多残留的胶，可考虑按接插件形状、大小、位置，做一个组合式罩子，用安装孔定位。

优点：可彻底去除遮蔽，避免遮蔽工序及由此带来大量的人力和物力浪费；可涂覆各种类型的材料，材料利用率高，通常可达到 95% 以上，比喷涂方式可节约 50% 左右的材料，可有效地保证某些必须裸露部分不被涂覆；极佳的涂覆一致性；可实现在线式生产，生产效率高；有多种喷嘴可供选择，可实现较清晰的边缘形状。

缺点：因成本原因，不适用于短期/小批量的场合；仍有遮蔽效应，对某些复杂的元器件涂覆效果差，需人工补涂；效率不如自动化浸涂和自动化喷涂。

2. 气相沉积技术

派拉伦涂层的涂覆采用的是气相沉积原理，其过程类似于真空金属镀膜，真空沉积过程是在 0.1Torr 左右的压强下进行的，首先聚对二甲苯二聚体原料在蒸发腔内升温至 175℃升华；然后，升华后的二聚体气体进入裂解腔，在 680℃左右的温度下，二聚体的分子键被断开，产生活性的派拉伦单体；最后，派拉伦单体被送到室温的真空沉积室里在工件表面沉积，吸附在被涂覆物体上，并进行聚合过程。在被涂覆物体的表面形成一层均匀、致密的保护层，得到所谓真正的敷形特性的涂覆。真空镀膜的整个过程操作简单，只需要简单监控。

派拉伦涂覆需要专门的派拉伦涂覆机，派拉伦涂覆设备包括四部分，分别为 175℃/1Torr 的升华腔、680℃/0.5Torr 的裂解腔、25℃/0.1Torr 的沉积腔和-70℃以下的冷阱。三个腔室相互连通相辅相成，不同的温度和真空度决定了它们应具有不同的结构特点，如何保证三个连通的腔室分别具有不同的温度和真空度是派拉伦涂覆设备的关键问题。另外，各腔室的结构工艺设计对派拉伦膜的均匀性和质量，以及成膜速率和材料利用率等都有着直接的影响。

除了派拉伦，近些年还出现了等离子体增强化学气相沉积新技术，其原理与气相沉积类似，结合低温等离子体技术，在产品表面形成纳米防护涂层。该类涂层厚度比派拉伦涂层更薄，最低可至几纳米。此类涂层厚度很薄，不影响元器件散热，并且在一定厚度范围内具有电导通性、不影响阻抗，同时也具备防水、防霉、耐盐雾等防护性能。

8.1.4 印制板组件敷形涂覆质量控制

1. 生产过程质量控制

印制板敷形涂覆是一类特殊的涂料涂覆，基于生产对象的特殊性，其生产过程除同样采取 7.5.1 节所述质量控制措施外，还应采取以下额外控制措施。

1）防静电控制

印制板组件上一般均装配有静电敏感程度不同的元器件，为避免造成元器件静电损伤，必须对印制板敷形涂覆生产全过程采取严格防静电措施，包括生产设施、生产人员、生产设备及工具、涂覆对象等。

2）涂覆前处理

印制板组件敷形涂覆前应严格进行清洗和烘干处理，有效保证印制板组件表面清洁度和干燥度，避免对敷形涂覆质量产生不利影响。通常为避免对装配元器件造成损伤，烘干处理温度应不超过60℃。

2．涂层质量要求

1）外观

（1）要求。

按规定进行检验时，涂层应是光滑、均匀、透明、未添加染料色素的。允许添加无色素添加剂使材料产生"荧光"。涂层应无起泡、针孔、白斑、褶皱、裂缝、剥离、明显流挂等现象。涂层应不遮蔽电子元器件的识别标志及色码或使其模糊不清。批次号等标志应完整清晰。涂覆所造成的印制导线和基材的褪色应不大于涂覆前处理所造成的褪色。涂层不应腐蚀其所覆盖的金属。

（2）检测方法。

外观应在紫外光照射下用10倍放大镜目检，但有机硅树脂和聚对二甲苯涂层应在自然光下检验。应用标准视力或校正后的2.0/2.0视力检验气泡。应检验涂层有无针孔、白斑、起泡、皱褶、裂缝、分离、遮蔽或破坏鉴别标志、印制导线和基材褪色、腐蚀等现象。

2）涂层厚度

（1）要求。

按规定进行测量时，丙烯酸树脂、环氧树脂和聚氨酯树脂的涂层厚度应为(0.05±0.03)mm；有机硅树脂的涂层厚度应为(0.13±0.08)mm；聚对二甲苯的涂层厚度应为(0.03±0.02)mm。

（2）检测方法。

测量方法按GB/T 13452.2执行，使用磁性测厚仪（铁等磁性基材）或涡流测厚仪（铝等非磁性导电基材）测量制件或试样的金属部分表面的涂层厚度，测量时应注意金属表面的镀层或转化膜厚度，最好能在原基材表面校正，如果不能校正，则测量后需减去镀层或转化膜厚度。对无法测量的印制板组件，应测量与其同时生产的铝厚度陪试片的涂层厚度。

3）绝缘电阻

（1）要求。

按规定进行测量时，除非另有规定，所有涂覆样品的绝缘电阻平均值应不低于$2.5×10^{12}\Omega$；每一样品的绝缘电阻值应不低于$1.5×10^{12}\Omega$。

（2）检测方法。

绝缘电阻测试按GJB 360A的方法302进行，所有测量在通电1min后用高阻计完成。

4）介质耐电压

（1）要求。

按规定进行试验时，不应有飞弧（表面放电）、火花（空气放电）或击穿（击穿放电）现象。放电电流额定值应不超过 10mA。

（2）检测方法。

按 GJB 360A 的方法 301 进行介质耐电压测试。测试板的所有电气测量应使用 1500V（交流电，均方根值）测试电压，频率为 50Hz。应测量漏电电流。

5）Q 值（谐振）

（1）要求。

按规定进行试验时，Q 值变化百分比的平均值应不超过表 8-2 中的规定。在 1MHz 和 50MHz 频率下，未涂覆的阻燃型覆铜箔环氧玻璃布层压板（GF 型，见 SJ 20224）的最小 Q 值应分别为 50 和 70。

表 8-2 Q 值变化百分比

试验条件	测量频率 /MHz	允许的 Q 值最大变化百分比/%				
		丙烯酸树脂	环氧树脂	有机硅树脂	聚氨酯树脂	聚对二甲苯
涂覆前和涂覆后	1	9	8	8	5	9
	50	19	10	12	8	7
浸泡前和浸泡后（涂覆后在蒸馏水中处理，D-24/23，见 SJ 20224）	1	9	12	10	10	11
	50	5	15	12	10	7

（2）检测方法。

用于测量 Q 值变化百分比的仪器应是可重复读数的。当 Q 值的变化值存在争议时，可以使用精确度为 1%的电桥仲裁。应在 1MHz 和 50MHz 的频率下测量涂覆前测试板的 Q 值，并取其平均值，然后在符合规定的测试板上涂覆涂层材料。在 1MHz 和 50MHz 频率下测量涂覆的测试板 Q 值平均值，将测试板浸泡在(23±2)℃蒸馏水中 24～26h 后，再测量一次。所有的试验应在取出样品后 5h 之内完成。测试步骤如下。

① 不放测试板使其谐振，使用符合 GJB 1651 方法 5050 规定的 Q 表，记录伏安表读数 Q_1 和电容值 C_1。

② 将测试板并联到 Q 表电路中，使 Q 表谐振并记录伏安表读数 Q_2 和电容值 C_2，注意测量用引线的长度应当一致，并且要尽量短以减小测量电感。

③ 按以下公式计算涂覆前和涂覆后测试板的 Q 值：

$$Q_x = \frac{Q_1 Q_2 (C_2 - C_1)}{(Q_1 - Q_2)(C_1 + C_0)}$$

式中，Q_x 为涂覆前和涂覆后测试板的 Q 值；Q_1 为电路无试样谐振时的 Q 值；Q_2 为电路并联试样后谐振时的 Q 值；C_1 为无试样谐振时的电容读数，单位为 pF；C_2 为并联试样谐振时的电容量读数，单位为 pF；C_0 为电感的分布电容量，单位为 pF。

④ 按以下公式计算涂覆前和涂覆后测试板的 Q 值变化百分比：

$$Q_c = \frac{(Q_{x1} - Q_{x2})}{Q_{x1}} \times 100\%$$

式中，Q_c 为 Q 值的变化百分比；Q_{x1} 为涂覆前测试板的 Q 值；Q_{x2} 为涂覆后测试板的 Q 值。

6）温度冲击

（1）要求。

按规定进行试验时,涂层的外观和介质耐电压分别符合上述第 1 项和第 4 项的规定。

（2）检测方法。

试验按 GJB 360A 的方法 107 的规定，试验采用以下细则。

① 试验条件 B-2。

② 试验后检验：在温度为（25±2）℃和相对湿度为 50%±5%的环境中放置 24h 后,按上述第 1 项和第 4 项的规定检验涂层的外观和介质耐电压。

7）耐湿

（1）要求。

按规定进行试验时,涂层的外观和介质耐电压分别符合上述第 1 项和第 4 项的规定；AR、SR、UR 和 XY 型涂层的所有样品的绝缘电阻平均值应不低于 $1.0 \times 10^{10} \Omega$；ER 型的应不低于 $1.0 \times 10^9 \Omega$。AR、SR、UR 和 XY 型涂层的任一样品的绝缘电阻值应不低于 $5 \times 10^9 \Omega$；ER 型的应不低于 $5 \times 10^8 \Omega$。

（2）检测方法。

试验按 GJB 360A 的方法 106 进行，试验中应采用 100V 直流极化电压。

① 不做低温和振动试验。

② 试验中测量：在耐湿循环试验中,应测量第 1、4、7、10 次循环中第 5 步的绝缘电阻（温度为 65℃，相对湿度为 90%～95%的环境条件）。

③ 试验后测量：在完成耐湿试验最后一个循环的第 6 步以后,将测试板放置在温度为(25±2)℃,相对湿度为 50%±5%的环境中 24h，然后分别按上述第 1 项、第 3 项和第 4 项的规定检测涂层的外观、绝缘电阻和介质耐电压。

8）柔韧性

（1）要求。

按规定进行试验时，涂层应无裂缝及裂纹。

（2）检测方法。

按 QJ 990.7 方法进行试验，试验中的弯曲半径为 1.6mm。

9）耐盐雾

（1）要求。

按规定进行试验后，敷形涂层应无起泡、开裂等现象，焊点及印制线路应无腐蚀现象发生。

（2）检测方法。

按 GJB 150.11A 进行盐雾试验，试验程序使用交替进行的 24h 喷盐雾和 24h 干燥两种状态共 96h（2 个喷雾湿润阶段和 2 个干燥阶段）。其中 2 块放置在常温室内环境下作为对照试样，其余放入试验箱中进行盐雾试验。

10）耐霉菌

（1）要求。

按规定进行试验后，涂层应能防止霉菌的生长并且应为 0 级。

（2）检测方法。

按 QJ 990.11 的规定进行防霉试验，试验时间为 28d；试样基材应采用符合 4.2.1.3 规定的玻璃板，玻璃板的面积为 36.26～64.51mm^2，试样数量为 4 块。

8.2 密封处理

8.2.1 密封处理种类及特点

密封的目的是阻止水、气、油等的泄漏，对于电子设备腐蚀防护来说是避免腐蚀介质的侵入。造成泄漏或介质侵入的根本原因是密封面上有间隙，消除结合面之间的间隙是杜绝泄漏的关键因素。密封对于保证电子设备得以正常工作及安全运转起着重要的作用。密封质量的好坏往往决定着电子设备的结构合理性、工作可靠性、使用效率和维修难易及其成本。

从腐蚀防护角度出发，密封处理技术有以下几个方面的功能。

1）环境封闭

引起制件及其零部件乃至设备整机结构腐蚀损伤的外部原因就是制件及其零部件所处环境因素。典型的腐蚀性环境因素有温度、相对湿度（潮气）、盐雾（海上及海岸盐雾）、雨水（尤其是酸雨）、紫外光、工业污染（有机、无机腐蚀性气体、液体、尘埃）、燃料、设备特种液体（润滑油、液压油、防冻液等）和微生物等。采用适当种类和级别的密封胶，以适当的密封工艺进行施工，使易被腐蚀的制件及其零部件与有关外部腐蚀性环境因素隔离，获得隔离有害环境、预防腐蚀发生的显著效果。

2）隔离密封

隔离密封包括：为防止不同金属接触，加速电化学上较活泼金属腐蚀的绝缘隔离密封；为防止燃气流流窜的防火密封；为防止燃油泄漏的油密；为防止气压泄漏的气密；为防止水分渗入的水密等。这里所用的密封胶，主要是指阻止不同金属接触加速腐蚀的绝缘隔离密封胶，但必须指出，这几种密封胶都有缓蚀作用。

3）易蚀金属的密封保护

镁及其合金、铝及其合金、钢件虽然进行了适当的表面处理，但装配时仍应采用阻蚀性（对镁及其合金、铝及其合金）和耐水高黏结力（必要时为低黏结力）密封胶进行封闭保护。

4）金属件钻孔、锉修后密封保护

金属镀层件及轻合金件钻孔、锉修后，应先进行局部修补表面处理，然后用阻蚀密封胶将受损处涂覆包封，最后进行湿法装配。

8.2.2 密封处理技术

电子设备常用密封技术主要有以下三类。

1. 密封胶密封

1）简介

采用密封胶将物体的缝隙密封起来，在物体的内部形成密封腔体。这种方法较为简单，但由于使用的有机材料的透气率远大于金属且易于老化，所以大大降低了密封的可靠性。密封胶密封有一定的可维修性，常用于物体缝隙填充或密封要求不高的腔体密封，如户外螺钉孔、铆钉孔、法兰盘缝隙等的密封。

密封胶是一种涂覆在两结合面间，使之胶接在一起，从而将泄漏缝隙堵塞的密封材料。密封胶是一种高分子密封材料，如聚硫密封胶、硅橡胶密封胶、聚氨酯密封胶、厌氧密封胶等。密封胶一般分为液态密封胶与厌氧密封胶两类。液态密封胶的初始形态一般是具有流动性的黏稠液状物，能很容易地填满结合面间的缝隙而形成（或经过干燥后形成）具有黏性、黏弹性或可剥性的均匀而稳定的连续薄膜。厌氧密封胶在渗入两结合面并与空气隔绝时，在常温下自行聚合固化而将两结合面牢固地胶接和密封。

2）类型

常用密封胶性能及选用如表 8-3 所示。

表 8-3 常用密封胶性能及选用

类　型	牌　号	性　能	选　用
聚氨酯密封胶	SIKAFLEX221	单组分，灰色，弹性较好，不流淌，表干时间约为 40min	接缝密封；装配时间小于 1h 的湿装配密封；FIP 点胶成型密封垫
聚氨酯发泡密封胶	FermaporK31	双组分，黑色，弹性较好，点胶后立即发泡成型	FIP 点胶成型软泡密封垫
硅橡胶密封胶	GD414（稠）	单组分，白色，弹性较好，不流淌，表干时间为 30～60min	立面接缝密封

续表

类　　型	牌　号	性　能	选　用
硅橡胶密封胶	GD414（稀）	单组分，白色，弹性较好，流淌，表干时间为30～60min	平面放置嵌缝密封
	3140	单组分，透明，弹性较好，流淌，表干时间约为90min	平面放置嵌缝密封
	3145	单组分，透明，弹性较好，不流淌，表干时间约为50min	立面接缝密封
	737	单组分，白色/透明，弹性较好，不流淌，表干时间约为20min	接缝密封；点胶FIP成型
	诺兰托8700	导电硅胶，双组分，加温固化，电阻率为0.002Ω·cm	导电胶FIP成型；接缝导电密封
	Co-bond-1030	导电硅胶，单组份，室温固化，电阻率为0.05Ω·cm	导电胶FIP成型；接缝导电密封
聚硫密封胶	NDM-G3	双组分，灰色弹性较好，不流淌，适用期约为60min	可拆平面密封件成型；接缝密封；线缆穿墙密封；空洞密封；紧固件头部密封
	NDM-G4	双组分，灰色弹性较好，具有流淌性，适用期约为60min	嵌缝、凹陷、沉头螺钉头密封；装配时间小于1h的湿装配密封
	HM116C-8	双组分，黑色弹性较好，具有流淌性，适用期约为8h	装配时间较长（约为8h）的大型制件湿装配密封
	HM116C-24	双组分，黑色弹性较好，具有流淌性，适用期约为24h	装配时间长（约为24h）的大型制件湿装配密封

2．灌封

1）简介

在电子设备领域内通常对变压器、电子组件、线缆组件、连接器尾部等为了提高防潮性能而采用环氧、聚酯、聚氨酯或有机硅等材料进行整件封装。灌封是指将树脂（或泡沫）渗透到所有电气或电子电路系统、元件或部件的所有空隙，以及将密封保护材料加在从某个接插件或部件露出的导线周围的完整的埋封。灌封的目的是以下其中之一或全部：机械支撑、抗磨损、电气绝缘、防潮、防腐蚀、隔热、导热及环境隔离。灌封后的产品不但可以提高防潮、防霉、防盐雾能力，而且能够承受更高的冲击振动等更为严苛的环境条件，保证部件正常工作。工作在海上和海岛上的电子设备的变压器，除必须进行浸渍处理外，原则上还要进行灌封或裹覆、包封，以适应海上湿热、盐雾侵蚀，保证器件的正常工作。

2）灌封工艺流程

灌封工艺流程如图8-1所示。

准备 → 灌封工装 → 预处理 → 配胶 → 灌封 → 固化

图 8-1　灌封工艺流程图

（1）单组分灌胶工艺。

保持电连接器尾部竖直朝上，将胶液从尾部缓慢灌入电连接器后附件，避免胶液溢出，及时清理残胶。灌注分多次完成，单次灌注厚度不宜太厚，按胶液技术条件规定时间，室温固化后进行下一次灌注，直至灌注完成。

（2）双组分灌胶工艺。

将两种组分按照质量比或体积比混合，搅拌均匀后抽真空。保持电连接器尾部竖直朝上，从电连接器尾部缓慢灌入电连接器后附件，避免胶液溢出，及时清理残胶，按胶液技术条件规定时间进行固化。

3．包装密封

1）简介

电子设备产品包装对象品种数量多，但其材质组成无非是金属材料、非金属材料，其破坏、失效的原因也有本质的区别，但作为金属材料或非金属材料，具有相同失效原因的同类材料应该具有相似的防护包装方法。

综合前述电子设备腐蚀影响因素的分析，我们可以认为温湿度、静电、电磁波辐射、腐蚀气体是造成电子设备腐蚀、降解、变质、破坏和丧失使用功能的主要原因。因此，对于电子设备而言，包装密封的需求重点在于防潮、防锈、防霉、防氧化、防电磁辐射、防冲击振动。

GJB 1182 根据产品的特性、储运环境条件和储存期，将防护包装分为三个等级。

A 级：应能保证产品在下列情况下不产生锈蚀、机械物理损伤，不降低性能。储存期较长；在高（低）温、高湿度、强光、盐雾或有害气体等环境里储运；产品易生锈、变质、污损、破损等，且一旦出现这些情况将严重影响产品的使用。

B 级：应能保证产品在下列情况下不产生锈蚀、机械物理损伤，不降低性能。储运期比 A 级短；储运环境条件较好；通常为有遮盖蔽运，产品耐环境性能较好，无须像 A 级那样高度保护。

C 级：应能保证产品在下列情况下不产生锈蚀、机械物理损伤，不降低性能。储运期短；储运环境条件较好；产品耐环境性能较好。

2）类型

器材防护是通过一定的技术措施，采用相应的防护材料，将器材与外部环境阻隔开，形成局部易控的小环境，降低外部储存环境条件，延长器材的储存期限，达到阻隔包装的目的。防护方法按类别分为防锈包装、防潮包装、防霉包装、干燥包装、防静电包装、缓冲包装、除氧包装、充氮包装等。

防锈包装：用防锈油脂或气相缓蚀剂对包装对象进行涂覆或包裹后，装入容器，排气或抽真空密封。

防潮包装：将包装对象用保护衬垫包裹，同干燥剂一起装入容器，排气或抽真空密封；或采用泡罩、贴体、收缩包装时，可直接将器材热合密封。

防霉包装：将包装对象用保护衬垫包裹，同防霉剂、除氧剂或干燥剂一起装入容器，排气或抽真空密封。

干燥包装：将干燥后的包装对象用保护衬垫包裹，同干燥剂一起装入水蒸气阻隔性能优良的包装容器中排气或抽真空热封。

防静电包装：将包装对象用防静电保护衬垫包裹后装入防静电、防射频铝箔复合薄膜包装容器中，抽气密封。

缓冲包装：将包装对象用缓冲发泡材料包裹，装入包装容器中，排气密封。

除氧包装：将包装对象用保护衬垫包裹，同除氧剂一起装入容器中，排气或抽真空密封。

充氮包装：将包装对象放入气体阻隔性能优良材料制作的包装密封容器内，抽气，充氮气，热封。

防护包装密封方法及适用范围如表 8-4 所示。

表 8-4 防护包装密封方法及适用范围

防护类别	适用范围
防锈包装	一般用于金属件，又分为涂刷油和气相缓蚀剂包装
防潮包装	一般用于电子、光学器材类
防霉包装	一般用于皮革、棉麻毛和部分光学、电子器材等
干燥包装	一般用于光学、电子器材等
防静电包装	主要用于对静电敏感的电子、光学器材
缓冲包装	多用于易碎、怕振动、碰撞的贵重精密器材
除氧包装	多适用于皮革、棉麻毛、光学、精密金属类的器材
充氮包装	多用于光学、电子、精密金属类器材

3）密封包装工艺流程

电子设备及其备件无论需要达到何种防护包装等级，其包装组成基本上是相同的，即包括内包装、中间包装、外包装；而其包装工艺流程也基本一致，即包括缓冲固定、装袋、调控环境、封袋、装箱的过程，只是根据不同的要求而采用的具体方法和材料有所区别。雷达备件包装的一般工艺流程为：清洗→缓冲固定→装袋→调控环境→封口→装箱。

清洗是对雷达备件的前处理，是保障良好储存的基础和先决条件；而装袋过程中的密封袋选择和调控内部环境措施以及封袋的过程均是保障密封袋能够起到防腐蚀功能的重要环节。除此之外，缓冲固定的目的一方面是对雷达备件进行保护，另一方面也是对包装密封袋的保护，防止由于雷达备件导致密封袋损伤而发生防腐蚀功能失效的现象。综上所述，包装工艺流程中的各个环节对雷达备件的腐蚀控制均较重要。

8.2.3 密封处理质量控制

1. 密封材料选择原则

1）选择适应密封结构工作性质要求的材料

在空气系统中工作并要求保持气密的结构，应选耐空气老化性能良好的材料有机硅类、聚硫类密封胶。在油类系统中工作应选用聚硫型或氟硅、氟硅苯撑密封胶，因为它们具有优良的耐油性。

2）选择满足密封目的要求的材料

例如，可拆卸密封，应用低黏结力密封胶，电器零件防潮密封应用有机硅、聚氨酯或聚硫类密封胶。特别要求阻蚀时，应选阻蚀密封胶。

3）选择适应使用温度要求的材料

根据密封结构所处环境温度范围，选择能适应温度要求的密封胶。密封结构工作环境处于280℃，应选用有机硅类密封胶，350℃以上，应选用苯基硅橡胶密封胶，若在-55～130℃范围内应选用聚硫橡胶密封胶。

4）密封胶级别的选择

根据密封部位的尺寸、装配周期和工序衔接的需要，确定所选密封胶的级别。C类密封胶的级别为施工期（又称铆装期）的小时数，其他密封胶的级别为活性期（又称涂覆期）的小时数，不确定级别将会给生产造成困难。

2. 防腐蚀密封基本要求

防腐蚀密封应满足如下要求。

合理的结构设计、适当的密封材料选择、正确的密封工艺及密封质量控制，是保证设备密封的关键，设计中应全面考虑，严格要求，任何疏忽都可能造成渗漏或渗漏隐患。鉴于此，在防腐蚀隔离和密封设计及实施过程中，需要满足以下要求。

1）密封部位的确定应有利于密封

应使可能渗漏的孔洞数量尽量少，使可能渗漏的缝隙尽量小；设计时应考虑邻近零件对密封施工操作的空间限制，保证密封部位有可达性；设计的密封区应有足够的刚度，避免密封材料在过度挠曲和循环受力变形中脱胶、开裂、造成密封失效、产生渗漏。

2）处于腐蚀环境的接缝应密封

所有处于外部或内部腐蚀性环境中的接缝，均应用密封胶密封。

3）穿过机柜、舱体等的外露零件应密封连接

所有穿过机柜、舱体等的外露零件，如拉杆、导管、电缆等，应对连接缝和紧固件进行可靠的密封。

4）可发生接触腐蚀的紧固件的密封

设计中凡是采用以下形式的紧固件，均应事先在孔内柱面涂密封胶或涂料，然后插入紧固件紧固，并进行钉头密封。

（1）接触钛合金、复合材料的紧固件。

（2）接触不锈钢、铜、黄铜的镀镉（或镀锌）紧固件。

（3）铝材上的钢、钛紧固件。

（4）复合材料上的钛紧固件等。

5）可能产生应力腐蚀的紧固件的密封

对热处理后拉伸强度大于 1500MPa 的高强度钢螺栓以及用于有过盈配合连接的紧固件，为防止应力腐蚀和氢脆，应采用湿法装配，裸露钉头应密封。

6）胶接蜂窝结构周边密封

胶接蜂窝结构的周边接缝，应在密封胶嵌填密封后进行渗漏检验，对任何渗漏部位均应重新密封并重新检验，穿过胶接蜂窝件的连接件，应进行湿法装配。

7）防止胶接结构脱胶的密封

胶接件的接缝，应用密封胶密封保护，防止脱胶腐蚀。在设计胶接件时，应在接缝处留出涂密封胶的足够宽度，以保证有效密封。

8）电子设备干燥密封

有特殊要求的电子设备和仪表应在彻底干燥后，进行气密装配，保证内部封闭，不凝露，具有不引起局部腐蚀的环境。

3．防腐蚀密封试验

设备整机或部件应按要求进行淋雨试验，以确定腐蚀密封效果，若渗漏要及时填补。淋雨试验应符合 GJB 5431 要求。在选择新型密封材料和密封形式时，应进行选型试验。对采用过的密封结构形式，其初步设计过程中可在不断增压条件下按照 GJB 5431 的要求进行淋雨试验。

第 9 章

电子设备结构腐蚀防护设计

【概要】

本章采取逐级递进、层层深化的分类分级方法，将电子设备腐蚀防护设计分为系统腐蚀防护设计、组合结构腐蚀防护设计和零件腐蚀防护设计。在系统腐蚀防护设计中介绍了环境控制、密封和遮蔽设计的要求和方法；在组合结构腐蚀防护设计中分析了异种金属接触界面的腐蚀防护设计，以及焊接结构、螺接结构、铆接结构和电气连接结构等的腐蚀防护设计；在零件腐蚀防护设计中，阐述了零件边缘、死角、孔洞和内腔等结构的设计，以及如何避免应力腐蚀和腐蚀疲劳的设计。

9.1 系统腐蚀防护设计

进行电子设备腐蚀防护设计时，应在满足整机及零部件功能要求的条件下，根据设计输入提出产品腐蚀防护设计指导思想或设计原则，选择合适的防护方式。在选择时，优先从环境控制、密封和遮蔽等系统级的主动防护方式进行整机防护，以减少分系统或零部件级的腐蚀风险点和设计、制造成本。下面分别对环境控制、密封和遮蔽等防护方式进行介绍。

9.1.1 环境控制设计

1. 设计要求

对电子设备进行大环境或小环境的控制，以保证其适宜的温度、湿度和空气含盐量，这是一种高效控制电子设备腐蚀的方法。在满足以下设计要求的条件下，电子设备的腐蚀是能够得到有效控制的。

（1）对环境敏感的重要电子设备应放在工作舱室内，必要时配备相应的环控设施（如空调、除盐除湿机、温控设备和盐雾过滤装置等）。如果有条件工作房可设置腐蚀防护环境缓冲区，即将工作房分为两个房间，两个房间均安装环控设施，电子设备安装在里面的房间内，外面房间内的环控设施可将开启房门带来的湿度、温度和盐雾变化控制住，内部房间可将电子设备工作温度、湿度和盐雾控制在恒定的范围内。

（2）对于有透波需求的天线设备可配备天线罩，必要时配备相应的环控设施，以改善天线设备的工作环境。

（3）天线罩、工作房、天线阵面或机柜环境控制系统应尽量采用液冷或闭式风冷（如空调风冷），避免采用开式风冷，还应避免电子设备与外部环境直接进行热交换。室内机柜环控应避免与室内空间直接进行热交换，换热宜采用空-空换热器或空调风冷等闭式风冷结构。

（4）液冷系统的末端换热如采用风冷，应考虑加装盐雾过滤装置或将对环境敏感部件与外界隔离等措施。

（5）温湿度监测：在恶劣环境工作的电子设备，应在室内和天线罩内分别设置温湿度传感器，实时监测温湿度的变化。

（6）设备停机或在储存状态时，应保持内部空间处于密封并放置可监测状态的适当数量的干燥剂，以控制内部湿度满足要求。

（7）对于湿热、海洋等恶劣环境，环境控制设计参数如下。

① 温度：工作房内≤30℃；天线罩内≤40℃（空调冷，优选）或≤55℃（常规风冷）。

② 湿度：工作房内≤65%（T=30℃）；天线罩内≤70%（T=30℃）。

③ 大气含盐量：工作房内≤1mg/m³；天线罩内≤2mg/m³。

2．设计方法

1）环境控制（环控）分析方法

环境控制的分析方法一般有经验分析法、理论分析法和试验分析法等。

（1）经验分析法。电子设备中所包含的元器件、电路组件、结构件种类和数量繁多，它们对环境的适应能力相差很大，对温度、湿度和盐雾等的敏感程度不同。因此，在现有工程实践中，当有成熟的类同设备环境控制经验可供参考时，结构设计师可借鉴现有工程经验进行分析，对其环境适应性指标进行相应修订，从而形成新研设备的环境控制方法。

（2）理论分析法。研究人员基于现有的研究成果，对环境参数与电性能指标耦合关系比较清楚，并且在理论分析软件又比较成熟可靠的前提下，可通过各类 CAT 技术进行理论分析，建立电子设备的环境平台。

（3）试验分析法。电子设备中某些关键的电路、模块和结构件对环境的影响极其敏感，经验分析和理论分析也无法真实地反映其环境适应性，可通过试验法来建立其环境平台进行相关试验验证。

2）不同环控级别的设计方法

电子设备一般分整机级环控、阵面级环控和机柜级环控等。

（1）整机级环控。

天线罩是电子设备整机防护的重要设施，特别是在恶劣环境下，天线罩将电子设备天线与外界环境隔离，在内部形成一个相对密闭的空间，保护天线罩内的电子设备（天线）不受风雨侵袭，使天线的使用、维护更方便，提高电子设备的可靠性，延长电子设备的使用年限。天线罩一般由玻璃纤维和有机树脂等透波材料复合制成，外形呈球状或其他形状，主要用于电子设备天线阵面的防护，可以有效降低天线的风力载荷，避免阳光直接辐射，减少盐雾、雨雪的直接侵入。

但随着现代电子设备要求越来越高，特别是大型电子设备，天线阵面尺寸大，探测精度高。这就需要环控系统对天线罩内的空气温度、湿度进行控制，为电子设备创造良好的温度和湿度环境，提升设备可靠性。

典型的整机级环控设计一般按设计需求分析、环控系统组成设计、控制策略设计和测试评估等流程进行。

① 设计需求分析。应根据整机大小选择合适的天线罩尺寸，同时考虑天线罩的材料及隔热性能。要达到理想的环控目标，需要对设备所处自然环境的温度范围、湿度范围以及太阳辐射强度等进行调研。因设备本身也会发热，故设备的发热量也是一个考虑因素。

另外，大型天线罩的内部空气容易分层，热空气聚集在天线罩上部，冷空气堆积在天线罩下部，造成罩内空气存在较大的温差。同时，每天、每月不同方向的太阳辐射的加热作用也会对罩内空气温度产生影响，造成罩内朝向太阳和背向太阳的不同位置的空气温度存在差异。如果天线罩隔热效果差，则罩内空气容易受到外界环境的影响，特别是在夏季高温和冬季严寒条件下，罩内空气温度、湿度控制范围就比较大。这些因素都是环控设计中应充分考虑的因素。

② 环控系统组成设计。环控系统一般包括环控机组、风机盘管及二者之间的连接管路等，环控系统设备组成如图9-1所示。该环控系统中，罩外环控机组主要由水泵、风机、压缩机、蒸发器、冷凝器、节流阀和电气控制系统等设备组成；风机盘管主要由循环风机、换热器、射流喷口、温湿度传感器、电加热器、控制阀等组成；连接管路实现罩内外环控机组和风机盘管的连通，输送循环冷却液。海洋环境下工作的电子设备，可在风机盘管中添加除盐雾模块或在罩内添置专用的除盐雾装置，降低罩内工作环境的盐雾含量。

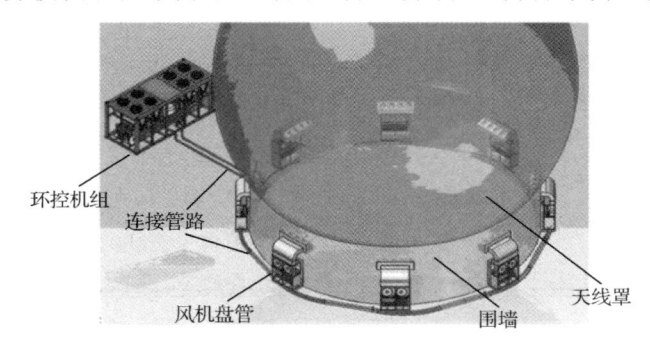

图9-1 环控系统设备组成

③ 控制策略设计。为了确保罩内空气温度、湿度的稳定性，根据天线罩内空气的热

负荷情况，环控系统可分为常规模式、制冷模式和制热模式。下面以一大型电子设备天线罩的环控系统的控制策略为例进行介绍。

- 常规模式：当罩内空气的温度符合要求，并且与环境不发生热交换或只发生较少的热交换时，空气整体温度相对稳定，环控系统采用常规模式，每台风机盘管不进行换热，只开启风机，对空气进行扰动，使罩内空气温度、湿度均匀、一致。
- 制冷模式：当环境对罩内空气加热以及设备工作发热，罩内为热负荷时，环控系统采用制冷模式，罩外环控机组产生温度恒定的低温循环冷却液，提供给罩内风机盘管，通过精确控制每台风机盘管内的低温冷却液流量来控制罩内空气换热量，同时通过风机对空气扰动和循环，使罩内空气温度均匀并稳定在要求的范围内。
- 制热模式：当罩内空气向环境散热，罩内为冷负荷时，环控系统采用加热模式，开启罩内风机盘管的电加热，给空气加热，控制空气的加热量，再通过风机对空气扰动和循环，使罩内空气温度均匀并稳定在要求范围内。

在电子设备停机时，天线罩环控系统应开启除湿模式，保持罩内的空气相对湿度始终在70%以内。特别是当电子设备及环控系统停机较长时间后，设备内部存在凝露风险，此时应先开启环控系统进行除湿，当空气相对湿度降低到65%以下并持续一段时间后，方可开启电子设备，以消除凝露对电子设备的影响。

④ 测试评估。测试评估可采用仿真评估和现场测试评估。在设计环控系统时，必须先计算出极端气候条件下的最大制冷量和制热量，再进行罩外环控机组和罩内风机盘管的仿真分析和详细设计。在仿真分析中，要综合考虑当地的气候条件、太阳辐射强度、所处纬度及天线罩尺寸、天线罩材料热特性、雷达工作模式等各种边界条件。具体可采用CFX软件建立仿真模型，设计相关参数和布局设置，进行仿真分析。

在现场测试时，可在设备和环控系统正常工作状态下，在天线罩内各部分及设备表面附近设置监测点进行监测和测试，根据测试结果完成相关评估工作。

（2）阵面级环控。

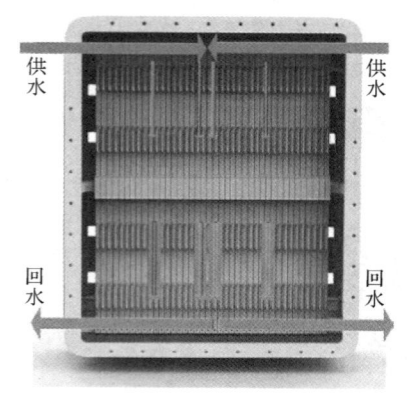

图 9-2 阵面液冷却设计

阵面级环控设计包含阵面设备的热设计和除湿设计。热设计的目的是控制阵面内组件、模块等电子设备的温度，使阵面设备可靠工作。图 9-2 所示为阵面液冷却设计。该阵面采取常温水冷控制措施，冷却水系统由末端冷却装置为阵面提供 18～40℃的循环冷却水，给阵面内子阵、电源冷却。通过冷板热交换后，冷却水再回至末端机组冷却。通过与冷却水换热器进行交换，将设备热量带走，保证阵面设备可靠工作。

由于电子设备存在高温高湿的工作环境，潮湿、盐雾和霉菌对电子设备、电气产品的危害很大。如果相对湿度低于 65%就能有效地防止潮湿、盐雾和霉菌对电子设备的腐蚀。为了给阵面提供良好的工作环境，阵面应采取除湿措施。可根据不同的冷媒，采取不同的除湿方式。如陆上设备可采用有机挥发物的冷媒除湿设备实现除湿；船上设备可采用船上提供的低温水资源,典型的除湿设备采用盘管除湿方式,当循环风高湿时,盘管除湿设备处于除湿模式,此时除湿设备主要功能为除湿,使循环风在盘管内结露,降低空气绝对湿度后再送至阵面内。采用盘管除湿方式,阵面内湿度一般可在数分钟内降至使用范围。

(3)机柜级环控。

除阵面外,电子设备在恶劣环境下宜安装在密闭机柜内。密闭机柜可采用铸铝密闭机柜。此种机柜环控效果好,屏蔽性能优,密封性能好,承载能力高。

环境控制系统一般由控制单元、冷却单元和传感器三部分组成。控制单元是环境控制系统的"大脑",一般由信息采集模块、运算分析模块、指令发送模块和二次显示模块等组成。传感器是环境控制系统的"眼睛",监测小环境内的温度和湿度信息,并将信息实时传给控制单元。冷却单元是环境控制系统的执行单元,是实现环境控制的关键设备。它一般是一个制冷冷却装置,根据控制单元的指令,通过内部控制模块控制,实现小环境内部空气的加热、制冷和除湿等工作,并将自身的工作状态报告给控制单元。

9.1.2 密封设计

1. 设计要求

密封按密封等级可分为气密、水密和尘密等。

1)气密性设计要求

(1)气密性部件应根据产品规范或行业标准进行设计。

(2)密封壳体应设计成具有足够耐压强度,并依据具体产品所要求的最大压差(P_d)值进行设计;各种结构形式(铸造件、焊接件、压塑件、钣金结构件)的密封壳体应进行标准压强、极限压强试验。

标准压强:壳体必须经受住表 9-1 给定的压强而无永久变形和漏气。

极限压强:壳体必须经受住表 9-1 给定的压强而无破裂。

表 9-1 气密密封壳体要求

耐压项目	压 强 值	
	配有呼吸器或减压阀的密封壳体	未配有呼吸器或减压阀的密封壳体
标准压强	1.5P_W 或 1.12P_R 取最大值 1.12P_N 或 75kPa 取最小值	2P_W 102kPa
极限压强	2.25P_W 或 75kPa	3P_W 或 102kPa

表中:P_W——在任何高度或温度下的允许最大工作压差,kPa;
P_R——使用减压阀或安全阀时可允许的最大压差,kPa;
P_N——使用反向减压阀时可允许的负压差,kPa。

(3)装配成完整的电子设备后,应按表 9-2 所示数据进行试验。

表 9-2　装配完整后气密封设备密封性要求

压差（P_d）/kPa	稳压时间/min	试验时间/min	试验温度变化/℃	残留压差值/kPa	结　果
≥14	30	60	≤5	≥10.5	合格
				<10.5	不合格
			上升 5～10	≥14.0	合格
				<14.0	不合格
			下降 5～10	≥7.0	合格
				<7.0	不合格

2）水密性设计要求

水密性部件应根据产品规范或行业标准进行设计，或者按照下列要求进行设计。水密性分为防淋型、防喷型和浸水型三种。

（1）防淋型设计要求。

在下述条件下，密封壳体应防止淋雨的水进入。

① 淋雨强度：(5±1)mm/min。

② 淋雨位置：密封壳体应放在 5 个不同位置，正常位置和向前、向后及向两侧倾斜最大角度不超过 60°的位置。

③ 淋雨时间：每个位置不少于 12min。

（2）防喷型设计要求。

在下述两种试验条件下，密封壳体应防止水进入。

① 喷水法。

- 喷嘴内径：12.5mm。
- 喷嘴水压：约 100kPa。
- 喷嘴出水量：$(167±8)×10^{-5} m^3/s$。
- 喷嘴至壳体：3m。
- 喷淋位置：密封壳体处于正常位置顶、底、四侧面。
- 喷淋时间：$1min/m^2$，不少于 3min。

② 浸水法。

- 浸水深度：浸入水中之密封壳体最高点距水面应大于 150mm。
- 水温：与密封壳体温差不大于 5℃。
- 浸水时间不少于 30min。

（3）浸水型设计要求。

在下述条件下，密封壳体应能防止浸渍的水进入。

- 浸水深度：浸水深度如表 9-3 所示。

表 9-3　浸水深度

水深/m	相当于水面压差（25℃时）/kPa
0.15	1.47

续表

水深/m	相当于水面压差（25℃时）/kPa
0.40	3.91
1.00	9.78
1.50	14.70
4.00	39.10
6.00	58.70
10.00	97.80
15.00	147.00

- 温度：密封壳体温度不低于室温，且不应高于水温 10℃以上，水温不超过 35℃。
- 浸水时间：优选 0.5h、2h、24h。

3）尘密性设计要求

尘密性设计要求分防尘型和尘密型两种。防尘型不能完全防止沙尘进入，但进入量不能达到妨碍设备正常运转的程度。密封壳体应设计成使进沙尘量及部位得到控制，对壳体内影响设备正常功能的电子、机械部位或部件应采取密封设计，保证正常工作。尘密型应为无沙尘进入的密封壳体。密封壳体上不允许有外露的开口。门、盖及分离面必须采用密封垫。应保证沙尘不进入密封壳体。

2. 设计方法

1）密封形式

密封形式常有焊接、胶接、密封圈密封，以及灌封、油封、防水透气阀密封和包装密封。

（1）焊接密封。采用金属焊接方式构成密闭腔体，使腔体内的材料或电子设备处于气密封状态，隔离腐蚀环境，从而实现腐蚀防护。该方法非常可靠，常用于关键件腐蚀防护设计，如天线骨架的管件内壁防腐、含敏感器件的高频组件防腐等。该方法的缺点是可维修性差。在实际应用中应提出焊接气密性要求，并进行焊接气密性检验。

（2）胶接密封。采用填充密封胶的方式将物体缝隙密封起来，固化后形成密封腔体，从而达到密封效果。该方法施工简单，但由于密封胶的透气率远大于金属且易于老化，因此密封可靠性低于焊接密封。胶接密封具有一定的可维修性，常用于设备缝隙填充或对密封要求不高的腔体密封，如户外螺钉孔、铆钉孔、法兰盘缝隙等的密封。如果用于户外大型腔体（如天线箱体、天线罩等）的密封，应关注其可靠性，尽量避免气密性设计，设置合适的通气孔，保持腔内压力与大气压力平衡，避免由于"呼吸效应"造成内部积水或形成高湿度的小环境。

（3）密封圈密封。密封圈密封是通过本体材料的弹性变形紧密填充物体间隙，从而达到密封效果的。该方法比较可靠，可以达到气密封。其耐久性与密封圈的材料有关，硅橡胶、氟橡胶的耐久性较好，不易发生永久变形。平面密封橡胶板的密封可靠性较差，较容易汇聚潮气和水。有电磁屏蔽要求的结构可采用由导电和不导电胶条组成的双峰结构密封圈。

（4）灌封。采用液体环氧树脂、硅凝胶等材料填充被保护物体周围的空隙，固化后实现与空气隔离，达到腐蚀防护目的，同时还可起到加固和减振作用。该方法具有较高的可靠性，但维修性差，多用于高压器件、敏感元器件的防护或印制电路板的整体防护。

（5）油封。防锈油、润滑脂等覆盖在金属表面可将其与空气隔离，因此具有良好的防锈效果，很适合活动部位、摩擦部位的密封。但油脂易于流动，容易流失，因此需关注防止油脂流失的结构设计和及时维护补加油脂。

（6）防水透气阀密封。防水透气阀辅助密封可消除密封腔体因环境气压变化时存在的气压差，保持内外压力平衡，避免因"呼吸效应"导致的内部积水。特别适合在宽温度、宽高度变化范围工作的密封结构电子设备。因湿气分子可以穿透透气膜，因此安装了防水透气阀的密闭结构内部应同时进行防潮设计。

（7）包装密封。良好的包装可以防止产品在运输和储存过程中发生腐蚀，可以采用塑料膜、铝塑复合膜、包装箱等将物体与空气隔离，也可以采用抽真空、充氮气、放入气相缓蚀剂等措施，增加腐蚀防护效果。

2）典型密封结构设计

（1）可拆随形密封垫结构。

① 密封方法。可拆随形密封垫密封是现场成型密封垫，在两装配件中的一个脱模件上涂脱模剂，然后根据需成型垫片尺寸涂胶放上限高块后合拢紧固，待密封胶固化后将脱模件拆下，密封垫片便成型在未脱模件上，如图9-3所示。

该结构适用于因安装面形面精度和粗糙度不满足使用预制密封垫条件的安装件密封，比如天线罩、口盖安装密封。

② 密封结构设计要求。
- 密封胶现场成型垫片的宽度 L 和厚度 H 根据实际需要确定，推荐厚度 $H \leqslant 3.0mm$，保证装配后密封胶被连续均匀地挤出。
- 当垫片厚度大于3mm时，采用一定厚度橡胶垫与密封胶现场成型密封垫结合的方法，如图9-4所示。

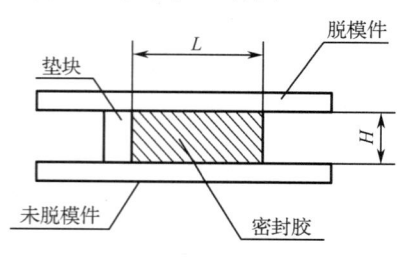

图9-3 现场成型随形密封垫片示意图 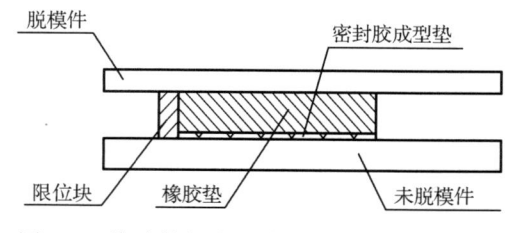　　图9-4 橡胶垫与密封胶现场成型密封垫组合

- 应设计安装限位结构（限位块、台阶、槽等），保证密封垫片的压缩率为10%～15%。
- 可选用聚硫密封胶。

（2）可拆套接密封结构。

① 密封方法。两制件采用套接密封连接方式，通过螺钉紧固，再涂胶进行缝隙密封，如图9-5所示。

罩体密封结构优选带法兰结构的平面密封结构，如图 9-6 所示。不推荐采用图 9-5 所示的套接密封结构。

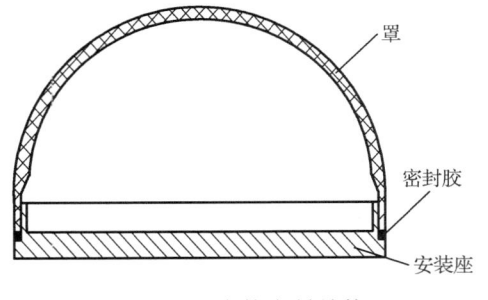

图 9-5 套接密封结构

图 9-6 平面密封结构

② 密封结构设计要求。
- 套接口尺寸应适配，间隙过大会使制件装配过程产生变形及破坏应力，不利于装配密封。
- 接口形状以圆形或椭圆形为宜，若为方形，四角应以圆弧过渡，避免装配时四角因应力集中导致破坏。
- 螺钉及缝隙的密封设计符合紧固件和缝密封设计要求。
- 可选用聚硫密封胶和聚氨酯密封胶。

（3）现场点胶成型（Form-In-Place，FIP）密封垫结构。

① 密封方法。
- FIP 点胶成型密封垫利用自动点胶设备根据设定好的直径、路径在盖板或壁框上点一圈规定形状尺寸的密封胶，固化后成型为截面形状为 D 形的密封垫（见图 9-7、图 9-8），H 为密封垫厚度。
- 适用于对盖板壁薄、空间有限、不便采用成品密封垫密封的薄壁制件密封结构。
- FIP 点胶一般有密封胶点胶和聚氨酯发泡料（软泡）点胶。
- FIP 点胶对制件加工精度要求高，如果制件平面度、表面精度不好，则 FIP 点胶胶条截面均匀性差，影响密封质量。
- FIP 点胶成型密封条如有损坏，需重新点胶或更换备件，与成品橡胶条密封相比，现场维修不方便。

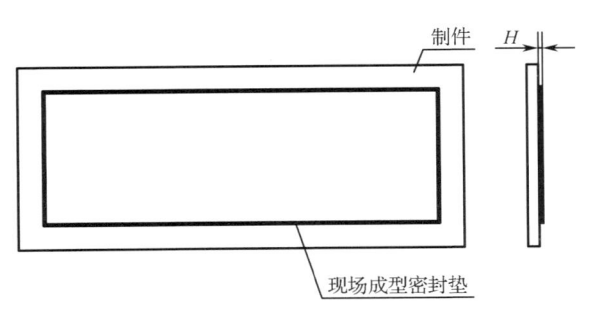

图 9-7 现场成型密封垫示意图

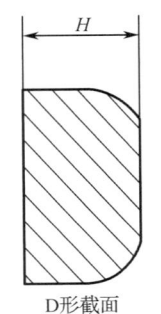

图 9-8 密封垫截面形状示意图

② 密封结构设计要求。
- FIP 采用密封胶点胶成型密封垫。

推荐 $H{\leqslant}2.0$mm，导电胶密封垫 $H{\leqslant}1.5$mm；$H{\geqslant}2$mm 的优先选用成品密封圈；此种密封结构适用于室内环境防尘防潮、防振、屏蔽密封；不推荐用于室外环境条件。

点胶成型密封垫 $H<1.5$mm 的点胶制件平面度要求为±0.05mm；点胶成型密封垫 H 为 1.5～2.0mm 的点胶制件平面度要求为±0.10mm。

导电密封胶选择应考虑具体的导电屏蔽性能需求，根据需求选择相应导电性能的密封胶；导电密封胶的重要指标为电阻率。

为保证密封垫均匀的压缩量，应在台阶结构和开槽结构中点胶，如图 9-9 所示；如果空间有限，优选台阶结构，台阶高度和开槽深度根据压缩量设计，推荐压缩量为 15%～30%。

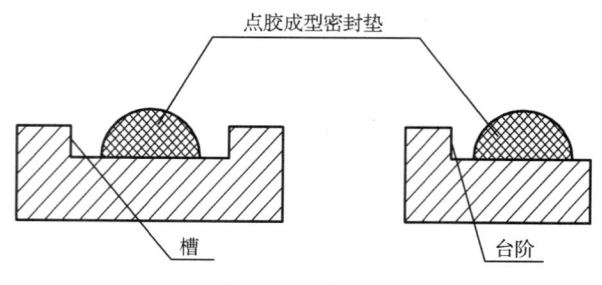

图 9-9 点胶结构

有电磁屏蔽和密封要求的结构应采用导电胶条和不导电弹性密封胶条组成的双重密封结构，由导电胶条提供电磁屏蔽，不导电弹性胶条提供密封功能及对导电胶条的环境保护功能（导电胶条耐湿热和盐雾环境能力较差）。

- FIP 采用聚氨酯发泡料（软泡）点胶成型密封垫。

聚氨酯发泡料（软泡）一般在门或盖板侧点胶成型，由于是软泡，可压缩变形范围较大，密封垫尺寸可根据需要设计，一般截面尺寸宽度为 10～20mm，高度为 5.5～10mm。

聚氨酯发泡料（软泡）点胶成型密封垫为开孔软泡，主要靠致密的表皮密封，一旦表皮破损（表皮薄，易刮破）就会造成渗漏，一般在室内防潮中使用。

- FIP 点胶材料主要有导电橡胶胶料、普通不导电橡胶胶料、聚氨酯发泡胶料。

（4）带胶装配（湿装配）密封。

① 密封方法。湿装配密封是在密封面涂胶后再装配紧固密封。湿装配比装配后涂胶密封具有更好的可靠性，缺点是返工拆卸困难。密封要求高、不拆卸场合尽量采用湿装配设计。

② 密封结构设计要求。
- 贴合面湿装配密封典型方式如图 9-10 所示。
- 湿装配用密封胶可根据装配时间需求选用相应操作时间的密封胶，如聚硫密封胶、聚氨酯密封胶等可操作时间约为 1h，适用于装配时间小于 1h 的操作；对装配时间较长如 8h 的大型制件湿装配密封需选用操作时间为 8h 的聚硫密封胶；对装配时间较长如 24h 的大型制件湿装配密封需选用操作时间为 24h 的聚硫密封胶。

(a) 已涂敷完密封胶　　　　(b) 零件贴合

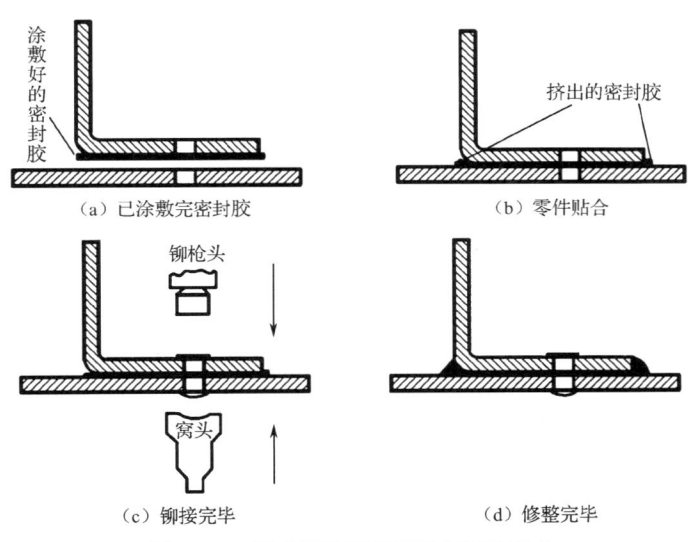

(c) 铆接完毕　　　　(d) 修整完毕

图 9-10　贴合面湿装配密封典型方式

（5）接缝（缝外）密封。

① 密封方法。接缝（缝外）密封是在接缝区域涂一定宽度和厚度密封胶密封接缝。

② 密封结构设计要求。

- 制件接缝类型主要有平接缝、角缝、嵌缝，如图 9-11 所示；在设计中应尽量避免平接缝密封结构，而角缝或嵌缝密封结构利于密封胶密封操作和密封可靠性。

平接缝　　　角缝　　　嵌缝

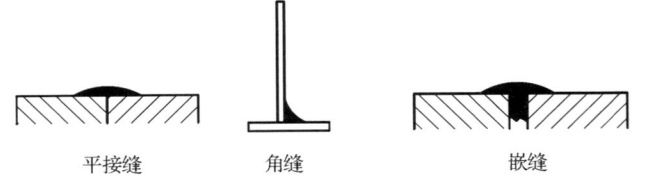

图 9-11　接缝类型示意图

- 缝外填角（角缝）密封形状及尺寸如表 9-4 所示。

表 9-4　缝外填角（角缝）密封形状及尺寸

规定密封形状	密封尺寸/mm		
	b	W	a
(图：4~5)	≤1.2	~6	$W-b$
	≤3.2	6~8	$W-b$
	≤6.0	6~10	$W-b$
(图：4~5)	≤10	6~10	0
	>10	9~12	0

- 接缝、嵌缝密封形状及尺寸如表9-5所示。

表9-5 接缝、嵌缝密封形状及尺寸

规定密封形状	密封尺寸/mm	
	A	B
	≥1.3	≤2.5
	≥2.5	≤6.0
	≥4.0	≤12.5
	≥6.0	≤25.4

- 缝外密封胶选用。可根据需要选用单组分聚氨酯密封胶和双组分聚硫密封胶。

（6）紧固件密封。

① 密封方法。为保证外露紧固件（螺钉头、暴露在外的螺栓、螺母）的密封可靠性，将紧固件涂胶装配及外露部分涂胶包裹密封，螺钉头密封形状及尺寸如图9-12所示。

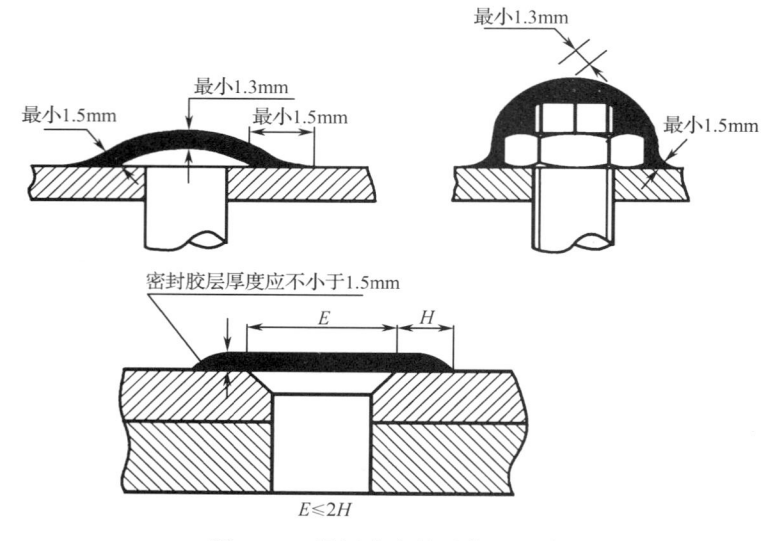

图9-12 螺钉头密封形状及尺寸

② 密封结构设计要求。

- 可发生接触腐蚀的紧固件密封设计应事先在孔内柱面涂密封胶或涂料，然后插入紧固件紧固，并进行螺钉头密封。
- 螺纹直径≤$\phi 8$ 的螺钉（M3、M5螺钉）采用不锈钢螺钉带胶装配，并将挤出的密封胶刮除，螺钉头不涂胶包裹密封。
- 螺纹直径>$\phi 8$（如M10、M16）的非不锈钢螺钉头部密封根据使用环境要求优先选用成品紧固件保护帽密封结构，装拆方便，可反复使用；不便使用成品紧固件保护帽及不需要短期拆装的情况，采用自制橡胶帽加密封胶密封，如图9-13所示。

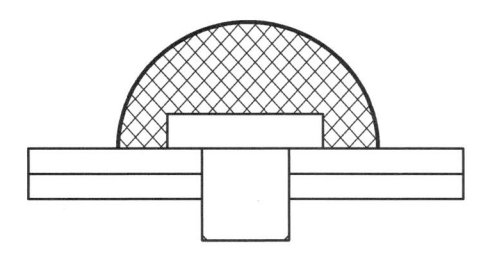

图 9-13　自制橡胶帽加密封胶密封

橡胶帽设计采用氯丁橡胶或聚硫橡胶模压成型；橡胶帽的形状可根据需要进行设计，半球形、台阶式、带翻边的橡胶帽分别如图 9-14～图 9-16 所示，壁厚一般为 1mm；在空间位置允许的情况下，尽量设计有翻边结构的橡胶帽增加帽口强度，有利于保持橡胶帽形状不易变形，翻边宽度约为 2mm；橡胶帽内部空间尺寸应保证包裹一定厚度密封胶，密封胶层最小厚度一般为 1.5mm。

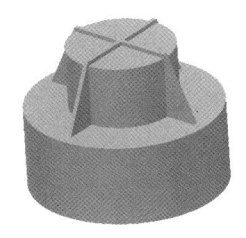

图 9-14　半球形橡胶帽　　图 9-15　台阶式橡胶帽　　图 9-16　带翻边的橡胶帽

（7）线缆穿墙密封结构。

① 密封方法。对线缆穿墙过孔处线缆与孔壁、线缆与线缆间的缝隙进行涂胶密封。

② 密封结构设计要求。

受结构空间限制，不能采用模块化密封件或转接板情况的可采用如图 9-17 所示的线缆穿墙密封结构，由箱体壁板、固定夹、热缩管、线扣组成；单根线缆不用热缩管。将穿孔区域线缆间涂聚硫密封胶后用热缩管加热缩紧，然后穿过壁孔，壁孔与固定夹、固定夹与热缩管间涂聚硫密封胶密封；拧紧固定夹螺钉后在过孔和固定夹两端口用线扣扎紧线缆束（也可用哈夫夹）固定，防止线缆轴线方向窜动；再在距过孔位置一定距离的内侧和外侧将线缆固定，避免线缆受力摆动使密封处线缆与密封胶剥离。

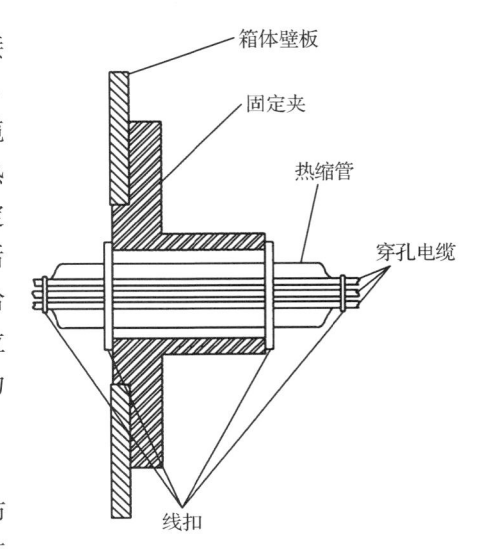

图 9-17　线缆穿墙密封结构

（8）线缆防水护套密封结构。

① 密封方法。线缆防水护套密封是采用防雨布制作的密封防护套，线缆从护套里穿过，护套两端连接金属法兰，通过法兰与安装面贴合紧固密封。

② 密封结构设计要求。

● 线缆防水护套密封结构如图 9-18 所示，用防雨布剪裁后通过热压合拼接成护套，护套两端翻边，翻边部分热压一层防雨布加强；护套翻边涂密封胶与金属法兰贴合固定；户外使用护套不建议采用缝合拼接再涂胶密封拼缝的办法，该密封可靠性较差。

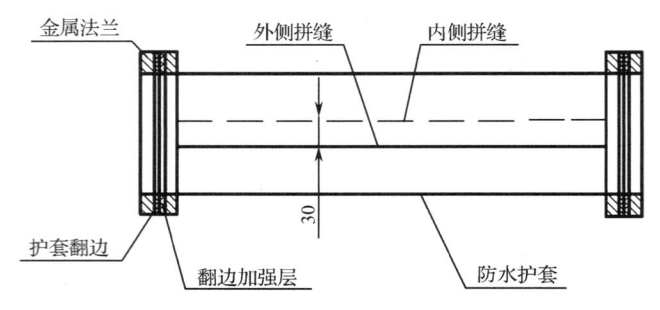

图 9-18 线缆防水护套密封结构

- 护套布搭接宽度为 30mm，采用热压合方式贴合拼接，贴合平整，无气泡脱胶现象；热压合拼接后内侧和外侧拼接缝处热压贴一层 PU 压胶带，粘贴牢固，无气泡脱胶现象。
- 防雨布材料可选用 PVC 增强布，厚度为 (0.5±0.03)mm；胶带可选用普通 PU 压敏胶带，厚度为 0.1mm，宽度为 20mm。
- 可选用聚硫密封胶或聚氨酯密封胶。

（9）空洞密封。

① 密封方法。用密封胶将空洞填实封堵。

② 密封结构设计要求。空洞密封形状及尺寸如图 9-19 所示。其中，a 的最小尺寸为 6.4mm；b 的最大尺寸为 12.5mm；W 的最大尺寸为 12.5mm；可选用聚硫密封胶。

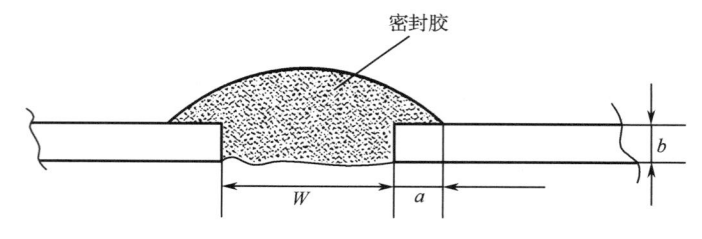

图 9-19 空洞密封形状及尺寸

9.1.3 遮蔽设计

电子设备遮蔽措施主要有：天线车安装在天线罩内；设备舱、电站舱、冷却舱等进入房间或掩体内；电子设备、液压元件、转接板、摩擦副等尽量安装在有防护罩的空间内。采取遮蔽措施能有效遮挡雨雪、冰雹、风沙等，避免日光直接照射。

掩体或工作房主要为电子设备、电站或舱体等提供遮蔽防护，它与天线罩功能相似，工作房可保护方舱和电子设备免受阳光直接辐射，减少雨雪、风沙的直接侵入。为阻止腐蚀和霉菌的发生，可为掩体增加环控设备。

9.2 组合结构腐蚀防护设计

电子设备各部件之间或零件之间均通过各种结构组合在一起,其界面处是腐蚀的易发部位,且这些结构一旦被腐蚀,将影响其连接强度、连接可靠性或电气性能,故应强化此类结构的腐蚀防护设计。在设计组合结构时,应关注异种金属接触界面的腐蚀,以及焊接结构、螺接结构、铆接结构和电气连接结构等各种连接机构的腐蚀,同时减少组合结构中的积水隐患。下面将分别进行阐述。

9.2.1 异种金属接触界面的设计

当两种不同的金属偶接(机械连接或组合)时,在存在腐蚀介质如水分、酸、碱、盐雾、工业气体的情况下,将迅速构成腐蚀电池。若金属电化偶选择不当,偶接的金属接触处形成的电动势很大,就会造成强烈的电偶腐蚀,使金属零件之间、金属与镀层之间或镀层与镀层之间加速损坏,因此必须采取防护措施。在结构设计和选用镀覆层时,要慎重考虑零件与零件之间的接触电化偶。具有不同电极电位的两种金属之间或镀层存在导电连接时即形成电偶,会加速两种金属或镀层中电极电位低的一种金属的腐蚀速率。影响腐蚀速率的决定因素是连接的两种金属之间的电位差、它们的相对面积、电解质溶液的特性和作用时间的长短。

1. 金属接触电偶的选择

(1)相容电化偶。在Ⅰ型表面中,不同金属间的相容电化偶其电位差最大应不超过 0.25V;在Ⅱ型表面中,不同金属间的相容电化偶的电位差最大不超过 0.5V。

(2)选择电化偶时要注意以下几点。

① 镀层:镀层选择电化偶时,应只考虑接触金属表面是否相容。例如,当某一镀件预定与铝件装配时,只考虑镀层同铝是否相容。同样,当两个镀件预定要偶合时,也只考虑两种镀层,而不是考虑基体金属是否相容。

② 钝化膜:当镀件上有钝化(磷化)膜时,只考虑镀层或基体金属是否相容而不必考虑钝化膜。

③ 铝合金阳极氧化膜:铝合金阳极氧化膜是非导体,它可以同任何不同类的金属相接触。

2. 电偶腐蚀控制设计要求

当两种金属不允许直接接触,而结构上又必须选用时,可根据使用条件、设计要求、导电要求、维护方便、费用低的原则,采取下述一种或几种防腐措施。

(1)选用与两者都允许接触的金属或镀层进行调整过渡。

(2)活动部位涂润滑油,不活动部位涂漆。

(3)用惰性材料绝缘。

（4）密封。

（5）不允许接触而又必须电连接的部位，不常拆卸的金属，连接后要密封。经常拆卸的金属，连接后可用不干性腻子密封或选用与两种金属都允许接触的金属垫片、镀层进行调整过渡，或者将易腐蚀的材料或镀层适当加厚。

详细要求如下。

（1）金属镀层：当两种不允许直接接触的金属必须连接时，除可以用其他金属（如垫片）进行连接来减小电位差外，还可以用金属镀层。例如，与镀锌件、镀镉件、铝制件连接的阴极性金属（不锈钢、铜合金、钢铁零件等）可以镀锌、镀镉。

（2）化学覆盖层：金属表面进行阳极氧化、化学氧化、钝化、磷化等处理，既是防止自身腐蚀的措施，也是油漆涂层良好的底层。同时，只要使用得当，还可用作防电偶腐蚀的一种辅助措施。例如，铝合金阳极化膜的电阻较大，只要配合面的膜层完整，就会增大接触电阻，降低电偶效应。对于防电偶腐蚀来说，化学覆盖层最好配合油漆涂层使用，除非结构上不允许涂漆。

（3）涂漆：不同金属制件涂底漆后进行组装，是防止电偶腐蚀的措施之一。在两种金属都不允许涂漆的情况下，如有可能应在接触边缘线附近涂漆，使溶液支路的电阻增加，漆层的宽度不应小于 10mm。不同金属的焊接件，应涂漆或涂其他适当的涂层，涂覆宽度至少要超过热影响区 10mm。

（4）绝缘：绝缘是指用各种惰性材料（包括密封材料）制成垫片、套管、胶囊或涂料，插入或涂覆于接触面，使阴极和阳极之间的电子导电通路断开，从而防止电偶腐蚀的发生。这种方法适用于没有导电和传热要求的部位。

（5）密封：密封是防止电偶腐蚀的一种可靠的方法，它能使不同金属之间绝缘，并隔绝电解液，同时还可以有效地防止缝隙腐蚀。用于防止电偶腐蚀的密封材料，除考虑不吸湿、对金属不腐蚀外，还要考虑结构形式、使用条件（特别是环境温度）及施工是否方便。推荐选用含有缓蚀剂的密封材料用于防止电偶腐蚀。这些材料可以直接涂覆，也可以做成各种形状的密封绝缘垫片、垫圈，或者制成腻子布，用于大面积配合面的绝缘密封。几种连接结构的密封示意形式分别如图 9-20～图 9-25 所示。

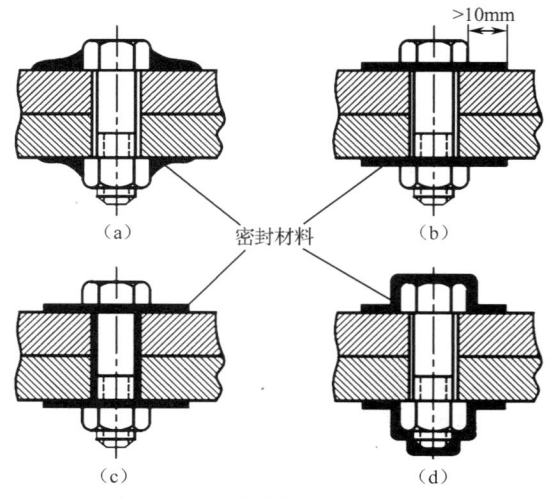

图 9-20　螺栓连接的密封示意图

图 9-21　螺钉连接的密封示意图

图 9-22　铆接件的密封示意图

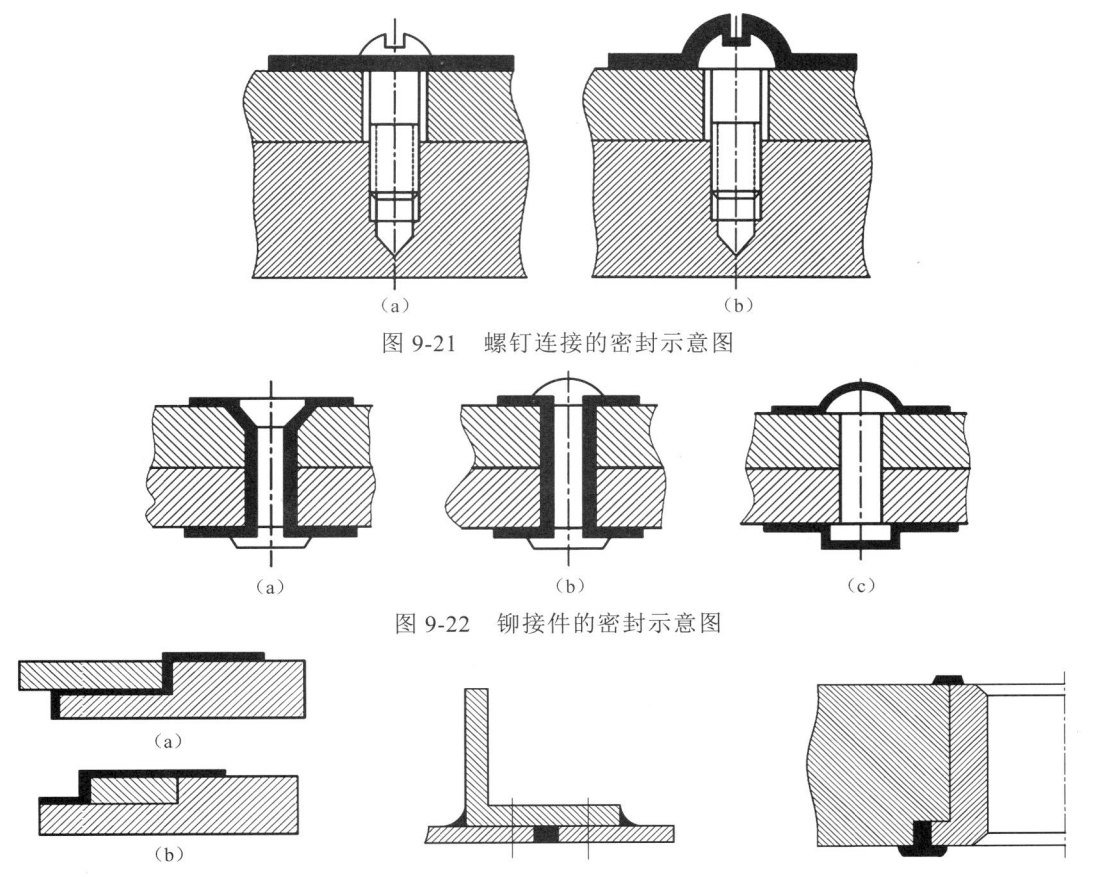

图 9-23　搭接件的密封示意图　图 9-24　大间隙对接件的密封示意图　图 9-25　压入配合件的密封示意图

① 螺接：当紧固件与被连接件的材料不允许接触时，按图 9-20 和图 9-21 进行密封。如果被连接件的两种材料也不允许直接接触时，可按搭接件的密封方式进行处理。

② 铆接：当铆接与被铆接件不允许直接接触时，密封形式与螺接基本相同，如图 9-22 所示。

③ 搭接：当两种不允许直接接触的金属搭接时，按图 9-23 所示的形式进行密封，或者在接触缝边缘密封。

④ 对接：小间隙的对接可按搭接的形式密封。大间隙的对接可采取图 9-24 所示的形式，图中型材与板材的金属不允许直接接触。如果紧固件与板材不允许直接接触，则螺钉或铆钉连接按前述方式处理。

⑤ 压入配合：如果相配合的两种金属不允许直接接触，则按图 9-25 所示的形式进行密封。当有相同金属接触时，也要进行密封。例如，不锈钢对间隙腐蚀很敏感，对不锈钢连接件的接缝应进行密封。无论哪种金属与镁合金接触时，对其接缝边缘都必须进行密封。

9.2.2　连接结构设计

连接结构设计一般分焊接结构、螺接结构、铆接结构和电气连接结构设计等。

1. 焊接结构设计

对于盐雾潮湿环境，腐蚀介质与金属表面直接接触时，在焊缝间隙内和其他尖角处常常发生强烈的局部腐蚀。这种腐蚀与间隙内和尖角处积存的少量静止溶液与沉积物有关，这种腐蚀称为间隙腐蚀或沉积腐蚀。防止和减小这种腐蚀的焊接结构设计要求如下。

（1）为避免焊缝区腐蚀，焊条成分应尽可能使焊缝的电极电位比母材稍正。

（2）应尽量采用对接焊，焊缝应焊透，不采用单面焊及根部有未焊透的接头。

（3）避免接头间隙及接头区形成尖角和结构死区，要使液体介质能完全排放、便于清洗，防止固体物质在结构底部沉积，对于非连续焊缝的间隙，应涂胶密封。

（4）尽量采用连续焊缝，不允许现场配焊，尽量避免配孔，如有配孔，应进行涂覆处理，并进行带胶装配，同时合理安排焊接件加工、涂覆的工序要求。

（5）防止产生应力腐蚀，应力腐蚀破坏是电子设备腐蚀类型中较危险的一种，具体要求如下。

① 减少或消除应力，尽量避免出现应力集中和大的热应力；当加工会产生残余应力时，条件允许应进行热处理，以消除应力。

② 应力较大的部位应避免与腐蚀介质直接接触，简单的措施是涂衬非金属材料，还可以通过优化结构形式来解决。

③ 局部选用无应力腐蚀的材料。

（6）结构焊缝必须完整、匀称并适当修平，在表面处理前必须清除焊剂、金属飞溅物、焊接残留物、焊瘤及其他焊接缺陷。

（7）焊接结构及焊接方法不当引起的间隙及防止措施分别如图 9-26 和图 9-27 所示，列出的不合理设计和改进后的合理设计可在焊接结构设计中参考。

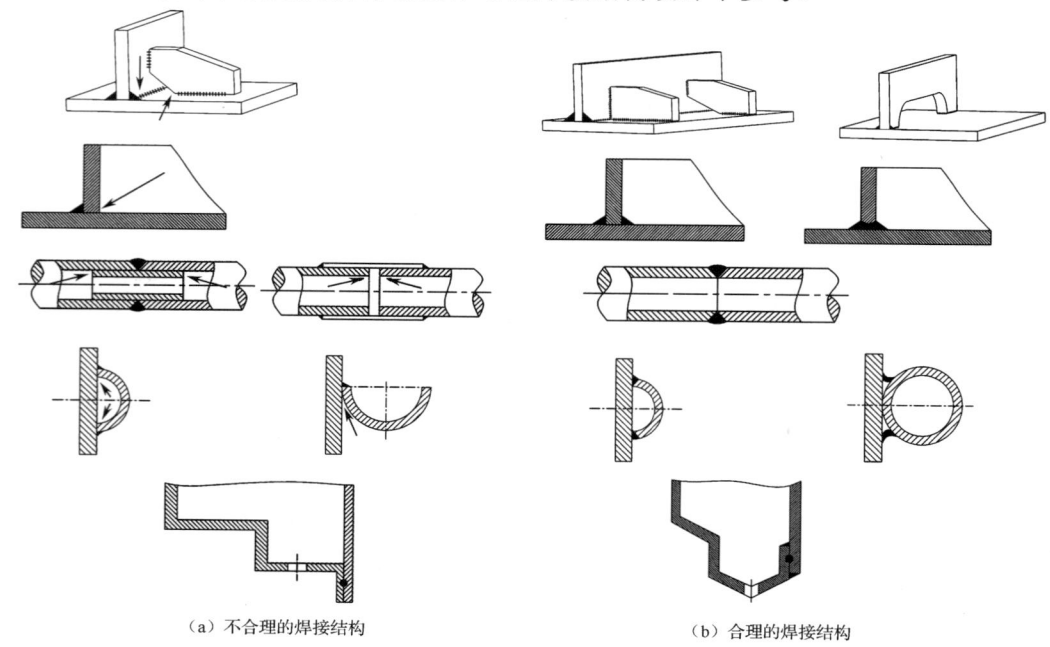

（a）不合理的焊接结构　　　　　　　　（b）合理的焊接结构

图 9-26　焊接结构

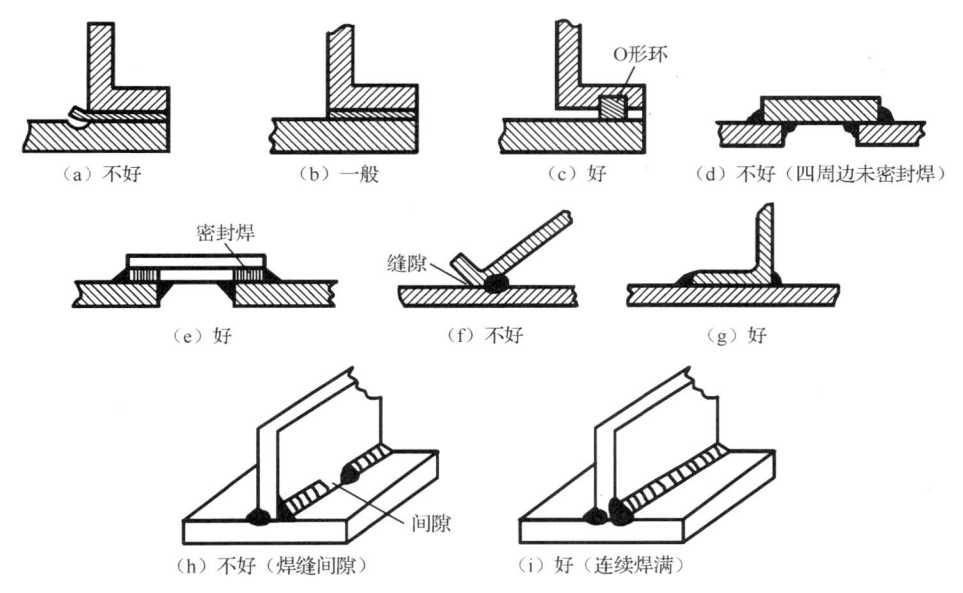

图 9-27　焊接方法不当引起的间隙及防止措施

2．螺接结构设计

机械紧固连接是电子设备结构的主要连接方式，紧固连接部位往往也是电子设备结构防护的薄弱环节。在环境和载荷共同作用下，腐蚀损伤和破坏常首先发生在机械紧固连接部位，无论是外部结构还是内部结构，无论是不同金属的紧固件和连接件，还是同种金属的紧固件和连接件，特别是电子设备天线、室外机箱、天线骨架、天线座等构件都会被腐蚀。在这些结构中，由于不同金属的接触、装配缝隙的存在和装配中以及在载荷作用下造成的镀涂层破坏，都会导致紧固连接部位和装配结合面出现间隙腐蚀（含丝状腐蚀、垫片腐蚀）和电偶腐蚀。而电子设备不同部位、结构的具体使用环境和腐蚀敏感性不同，应采取不同的细节防护设计来提高结构的腐蚀防护性能。

在构件的装配过程中，对结合面的防护方法通常有加隔离衬垫、缝外密封、湿装配密封、缓蚀剂防腐以及复合防护技术等。研究表明，湿装配密封和缓蚀剂防腐对装配结合面防护性能有较大提升且易于施工，如表 9-6 所示。

表 9-6　不同条件下的装配防护材料及处理措施

条　件	防护材料	处 理 方 法
户外、装配前、不常拆卸的较小平面缝隙	厌氧胶、环氧胶、底漆、聚硫密封胶、聚氨酯密封胶	湿装配
	缓蚀剂	湿装配或同时做缝外填角密封
户外、装配前、不常拆卸的较大平面缝隙	聚硫密封胶、聚氨酯密封胶	湿装配
	缓蚀剂	湿装配同时做缝外填角密封
户外、装配前、常拆卸的较小平面缝隙	船用润滑脂、通用航空润滑脂	湿装配
	缓蚀剂	湿装配或同时做缝外填角密封

续表

条　件	防护材料	处理方法
户外、装配后、不常拆卸的较小或较大平面缝隙	缓蚀剂	喷涂渗透后做缝外填角密封
户内、装配前、常拆卸的较小或较大平面缝隙	底漆	干燥后装配
	缓蚀剂	湿装配
户内、装配后、常拆卸的较小或较大平面缝隙	缓蚀剂	喷涂渗透

异种金属接触会引起电偶腐蚀及间隙腐蚀，这是螺栓连接要注意的重要问题。

（1）防止电偶腐蚀。图 9-28 所示是加垫层或涂绝缘密封胶的办法防止电偶腐蚀的设计实例。为避免异种金属铝与钢之间直接接触，在铝与钢之间加非金属垫层，因而防止了电偶腐蚀。

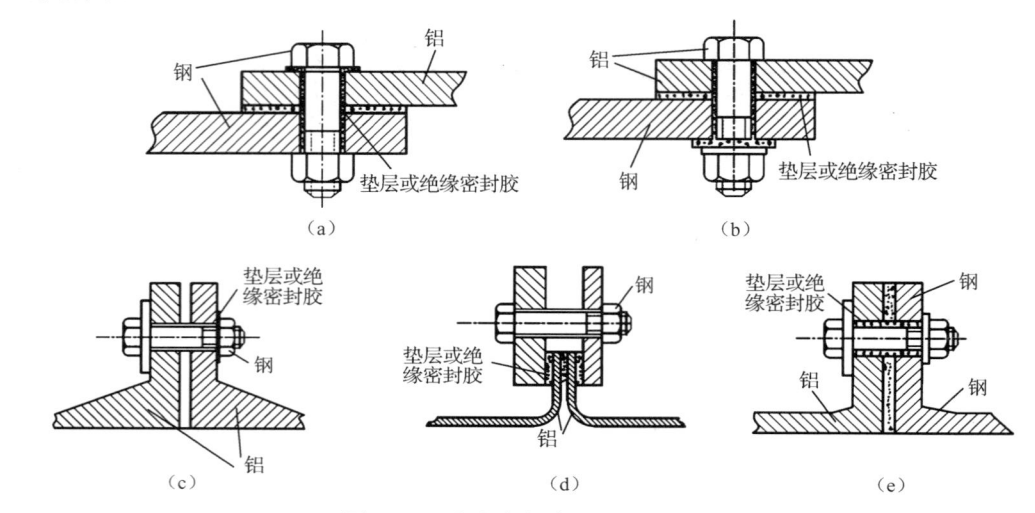

图 9-28　防止电偶腐蚀的设计实例

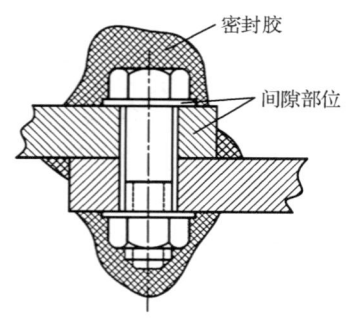

图 9-29　避免间隙腐蚀的设计实例

（2）减少间隙结构。间隙结构是构成腐蚀和破坏的根源，此类例子有很多。在以间隙为主要腐蚀的现象中，包括间隙腐蚀和应力腐蚀破裂。这里所说的间隙的概念是指物体几何形状的间隙以及金属表面与保护膜或附着物的间隙。当间隙宽度为 0.1～0.5mm 时会产生间隙腐蚀。因此，减少空隙结构的基本措施如下。

① 采用密封胶完全堵塞间隙。避免间隙腐蚀的设计实例如图 9-29 所示，详见防腐蚀密封的相关内容。

② 使间隙扩大到超过有害的范围。如图 9-30 所示，本实例为架空配管支架部位，使间隙加大，达到防止间隙腐蚀的目的。

有些金属如铅、钛等对间隙腐蚀特别敏感，则更要注意使用更高级的材料才能防止间隙腐蚀，如图 9-31 所示。图 9-31（a）所示为钛制法兰密封面的间隙腐蚀；如果在易产生间隙腐蚀部位改用高级材料 Ti/Pd 合金则可防止间隙腐蚀，如图 9-31（b）所示。

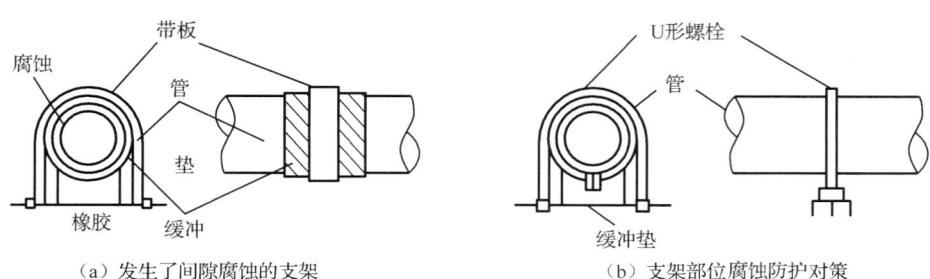

（a）发生了间隙腐蚀的支架　　　　　（b）支架部位腐蚀防护对策

图 9-30　架空配管支架部位的间隙腐蚀和腐蚀防护对策

（a）钛制法兰密封面的间隙腐蚀　　　（b）间隙腐蚀防护对策

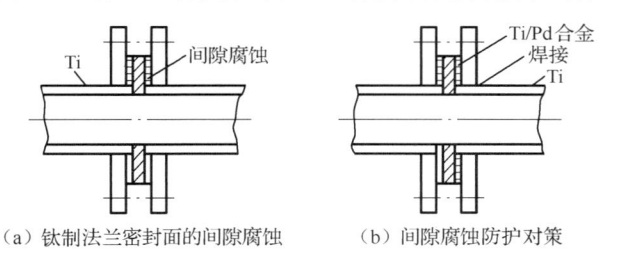

图 9-31　钛配管连接法兰部位的间隙腐蚀防护对策

防止在连接部位滞留液体或固体。主要措施是在设计时避免死角，设计实例如图 9-32 所示。

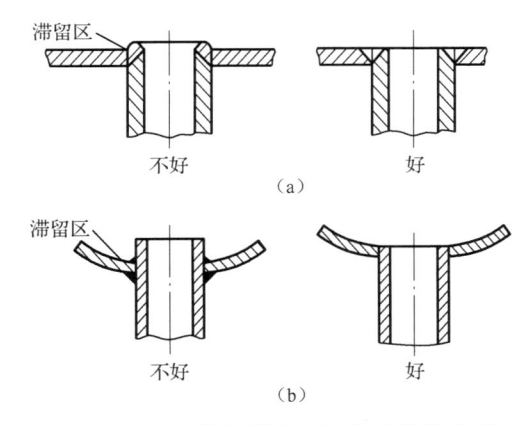

图 9-32　防止滞留固体及液体的设计实例

有时候气体的滞留也会带来问题，多管式不锈钢的换热器管端部和机器、配管的法兰接头是间隙结构最易出问题的装置。特别是立式多管式不锈钢冷却水换热器，当上部管端部位成为气液混相环境时，作为腐蚀因子的 Cl^- 就易浓缩，因而提高了应力腐蚀破裂（SCC）的敏感性，两个月内就会数次发生裂纹。在这种情况下（见图 9-33），应提高水位，使之不形成气相部分的结构。

3．铆接结构设计

对于铆接结构，铆接件的接触平面应涂密封胶，铆接完毕后，应在角部四周涂密封胶，涂完胶后再进行涂覆（见图 9-34）。

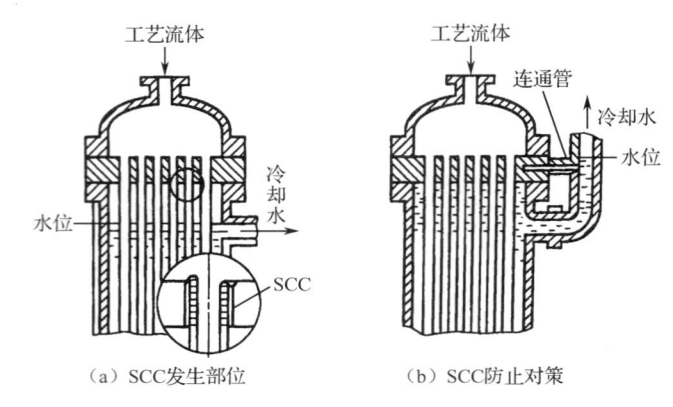

图 9-33　冷却水换热器上部管端部位的 SCC 及防止对策

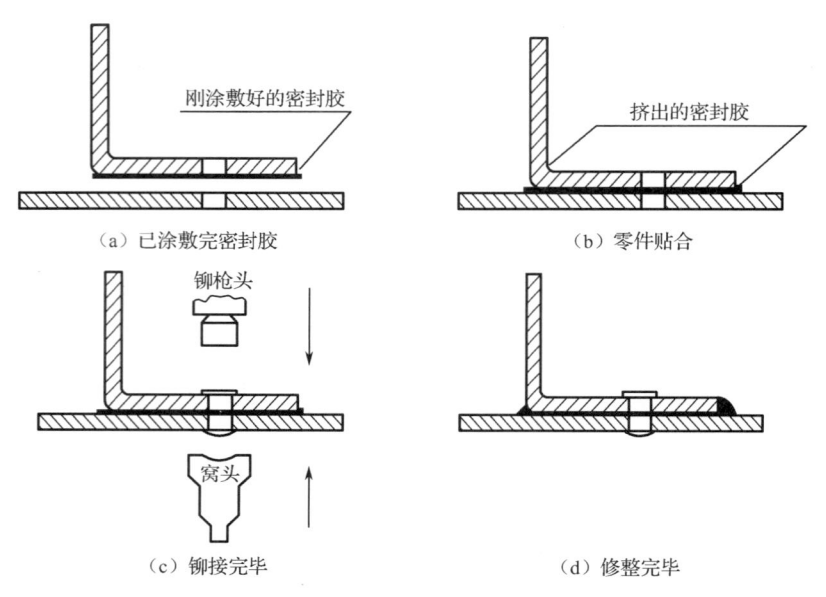

图 9-34　铆接结构设计

4．电气连接结构设计

电气装配过程中应避免配孔、修配零件棱边，配孔部位不易采取防护措施，容易引起腐蚀。机箱面板、机柜立柱等需要局部接地的地方不能涂覆油漆或进行阳极氧化处理，避免电装时采用手工刮除油漆或氧化膜的方法去除绝缘材料，手工刮除的部位较难采取防护措施，易引起腐蚀。面板元器件、连接器安装孔采用油漆涂覆时，要考虑油漆厚度的影响，避免装配干涉而刮除油漆，造成修锉面无防护措施，易腐蚀。

对于有密封要求的机箱或插件，连接器紧固螺钉处宜采用盲孔攻丝结构设计，避免通孔涂胶设计方案。

户外电连接器对接处应设计挡雨遮蔽罩，转接板应向下倾斜安装，避免雨水沿电缆流入连接器尾座内。户外对接的电连接器无法采用遮蔽措施时，应选择密封型接插件，以保证连接器对接面密封，连接器尾部易采用灌封硅橡胶密封防水处理。

对 PCB、机箱、机柜内壁等采取三防涂覆处理，对一些高频组件采用特殊防护工艺处理，如对电路、焊点、集成电路引脚等采用三防处理，对接插件采用导电保护处理。

9.2.3 减少积水的组合结构设计

在金属腐蚀过程中，水起着非常关键的作用，如果没有水的存在，很多腐蚀就不会产生，特别是含有各种污染物的粉尘溶解到水中，会加快金属的腐蚀，造成更大的损失。在海洋环境下，盐雾严重，如果积存盐水，则腐蚀速率极其迅速。如果设计产品（设备）时能够最大限度地减少设备上的积水、积尘和积盐，就会减少腐蚀损失、延长设备使用寿命、提高经济效益。

减少积水、积尘和积盐的方法有很多，其中做好结构设计是很重要的内容。例如，设备外形应尽量简单、光滑，外表面要减少间隙，凹槽和坑洼；放置在室外设备的上顶面的平顶改为圆弧或有坡度的屋脊形状；储罐和容器的内部形状应有利于液体排放；管道系统内部要流线化，使流动顺畅；不使用易吸收水分和液体的绝缘、隔热和包装材料等。对于不可避免的缝隙，如各种结构缝、设备壳体与导管或电缆的接缝等，均应用密封胶、密封条、发泡剂等材料进行密封（见图 9-35）。

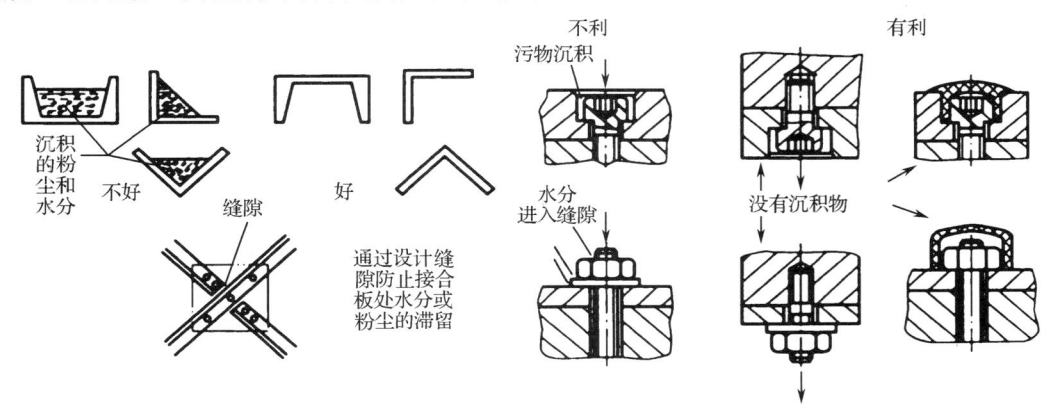

图 9-35 减少积水的结构设计

9.3 零件腐蚀防护设计

零件腐蚀防护设计是在总体设计、分系统设计和部件设计确定的基础上进行的，因此，与其具有共性的相互联系的内容也非常必要。例如，零件的外形应尽量简单、光滑，不应形成凹形，避免死角；避免水或腐蚀性液体积聚，减少腐蚀的机会等。实际设计时，各种情况会有交叉，过程中也会有反复进行的情景。但是，不同零件的具体腐蚀因素仍有不同，腐蚀防护设计也应随之变化，如零件边缘、死角、孔洞和内腔结构等的设计，以及如何避免应力腐蚀和腐蚀疲劳的设计。下面详细介绍具体内容。

9.3.1 边缘（棱）的设计

如果零件的边缘（棱）非常锐利，则会影响设备的外观和使用功能，更严重的是非常不利于腐蚀防护。根据我们的腐蚀调查，边缘腐蚀占据所有腐蚀总量的近 1/5，腐蚀从边缘开始，不断蔓延。其原因就是边缘过于尖锐，当进行涂装时，由于涂料的流动作用，自然地使边缘处变薄，降低了腐蚀防护性能。另外，在涂装工人进行打磨时，非常容易打磨掉边缘的底涂层和中涂层，仅有一道面漆作为防护层，其腐蚀防护能力较差，在储运、使用过程中，边缘部位最容易受到机械磨损。为了使涂装涂层能够均匀地附着在边缘上且达到规定的涂层厚度，要求对边缘进行圆滑处理，要根据基材的厚度不同进行相应的倒圆角处理，不能有毛刺残留。因此，在零件的设计图纸上，一定要明确边缘处理的技术要求。

对薄板件的边缘最好进行包边处理，同时使用密封胶进行密封；或者使用其他材料（如塑料、橡胶等）进行胶黏覆盖。在设计薄板件角时，一定要将其设计成圆弧状，不可设计成直角。对于在户外使用的设备或机械，不要设计成冲压（镂空）图案，如果确实需要，则可以使用非金属的复合材料代替金属材料，或者使用钢管、带有圆角的型材进行焊接或拼装。

9.3.2 死角的设计

各种零件普遍存在死角（阴角、阳角）的结构，这些部位也是最容易发生腐蚀的部位，具体原因与边缘腐蚀的情况类似。死角也是一种典型的"三积"结构，而且很难保持干燥，极易导致腐蚀。在设计零件时，要尽量避免死角的产生，如图 9-36（a）所示。在无法避免死角时，要考虑腐蚀防护的方法及实施的工艺可能性的问题，如图 9-36（b）所示。

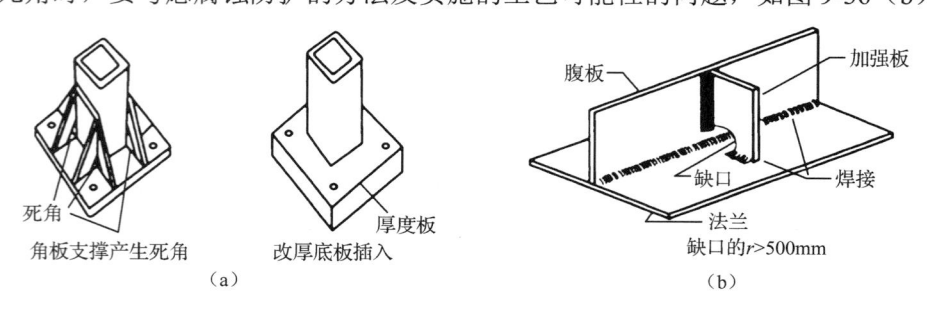

图 9-36 避免死角产生以及对死角的处理方法

9.3.3 孔洞的设计

各种孔洞的腐蚀也是电子设备腐蚀的重灾区。其原因是孔洞要么未进行防腐处理，要么处理不当，腐蚀介质易聚积在孔洞处，导致洞口边缘和内部均产生了腐蚀破坏。对孔洞进行腐蚀防护处理（堵、塞）的设计实例如图 9-37 所示。

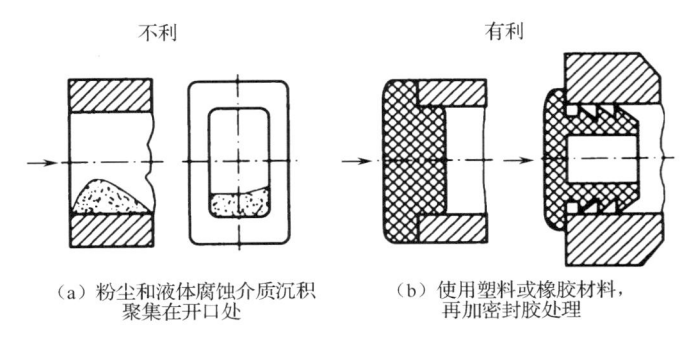

（a）粉尘和液体腐蚀介质沉积聚集在开口处　　（b）使用塑料或橡胶材料，再加密封胶处理

图 9-37　对孔洞进行腐蚀防护处理（堵、塞）的设计实例

要解决此类问题，在设计时需要注意以下几点。

（1）在条件许可的情况下，尽量减少孔洞的数量。

（2）当无法避免留有孔洞时，要多采用通孔，减少盲孔。

（3）对于外露的孔洞（如工艺孔），要使用不吸水的塑料或橡胶材料，四周涂抹密封胶后再进行堵塞。

（4）对于不能堵塞的孔洞，要使用防锈油、防锈蜡或专用涂料进行处理。

9.3.4　内腔结构的设计

内腔结构在箱形零件（其内部可接近并可进行操作的封闭或开放式箱体零件）和空心零件（内部不可接近且不可操作的具有内部空间的零件）中普遍存在，其具有各种功能特点，特别是空心零件在电子设备的设计中经常被使用，但这种零件的腐蚀防护有着其特有的问题，必须加以注意。

（1）开放式的箱形零件、空心零件，其内部空间与大气相通，具有大气腐蚀的特点。由于其内部是箱体结构或空心结构，容易积水造成腐蚀。因此，此类零件必须设置清理空间以及在底部设计排水口，以便可以经常清理内部的腐蚀介质，减少腐蚀的发生。

（2）封闭式的箱形零件、空心零件，其内部空间与大气不相通，如果封闭得好，其内部即使不进行表面处理，也不会引起腐蚀，关键是要做好密封，使其保持完全封闭状态。其端口应进行连续焊，并检查焊缝的密封性能。对于断续焊缝，必须使用密封胶予以密封。

（3）设计时要注意开放式的箱形零件、空心零件的结构形式，能够比较方便地进行腐蚀防护（如涂装、电镀、热浸镀等）工艺的实施。

1. 复杂内腔结构的设计

电子设备中有大量的复杂空腔结构件，如天线桁架、载车平台骨架等，这些空腔结构件没有电信功能要求，选择空腔形式主要为减重。空腔结构的构件在装配过程中难免需要在一些位置上打孔、铆接、补焊等，且大型构件的焊接也难以保证焊缝100%致密，因此很难阻止腐蚀介质进入内腔。如果结构设计不合理（如未在构件底部设计排水口），由于"呼吸"等原因形成积水，则极易造成内腔腐蚀。而且这种腐蚀的速度要大于外部腐蚀，造成构件从内部迅速往外腐蚀，严重影响构件的使用寿命。

内腔防护主要存在以下两个难点。

（1）结构件内腔无法进行普通镀涂。如果先镀涂后装配成型，则在焊接、打孔、铆接等地方镀涂层会被破坏，且内腔破损处无法再次镀涂。如果装配成型后再镀涂，则内腔无法进行前处理。

（2）由于内腔本身存在不同程度的锈蚀、少量的腐蚀介质、表面存在油污等杂质，增加了前处理的难度。

因此，内腔防护不同于外表面防护，有其特殊性，需要采取特殊的防护技术。

（1）气相防护技术。气相防护技术主要采用 VCI（Vapor Corrosion Inhibitor，气化性腐蚀抑制剂或气相防锈剂）以实现腐蚀防护的目的。VCI 分子具有比空气高的气化压力，在常温下能直接气化，在密闭的环境中能达到饱和蒸气压状态，其分子吸附到金属表面，经复杂的物理化学变化形成仅有几个分子厚的致密透明保护膜，从而起到防锈效果，阻止金属被腐蚀。气相防锈涂料根据其所依托的附体可分为两类：一类是以固体材料为附体，制成固体粉末使用；另一类是溶在液体材料（如涂料、防锈油和防锈蜡等）中使用。普通气相防锈涂料对表面要求较高，不满足电子设备产品要求。而特种水基防锈涂料、气相防锈粉、气相防锈油和气相防锈蜡均无须表面处理，非常适合作为内腔防锈材料。

（2）内腔 PU 灌注发泡技术。在空腔内灌注闭孔 PU（聚氨酯）发泡材料，使闭孔发泡材料发泡膨胀充满腔体，从而阻止外界潮气进入，实现内腔保护。常用发泡材料采用聚氨酯，其固化成型后的热稳定性能满足电子设备产品要求，内腔用聚氨酯发泡填充空腔，再辅以密封胶作为密封手段，可以大大降低空腔内壁的腐蚀概率，起到很好的防护作用。它适用于地面电子设备产品车梁、支撑脚、大型封闭梁骨架等零部件的内腔防护。有一点值得注意，发泡前的内腔环境要求无油、无水且内腔空间应连通，否则会影响发泡的质量和内腔充满度，达不到内腔防护的效果。如果内腔结构由于设计的需要，必须有隔板、筋板和挡板等结构，则可以根据具体情况，选择发泡料注孔的位置和数量，避免发泡料的流动死角，尽最大可能将整个内腔空间填充完全。

9.3.5 避免应力腐蚀的设计

材料在应力因素单独作用下的破坏属于机械断裂（包括机械疲劳）；材料在腐蚀环境因素单独作用下的破坏属于一般性腐蚀破坏；当应力因素与腐蚀环境因素协同作用于材料时，则发生应力作用下的腐蚀破坏，若导致构件断裂破坏则称为应力腐蚀破裂。

机械应力或残余应力在一定的腐蚀环境中均会引起应力腐蚀破裂。如拉伸应力、焊接应力等与腐蚀环境共同作用，就会引起更大的破坏作用。如果材料的使用环境属于发生应力腐蚀破裂（SCC）的特定环境，那么当材料受到拉应力时就可能发生 SCC，导致严重的腐蚀问题。在腐蚀过程中，微裂纹一旦形成，其扩展速度要比其他类型局部腐蚀快得多，而且材料在破裂前没有明显征兆，所以是腐蚀中破坏性和危害性最大的一种。引起腐蚀破裂的应力有较多种类，如加工残余应力、焊接残余应力、操作时热应力、操作时工作应力和安装设备时约束力等。通常加工残余应力和焊接残余应力对应力腐蚀破裂的影响较大，为了防止零件发生应力腐蚀，设计时必须充分考虑其结构形式和加工、焊接的工艺问题，产品设计中避免和控制应力腐蚀破裂（SCC）的方法和措施如表 9-7 所示。

表 9-7 产品设计中避免和控制应力腐蚀破裂（SCC）的方法和措施

序 号	避免和控制应力腐蚀破裂（SCC）的方法和措施	说 明
1	查阅材料手册选择在该侵蚀环境中对应力腐蚀不敏感的、最抗应力腐蚀的材料，尽量避免采用有残余应力的金属材料	例如，大部分奥氏体不锈钢具有极好的抗应力腐蚀性能；在低合金高强度钢中，加硅可以提高钢的抗应力腐蚀性能。采用过时效热处理能提高铝合金抗应力腐蚀性能等
2	零件的最大工作应力，应控制在临界应力以下的应力腐蚀安全区内。强度设计中应考虑材料和结构的强度核算是否符合腐蚀环境的要求	在腐蚀介质条件下，一般只考虑安全系数和许用应力是不够的，必须考虑对强度的影响，并进行必要的核算
3	暴露在腐蚀介质中的零部件，要采取各种措施避免应力集中。考虑设备因热膨胀、振动、冲击等引起的变形	如结构构件中的开口应开在低应力部位，选择合适的开口形状和方向控制应力集中
4	在零件的高应力区，应尽可能使零件单方向受力，避免在一个方向上既受高应力，同时又承受其他方向的力	在零件的高应力区尽量不要铆接一些其他传力零件，使零件在承受高应力的同时又承受其他牵连应力
5	在零件的高应力区尽量不要钻孔或使截面突然变化，当不可避免时，应适当加大零件的厚度	构件的承载能力在应力最大的地方被凹槽、尖角、切口、键槽、油孔、螺纹等所削弱
6	零件的形状要力求简单，在零件截面变化处，过渡圆角不应小于3mm	应避免零件横截面积的突然变化，不同截面之间力求过渡均匀
7	严格控制零件的表面残余应力。	严格控制制造过程中消除残余应力的处理工序，力求将残余应力降到最低
8	用表面喷丸、喷砂、锤打等方法消除表面拉应力并引入压应力，使抗应力腐蚀能力增强。零件的热处理必须按材料技术条件的规定进行，尽可能采用各种有效措施减小热处理变形	例如，需要在最终热处理之后进行磨削的高强度钢制零件，磨削后必须进行回火以消除磨削应力
9	装配件应由膨胀系数相近的材料制造；将零件、部件的装配和总装时装配应力减至最小；零件都应避免强迫装配。当受装配的两个零件表面不平行时，必须按规定的划平半径和划平圆角进行划平	例如，在自然状态零件之间不贴合时应加垫片来消除间隙，当间隙大小超过加垫允许厚度时零件应进行返修。用螺栓连接装配时，受装配的两个零件的表面必须平行，螺栓轴线必须垂直于零件表面，避免在螺栓中产生附加弯曲应力
10	设计时要考虑控制腐蚀介质所形成的腐蚀环境，最大限度地减少应力腐蚀破裂	应力腐蚀破裂是应力因素与腐蚀环境因素协同作用的结果，因此，应注意排除或减少腐蚀环境因素的影响

9.3.6 避免腐蚀疲劳的设计

腐蚀疲劳是金属材料在循环应力或脉动应力与腐蚀介质的联合作用下引起的断裂。腐蚀和疲劳的联合作用所造成的恶劣影响远比它们单独作用时大。交变应力明显加速了腐蚀作用，腐蚀明显加速了疲劳断裂。绝大多数金属和合金在交变应力作用下在任何介质中都会发生疲劳断裂。

腐蚀疲劳不要求特定介质，只是在引起孔蚀的介质中更容易发生。疲劳裂纹通常呈现出短而粗的裂纹群，裂纹多起源于蚀坑或表面缺陷处，大多数为穿越晶粒而扩展，只有主干，没有分枝，断口大部分有腐蚀产物覆盖，断口呈脆性断裂。在交变应力作用下，位错反复地穿过晶界而不会在晶界上堆积。随着时间的推移，产生滑移台阶，提供了孔蚀的活性点，孔蚀形成会提高应力的作用，诱发产生初始裂纹，裂纹尖端成为阳极区，优先溶解，持续的交变应力促进裂纹扩展成为宏观的腐蚀疲劳裂纹。

产品设计中避免和控制腐蚀疲劳（CF）的主要方法和措施如表9-8所示。

表9-8 产品设计中避免和控制腐蚀疲劳（CF）的方法和措施

序号	避免和控制腐蚀疲劳（CF）的方法和措施	说明
1	根据使用环境正确选用耐腐蚀疲劳的材料	一般来说，抗点蚀性能好的材料，其腐蚀疲劳强度也较高；而对应力腐蚀断裂敏感的材料，其腐蚀疲劳抗力也较低。钢的强度越高，通常其腐蚀疲劳敏感性越大，因此选择强度低的钢种一般更为安全。提高材料的耐蚀性能对改善其抗腐蚀疲劳性能是有益的
2	减小零件所受到的交变应力幅值，禁止载荷、温度或压力的急剧变化	应进行合理设计，注意结构平衡。防止颤动、振动或共振出现，可控制腐蚀疲劳
3	设计上注意结构合理化，避免引起内应力；设计圆滑的拐角过渡结构，减少应力集中	使整个构件的强度和受力都很均衡；避免缝隙结构，适当加大截面尺寸
4	加大危险截面的尺寸和局部强度，改善危险截面的形状	在确定部件尺寸时，应把非关键部件上的无效材料去掉，用来加强受力较大的危险截面
5	零件要有足够的柔性，降低由于热膨胀、振动、冲动对工作中的结构可能产生的应力	设计的结构不能产生颤动、振动或传递振动
6	用热处理方法来消除应力或用喷丸强化、碾压、磨光等方法促使其表面产生压应力	采用消除内应力的热处理。通过氮化、碳氮化、喷丸、滚压、高频淬火等表面硬化处理，引入表面残余压应力
7	选择合适的表面粗糙度；及时消除摩擦、刻痕和腐蚀损伤	例如，一般铸件表面容易存在孔洞、砂眼和夹杂等缺陷，这些地方易于积累腐蚀介质而被腐蚀，还可能成为腐蚀疲劳的危险区
8	涂覆腐蚀防护涂层、添加缓蚀剂可以提高零件的耐腐蚀疲劳性能	采用表面防腐层（涂层、镀层等），并注意涂层的完整性和光洁度，可以改变材料的耐腐蚀疲劳性能
9	实施电化学保护技术，如采用阴极保护技术，可减轻腐蚀疲劳	阴极保护技术已广泛用于减轻海洋金属结构物的腐蚀疲劳

第 10 章

典型对象、构件和电路腐蚀防护设计

【概要】

本章详细阐述典型对象、典型构件和典型电路的腐蚀防护设计。典型对象腐蚀防护设计介绍了天线系统、伺服传动系统、冷却系统、电站及 UPS 电源、发射与接收系统、T/R 组件、信息处理设备、空调及除湿机、车辆平台、方舱等的腐蚀防护设计；典型构件腐蚀防护设计介绍了紧固件、电缆及装配、接插件、弹簧、安装面等的腐蚀防护设计；典型电路腐蚀防护设计介绍了印制板组件、电接点和电连接件、波导及微波电路组件、电源及高压组件的腐蚀防护设计。

10.1 典型对象腐蚀防护设计

电子设备的典型对象包括天线系统、伺服传动系统、冷却系统、电站及 UPS 电源，以及发射与接收系统、T/R 组件、信息处理设备、电源、空调及除湿机、干燥机、防雷系统、通信系统、车辆平台、方舱等。

10.1.1 天线系统腐蚀防护设计

天线阵面是一种典型的中大型结构，结构形式多样，其中以相控阵天线为代表综合性能要求最高，结构上一般由辐射阵元、高频舱、天线罩等组成。

1. 天线阵面腐蚀防护设计

天线阵面能保护内部电子设备的可靠运行，使其免受腐蚀环境的直接侵蚀，设计时应遵循以下原则。

（1）天线阵面高频箱外部电子设备需进行自密封设计，恶劣环境下使用的高频箱内部需采用除湿设备。高频箱建议预留排水孔。在长时间不工作或储存时，应定期进行阵面维护及高频箱内除湿。

（2）恶劣环境下使用的高频箱一般禁用开放式风冷，如果必须采用开放式风冷，则风冷通道需形成独立的密封通道，外部进风需与高频箱内的电子设备隔离。

（3）在满足产品技术性能和使用性能的前提下，尽可能地选用耐蚀材料。不同金属尽量避免接触使用，不可避免时，需采取过渡、隔离、密封、绝缘等措施。结构表面除要求电连接和高精度配合面外，均需进行镀涂防护。应将有加工精度要求且未镀涂表面面积减至最小，并采取相应防护措施后再安装，需要装拆或有相对运动的表面应进行缓蚀处理且定期涂油脂。

（4）波导除正常防护外，还需根据情况充一定压力的干燥空气。电缆应符合腐蚀防护要求和规定环境条件下的使用要求，电缆外皮应符合防霉菌要求，外露的电缆应满足太阳辐射要求。

（5）天线阵面的转接板和密封盖可采用典型密封结构橡胶绳密封设计。图10-1（a）所示为采用橡胶绳密封的转接板模型，采用该种形式的转接板需要在箱壁或转接板上开凹槽，用于安装橡胶绳，图10-1（b）所示为开有凹槽的箱壁模型。

（a）转接板模型

（b）开有凹槽的箱壁模型

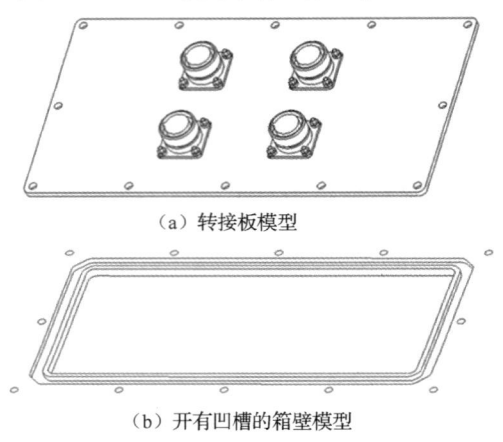

图10-1 采用橡胶绳的典型密封结构

2．天线罩腐蚀防护设计

天线罩是保护天线免受自然环境影响的壳体防护结构。天线罩防护设计包括两个维度，首先是天线罩本身的抗老化设计，还有天线罩对内部电子系统防护效果的设计。天线罩的结构形式主要有整体式天线罩和单元罩两种，整体式天线罩根据外形可分为平板天线罩、拱形天线罩。

天线罩直接暴露于外部环境中，其密封、防护设计尤为重要。通常天线罩分为：A夹层平板天线罩、A夹层玻璃钢球罩、C夹层平板天线罩、C夹层玻璃钢球罩。典型天线罩各组成部分、材料选择及表面处理要求如表10-1～表10-4所示。

表10-1　A夹层平板天线罩

组　成　部　件		材　料　选　择	表面处理要求
夹层区	外蒙皮	预浸料SW110A/3218	外表面：环氧封闭清漆+耐候面漆
		预浸料SW280A/3218	内表面：环氧封闭清漆

续表

组 成 部 件		材 料 选 择	表面处理要求
夹层区	胶膜	胶膜 FM73M	外表面：环氧封闭清漆+耐候面漆 内表面：环氧封闭清漆
	芯层	蜂窝 NH-1-2.75-72	
	胶膜	胶膜 FM73M	
	内蒙皮	预浸料 SW110A/3218 预浸料 SW280A/3218	
实心区		预浸料 SW110A/3218 预浸料 SW280A/3218	

表 10-2 A 夹层玻璃钢球罩

组 成 部 件		材 料 选 择	表面处理要求
单元块	外蒙皮	玻璃钢	外表面：抗老化疏水涂层 内表面：环氧封闭清漆
	芯层	聚氨酯泡沫	
	内蒙皮	玻璃钢	
	边框	玻璃钢	
环梁		Q345/Q235 或更好材料	重防腐涂装体系

表 10-3 C 夹层平板天线罩

组 成 部 件		材 料 选 择	表面处理要求
夹层区	外蒙皮	预浸料 SW110A/3218 预浸料 SW280A/3218	外表面：环氧封闭清漆+耐候面漆 内表面：环氧封闭清漆
	胶膜	胶膜 FM73M	
	芯层	蜂窝 NH-1-2.75-72	
	胶膜	胶膜 FM73M	
	中蒙皮	预浸料 SW110A/3218 预浸料 SW280A/3218	
	胶膜	胶膜 FM73M	
	芯层	蜂窝 NH-1-2.75-72	
	胶膜	胶膜 FM73M	
	内蒙皮	预浸料 SW110A/3218 预浸料 SW280A/3218	
实心区		预浸料 SW110A/3218 预浸料 SW280A/3218	

表 10-4 C 夹层玻璃钢球罩

组 成 部 件		材 料 选 择	表面处理要求
单元块	外蒙皮	玻璃钢	外表面：抗老化疏水涂层 内表面：环氧封闭清漆
	芯层	聚氨酯泡沫	
	中蒙皮	玻璃钢	

续表

组成部件		材料选择	表面处理要求
单元块	芯层	聚氨酯泡沫	外表面：抗老化疏水涂层
	内蒙皮	玻璃钢	内表面：环氧封闭清漆
	边框	玻璃钢	
环梁		Q345/Q235 或更好的材料	重防腐涂装体系

天线罩密封主要有结构密封和密封胶密封两种形式。弹性密封胶不仅具有高黏接性能和承受大的环境应力、大的变形位移能力，还具有耐候性、耐老化性、耐久、耐介质、使用温度范围较广等特点。户外常使用的弹性密封胶主要有硅酮、聚氨酯和聚硫橡胶等，其常规性能对比、力学性能对比和户外暴晒试验结果如表 10-5、表 10-6 和表 10-7 所示，不同密封胶的性能各异，可根据密封要求合理选用密封胶，使密封达到最佳效果。

表 10-5　几种密封胶的常规性能对比

密封胶类型	主要成分	应用特点	抗位移压力/MPa	耐热性	耐候性	耐寒性	耐久性	涂饰性	耐污性
硅酮	聚二甲基硅氧烷	耐候、耐久性好，接缝四周污染	单 20 双 25	最好	最好	最好	最好	不好	不好
聚氨酯	聚氨酯预聚体	与涂料相容性好，表面耐热一般	15～20	不好	较好	一般	较好	最好	较好
聚硫橡胶	液体聚硫橡胶	适应冷热伸缩	15	较好	较好	不好	较好	较好	较好

表 10-6　几种密封胶的力学性能对比

密封胶类型	撕裂强度/(N·mm^{-1})	拉伸强度/MPa	伸长率/%	模量/MPa	100%模量/MPa	硬度（邵尔 A）
硅酮	5.1	1.1	1200	0.4	0.2	21
聚氨酯	9.8	1.6	745	1.2	0.5	25
聚硫橡胶	8.9	2.0	470	0.7	0.6	27

表 10-7　几种密封胶 7 年户外暴晒试验结果

密封胶类型	接缝表面	接缝周围
硅酮	无变化	有污染
聚氨酯	龟裂裂纹	无污染
聚硫橡胶	一些深裂纹	无污染

弹性密封胶综合性能较好，使用寿命较长。聚氨酯密封胶、聚硫橡胶的使用寿命一般大于 15 年，硅酮密封胶的使用寿命可达 20 年以上。

天线罩的主要腐蚀防护措施如下。

（1）合理的密封结构形式：天线骨架与天线罩之间的密封连接形式有很多，设计中应注意外应力对胶接面的影响。

（2）聚氨酯密封胶选用：聚氨酯密封胶的最大特点是硬度高、富有弹性，并具有优良的耐油、耐寒及物理机械性能。其胶接工艺主要包括前处理、涂底处理剂、固化等步骤。通过试验得出其胶层厚度与固化时间的关系，最终确定合适的胶层厚度。

（3）专用底处理剂的应用：密封胶的配套底处理剂有优异的防胶接面腐蚀功能，同时能使聚氨酯型密封胶与基材的黏接强度大幅度提高。

（4）防老化疏水涂层：天线罩不可避免地会受到雨水、紫外线的侵蚀，在不影响天线透波率的情况下，可选用低表面能自清洁耐候涂层作为天线罩的防护涂层。该涂层涂料耐老化性能优异，特别是在强紫外线作用下，树脂也不易分解，防护寿命可达 15~20年；该涂层涂料的施工性能优异，可常温干燥；还具有高的疏水性，雨水很难在天线罩表面沉积，防止了水对高分子材料的侵蚀，降低了天线的雨水噪声温度。

10.1.2 伺服传动系统腐蚀防护设计

电子设备伺服传动系统一般由天线座、液压系统、综合铰链和升降机构等组成。

1. 天线座腐蚀防护设计

天线座通常由底座、转台、电动机减速机组、同步轮系、回转支承等组成，图 10-2 所示为典型天线座结构组成示意图。天线座系统设计时传动润滑方式推荐使用稀油润滑，并充分考虑电缆、水管专用通道设置，以及转台上门和盖板等密封结构设计。恶劣环境下工作的转台中心内部应增加小环境控制措施（如除湿机、干燥机等）来保证光纤汇流环等电子设备正常工作。

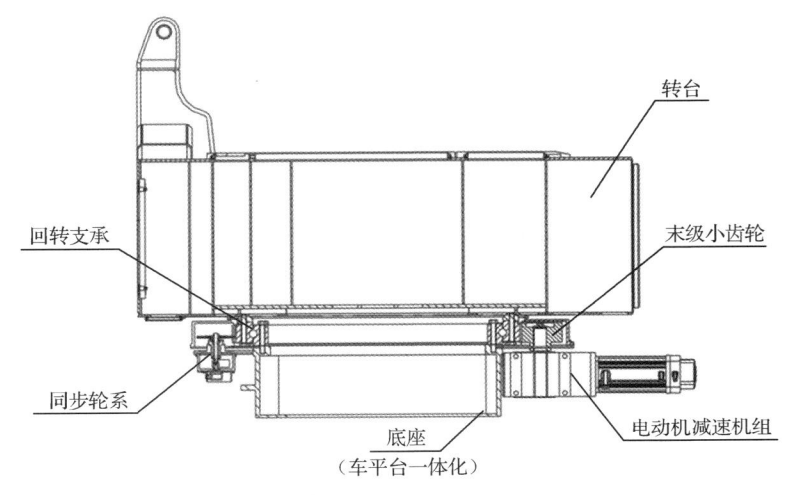

图 10-2 典型天线座结构组成示意图

天线座腐蚀防护设计应采取以下措施。

1）底座

底座等主要承受压力件优先采用铸铁，铸铁在大气中腐蚀速率较慢，随着时间延长表面将形成一层防护膜；铸铁件材料首选球墨铸铁 QT600-3，球墨铸铁的耐蚀性和抗氧化性、吸振能力都超过铸钢，并且球墨铸铁强度与成本比远远优于铸铁；底座内外表面均需喷砂后涂覆重防腐涂层。非重要配合加工面如齿轮罩安装面、迷宫槽等可在机加工后涂覆涂层。

2）转台

转台等复杂承力件优先考虑采用 Q345 或更高防腐和力学性能的钢板焊接成箱型结构，有加工精度要求和相对运动的表面局部可采用 2205（00Cr22Ni5Mo3N）及更高级别双相不锈钢与 Q345 对焊，2205（00Cr22Ni5Mo3N）使用前可进行钝化处理；转台等大型箱型构件焊接腔体要保证密闭性，转台焊接成型后应进行充气检漏。典型压强为 0.1～0.3MPa，保压时间为 0.5h。为保证焊缝密封，后续机加工及打孔攻丝等工序不得破坏腔体密闭性；转台内外表面均需喷砂后涂覆重防腐涂层。非重要配合加工面如盖板安装面、迷宫槽等可在机加工后涂覆涂层。

3）电动机减速机组

选用的电动机、减速机等应满足相应的环境使用要求。恶劣环境下工作的减速机防护等级应不低于 IP65，一般采用稀油润滑，脂润滑应选择终身免维护；电动机（含风扇）防护等级应不低于 IP54，外露电动机应增加遮蔽设计避免雨水直淋，电动机风扇接线处必须单独做封胶密封处理，电动机接线盒出线口处必须加电缆护罩。手摇减速机手摇轴处必须涂防锈油，外部应增加防护罩。

4）同步轮系

同步轮系齿轮箱壳体可采用铝合金铸造或铝棒整体加工，喷砂涂覆防腐涂层，齿轮除啮合面外均应采用表面涂覆处理，使用过程中定期加油维护。观察、维护窗口应设置凸台加工面并用盖板、密封圈进行有效的平面密封，避免在圆柱面上采用圆弧盖板加橡胶垫直接密封。轴角编码器自身防护等级应不低于 IP54，并在其外部增加防雨罩。

5）回转支承

典型油脂润滑结构如图 10-3 所示。天线座转台和底座间的转动密封采用流体或半流体灌封迷宫气密设计，即在剖分式齿轮罩上部固定一整圈的油槽，上迷宫与转台用螺钉固定，根据天线座安装结构需要，可设计成剖分式或整体式。通过油杯向油槽中加注润滑油至油标指示位置，以防止潮气进入天线座内。运输时可将油槽里的液体（润滑油）通过放油管放掉，以防止运输时润滑油逸出。回转支承内外圈在安装后应在外表面涂一层防锈油，齿轮的维护加油可通过齿轮罩上侧面的窗口进行。

6）常用传动件

天线座上常用传动件的材料选择和表面处理如表 10-8 所示。

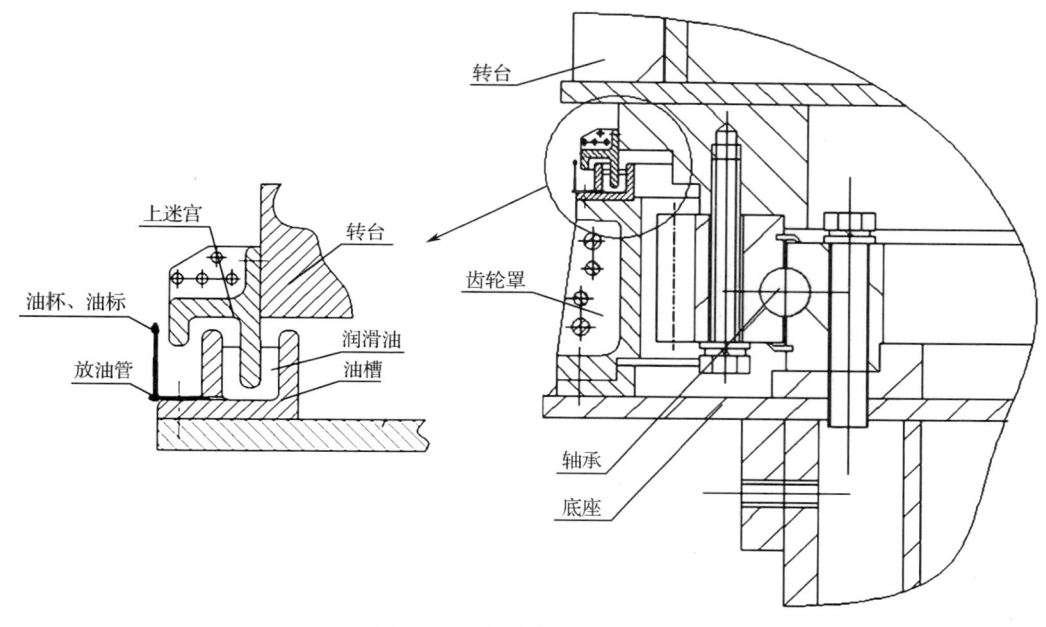

图 10-3 典型油脂润滑结构

表 10-8 天线座上常用传动件的材料选择和表面处理

分 类	材 料	表 面 处 理
齿轮类	合金钢 20CrNi2Mo	化学氧化
销轴类	沉淀硬化不锈钢 05Cr17Ni4Cu4Nb	固溶时效，表面钝化处理
旋锁螺栓螺母	旋锁螺栓：42CrMo 配对螺母：05Cr17Ni4Cu4Nb	旋锁螺栓：表面抗蚀氮化处理 配对螺母：固溶时效，表面钝化处理
丝杆	合金钢 40Cr	表面抗蚀氮化处理
蜗轮	铝青铜 QAL9-4	表面钝化处理
蜗杆	合金钢 40Cr	化学氧化

7）外购件

天线座总装上经常使用的紧固件（不锈钢件、高强度螺栓等）、五金件（门锁、铰链等）、接插件（插头、插座等）和电气开关（限位开关、液位开关等）应满足相应环境的使用要求。

8）密封结构

天线座上密封结构设计和密封件选择应符合第 9 章中典型密封结构设计的相关要求。

转台盖板处密封结构设计如图 10-4 所示。采用多重密封措施保护，转台中心上表面设有凸台，内有挡水止口，盖板上加工密封条安装榫槽，便于密封条安装固定，选用高可靠性密封条（如氟硅橡胶密封圈、氟醚橡胶密封圈等），保证密封条压缩量足够大，盖板安装螺栓必须置于密封条外部。

同步轮系齿轮箱上小型观察窗口处密封结构设计如图 10-5 所示。圆柱形齿轮箱体上设有平面加工凸台，盖板上加工密封槽，内置 O 形密封圈，矩形窗口密封圈采用硅橡胶胶料整体模压成型，保证密封圈压缩量足够大，盖板安装螺栓必须置于密封圈外部。

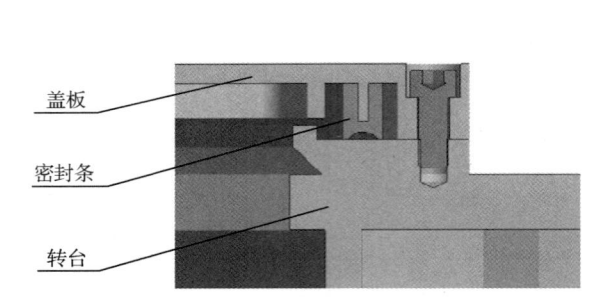

图 10-4　转台盖板处密封结构设计

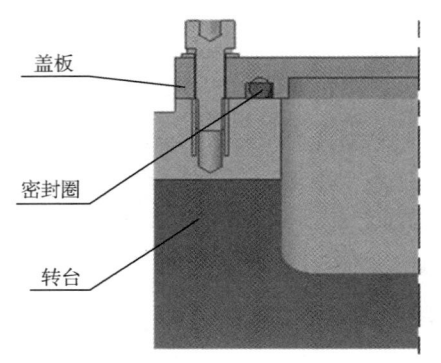

图 10-5　同步轮系齿轮箱上小型观察窗口处密封结构设计

2. 液压系统腐蚀防护设计

液压系统主要包括液压元件、供油系统、调平腿、油缸、蛙腿总成、执行机构和管路元件等。密封是液压系统的核心之一，目前电子设备一般使用 10# 航空液压油，低温环境采用耐低温抗磨液压油。综合考虑耐油、耐磨、耐霉菌和环境适应性要求，液压元件、管路元件及其他密封件所用材料一般选用丁腈橡胶。

1）液压元件

电子设备液压系统所用平衡阀、顺序阀、液压锁、分流集流阀、同步电动机、调速阀、液压电动机、压力继电器、压力传感器、溢流阀、减压阀和蓄能器等元件，选型时基体可选择 304、316L 不锈钢材料，并在装配完毕后进行涂覆处理。若无法选择耐蚀基体材料，则应在零件状态下涂覆后方可用于恶劣环境中。

恶劣环境中工作的电子设备液压系统所用过渡块可选用 2205 及更高级别的双相不锈钢材料钝化处理；如采用铁素体及奥氏体不锈钢，必须钝化后涂覆油漆涂层方可使用；不推荐使用高碳马氏体不锈钢。

调试完毕后，压力继电器、压力传感器电缆插头与器件的结合面应涂密封胶进行密封，防止水汽渗入造成短路。

2）供油系统

供油系统中所有不满足环境使用要求的外购器件，如轴向柱塞泵、比例阀组、交流电动机、过滤器等，应重新进行防腐处理。

系统所用的二通球阀宜采用 316L 不锈钢材料，并在装配完毕后进行涂覆处理。

恶劣环境中工作的供油系统所用油箱应优先选择耐蚀性较好的 2205 及性能更好的双相不锈钢。如果采用铁素体及奥氏体不锈钢，则油箱外表面必须涂覆油漆涂层方可使用；不推荐使用高碳马氏体不锈钢。

调试完毕后，比例阀组阀控插头与器件的结合面应涂密封胶进行密封，以防止水汽渗入造成短路。

供油系统所用空气滤清器应用带 O 形圈的罩子封闭，油箱与大气相通部位采用干燥空气呼吸器，以避免潮气进入油箱后污染油液。

3）调平腿

调平腿主要由蜗轮蜗杆、梯形丝杆（或滚珠丝杆）螺母副、内外套筒、轴承等组成。

为防止潮气进入，液压电机与调平腿安装表面必须采用 O 形圈密封，内外套筒之间采用可伸缩防尘罩进行防护。

丝杆推荐采用 38CrMoALA，表面防腐氮化处理，蜗轮蜗杆、丝杆螺母副、内外套筒之间需要定期涂油进行润滑和防护。

调平腿上常用的接近开关，本体为不锈钢材料，安装时应去除自带的镀锌齿形垫圈，采用双螺母并紧，必要时螺纹处涂螺纹锁固剂进行防松和密封处理。

调平腿所用注油嘴宜采用 316L 不锈钢材料，并涂抹防锈油进行防护，不推荐采用黄铜材料的注油嘴。

调平腿外套筒与安装支架配合面处应进行涂覆处理，避免盐雾腐蚀。

4）油缸

恶劣环境中所用油缸优先选用不锈钢活塞杆镀铬封孔形式。如因受力或加工条件限制无法选用不锈钢活塞杆，则油缸活塞杆镀层可采用镀乳白铬+硬铬的镀覆工艺，镀铬工艺完成后，要采用封孔剂对镀铬表面进行封孔处理，缸筒应采用重防腐涂层系统。

镀前零件质量应符合 GB/T 12611《金属零（部）件镀覆前质量控制技术要求》的要求。镀前零件表面不应存在经探伤认定不合格或目视可见的微裂纹、应力集中的刀痕或有裂纹倾向等缺陷。镀层颜色应为稍带淡蓝的光亮银白色，表面粗糙度级别相同的表面其色泽应基本一致。

（1）活塞杆镀涂不允许出现以下缺陷。
① 应镀覆的表面局部无镀层（露基体金属或中间镀层）。
② 镀层疏松、起泡、脱落、烧焦、条斑、变色及裂纹。
③ 镀层机械损伤，镀层或基体金属被破坏。
④ 镀后基体材料暴露出影响使用性能的缺陷。
⑤ 密级的针孔或麻点每平方分米上多于 5 个，麻点直径大于 0.8mm。
⑥ 未洗净的黄色铬酸盐痕迹和手印。

（2）活塞杆镀层应满足以下要求。
① 液压缸活塞杆镀铬表面，乳白铬的镀层厚度一般为 12～30μm，加工完成后的最终硬铬层厚度一般为 40～70μm。
② 活塞杆在工作行程以外的端部和阶端，以及台阶根部的镀层可减薄；在棱（边）部位镀层可局部超厚。
③ 镀层厚度应均匀。

④ 零件镀后的圆柱度应符合图样要求。

⑤ 镀层厚度可留出适当的磨削量，镀后零件的尺寸、表面粗糙度、圆柱度应由磨削加工保证。

⑥ 镀层应与基体结合牢固。

⑦ 镀层的硬度一般应不低于 HV800。

⑧ 零件表面粗糙度不超过 0.2μm 时，应进行孔隙率检查，每平方厘米镀层上针孔不超过 1 个。

⑨ 材料抗拉强度 R_m≥1050MPa 的产品在镀铬后，应进行除氢处理。

（3）活塞杆满足上述镀涂要求后，进行封孔处理，要求如下。

① 活塞杆镀铬并经磨削加工尺寸到位后应随即进行封孔处理，以防止镀铬层微孔隙被外界污物堵住。

② 封孔后的活塞杆镀铬表面颜色应与原镀铬层基本一致。

③ 封孔后的活塞杆镀铬表面应均匀光滑，有光泽。

④ 活塞杆镀铬工作面不允许存在大量可见残余封孔剂。

⑤ 镀铬封孔后的活塞杆，一般应满足 500h 中性盐雾试验要求。

油缸所用关节轴承宜采用不锈钢自润滑形式，油口所在油路块推荐采用 316L 或 2205 不锈钢材料，使油口端面满足腐蚀防护要求；并紧螺母采用 316L 或 2205 不锈钢材料，杆端耳环可进行镀锌油漆处理。油缸装配调整完毕后，可对杆端螺纹进行涂漆或封胶处理。

5）蛙腿总成

蛙腿总成所属上、下蛙腿结构件涂层推荐采用重防腐涂层体系。应采用密封、防雨结构，避免过多的搭接和缝隙结构，结构件应避免积水、凝露；对于无法避免的缝隙，应做密封处理。

在受力条件允许的情况下，蛙腿所用销轴和承载钩可优先选择沉淀硬化不锈钢 05Cr17Ni4Cu4Nb 等防锈材料，固溶时效强化处理。

蛙腿总成存在运动摩擦的光孔处，应尽可能采用镶套处理，以避免摩擦面长期放置后发生锈蚀，摩擦面推荐采用具有润滑作用的缓蚀剂 ArdroxAV25 进行防锈处理。

6）执行机构

有相对运动摩擦表面的零部件，在力学性能允许的前提下可优先选择沉淀硬化不锈钢 05Cr17Ni4Cu4Nb 等防锈材料，固溶时效强化后钝化处理。

在销轴安装位置，可设置不锈钢自润滑轴承，并合理设置注油口，使销轴在定期维护过程中能够被有效润滑。

7）管路元件

恶劣环境中使用的液压硬管可采用 316L 不锈钢材料精轧，所有接头应尽可能采用 316L 不锈钢材料，并且安装完毕后全部要求油漆处理。

液压软管多为非金属材料，为增强抗太阳辐射能力，液压软管可加装具备防紫外线功能的软管护套，并且在运动部位可靠捆扎，以避免脱落或滑移，软管接头要求采用 316L

不锈钢材料。设备所用的快速接头因插接部分不宜油漆,存在锈蚀隐患,恶劣环境宜采用 316L 不锈钢或其他腐蚀防护材料,并对非接插表面进行涂覆处理。

3．综合铰链腐蚀防护设计

综合铰链主要由汇流环、光纤汇流环和水铰链三部分组成。

综合铰链安装在天线座转台内部,可采取局部环控措施,控制天线座内部环境湿度。为适应恶劣使用环境,综合铰链在腐蚀防护设计方面还应采取以下措施。

1）结构件材料选择要求

（1）汇流环主要结构件基体材料选用 5A05 铝合金材料,并进行阳极氧化或化学氧化处理,外表面涂覆底漆、中间漆和面漆。

（2）光纤汇流环外露结构件宜采用高等级不锈钢材质,表面钝化处理;

（3）水铰链结构件宜采用 06Cr19Ni10 或 ZG0Cr16Ni4NbCu3 不锈钢材质,外表面涂覆底漆、中间漆和面漆。

（4）汇流环导电环可选用 QAL10-3-15 铝青铜材质,环道工作表面镀钯镍金（Cu/Ep·PdNi5Au0.8）,其余表面镀金。

（5）汇流环的轴可采用不锈钢 2205 钝化处理。

（6）汇流环电刷材料可选用 AuCuAgZn17-7-1 合金丝。

（7）汇流环电刷板材料选用环氧玻璃布板,建议材料规格为 3250,表面进行胶木化处理,避免吸潮。

（8）汇流环绝缘环可选用聚四氟乙烯材料。

2）环境控制

汇流环安装于天线座内部,自身不能淋雨,天线座转台应进行防雨密封设计;为满足光纤汇流环使用需求,转台内可加装除湿机或通干燥空气,控制转台内环境湿度。

4．升降维修梯腐蚀防护设计

升降维修梯主要包括轿厢、电动机驱动机构、遥控箱、导轮及滑轮组、制动装置、附件、钢丝绳及五金件、电气系统等。

1）轿厢

轿厢主体框架优先采用 304 或 316L 不锈钢材料钝化处理,框架外表面需涂覆底漆、中间漆和面漆;维修梯门框、侧框、底板等零部件宜采用 304 或 316L 不锈钢材料钝化处理,外表面涂覆底漆、中间漆和面漆;锁板、销轴等承力件优先选择沉淀硬化不锈钢 05Cr17Ni4Cu4Nb 等防锈材料,固溶时效强化处理。

2）电动机驱动机构

卷筒可采用铸钢 ZG310-570 铸造制作,由于铸钢不耐蚀且卷筒螺旋槽内经受钢丝绳的摩擦作用,涂覆普通油漆不耐磨,可整体热浸锌处理,以增强耐磨、耐蚀性。使用中螺旋槽内定期涂油维护，增强其润滑和耐蚀性，其余表面可进一步涂覆油漆。

卷筒与电动机连接轴、卷筒支架优先选择沉淀硬化不锈钢 05Cr17Ni4Cu4Nb 等防锈材料，固溶时效强化处理。

电动机支架零部件、轴承盖、挡板、档杆、制动器手动释放装置中金属件及其他附件可采用 304 或 316L 不锈钢材料钝化处理，外表面涂覆底漆和面漆。

3）遥控箱

遥控箱壳体、支板、门等全部采用 304 或 316L 不锈钢材料钝化处理，内、外表面按具体产品要求涂漆保护。

密封条安装应完整并可靠固定，确保箱内密封效果良好。

门锁安装应保证灵活可靠，并有效防松，避免跑车后松动影响箱体密封。

遥控箱进出电缆应满足电缆穿墙密封结构设计要求。

4）导轮及滑轮组

导轮及滑轮组优先选择沉淀硬化不锈钢 05Cr17Ni4Cu4Nb 等防锈材料，固溶时效强化处理。维修梯导轮外侧采用全密封盖带胶密封，内侧增加轴承密封盖。导轮及滑轮组需定期涂油脂进行维护。

5）制动装置

制动板、支架等可采用 304 或 316L 等奥氏体不锈钢材料钝化处理，外表面涂覆底漆和面漆。连杆、滚轮、销轴优先选择沉淀硬化不锈钢 05Cr17Ni4Cu4Nb 等防锈材料，固溶时效强化处理。

6）附件

所有支耳、活动铰链、手动锁销、角件连接座、门栓、锁紧螺母等户外暴露构件应采用可靠的 304、316L 以上级别不锈钢材料钝化制作，非安装配合表面涂覆底漆和面漆。调节器锁杆螺母、锁杆、销轴优先选择沉淀硬化不锈钢 05Cr17Ni4Cu4Nb 等防锈材料，固溶时效强化处理。弹簧材料可采用不锈钢弹簧钢丝，典型牌号为 07Cr17Ni7Al。

7）钢丝绳及五金件

可选用不锈钢钢丝绳，针对其耐蚀性调整钢丝绳的报废周期，在使用中定期涂油维护。门锁、绳夹、套环等五金件可选用 304、316L 及以上级别不锈钢材料制作，非安装配合表面涂覆底漆和面漆。

8）电气系统

电动机减速机组宜满足 IP54 以上防护等级，如采购的电动机罩材料或涂层不满足使用环境要求，应进行更换或加强处理。电动机减速机组整体防护外罩的设计，应满足防雨要求。外露电缆接线盒应密封可靠。调试完毕后，应对接线盒内腔进行灌胶或发泡填充密封处理。

10.1.3 冷却系统腐蚀防护设计

1．总体要求

冷却系统腐蚀防护设计要求如下。

（1）恶劣环境型电子设备推荐采用液冷、空调风冷冷却形式，避免采用常规风冷的冷却形式，系统布局应尽量减少与外界空气接触。

（2）冷却系统应充分考虑系统的工况，尽量避免设备工作或存储过程中产生冷凝水；对于换热器等易产生冷凝水的部件应做好疏水设计，避免冷凝水堆积，导致腐蚀。

（3）对系统中的关键部件、运动部件、机电设备或易腐蚀元器件需进行冗余备份，提高系统可靠性。

（4）对易腐蚀元器件可进行局部环控设计，降低外部环境对元器件的腐蚀。

（5）系统水路连接中，减少不是必需的转接、快接、接头等，采用标准连接方式中可靠等级较高的连接方式，尽量减少元器件腐蚀漏液的隐患，避免泄漏的冷却液引起元器件表面腐蚀。

（6）减少维修的复杂性和专用工具的使用，具有良好的互换性，减少备件种类。

2．元器件及材料要求

冷却机组中的元器件应达到 IP56 以上的防护等级要求，材料选择要求如下。

（1）各种金属材料都应当采取适当的防护措施，原则上不允许呈裸露状态使用。

（2）对于不锈钢，不推荐使用高碳马氏体不锈钢，推荐采用奥氏体不锈钢材料（316L 及以上），建议钝化油漆后使用；对于 2205 及更高级别的双相不锈钢，可表面钝化处理后使用。

（3）对于铝合金，推荐使用耐蚀性较好的防锈铝，在不影响使用的情况下涂覆耐蚀涂层。

（4）换热器采用铜管铜翅片材料，海水换热器可采用钛合金材料。

（5）橡胶材料应充分考虑耐老化、耐霉菌、耐介质、耐热、阻燃性、电学性能、力学性能等要求。O 形密封圈可用氟橡胶、氟硅橡胶，平面垫圈可采用丁腈橡胶材料；橡胶的户外暴露部分用防紫外线护套进行防老化保护。

（6）密封胶应充分考虑抗渗透性、耐高温、耐低温、耐油、耐海水浸泡、耐盐雾、耐老化、耐霉菌性能等。用于填充振动结构或热胀冷缩作用明显的缝隙时，须采用弹性好的密封胶。

冷却系统元器件、材料选择及表面处理如表 10-9 所示。

表 10-9 冷却系统元器件、材料选择及表面处理

项　　目	材 料 选 择	表 面 处 理	特殊腐蚀防护要求
冷却机组外表面（包括门边及机柜骨架）、其他热控设备壳体等	防锈铝	Al/Ct·Ocd1A，按Ⅰ型表面进行涂覆	满足腐蚀防护试验要求
	316L 不锈钢	Fe/Ct·P，按Ⅰ型表面进行涂覆	
	方舱结构	其密封、隔热、电磁屏蔽等主要性能符合相关规定	
硬管	316L 不锈钢	外表面 Fe/Ct·P，外表面按Ⅰ型表面进行涂覆	管路内部清洗，洁净度满足要求
	铜	外表面 Cu/Ct·P，外表面按Ⅰ型表面进行涂覆	
金属软管	波纹管管体及法兰、接头　316L 不锈钢	内外表面 Fe/Ct·P	管路内部清洗，洁净度满足要求
	网套　316L 不锈钢	表面疏水处理	
非金属软管	橡胶软管（EPDM）	橡胶的户外暴露部分用包覆织物、涂层、防护蜡等产品进行防老化保护	符合防霉菌要求
设备内结构件（包括各类支架，电控箱壳体，固定夹）	不锈钢材料（推荐 316L）	内外表面 Fe/Ct·P，外表面按Ⅰ型表面进行涂覆	
	防锈铝	Al/Ct·Ocd1A，按Ⅰ型表面进行涂覆	
空气过滤器、过滤网	戈尔膜，不锈钢丝网，锦凸绸		防霉等级，容尘量达到要求，定期维护更换
密封件	密封件选用材料应与其相接触的液体、材料相容。耐磨性好、不易老化、工作寿命长、耐低温，可选用丁腈橡胶、氟硅橡胶和硅橡胶		定期维护、更换
紧固件	选用不锈钢件，达克罗处理件、镀锌镍合金件、热浸锌件等紧固件	表面可涂漆	可同时进行密封处理
电缆和接插件	接插件外壳为 316L 不锈钢件；电缆外皮应符合防霉菌要求，外露的电缆应满足太阳辐射要求		电缆外皮应符合防霉菌要求，外露的电缆应满足太阳辐射要求
水泵	选择泵体为不锈钢材质的水泵，电动机等级高于 IP56	表面可涂漆	定期维护

续表

项　　目	材 料 选 择	表 面 处 理	特殊腐蚀防护要求
风机	选择风机叶片及零部件需防盐雾腐蚀的风机，电动机需防沙尘，电动机等级高于IP56	表面可涂漆	定期维护
换热器、冷凝器、蒸发器	铜管铜翅片换热器或钛板换热器	可进行钝化处理	定期维护

3．冷板腐蚀防护设计

电子设备的高功率器件的发热功率高，为了保证器件良好的温度环境，需要将热量及时带走。冷板是一种紧凑型的换热器，既作为安装电子元器件的基板，又为电子元器件提供冷却。冷板根据导热介质的不同分为液冷冷板和风冷冷板。

1）液冷冷板

液冷冷板不直接接触外部大气，一般安装在密封、环控舱柜内，较少面临盐雾等侵蚀环境条件。但液冷冷板内部长期接触冷却介质如乙二醇、水等，因此液冷流道必须满足耐受冷却介质腐蚀的能力。

（1）综合考虑导热性能、冷却介质相容性、加工焊接性能、重量等因素，通常液冷冷板多采用铝合金材质，包括5A05、6063等牌号的铝合金。

（2）为提高液冷流道耐受冷却介质腐蚀能力，一般应对内流道进行铝合金化学氧化处理。须注意的是要避免内流道化学氧化处理生产中溶液残留带来的腐蚀风险，保证溶液清洗彻底。

（3）液冷流道的加工一般采用铣加工蛇形流道再焊接盖板，或者钻深孔长直流道然后焊接堵头（见图10-6）。采用铣加工方案时，流道的形状设计可充分考虑避免存在流道盲端，减小化学氧化酸碱溶液残留的风险，但可能存在局部薄弱焊缝化学氧化时腐蚀穿孔的情况，因此需要加强流道的焊接质量。采用深孔钻方案时，流道中存在盲端，容易残留化学氧化时的酸碱液导致腐蚀，因此需要优化流道的结构设计，严格控制盲端的数量和盲端的长度，同时在生产过程中加强清洗避免酸碱溶液残留。

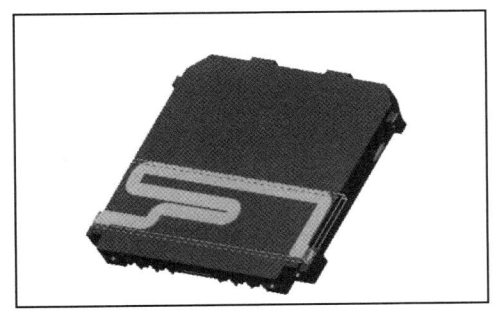

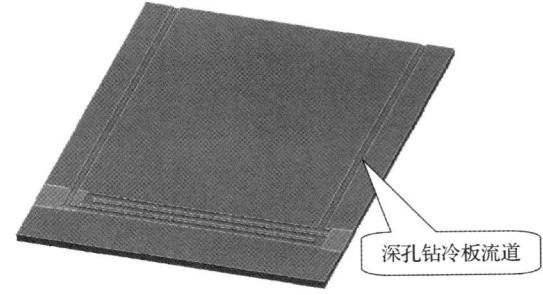

图10-6　焊接蛇形流道冷板和深孔钻直流道冷板结构示意图

（4）除液冷流道外，冷板作为电子元器件的安装基板，不可避免地存在异种金属接触。为了加强冷板腐蚀防护性能，冷板整体应进行阳极氧化或化学氧化处理，并且对安装在冷板上的电子元器件进行电位差的设计和控制。

（5）当液冷冷板安装腐蚀环境中时，为了提升冷板的防护能力，应对其外露表面涂覆涂层，对液冷接头、紧固件安装部位等外露异种金属部位采取封胶、涂漆等加强防护措施。

2）风冷冷板

风冷系统的结构相对液冷系统简单，且制造成本低、质量轻，因此在良好环境中，风冷结构设计得到广泛采用（见图 10-7）。风冷冷板又分为开放式风冷冷板和闭式风冷冷板。闭式风冷通过舱室大气或经除盐除湿的外部大气进行换热，接触的环境条件良好，具有较好的环境适应性。而开放式风冷冷板直接接触外部大气，存在较大的腐蚀风险，因此恶劣环境中一般不采用开放式风冷设计。当采用开放式风冷设计时，可采取以下措施控制腐蚀风险：

（1）冷板材质选用 5A05、6063 等牌号的耐蚀铝合金。风冷翅片采用铣加工成型或钎焊翅片成型，翅片也应采用耐蚀材质。

（2）风冷翅片优先推荐采用微弧氧化、阳极氧化等表面处理工艺进行防护。如果风冷冷板存在屏蔽的孔、缝等特征无法采用微弧氧化、阳极氧化工艺时，可采用化学氧化处理工艺。与外部大气直接接触的风冷翅片在恶劣腐蚀环境下直接使用时应涂覆涂层。

（3）铝合金氧化膜厚度、涂层种类及厚度对风冷翅片的散热效率都有影响，因此在处理方式、膜层种类及厚度选择等方面，应充分考虑环境条件、散热效率、制造成本等。

（4）其他对异种金属接触的风险控制可参见液冷冷板的设计，由于风冷冷板面临更恶劣的环境条件，因此需选用可靠的防护措施。

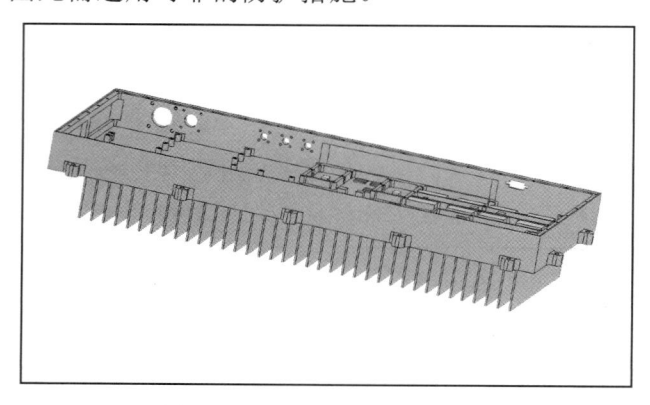

图 10-7 风冷冷板结构示意图

4．冷却机组腐蚀防护设计

1）机组

（1）舰船载恶劣环境型电子设备的冷却机组末端换热优选与海水换热的形式，避免与外界空气交换，同时降低了机组噪声，机组可以放置于有环控装置的室内或天线罩内。

（2）如果无法引入海水换热，可将无空气交换部分（水泵、管路、传感器、电控箱等）和有空气交换部分（风机、换热器）分隔设计，对无空气交换部分单独进行除湿、除盐雾设计。

（3）采用风冷换热的冷却机组应用于恶劣环境时，机组可放置于有进风百叶窗的房屋内，可适当采取防盐雾过滤措施，对重要器件、传感器等单独采取防护措施。

（4）如条件允许可引入海水支路，对机组做适当改装的同时，增加海水换热支路作为备份。

（5）对机组内重要运动部件和机电设备（如水泵、风机）增加冗余备份。

（6）设计机组时，内部应有排水口，保证机组内部的积水顺利排出。

（7）机组应有专门的备件箱、工具箱，放置备件与常用工具，保证机组故障时能够及时更换与维修。

（8）机组的可靠性设计：恶劣环境下，交通、资源不如良好环境方便快捷，机组设计时需提高冷却机组任务可靠性，因此应有必要的冗余和备份设计。冷却机组中：水泵、风机应有冗余备份；机组应有避开所有控制系统的应急启动功能；制冷型冷却机组应使用常规型换热模式或海水换热模式作为备份；其余辅助功能可有手动备份，如加液功能；电子参数显示可用机械表头显示作为备份，如增加压力表，温度计等。

2）电控箱

冷却机组中的电控箱内安装有空气开关、PLC、继电器、接插头、端子排、触摸屏等多种器件。由于使用多种金属，容易造成电化学腐蚀，导致短路、断路或接触不良，相对湿度、盐雾大也会滋生霉菌和结露，而造成短路或断路。电控箱需要单独进行除湿、热控设计，或者把电控箱单独放置于有环控措施的室内。

5．液冷接头腐蚀防护设计

液冷接头主要用于液冷管路的转接，常用的有诺马接头、沟槽接头、快速接头等。高功率电子设备由于组件发热量高，冷却液需要通入组件冷板中，通常采用安装方便的快速接头。大型电子设备的组件数量多，基于维护维修需要，大量使用可插拔的快速接头。快速接头涉及动态插拔、液体密封和异种金属接触等工况，因此对其可靠性、耐蚀性都有很高要求。

快速接头的结构主要包括接头壳体、弹簧和密封圈等部分，分插头、插座配对使用，配对的快速接头如图 10-8 所示。快速接头的壳体应采用耐蚀性好的金属材料并选用相应的表面处理工艺，可选用不锈钢材料如 022Cr17Ni12Mo2 经钝化处理，也可选用强度较高的铝合金如 6061、7075 经硬质阳极氧化处理。弹簧部件可选用 1Cr18Ni9 不锈钢经钝化处理。密封圈等非金属件可选用耐温性能好且耐受乙二醇冷却介质的氟硅橡胶、三元乙丙橡胶制作。快速接头耐蚀性包括耐受大气腐蚀和介质腐蚀的能力，其选材和处理工艺可通过试验进行评价，耐受大气腐蚀的性能可通过盐雾试验等进行测试，耐受冷却介质腐蚀的性能，可参照 SH/T 0085 标准进行测试。

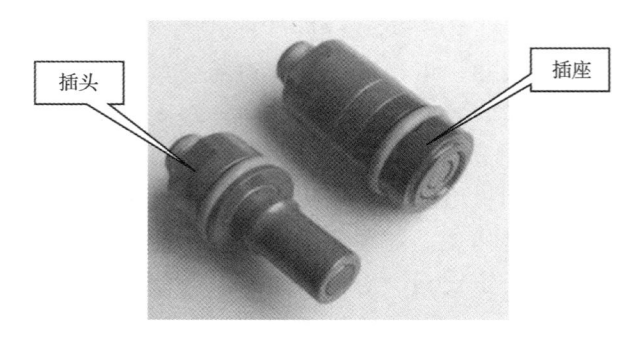

图 10-8 配对的快速接头

6．管路系统腐蚀防护设计

针对恶劣环境，管路系统腐蚀防护设计主要采取的措施如下。

（1）材质选择：硬管采用 316L 不锈钢材质；金属软管网套和波纹管管体均采用 316L 不锈钢材质；非金属软管采用 EPDM 材质橡胶软管。

（2）暴露的非金属软管可使用耐太阳辐射材料适当包裹，减少太阳直接辐射引起的老化。

（3）尽量减少管路中的连接，采用简单的、连接安全等级高的标准管路连接及密封方式，减小漏液的可能性，并减少专用工具的使用，增加互换性。

（4）管路设计、生产加工、装配、调试和验收过程中，必须充分考虑机组洁净度控制，并制定相关措施，从设计图纸、工艺流程上保证管路内部的洁净度；同时应去除管路表面的汗迹、油污、酸、碱、盐或其他污迹。

（5）密封材料选择氟橡胶、氟硅橡胶等，并配备一定的备件。

7．风冷系统腐蚀防护设计

（1）开放式风冷腐蚀防护设计：针对恶劣环境，应尽量避免常规开放式风冷设计，采用闭式空调风冷设计，如果必须使用开放式风冷设计，则必须做到冷却空气通道与机柜其他部分隔离，所有分机、电缆、连接件及机柜自身应做好密封、腐蚀防护设计。进风口处应有防水、防盐雾过滤器。出风口处应有防雨过滤器。

（2）闭式风冷腐蚀防护设计：采用闭式风冷的设备内部受外界环境影响较小。其主要设备为空调或闭式换热器，空调室外机与外界环境有空气交换，因此闭式风冷的腐蚀防护设计主要是空调或闭式换热器的腐蚀防护设计。如果条件允许，则可优先选择液冷空调，避免与外界空气交换，采用风冷空调时，室外机进风口处应有空气过滤装置，当空调给重要器件进行冷却时，应尽量采用一备一用的设计方式，重要器件应有备件。

10.1.4 方舱电站及 UPS 电源腐蚀防护设计

方舱电站腐蚀防护设计要求如下。

（1）方舱电站应满足方舱腐蚀防护设计要求，自身应做好密封、腐蚀防护设计。进风口处应有防水、防盐雾过滤器；出风口处应有防雨过滤器。

（2）方舱电站内的紧固件选用不锈钢件、达克罗处理件、镀锌镍合金件、热浸锌件等紧固件或同时密封；五金件如门锁、铰链、搭扣、插销、支撑等应选用 304 或 316 系列不锈钢件。

（3）根据发电机组等设备的布局和使用等要求，设置方舱的门、翻板、窗和孔口；方舱的门、翻板、窗和孔口的设置，应保证电站在规定的淋雨条件下能正常开机运行，方舱内不应进水或积水。

（4）方舱电站内地板上表面采用耐油材料并电气绝缘，接缝用胶密封。地板的地漏边沿不能高出地板面，密封盖易于打开，便于排出舱内积水。

（5）所有结构件采用不锈钢（含控制机柜、管路、消声器及油箱等，发电机组底盘除外），控制柜面板可选择防锈铝板。

（6）转接板处应考虑防雨措施，工作状态下确保电气安全。转接板上安装的接插件外壳材料要求耐蚀、结构要求密封。接插件应采用奥氏体不锈钢材料（316L 及以上），包括接插件的插头、插座、附件，如盖帽、尾夹、链条等，所有接插件与其后面的电缆连接处均采用灌封形式或包封形式密封。非永久性连接的插头、插座均应具有腐蚀防护保护盖，所有接插件优先采用密封安装的结构形式。

（7）电缆盘应满足腐蚀防护要求。所有结构件应做镀涂处理。

（8）方舱电站内所有结构件表面防护处理及涂层颜色、选用等应与整机电子设备相同。

（9）方舱电站内电气设备柜需进行三防漆处理，所有印制板及电子组件（包括外购设备）表面应涂覆防腐性能优良的三防漆。

（10）方舱电站内安装的元器件应满足整机腐蚀防护要求。

（11）UPS 电源一般安装于方舱电站内，并采取环控措施。

10.1.5 其他典型对象腐蚀防护设计

1. 发射与接收系统、T/R 组件腐蚀防护设计

发射机、发射单元、接收机及 T/R 组件等优先考虑布置在具有环控措施的工作房或工作舱内；对直接暴露使用的设备，应采用密闭结构，并设计遮阳、挡雨、环控等结构。典型材料选择及表面处理如表 10-10 所示。

表 10-10 典型材料选择及表面处理

组 成 部 件	材 料 选 择	表 面 处 理
室外结构件	钢	热浸锌、热喷锌、石墨烯涂层等重防腐涂层体系
	不锈钢	喷砂或钝化后涂重防腐涂层体系

续表

组 成 部 件	材 料 选 择	表 面 处 理
室外结构件	铝及铝合金	阳极氧化或化学氧化后涂重防腐涂层体系
	铜及铜合金	喷砂或钝化后涂重防腐涂层体系
	钛及钛合金	喷砂后涂漆
	玻璃钢、非金属	喷砂或打磨后涂重防腐涂层体系
室内结构件	钢	喷砂或镀锌钝化后涂漆
	不锈钢	喷砂或钝化后涂漆
	铝及铝合金	阳极氧化或化学氧化后涂漆
	铜及铜合金	喷砂或钝化后涂漆
	钛及钛合金	喷砂后涂漆
	玻璃钢、非金属	喷砂或打磨后涂漆
转轴、销轴等耐磨件	45 钢 17-4 不锈钢	调质，Fe/Ep·Zn12·c2C 或 QPQ、PIP 等 Fe/Ct·P
垫木	四周包板不锈钢	木头含水率 12%~18%，防腐处理 包板 Fe/Ct·P+涂漆
五金件（门锁、搭扣、铰链、气撑杆等）	304 或 316L 不锈钢	Fe/Ct·P
紧固件	选用不锈钢件达克罗处理件、镀锌镍合金件、热浸锌件等紧固件	外露表面涂漆
电缆	满足性能要求、阻燃及防霉菌要求	外露部分增加波纹套管
车灯	满足性能要求、阻燃及防霉菌要求	除灯罩外其他外表面涂漆
气电路插座（头）	满足性能要求、防霉菌和防太阳辐射要求	外露表面涂漆
铭牌	304 或 316L 不锈钢	Fe/Ct·P
空气过滤器、过滤网	戈尔膜，不锈钢丝网，锦凸绸	防霉等级，容尘量达到要求，定期维护、更换
密封件	密封件选用材料应与其相接触的液体、材料相容。耐磨性好、不易老化、工作寿命长、耐低温，可选用丁腈橡胶、氟硅橡胶和硅橡胶	定期维护、更换
电连接器	普通电连接器采用不锈钢外壳、射频连接器采用黄铜外壳	Fe/Ct·P 黄铜镀镍
元器件	满足性能要求、防霉菌、防盐雾和防太阳辐射要求	涂覆三防漆，安装时可采取密封措施
电缆	满足性能要求、阻燃及防霉菌要求，暴露使用时满足防太阳辐射要求	表面可增加护套
印制组件	满足性能要求、防霉菌、防盐雾要求	涂三防漆或灌封
胶黏剂	满足性能要求、防霉菌和防太阳辐射要求	表面可涂漆

2. 信息处理设备腐蚀防护设计

信息处理设备主要为控制与显示设备，该设备与操作人员结合紧密，关系到操作人员舒适性，应考虑人机工程设计因素，并将其布置在具有环控措施的舱室内，恶劣环境型电子设备显控设备机柜应设计为封闭结构，采用闭式冷却系统。

3. 电源腐蚀防护设计

电源柜、配电柜及电源分机等优先考虑安装于具有环控措施的工作舱、工作房或封闭机柜内。对直接暴露使用的设备，应采用密闭结构，并设计遮阳、挡雨等遮蔽结构。

安装在户外的电源分机应采用密封式机箱设计，必要时，可对电源模块进行整体灌封以提高模块自身的恶劣环境适应能力。电源柜、配电柜应采取合理有效的密封设计，并配备环控设备。

4. 空调及除湿机腐蚀防护设计

空调、除湿机直接暴露于外部恶劣环境中，其防护设计需要加强，采用海水换热的水冷空调和除湿机可放置在环控房间内，但与海水换热部件需采用钛合金材料；采用风冷换热的空调、除湿机，其电控系统需做密封设计，可采用防水透气阀对其内部进行调节。参见表 10-10。

5. 干燥机腐蚀防护设计

干燥机是对电子设备天馈线进行充干燥空气的设备，属于户外设备，在恶劣环境中需加强腐蚀防护设计。

6. 防雷系统腐蚀防护设计

恶劣环境型电子设备的防雷系统由避雷针、接地装置、升降杆及附件、防雷箱等组成，工作于户外，也应加强腐蚀防护设计。

7. 通信系统腐蚀防护设计

通信系统包括通信天馈线、舱内机柜及电缆。天馈线腐蚀防护设计要求比有天线罩的电子设备的设计要求更高，其结构件应采用 316L、304 及以上级别不锈钢并经钝化后涂漆处理，电装件应采用密封处理并涂三防漆，升降杆应采用重防腐涂层体系。舱内机柜及电缆腐蚀防护设计应与整机电子设备相同，紧固件、五金件、电缆、非金属材料等要求与整机电子设备相同。

8. 车辆平台腐蚀防护设计

恶劣环境型电子设备车辆（包括载车、半挂车、全挂车）在满足相应标准设计要求的前提下，应提高腐蚀防护水平。车辆中使用的各种零部件、紧固件、电缆、五金件等材料及镀涂方式等腐蚀防护要求应与整机电子设备要求相同。

车辆平台是电子设备的安装基础,上装电子设备下连载车且其内部铺设有各类电缆、液压管路、冷却管路等,车辆平台腐蚀防护设计要求如下。

(1)恶劣环境使用的车辆平台应在满足刚强度的条件下,选择耐蚀性好的高强度结构钢。

(2)车辆平台的吊耳、安装面或相对运动表面、穿线圆管应根据情况,选用304、316L或沉淀硬化不锈钢。

(3)车辆平台骨架设计应尽量减少焊缝,平台边梁外侧尽量避免有焊缝,所有焊缝应连续焊,并经着色检查无夹渣、气孔等缺陷。

(4)车辆平台封闭梁应避免开通孔。

(5)车辆平台用五金件、紧固件要求与整机电子设备相同。

(6)车辆平台所有封闭梁的腔内灌注聚氨酯泡沫。

(7)所有沉头螺钉带防松效果好的螺纹锁固剂安装,其他螺钉(栓)带密封胶安装。

(8)有精度要求的机加工面及螺纹孔涂油或缓蚀剂保护,调平腿安装面涂底漆,其余表面应采用重防腐涂层体系。

9. 方舱腐蚀防护设计

方舱为内部设备提供防护和遮蔽,保护内部设备免受盐雾环境的侵蚀。在恶劣环境下,方舱最好能进入工作房等掩体内。

10.2 典型构件腐蚀防护设计

10.2.1 紧固件

紧固件(包括垫片和弹垫):规格小(如M8以下)的紧固件可选用304或316系列不锈钢;规格较大(如M8以上)有强度要求的紧固件可选用达克罗处理、镀锌镍合金和热浸锌处理的紧固件,紧固类零件的腐蚀防护如表10-11所示。恶劣环境下工作的设备,其紧固件可进行湿装配并进行外表面密封。

表10-11 紧固类零件的腐蚀防护

零件类别	材料	环境类别	镀涂层系统(示例)	应用范围
装饰性紧固类零件	钢、铜合金	II	电镀双层镍/装饰铬/电泳或涂水溶性封闭剂保护	用于面板、机箱、机柜、显控台及镀金、镀银、化学镀镍件等的组装。不锈钢紧固件还可用于其他组装
	不锈钢	I、II	酸洗,化学抛光,钝化	
防护性紧固类零件	钢、铜合金	I、II	电镀含镍10%~14%的锌镍合金5~8μm,铬酸盐彩色钝化	用于有导电要求的,与铝化学氧化及镀锌件的组装。还可在Zn-Ni钝化膜上涂干膜润滑剂

续表

零件类别	材　料	环境类别	镀涂层系统（示例）	应用范围
防护性紧固类零件	钢	I	热浸锌	用于户外构件的长效防护
	钢、铜合金	II	电镀含锌 25%的锡锌合金 5～8μm，铬酸盐彩色钝化	用于有可焊要求的，与镀锌及铝化学转化处理件的组装
	钢、铝合金	I、II	达克罗（锌-铬膜即浸渍锌鳞片/铬酸盐）	用于对氢脆敏感的、使用温度大于71℃和对导电性没有严格要求的零件；与锌、铝相接触件
功能性紧固件	铜合金	II	微波调谐螺钉电镀低应力镍+光亮镀银层+涂 DJB-823 固体薄膜保护剂	与镀银、镀金、化学镀镍件相组装

紧固件的组装设计中应关注以下几点。

（1）紧固件与被紧固结构件应具有电偶腐蚀相容性。通常，镀锌镍合金和锡锌合金以及涂锌铬膜的紧固件用来与镀锌、铝合金化学氧化等结构件进行安装紧固；而镀镍/铬、不锈钢钝化、铜合金镀银的紧固件则用来与镀金、镀银、电镀镍、化学镀镍等结构件进行组装和紧固。

（2）在紧固件中所用的螺栓、螺钉、螺母、垫圈等零件的材料及镀、涂腐蚀防护方法应尽量保持一致；如在不锈钢钝化的螺钉与螺母中间不得插入普通碳钢氧化发黑的垫圈。

（3）固定安装（不再拆卸）的紧固件，组装时应涂腐蚀阻化螺纹锁固胶，或者涂底漆、密封胶等进行湿装配。

（4）可拆卸紧固件，如铝合金盒体与盖板，组装时建议涂厌氧密封胶湿装配；或者在螺孔中涂底漆，允许漆膜干燥后再装配。

（5）钛合金结构件的紧固，可用不锈钢钝化的紧固件在清洁、干燥条件下进行组装；除非有液体密封和耐压要求，才使用密封胶。

（6）碳复合材料结构件的紧固与组装，应使用钛合金紧固件，不得使用镀锌镍合金和铝合金紧固件。

（7）蒙乃尔合金和不锈钢紧固件用于铝合金结构件的组装时，应镀锌镍合金或锡锌合金。

（8）干涉配合紧固件：镀镉或代镉镀层如锌镍合金或锡锌合金的干涉配合紧固件，不可应用于与钛合金接触；干涉配合紧固件的孔应涂底漆，并且组装前底漆应完全干燥。

（9）螺纹孔一般应进行涂镀处理，如因精度要求不能进行涂镀处理的螺纹孔，可在装配前涂油或涂缓蚀剂临时防锈处理；装配中采取带底漆或胶进行湿装配，必要时对紧固件头部进行封胶处理。

10.2.2　电缆组件

电缆选用应符合腐蚀防护要求和规定环境条件下的使用要求，电缆外皮应符合防霉菌要求，外露的电缆应满足太阳辐射要求。

独立设备单元间直接外露接地的防波套可用热缩套管防护，为增强耐太阳辐射能力，室外环境使用的电缆可加装具备防紫外线功能的护套。

为防止盐雾侵蚀，所有室内外电缆与插头连接处均需按规定外加护套，护套材料可采用热缩套管，如有应力消除需求可采用模缩套。

单元间电缆走线为满足环境防护要求，机柜对外电缆可采用底部走线方式，通过设备或阵地预留的走线地槽或架空地板下部走线，并注意防鼠；对采用机柜顶部走线的设备，应对顶部的电缆进行适当处理后从底部走线。馈线按阵地实际情况布置，线路尽可能短。

电缆穿墙（舱）时线缆与孔壁件的缝隙应进行密封，但不可选用涂胶等不可靠的密封方式，优先选用成品穿墙密封件。

10.2.3 接插件

接插件外壳材料应耐蚀、结构应密封，室外使用的接插件尽可能选用自密封式。接插件外壳通常有铝合金化学镀镍、铝合金镀镉和不锈钢钝化等材质，选用上述外壳材料的接插件分别可经受 GJB 1217 中性盐雾 48h、500h 和 1000h 的环境试验考核。因此，经受户外较为恶劣腐蚀环境的接插件，应优先选用奥氏体不锈钢材料（304 或 316L 不锈钢），另外包括接插件的插头、插座、附件如盖帽、尾夹、链条等也应选用耐蚀材料。接插件的具体腐蚀防护设计，应按照环境腐蚀性等级进行验证，并最终确定材料和表面处理方式的适用性，为了延长外露接插件壳体的使用寿命，还会采用定期喷涂透明缓蚀剂膜的方式。

电接触部位的腐蚀防护可选用镀镍/钯/金或镀镍/金，即 Cu/Ep·Ni3～5ls·Pd（99.7）2.5～5Au（99.7）0.25hd 或 Cu/Ep·Ni3～5ls·Au2.5～5hd 的镀层体系，提高它们的抗机械磨损腐蚀、抗电蚀及抗摩擦聚合的能力，改善电连接性能。镀覆完成后用 DJB-823 固体薄膜保护剂对电连接器组件的电接点和电接触部位进行防护。

接插件与电缆适配制作时，在接插件尾部需要接装电缆，存在焊点异种金属接触及尾部密封可靠性等问题。为了保证耐蚀性及接插件与电缆连接的可靠性，接插件与其后面的电缆连接处采用灌封形式或包封形式密封。如导线的焊接端头焊接后，采用热缩套管热缩保护焊点，若是高压焊接端头，可采用热缩套管热缩保护焊点后，再灌注硅橡胶密封。非永久性连接的插头、插座均应具有腐蚀防护保护盖，所有接插件优先采用密封安装的结构形式。

10.2.4 弹性件

弹性件需要具备优良的抗冲击和耐疲劳性能，在金属材料的选用上存在较多的限制。常用碳素弹簧钢（如 T10）和合金弹簧钢（如 65Mn）制造弹性件，常规弹簧钢的耐蚀性较差，一般采用黑化、镀锌等方式增加耐蚀性，但依然无法满足高湿热的海洋环境的腐蚀防护要求，在恶劣环境使用时应涂覆涂层。另外，弹性件工作时需往复运动，弹性件的镀涂层易产生破损，严重影响弹簧的耐蚀性能。因此，在满足弹性件力学性能的情况下，推荐选用 GB/T 24588 规定的弹性不锈钢材料。

弹簧等弹性零件的材料选用,为提升弹簧耐蚀性,工作温度在 200℃以下的选用 06Cr17Ni12Mo2 等 A 组弹簧丝制造的弹簧;工作温度在 200℃以上的选用 07Cr17Ni7Al 等 C 组时效弹簧丝制造的弹簧。

10.2.5 安装面

为保证安装精度,电子设备常用安装面进行结构间的安装。电子设备常用的安装面分为对称性支耳、非对称性支耳、油缸支耳和平面安装面。接触表面涂油润滑或采用具有润滑作用的缓蚀剂(如 ArdroxAV25)进行防锈处理,对非接触表面进行镀涂处理,并对机加工面采取工序周转和暂存期间的涂油防锈临时性防护措施。

1. 支耳与支座运动面典型结构设计

常见支耳与支座连接方式有三种:第一种是油缸支耳与支座的连接;第二种是机构支耳与支座的连接或分块天线之间的支耳和支座的连接,机构支耳有连杆支耳、丝杆支耳等;第三种是对称性天线支座与天线座支耳(或天线座支座与天线支耳)的连接。

1)油缸支耳与支座的连接

油缸支耳与支座的连接采用两种结构,分别如图 10-9 和图 10-10 所示。图 10-9 所示是通用结构,图 10-10 所示是带凸台结构。

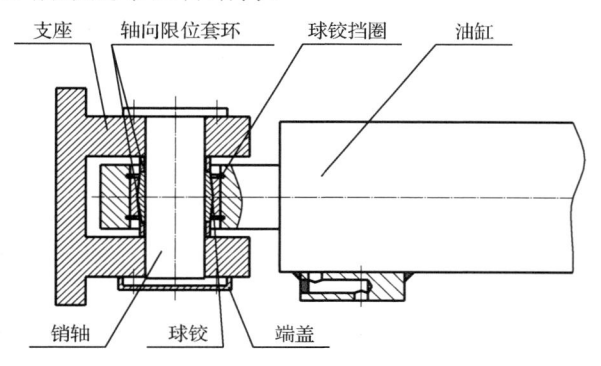

图 10-9 油缸支耳与支座的连接结构(通用结构)

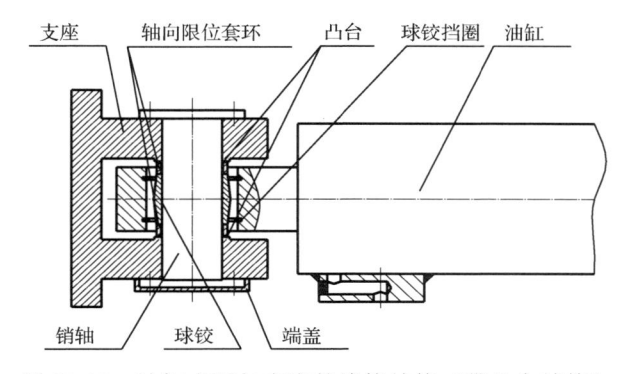

图 10-10 油缸支耳与支座的连接结构(带凸台结构)

典型材料选择及表面处理如下。

销轴：推荐采用合金结构钢 38CrMoAlA，表面 QPQ 处理；或者采用沉淀硬化型不锈钢 0Cr17Ni4Cu4Nb，固溶时效处理，表面 QPQ 处理。

支座：若是普通碳钢材料，则推荐整体采用热浸锌处理；若无法采用热浸锌，则可采用热喷锌处理，然后除内孔配合表面外，其余表面均涂油漆。

油缸支耳：除球铰外，均需做热浸锌（或热喷锌）+油漆处理，球铰若无法采用耐蚀材料，则需有可靠措施将油脂封闭，并留有可定期加油的注油孔。

装配要求：油缸支耳与支座端面的间隙可根据支座高度设置为 2～5mm；销轴配合轴径尺寸公差高载时选 d8，低载时选 e7，高精度的选 f7；销轴配合表面粗糙度不大于 1.6；装配时，固定螺钉应带胶安装，销轴的安装固定方式应为可反复拆装式；完成装配后，销轴外露表面应涂油漆，另一侧涂油漆后应加端盖封闭。一般情况下，当销轴直径小于或等于 30mm 时，总轴向窜动量不大于 0.5mm；当销轴直径大于 30mm 时，总轴向窜动量不大于 1mm。

2）机构支耳与支座的连接

机构支耳与支座的连接共有三种结构：第一种是自润滑轴承支座内侧安装；第二种是自润滑轴承支座外侧安装；第三种是无自润滑轴承支座，分别如图 10-11、图 10-12 和图 10-13 所示。

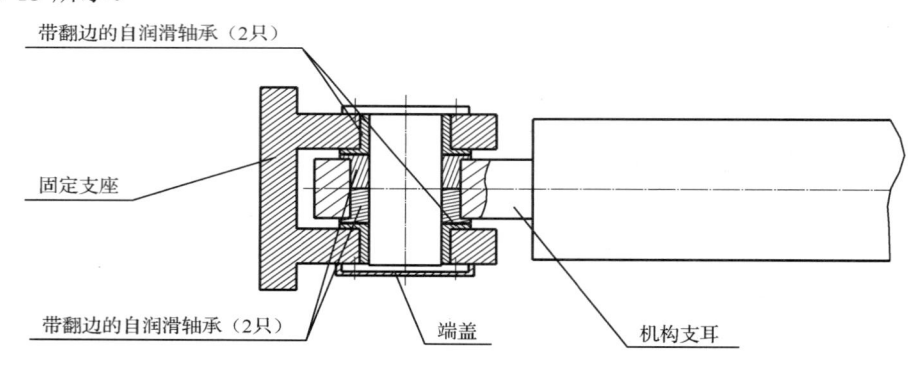

图 10-11 机构支耳与支座的连接结构一

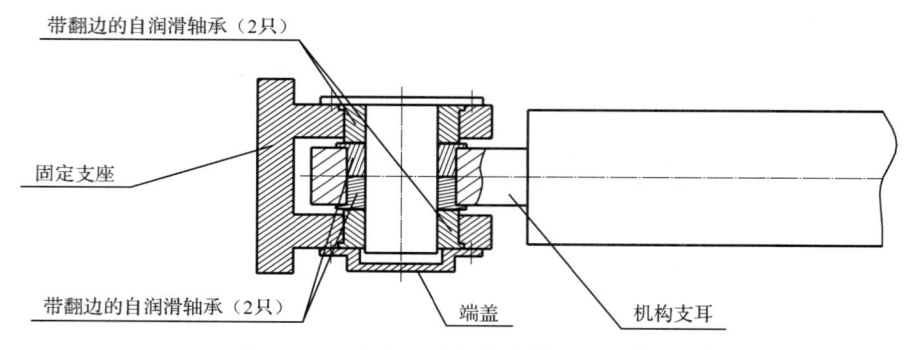

图 10-12 机构支耳与支座的连接结构二

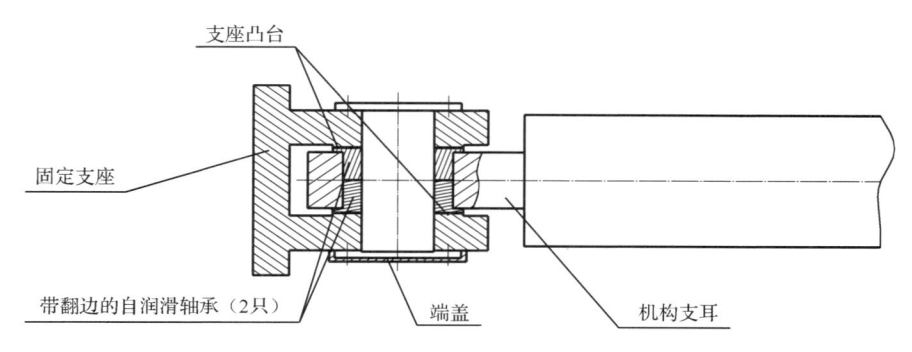

图 10-13　机构支耳与支座的连接结构三

典型材料选择及表面处理如下。

销轴：推荐采用合金结构钢 38CrMoAlA，表面 QPQ 处理；或者采用沉淀硬化型不锈钢 0Cr17Ni4Cu4Nb，固溶时效处理，表面 QPQ 处理。

支座：若是普通碳钢材料，则推荐整体采用热浸锌处理；若无法采用热浸锌，则需采用热喷锌处理，然后除内孔配合表面外，其余表面均涂油漆。

机构支耳：若是普通碳钢材料，则推荐整体采用热浸锌处理；若无法采用热浸锌，则需采用热喷锌处理，然后除内孔配合表面外，其余表面均涂油漆。

自润滑轴承：一般配合部分内径尺寸公差选 e7，外径尺寸公差选 r6；应采用通用型铜基自润滑轴承材料或通用型不锈钢基自润滑轴承材料；无相对运动的自润滑轴承可采用铝青铜制作的铜套与支座上底孔进行过盈配合来安装。

装配要求：机构支耳与支座端面的间隙可设置为 5~10mm；销轴配合轴径尺寸公差高载时选 d8，低载时选 e7，高精度的选 f7；销轴配合表面粗糙度不大于 1.6；装配时，固定螺钉应带胶安装，销轴的安装固定方式应为可反复拆装式；完成装配后，销轴外露表面应涂油漆，另一侧涂油漆后应加端盖封闭。一般情况下，当销轴直径小于或等于 30mm 时，总轴向窜动量不大于 0.5mm；当销轴直径大于 30mm 时，总轴向窜动量不大于 1mm。

3）对称性天线支座与天线座支耳的连接

对称性天线支座与天线座支耳的连接是左右支耳两侧有尺寸精度控制（需保证一侧有间隙）的连接方式，有三种结构，分别如图 10-14、图 10-15 和 10-16 所示。第一种是内侧安装结构；第二种是外侧安装结构；第三种是带凸台结构，适应尺寸限制严格的结构。

典型材料选择及表面处理如下。

销轴：推荐采用合金结构钢 38CrMoAlA，表面 QPQ 处理；或者采用沉淀硬化型不锈钢 0Cr17Ni4Cu4Nb，固溶时效处理，表面 QPQ 处理。

天线支座：若是普通碳钢材料，则推荐整体采用热浸锌处理；若无法采用热浸锌，则需采用热喷锌处理，然后除内孔配合表面外，其余表面均涂油漆。

天线座支耳：若是普通碳钢材料，则推荐整体采用热浸锌处理；若无法采用热浸锌，则需采用热喷锌处理，然后除内孔配合表面外，其余表面均涂油漆。

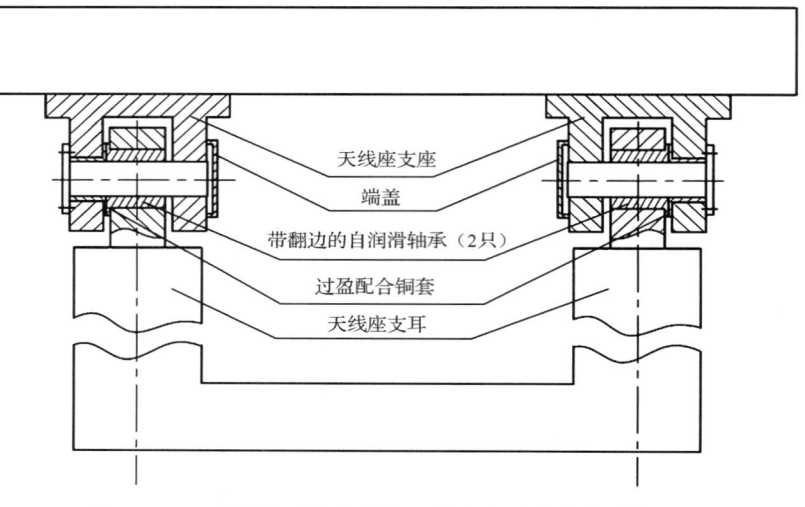

图 10-14　对称性天线支座与天线座支耳的连接结构一

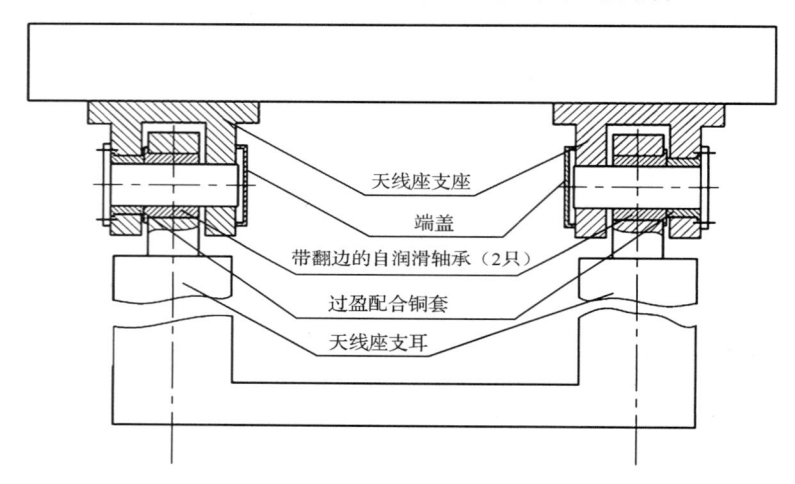

图 10-15　对称性天线支座与天线座支耳的连接结构二

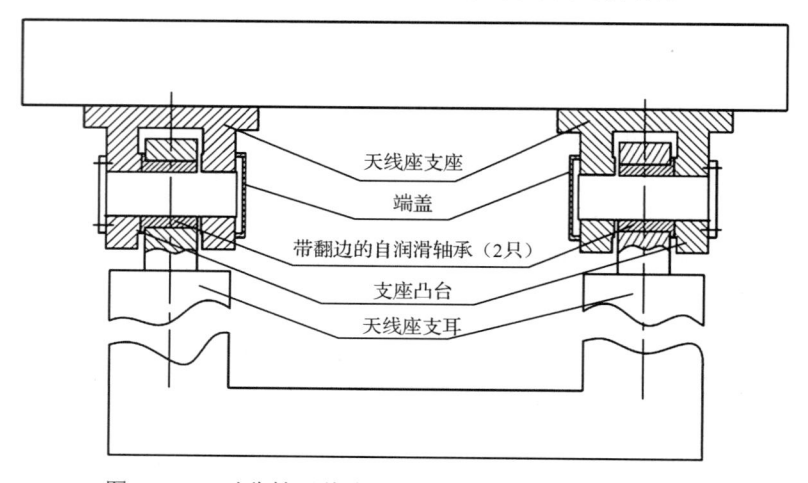

图 10-16　对称性天线支座与天线座支耳的连接结构三

过盈配合铜套：端面粗糙度不大于1.6，在满足性能要求时，推荐采用不锈钢或铝青铜材料，安装采用过盈配合方式。

装配要求：天线座支耳与天线支座端面的间隙可设置为5～10mm；销轴配合轴径尺寸公差高载时选d8，低载时选e7，高精度的选f7；销轴配合表面粗糙度不大于1.6；装配时，固定螺钉应带胶安装，销轴的安装固定方式应为可反复拆装式；完成装配后，销轴外露表面应涂油漆，另一侧涂油漆后应加端盖封闭。一般情况下，当销轴直径小于或等于30mm时，总轴向窜动量不大于0.5mm；当销轴直径大于30mm时，总轴向窜动量不大于1mm。

2．平面安装面

一般精度要求的平面安装面可进行镀涂处理或同时在装配后四周进行缝外填角密封。高精度要求的平面安装面可对机加工面提出工序周转和暂存期间的涂防锈油临时性防护措施，并在安装前表面喷涂缓蚀剂，或者在安装后四周喷涂缓蚀剂，然后进行缝外填角密封。

为满足装配和加工的工艺性，特殊情况下会将安装面留出适当的裕量，产生了"多余"加工面。此时，应将有加工精度要求且未镀涂表面面积减至最小，能在零件状态进行镀涂的应在零件状态下进行镀涂，不能镀涂的应对机加工面提出工序周转和暂存期间的涂防锈油临时性防护措施。装配时，应涂润滑脂或缓蚀剂后再安装；需要装拆或有相对运动的表面应经缓蚀处理且定期涂油脂或定期喷涂具有润滑作用的缓蚀剂进行防锈处理。

10.3 典型电路腐蚀防护设计

电路设计在满足基本性能指标要求的情况下，应尽量采用系统简化设计以提高可靠性，采用模块化设计以提高设计的成熟性，简化测试、调试和维修程序，采用健壮设计，进行最坏情况电路分析等措施，从而为电路、结构、工艺和材料选择提供可靠、明确的性能参数要求。下面介绍电子设备中的典型电路，如印制板组件、电接点和电连接件、波导及微波电路组件、电源及高压组件的腐蚀防护设计。

10.3.1 印制板组件

数字电路印制板组件是由印制板、各类元器件和电连接器等通过焊接方法彼此连接在一起的一类电子设备组装件。其耐蚀能力与元器件、印制板基板材料、电连接器本身的防腐性相关，也与其防护工艺密切相关。

设计中可采用以下方法提高耐蚀性。

（1）选择耐蚀性好的基板材料和元器件。

（2）印制板的设计，必须依据使用环境与功能、性能的需要，明确提出表面涂覆的要求。

① 印制板板边电连接器的镀覆层通常选用电镀低应力镍（最小厚度 2.0～2.5μm）+硬金（最小厚度 0.8～1.3μm）；标记为 Cu/Ep·Ni2.0～2.5lsAu0.8～1.3hd。

② 面线路部分的镀覆层通常选用化学镀镍（2.5～5.0μm）+浸镀金（0.08～0.1μm）；标记为 Ap·Ni-P(8)2.5～5.0Au0.08～0.1。

③ 关键电路的印制板及元器件通常选用 Cu/Ap·Ni-P(8)2.5Pd0.7Au0.13。

④ 镀覆层种类、厚度的具体选用应根据产品的使用环境和功能要求进行设计、验证，如果仅依靠镀覆层无法实现印制板的防护，应从整体结构设计上考虑营造良好的环境。

（3）印制板组件整体进行防潮、防霉处理。

可采用整体加装保护罩、敷形涂层的方式，必要时整体灌封处理。

① 敷形涂层通常选用低介电常数、低介电损耗和低吸水率的品种，对基板、阻焊膜及元器件具有较高的附着性及良好的材料相容性，一般可选丙烯酸系列、环氧系列、聚氨酯系列的敷形涂层。对涂料介电性能要求较高时，可选用有机硅系列敷形涂层。如果高频印制板组件对涂层介电性能要求很高，则建议选用聚对二甲苯涂层。

② 组件整体灌封是非常可靠的防护工艺，不仅可以防潮、防盐雾，还能提高组件的抗振性能。高压部件选用硅凝胶，微波组件选用介电损耗小的灌封材料。但灌封处理对印制板组件散热、可维修性及介电损耗存在影响，选用时需综合考虑。

③ 涂覆敷形涂层可能存在焊点凸点处涂层厚度薄，防护性能不足，而采用灌封工艺存在相对较大的介电损耗。因此印制板组件可以先涂覆敷形涂层，然后用灌封胶对重要器件、焊点进行局部包覆，加强薄弱环节的防护性能。

（4）印制板上距离近而电位差大的焊盘或导线，应合理选用镀覆层，避免离子迁移；并选用绝缘性能好的涂层，进行防护处理。

（5）做好电路的抗振动环境的防护设计，以避免镀涂层的破坏。

（6）做好电路的散热设计，以避免温度过高加速材料的腐蚀和破坏。

10.3.2　电接点和电连接件

各电路之间实现可靠连接是电子设备长期稳定可靠工作的必要条件，而电接点和电连接件的耐蚀性是决定电路之间可靠连接的关键因素。一旦触点腐蚀，轻者接触电阻增大，重者形成断路，严重影响产品工作。电接点和电连接件的耐蚀性在基材一定的情况下，主要由镀覆层的性质决定。

1．镀覆层和材料的性能要求

（1）电接触性质：镀层表面无氧化膜，具有高导电性、低接触电阻、表面平滑、接触密切、电噪声低的特点。

（2）耐磨性质：要求镀层硬度高，摩擦系数小，表面润滑性好。

（3）耐蚀性：要求镀层孔隙率低，化学稳定性高；镀层体系配合得当，电化学腐蚀和磨损腐蚀倾向小；抗电侵蚀性强。

（4）接点配对性：相接触电接点不能是贵金属镀层与非贵金属镀层混配，以防电化学腐蚀和镀层金属转移而污染电接点；钯或钯合金表面应镀覆金（纯度99.7%或99.9%）起固体薄膜润滑剂作用，并防止钯表面在动态摩擦及电条件下吸收空气中有机物气氛和杂质发生催化聚合，生成高电阻率的膜，降低电接触功能。

（5）接触压力：在保证电接触良好的前提下，尽量降低电接点的接触压力，维持保证电路畅通的最小接触压力。

（6）接触材料的熔点：接触材料熔点要足够高，以使扩散和粘连降至最小。

2．镀层体系设计

常用电接触镀覆层体系的设计如表10-12所示。电接触副推荐的镀层组合如表10-13所示。在非润滑剂条件下不推荐的电接触副镀层组合如表10-14所示。

镀覆层种类、厚度应根据产品的使用环境和功能要求进行设计、验证，如果仅依靠镀覆层无法实现电接点和电连接件的防护，应从整体结构设计上考虑营造良好的环境。

表10-12　常用电接触镀覆层体系的设计

组　别	镀覆层体系、厚度（μm）与要求	镀覆性质与应用范围
①	铜合金基体上电镀低应力镍1～5μm，钴硬化金镀层1.3～2.5μm	印制板插头、电接点、电连接器常用的电接触镀层，电接触性能良好；在恶劣环境条件下要求金层无孔隙。选用范围上限金层厚度耐蚀性与可靠性较高
②	电镀低应力镍1～5μm，含镍20%的Pd-Ni合金1.3～2.5μm，纯度为99.9%的金镀层0.05～0.12μm	应用于在常温条件工作的高密度电连接器，高速数字通信系统连接器，电接点等，基本应用范围与①相同；等厚度条件下耐磨性、耐蚀性比①好
③	电镀低应力镍1～5μm，含钴20%的Pd-Co合金1.3～2.5μm，纯度为99.9%的金镀层0.05～0.12μm	镀覆性质应用范围与②基本相同，但是硬度耐磨性适用温度范围、工艺和质量可控制性比②好，是高可靠性的电接触镀层（底层镍、面层薄金的作用与④相同）
④	电镀低应力镍1～5μm，纯度为99.7%以上的钯镀层1.3～2.5μm，纯度为99.9%的金镀层0.05～0.12μm	应用于较高温度（130℃）下工作的电气接点，高密度电连接器等，镀层体系电接触性、耐磨性、耐蚀性好。其中，底层镍起扩散阻挡和降低镀层体系孔隙率的作用，面层金起固体润滑作用和减少摩擦聚合物的生成，降低磨损腐蚀等
⑤	电镀低应力镍5μm，电镀铑3～5μm；或电镀低应力镍5μm，含钴20%的Pd-Co合金5～8μm，纯度为99.9%的金0.12μm	用于电子设备进行功率与信号传输的滑动式电接触导电环等
⑥	电镀低应力镍3～5μm，纯度99.7%以上的钯2.5～5μm，纯度为99.9%的金镀层0.12μm；或电镀低应力镍3～5μm钴硬化金镀层2.5～5μm	用于受到机械磨损腐蚀和电浸蚀的继电器接点和旋转开关
⑦	电镀低应力镍3～5μm，光亮银5～8μm，铑0.5μm	用于高频电接点；其中底层镍起扩散阻挡和降低孔隙作用，面层铑起防银变色和提高耐磨性的作用

续表

组　别	镀覆层体系、厚度（μm）与要求	镀覆性质与应用范围
⑧	电镀低应力镍1~5μm，含锡60%的锡铅合金5μm	用于车载设备之接触面积较大，接触压力高而针（插头）数较少的电接触镀覆；可焊性好，成本低

注1：表中有的厚度只给出一定范围，准确厚度应根据工作具体情况和镀覆要求而选定。

2：表中的基体材料还可以是铝和铝合金及其他材料，厚度也随着材料的不同而调整。

表 10-13　电接触副推荐的镀层组合

接　触　1	接　触　2
Pd-Ni 或 Pd-Co 合金层	Au 镀层（2 型金层）
Pd-Ni 或 Pd-Co 合金层	Pd-Ni 或 Pd-Co+面金（1 型或 2 型金层）
Pd-Ni 或 Pd-Co+面金（1 型或 2 型金层）	Pd-Ni 或 Pd-Co+面金（1 型或 2 型金层）
Pd-Ni 或 Pd-Co+面金（1 型或 2 型金层）	Pd+面金（1 型或 2 型金层）
Pd-Ni 或 Pd-Co 合金层	Pd+面金（1 型或 2 型金层）
Pd-Ni 或 Pd-Co+面金（1 型或 2 型金层）	Pd 镀层

注：1 型金层是指最低纯度 99.9%，硬度 HK_{25} 最大值为 90 的金镀层；而 2 型金层是指最小纯度 99.7%，硬度 HK_{25} 为 130~200 的金镀层。

表 10-14　在非润滑剂条件下不推荐的电接触副镀层组合

接　触　1	接　触　2
Pd-Ni 或 Pd-Co 合金层	Pd-Ni 或 Pd-Co 合金层
Pd-Ni 或 Pd-Co 合金层	Pd 镀层
Pd-Ni 或 Pd-Co 合金层	Sn 或 Sn-Pb 合金层
Pd-Ni 或 Pd-Co+面金（1 型或 2 型金层）	Sn 或 Sn-Pb 合金层

10.3.3　波导及微波电路组件

波导是指能在其内部传播电磁波的一段专用金属管或内壁金属化的管材，包括直（硬）波导、软波导、弯波导、扭波导等；波导组件是指由波导及两边端口的装接机构所组成的组合件。对于微波电路，工作频率不高的可采取涂覆聚对二甲苯的方法，较高频率的可采用封装的方法进行防护。本节主要介绍波导及微波电路组件的防护，包括零件的防护，波导组件的防护，波导组件的环境适应性与控制，微波组件的封装等。

1．零件的防护

目前，由于铝合金与铜合金优良的导电性、良好的可加工性和经济性，在微波组件的屏蔽盒、波导和腔体零件中被广泛使用。这些微波电路组件零件的防护如表 10-15 所示。

表 10-15 微波电路组件零件的防护

零件类别	材料	环境类别	镀涂层系统（示例）	控制要求
波导、腔体、喇叭、屏蔽盒等微波器件	铜合金	I	电镀低应力镍 25μm/光亮银 8μm，外表面涂漆；法兰及波导内表面涂覆 DJB-823 固体薄膜保护剂	（1）关注各镀涂层体系的厚度与外观质量。（2）成套的馈线体系应一批次涂装，以减少色差。（3）控制各类波导组件和电接插件 DJB-823 固体薄膜保护剂的涂覆浓度与涂覆过程
	铜合金	II	电镀低应力镍 25μm/光亮银 8μm，外表面涂漆；内表面及法兰端面涂 DJB-823 固体薄膜保护剂；屏蔽盒外表面涂三防清漆；内表面涂 DJB-823 固体薄膜保护剂	
	铝合金	I	化学转化或化学镀镍后局部表面涂漆	
	铝合金	I	化学转化后局部表面涂三防清漆	
	铝合金	II	电镀低应力镍 25μm/光亮银 8μm，外表面涂漆；内表面及法兰端面涂 DJB-823 固体薄膜保护剂；屏蔽盒外表面涂三防清漆；内表面涂 DJB-823 固体薄膜保护剂	
紧固件	铜合金	II	调谐铜螺钉件电镀低应力镍 3μm/光亮银 4μm	组装过程应注意材料间的相容性
	不锈钢	I	酸洗、钝化（用于镀银、化学镀镍等微波元件的组装）	
	不锈钢	II		
	钢	II	电镀含镍 10%～14%的锌镍合金 5～8μm，铬酸盐彩色钝化（用于铝导电氧化件的组装）	

将大功率铝波导馈线体系的镀覆由 Al/Ct·Ocd 改为 Al/Ap·Ni-P（11）25·EpAg8b·At·DJB-823，可以改善热稳定性，耐蚀性，并改善电导，降低传输损耗。

2．波导组件的防护

1）材料要求与电偶腐蚀相容性控制

（1）波导组件常用材料如表 10-16 所示。

表 10-16 波导组件常用材料

材料	牌号	化学成分标准	供货状态	镀覆处理
铜及铜合金	TU0，TU1，T2 H62，H90，H96	GB 5231	H62 波导退火后供货	（1）内壁进行钝化处理，需要更优导电性的情况可采用镀银 Cu/Ep·Ag8b·At。（2）外壁表面处理后涂覆油漆
铝合金	6063，6061，3A21	GB 3190	回火处理后：$A \geq 80mm$，$\sigma b(min) > 78.4MPa$；$A < 80mm$，$\sigma b(min) > 117MPa$（A 为波导外部宽度）	（1）内壁化学氧化处理，需要更优电性的情况可采用镀银 Al/Ap·Ni15Ep·Ag8b·At。（2）外壁表面处理后涂覆有机涂层。（3）铝波导与铜波导配用时，法兰盘应进行镀铜或镀镍处理

（2）组装过程电偶腐蚀相容性控制。镀铜、镀银、化学镀镍的波导组件应用不锈钢

钝化处理的紧固件组装；铝化学转化的波导组件应用电镀锌镍合金钝化的钢制紧固件组装。组装后，在组装的界面和缝隙处刷涂有关涂层系统进行防护。

2）波导组件的环境适应性与控制

波导组件的环境适应性与控制要求如表 10-17 所示。

表 10-17 波导组件的环境适应性与控制要求

检 验 项 目	硬波导组件	软波导组件
外观与机械性能	按 GJB 1783 检验，外观、机械性能、材料与表面处理质量应合格，标志清晰牢固	按 GJB 1510A 检验，外观、机械性能、材料与表面处理质量应合格，标志清晰牢固
耐腐蚀	按 GJB 360 中 101 方法进行 48h 中性盐雾试验，无破坏性的腐蚀，密封与机电性能合格	按 GJB 360 中 101 方法进行 48h 中性盐雾试验，无破坏性的腐蚀，密封与机电性能合格
耐湿	—	按 GJB 360 中 106 方法进行 10 周期交变湿热试验，应无开裂、护套无脱粘，插入损耗等电性能合格
高频振动	按 GJB 360 中 204 方法进行试验，应无机械损伤，密封加压、电压驻波比、插入损耗等电性能合格	按 GJB 360 中 204 方法进行试验，护套及金属件无损伤，插入损耗、电压驻波比等电性能合格
冲击（规定脉冲）	按 GJB 360 中 213 方法进行试验，应无机械损伤，密封加压、电压驻波比、插入损耗等电性能合格	按 GJB 360 中 213 方法进行试验，护套及金属件无损伤，插入损耗、电压驻波比等电性能合格
温度冲击	按 GJB 360 中 107 方法进行试验，应无机械损伤，密封加压、电压驻波比、插入损耗等电性能合格	按 GJB 360 中 107 方法进行试验，应无开裂、护套无脱粘现象，气密性、电压驻波比、插入损耗等电性能合格
弯曲	—	按 GJB 1510 进行试验后，应无机械损伤，电性能合格
密封性	按 GJB1783 检验，在规定内部气体压力下，组件浸入水中至少 5min，应无气泡逸出。密封性能在环境试验后均应合格	按 GJB 1510 检验，应无漏气，护套不脱粘，且电性能合格。密封性能在环境试验后均应合格

3）微波组件的封装

普通电子产品中的印制板组件普遍采用涂覆有机涂层的方法提高产品的腐蚀防护性能。涂覆有机涂层是目前最有效、最经济和最普遍采用的方法。但微波电路由于工作频率相对较高，涂覆涂层后会产生负面影响，如增加原有电路的分布参数、改变电路的电感量、频率漂移、输出功率下降等。因此，微波组件的腐蚀防护要求高、难度大。目前，对于微波组件，工作频率不高的可采取涂覆聚对二甲苯的方法，较高频率的可采用封装的方法进行防护。

微波组件封装的方法有胶黏剂密封、衬垫密封、真空烧结、软钎焊密封、激光封焊和平行封焊等。对于密封性要求高的组件，要达到气密要求，需要综合选用真空烧结、软钎焊、激光封焊或平行封焊等措施，如射频 I/O 绝缘子采用真空烧结，馈电控制绝缘子采用高频感应软钎焊，腔体和盖板可用激光封焊或平行封焊。对于密封性要求不高的模块，可选用胶黏剂或衬垫密封等成本较低的封装工艺。为兼顾可靠性和方便维修，可采用低温钎焊的封装方法。由于热导率较高，铜镀金的腔体采用激光封焊难度较大，可采用在真空或惰性气体中钎焊。为提高防护性，也可以在封装的同时充入惰性气体。由于封装后元器件的发热不能及时散出，封装防护的方法对于大功率的电路来说，可能会引发较严重的热故障，需要综合考虑腐蚀防护设计和热设计。

在使用胶黏剂或衬垫密封等封装工艺时，应注意防电磁波缝隙泄漏及控制电偶腐蚀。一般选用（镀）银微粒填充硅橡胶波导衬垫或导电衬垫材料，用于镀铜、镀银、化学镀镍组装波导间或微波电路屏蔽盒盒体与盒盖间，防止微波组件电磁波缝隙泄漏；同时又具有电偶腐蚀相容性。也可用 6063 铝合金薄片镀镉或代镉镀层（Zn-Ni、Sn-Zn 合金等），经硅橡胶压制，制成波导法兰盘（加压导电）衬垫或相应的导电衬垫材料，用于铝合金涂覆化学转化膜波导组件的组装或铝合金涂覆化学转化膜微波电路屏蔽盒盒体与盒盖间的防电磁缝隙泄漏，实现电磁和环境的密封。在组装界面缝隙处，补充涂底漆，整体涂配套的耐环境面漆进行防护。

10.3.4　电源及高压组件

电子设备用的小体积高压电源如发射机电源、行波管电源、调速管电源、显示器高压电源或高压组件，由于体积限制，空气介电强度达不到设计要求；或者由于低气压及海上湿热气候的影响，引起高压器件电晕、飞弧甚至击穿。为此，应采取相应的措施提高抗电强度。通常情况下采用固体介质灌封的方法，该方法在提高抗电强度的同时也提高了这些组件抗振动、抗冲击及抗恶劣环境的能力。

1. 灌封材料选择

用于高压器件的灌封材料有有机硅弹性体、醚型聚氨酯橡胶、环氧树脂等。这些材料各有特点，选用要点如下。

（1）灌封高压变压器主要选用环氧树脂复合物，使用温度范围为-55～+100℃。耐热等级较高（-60～180℃）的高压变压器主要选用有机硅树脂灌封；小体积大功率干式变压器可选用热导率为 0.6W/(m·K) 以上的灌封材料。

（2）高压电源和带高压组件、倍压组件、高压线束的灌封一般选用 GN 型硅凝胶，如 GN521 或 GN522 等。

（3）高压电缆插头、插座的灌封，应考虑灌封材料与电缆的结合力，可采用环氧树脂复合物，也可采用有机硅、聚氨酯等灌封材料。

2. 材料性能要求

（1）电性能。电阻率受潮后允许下降，但不得低于 $5\times10^7\Omega\cdot m$；击穿电压受潮后不得低于 10MV/m。

（2）物理化学性能。对大功率、高压组件、有导热要求的，热导率≥0.4W/(m·K)；灌封材料应与被灌封的零部件有较匹配的热膨胀系数，温度变化时不会造成产品损伤；并且能承受急剧温度变化的冲击。例如，机载设备经历-55～85℃的温度冲击，地面设备经历-45～70℃的温度冲击，共10个循环不开裂，灌封层内部无裂纹。耐热等级应不低于器件绝缘耐热等级。

第 11 章
腐蚀防护评价试验

【概要】
本章首先概述了腐蚀试验的目的与任务、类型以及不同领域电子设备的腐蚀试验项目的选择，然后简要介绍了重量法、线性极化法、三氯化铁孔蚀试验等关于电化学腐蚀的基本评价试验方法，最后着重介绍了几种环境评价试验，如盐雾试验、湿热试验、工业气氛试验、酸性大气试验、霉菌试验和大气暴露试验等，从试验目的、适用范围、试验程序和试验结果评价等方面进行了详细阐述。

11.1 概述

11.1.1 腐蚀防护评价试验的目的与任务

材料（含覆盖层）的耐蚀性是决定电子设备零部件、分系统、整机（系统）工作寿命的质量特性之一。在结构设计时，不能仅考虑材料的机械性能、加工性能和经济成本，必须充分考虑材料耐蚀性的要求。然而，材料的耐蚀性并不是材料的绝对特性，而是既取决于材料本身，又取决于工作介质、环境条件及其变化的相对性质。

腐蚀试验的目的，主要是测定某种材料（含覆盖层）在特定条件下具备的耐蚀性水平，其试验结果应能提供该种材料在试验条件下所表现的腐蚀行为方面的信息。

腐蚀试验的任务主要包括以下几个方面。

（1）开展腐蚀机理研究。

（2）确定环境的腐蚀性，研究环境因素对腐蚀速率、腐蚀形态的影响。

（3）对确定的材料/介质（环境），评估材料预期寿命。

（4）进行材料腐蚀失效分析，寻找原因并验证改进措施。

（5）优选材料及腐蚀防护措施并验证效果。

（6）研制开发新型耐蚀材料。

(7)用于生产过程管理和产品质量控制。

11.1.2 腐蚀防护评价试验的类型

基于材料、介质、环境条件和腐蚀试验任务的多样性和复杂性,腐蚀试验的分类方法较多。例如,可以按照材料、环境、腐蚀类型对其进行分类,也可以按照腐蚀试验方法的性质、试验场所以及材料与环境之间的相互关系进行分类。

结合电子设备的特点和使用要求,通常按下列两种方式对电子设备相关的腐蚀试验进行分类。

1. 按试验场所分类

1)实验室试验

在实验室内,有目的地将专门制备的试样或实物(零部件、组件、分系统等)在人工配制(或取自实际环境)的介质和受控制的环境中进行的腐蚀试验,称为实验室试验,如线性极化试验、三氯化铁孔蚀试验、湿热试验、霉菌试验、盐雾试验等。

实验室试验主要的优点为:①可以严格地控制有关影响因素;②可以灵活地规定试验时间,一般试验周期较短;③试验结果具有较好的重现性。

实验室试验一般又可分为模拟试验、加速试验两类。模拟试验是一种不加速的试验,即在实验室尽可能地模拟实际环境,在规定的介质条件下进行试验。其试验结果的稳定性和重现性较好,在已知腐蚀规律及主要影响因素的情况下,试验结果具有重要参考性。但是,在实验室条件下往往难以完全再现实际环境条件;此外,模拟试验的周期较长,试验费用也较高。

加速试验是人为地增强一个或几个关键影响因素,从而在较短的时间内确定材料发生某种腐蚀的倾向,或者比较不同材料在指定条件下的相对耐蚀性的一种试验方法。设计和使用加速试验方法时,应基本了解实际条件下的腐蚀机理及其影响因素,有效的加速试验应具备足够的侵蚀能力和良好的区分鉴别能力。

实验室试验有其固有的局限性:①试样与实物之间的状态(冶金、应力及表面状态等)存在差异;②试样与实物的结构、尺寸差异,导致腐蚀结果存在差异;③实验室的试验介质、环境与实际情况存在差异。因此,必要时应采用实验室试验和现场试验两者相结合来获得可信度较高的结论。

2)现场试验

将专门制备的试样或实物(零部件、组件、分系统及整机等)置于现场实际应用的环境介质(天然海水、土壤、大气或工业介质等)中进行腐蚀试验,称为现场试验,如大气暴露试验、海水暴露试验等。

现场试验最大的特点是环境条件真实,解决了实验室试验难以模拟实际环境、介质的困难,其试验结果比较可靠,可信度高。

现场试验的主要缺点是：①无法严格控制环境因素，试验条件可能会有较大的变化，试验结果较分散、重现性较差；②试验周期较长。

现场试验一般采用试样作为受试对象，考虑到试样和实物之间的状态差异，当试样的试验结果不能完全得出肯定结论时，应采用实物开展进一步的现场试验。

2．按试验对象分类

1）分系统试验

以电子设备的机柜、分机、插箱等独立功能单元作为试验对象的试验，称为分系统试验。分系统试验通常有盐雾试验、湿热试验和大气暴露试验等。

2）整机试验

以电子设备整机（系统）作为试验对象的试验，称为整机试验。由于整机体积、尺寸、质量、功耗、运转要求等限制，所以，适用于整机对象的腐蚀试验主要有湿热试验、大气暴露试验等。

11.1.3 腐蚀防护评价试验的选择

电子设备应根据其寿命期可能经受的环境条件，选择必要的、恰当的腐蚀试验项目进行相关试验。

对于地面、船舶电子设备，研制阶段（摸底试验）根据产品研发过程需要进行湿热、霉菌及盐雾试验；定型阶段（鉴定试验）需要进行湿热试验、霉菌试验（按合同或产品规范选做）、盐雾试验（按合同或产品规范选做）；批生产阶段（例行试验）仅需进行湿热试验。

对于航空电子设备，研制阶段（摸底试验）根据产品研发过程需要进行湿热试验、霉菌试验及盐雾试验；定型阶段（鉴定试验）、批生产阶段（例行试验）均需进行湿热试验、霉菌试验、盐雾试验。

通常情况下，航天电子设备不需要进行腐蚀试验。如果有必要，可选做湿热试验。

11.1.4 腐蚀防护评价试验的通用要求

1．标准大气条件

除另有规定外，应在下列标准大气条件下进行测量和试验：
- 温度：15～35℃。
- 相对湿度（RH）：20%～80%。
- 大气压强：试验场所气压。

2．水的纯度

在 25℃下，水的 pH 值为 6.5～7.2；推荐使用电阻率为 1500～2500Ω·m 的水。

3．温度

要考虑试样周围（必要的支撑处除外）空气的边界效应，并应保持试样周围温度的均匀性。为确保试样暴露在所要求的空气温度下，应将温度传感器布置在试样周围有代表性的点位，并尽量靠近试样，但所测的空气温度不应受到试样温度的影响。

温度允差通常为±2℃；对于体积大于 5m³ 的试样，温度允差为±3℃；当温度规定值大于 100℃时，温度允差为±5℃。

4．相对湿度

相对湿度应控制为规定值±5%RH。

5．试验试样

用于盐雾、湿热、霉菌等实验室试验的试样通常为标准试样，需要时也可以为实物，且应为质量合格品。

用于现场试验的试样可以是标准试样，也可以为实物，且应为质量合格品。

标准试样一般为矩形平板，常用尺寸为 100mm（长度）×70mm（宽度）或 150mm（长度）×100mm（宽度），适宜的厚度为 1～3mm，有覆盖层的试样表面积应不小于 50cm²。如果有需要，螺栓、管材、棒材等形状不规则试样均可以进行试验。

6．试验顺序

一般而言，电子设备进行腐蚀试验的先后顺序为湿热试验、霉菌试验、盐雾试验、酸性大气试验；其中，盐雾、酸性大气两项试验应分别采用不同的试样进行试验，不建议采用相同的试样先后受试。

11.2 基本评价试验

11.2.1 重量法

1．原理与分类

根据腐蚀前后试样重量的变化来测定腐蚀速率，并以此判断金属材料的耐蚀性，是重量法测定腐蚀的理论基础。重量法是以单位时间内、单位面积上由腐蚀而引起的材料重量变化来评价腐蚀的，简单且直观，既适用于实验室试验，也适用于现场试验，是最基本的腐蚀定量评定方法。

重量法可分为失重法和增重法两种。试验时，如果金属溶解于介质中，试样的重量减小，则可以用失重法测量；如果已知腐蚀产物的成分，并且其牢固地附着于试样表面或完全能被收集，则可以用增重法测量。

2．失重法

失重法要求在腐蚀试验后清除所有腐蚀产物再称量试样的终态重量，然后根据试验前后试样重量，计算得出的重量损失直接表示了由于腐蚀而损失的金属量。失重法并不要求腐蚀产物牢固地附着于材料表面上，也无须考虑腐蚀产物的可溶性，其适用于评定均匀腐蚀和绝大多数类型的局部腐蚀。

失重法的关键在于腐蚀产物的清除，理想的腐蚀产物清除方法是只去除腐蚀产物而不损伤基体金属。试样去除腐蚀产物后，应彻底清洗并立即干燥，干燥后通常还需要在干燥器中存放 24h 后再称重。

3．增重法

当腐蚀产物牢固地附着于试样上，在试验条件下不挥发或几乎不溶解于溶液介质，也不为外部物质所污染，这时采用增重法来评定腐蚀程度是恰当的。

增重法适用于评定均匀腐蚀和晶间腐蚀，不适用于评定其他类型的局部腐蚀，因此其应用不如失重法广泛。钛及钛合金、镍铬钢等耐蚀金属材料的腐蚀、金属的高温氧化适合采用增重法进行腐蚀评价。

4．腐蚀速率的计算

如果试样为均匀腐蚀，可根据腐蚀产物容易去除或完全牢固地附着于试样上的情况，分别采用单位时间、单位面积上金属腐蚀后的重量损失或重量增加来表示腐蚀速率，其计算公式如下：

$$v = \frac{K \cdot \Delta m}{S \cdot t \cdot D} \tag{11-1}$$

式中　v——腐蚀速率（单位决定于表 11-1 所示的 K 值，负数表示增重）；
　　　K——常数（见表 11-1）；
　　　S——试样面积，cm^2；
　　　t——试验时间，h；
　　　Δm——试验后试样的重量损失值，g；
　　　D——试样材料的密度，g/cm^3。

表 11-1　腐蚀速率 v 的单位与 K 值对应表

腐蚀速率 v 的单位	K 值
毫米/年（mm/a）	8.76×10^4
微米/年（μm/a）	8.76×10^7

续表

腐蚀速率 v 的单位	K 值
克/（平方米·时）[g/(m² · h)]	$1.0×10^4×D$
毫克/（平方分米·天）[mg/(dm² · d)]	$2.4×10^6×D$
克/（平方米·天）[g/(m² · d)]	$2.4×10^5×D$

11.2.2 线性极化法

1．原理与分类

线性极化测定腐蚀的原理就是在腐蚀电位附近进行弱极化，利用腐蚀电流密度和极化曲线在腐蚀电位附近的斜率 R_p 成反比的关系，得出腐蚀电流密度，从而计算出腐蚀速率。然而，这种线性关系仅在腐蚀电位附近的微小区间内才能成立，因此所允许施加的极化值非常小，通常为±10mV，甚至为±5mV。

根据控制信号的不同，线性极化法可以分为恒电流法（控制电流法）、动电流法、恒电位法（控制电位法）和动电位法。根据测量电极数量的不同，可以分为三电极系统和双电极系统。本节简要介绍采用三电极系统的恒电流法。

2．恒电流法

恒电流法通过控制工作电极上的电流密度为某一给定值，经过一定时间达到稳态后，测量相应电极的稳定电位值，主要测量步骤如下。

（1）制作试样（工作电极），对试样的工作表面使用金相砂纸打磨至光亮，经除油、干燥后，留出 1cm² 的工作面积，其余部位进行完全密封处理。

（2）连接三电极体系（铂电极为辅助电极，饱和甘汞电极为参比电极）、恒电位仪或电化学工作站。

（3）进行阴极极化测定，调节可变电阻，确定一个电流值，使电位改变 1～2mV，并按此极化度调节极化电流，直到极化电位至-20mV 左右为止，记录每个极化电流下的稳定电位值。

（4）进行阳极极化测定，操作方法同阴极极化，直到极化电位至+20mV 左右为止，记录每个极化电流下的稳定电位值。

（5）绘制阴极、阳极极化曲线或应用腐蚀分析软件求出腐蚀电流密度，然后计算出腐蚀速率。

3．腐蚀速率的计算

由腐蚀电流密度换算为腐蚀速率的计算公式如下：

$$v = \frac{3.27 \times 10^3 \cdot i_{\text{corr}} \cdot A}{n \cdot D} \quad (11\text{-}2)$$

式中　v——腐蚀速率，mm/a；
　　　i_{corr}——腐蚀电流密度，A/cm^2；
　　　A——金属的原子量；
　　　n——电化学反应转移的电子数；
　　　D——金属的密度，g/cm^3。

11.2.3　三氯化铁孔蚀（点蚀）试验

1．原理

三氯化铁的标准氧化还原电位 E（Fe^{3+}/Fe^{2+}，对标准氢电极）为 0.77V，比不锈钢在海水及许多其他化学介质中的腐蚀电位高，其水溶液的氧化性非常强。另外，三氯化铁溶液中含有大量能够破坏钝化膜的氯离子，其 pH 值低，酸性强，具有强烈的孔蚀倾向，因此普遍采用三氯化铁溶液作为孔蚀的加速试验溶液。

在三氯化铁溶液中，由于孔蚀引起的腐蚀量比均匀腐蚀量大得多，所以，可以通过试验后的失重、蚀孔数量及尺寸大小，来评价金属材料的耐孔蚀性能。这一试验方法可用来检验不锈钢和有关合金的耐孔蚀性能（含耐缝隙腐蚀性能），也可用来研究合金成分、热处理及表面处理状态对耐孔蚀性能的影响。

2．试验步骤

主要试验步骤如下。

（1）按 GB/T 17897 规定配制 6%三氯化铁溶液，待用（每次试验需新配制溶液）。

（2）将三氯化铁溶液倒入试验容器（玻璃烧杯等）中，每平方厘米试样表面积所需的试验溶液量应达到 20mL 以上；将试验容器放入恒温槽中，加热到规定温度（22℃±1℃或 50℃±1℃）。

（3）试验溶液达到规定温度后，将试样放置于溶液中的支架上，连续浸泡 72h；试验过程中，试验容器应盖上表面皿等以防止溶液蒸发。

（4）在一个试验容器中，原则上试验一个试样；对同一材料、同一表面状态的试样，如果能满足其他试验条件，则允许在同一容器中放置 2 件或更多的试样，但试样不能互相接触。

（5）每次试验结束后，取出试样按 GB/T 16545 中规定的方法，清除腐蚀产物、洗净，干燥后称重。

3．试验结果评价

对于孔蚀严重、均匀腐蚀不明显的材料，试验材料的耐孔蚀性能可以用腐蚀速率，即单位面积、单位时间的失重表示，单位是 g/(m^2·h)。腐蚀速率的计算公式如下：

$$腐蚀速率 = \frac{W_{前} - W_{后}}{S \cdot t} \tag{11-3}$$

式中　$W_{前}$——试验前试样的重量，g；
　　　$W_{后}$——试验后试样的重量，g；
　　　S　——试样总面积，m²；
　　　t　——试验时间，h。

11.3　环境评价试验

11.3.1　盐雾试验

1. 试验目的与范围

盐雾试验的目的是评定设备使用的金属材料及覆盖层的有效性、盐的沉积物对设备物理和电气性能的影响。

盐雾试验适用于评价主要暴露于含盐量高的大气中的电子设备所用的材料及覆盖层的质量和有效性，也适用于材料及覆盖层的优选。中性盐雾试验适用于金属及其合金、金属覆盖层、化学转化膜、阳极氧化膜及金属基体上的有机涂层。乙酸盐雾、铜加速乙酸盐雾试验适用于铜+镍+铬或镍+铬防护装饰性镀层、铝及铝合金阳极氧化膜。

2. 试验方法

根据 GB/T 10125，按照试验溶液的不同，盐雾试验可分为中性盐雾试验（NSS 试验）、乙酸盐雾试验（AASS 试验）、铜加速乙酸盐雾试验（CASS 试验）。

中性盐雾试验的试验溶液为 50g/L±5g/L 的氯化钠溶液，且需将盐雾试验箱收集的喷雾溶液的 pH 值调整至 6.5～7.2。

乙酸盐雾试验的试验溶液为 50g/L±5g/L 的氯化钠溶液并添加适量的冰乙酸，且需将盐雾试验箱收集的喷雾溶液的 pH 值调整至 3.1～3.3。

铜加速乙酸盐雾试验的试验溶液为 50g/L±5g/L 的氯化钠溶液并添加 0.205g/L±0.015g/L 无水氯化铜，且需将盐雾试验箱收集的喷雾溶液的 pH 值调整至 3.1～3.3。

其中，中性盐雾试验（NSS 试验）是电子设备应用最广泛的盐雾试验，通常按照 GJB 150.11A 使用交替进行的喷盐雾、干燥两种状态的试验程序进行。

3. 试验程序

对于电子设备，按照 GJB 150.11A，推荐使用交替进行的 24h 喷盐雾和 24h 干燥两种状态的中性盐雾试验的试验程序如下。

（1）按规定要求放置试样。

（2）调节试验箱温度为 35℃±2℃，并在喷雾前将试样保持在这种条件下至少 2h。

（3）连续喷盐雾 24h。

（4）在 15～35℃、相对湿度不高于 50%的条件下干燥试样 24h。
（5）干燥阶段结束时，应将试样重置于试验箱内并重复（3）和（4）一次或多次。
（6）进行物理和电气性能检测，记录试验结果。
（7）对试样进行目视检查，记录检查结果。
需要时，也可以采用 48h 喷盐雾和 48h 干燥的试验程序。

4．试验结果评价

试验结果的评价标准，通常应由受试材料或产品的相应标准规定。试验结果评价一般应包括以下几个方面。
（1）试验后的外观及等级评定。
（2）腐蚀缺陷的数量及分布。
（3）开始出现腐蚀的时间。
（4）试验后的物理及电气性能的检测结果。

11.3.2 湿热试验

1．试验目的与范围

湿热试验的目的是评定设备耐受湿热大气影响的能力。

湿热试验主要适用于可能在湿热环境中储存或工作的设备、可能在高湿度环境中储存或工作的设备。在湿热条件下可能出现凝露的场所使用的设备（如室外设备），一般进行交变湿热试验；在湿热条件下不会出现凝露的场所使用的设备（如室内设备），一般进行恒定湿热试验。

2．恒定湿热试验

1）试验条件

电子设备恒定湿热试验常用的环境条件如表 11-2 所示，应根据设备实际使用要求选取。

表 11-2　电子设备恒定湿热试验常用的环境条件

使用场所	相对湿度/%	环境温度/℃	试验时间/h
室内	90～95	30、35、40	48、96
室外	95～98	30、35、40	48、96

2）试验程序

恒定湿热试验程序如下。
（1）按规定要求安装试样。

（2）试样在试验的标准大气条件下进行电性能、机械性能和其他性能的检测及外观检查，记录检测结果。

（3）调节试验箱温度至规定值，在该温度下至少保持 2h。

（4）对试验箱加湿，达到规定的相对湿度和试验时间。在规定试验时间内，保持温度、湿度恒定不变。

（5）如果有规定要求，则直接在试验箱内进行中间检测并记录检测结果。

（6）试验结束后，除另有规定外，试样一般应在正常的试验大气下恢复并进行干燥处理。

（7）恢复后，对试样进行电气、机械性能检测及外观检查，并与初始检测结果进行对比。

3．交变湿热试验

1）试验条件

电子设备交变湿热试验常用的环境条件如表 11-3 所示，应根据设备实际使用要求选取。

表 11-3　电子设备交变湿热试验常用的环境条件

高温高湿阶段		低温高湿阶段		试验周期①
温度/℃	相对湿度/%	温度/℃	相对湿度/%	
60	95	30	95	5 或 10

注：① 一个周期为 24h。

2）试验程序

交变湿热试验程序如下。

（1）试样在试验的标准大气条件下进行电性能、机械性能和其他性能的检测及外观检查，记录检测结果。

（2）按规定要求安装试样。

（3）本试验以 24h 为一个周期，每周期分为升温、高温高湿、降温、低温高湿 4 个阶段。

- 升温阶段：在 2h 内，将试验箱温度由 30℃升至 60℃，相对湿度升至 95%。
- 高温高湿阶段：在 60℃、相对湿度为 95%的条件下至少保持 6h。
- 降温阶段：在 8h 内，将试验箱温度降至 30℃，此期间内相对湿度保持在 85%以上。
- 低温高湿阶段：当试验箱温度达到 30℃时，相对湿度应为 95%，在此条件下保持 8h。

（4）重复（3），共进行 5 或 10 个周期试验。

（5）在第 5 个周期及第 10 个周期临近结束前，试样处于 30℃、相对湿度为 95%的条件下按有关技术条件对其性能进行检测。

（6）试样应在试验箱内恢复到正常大气条件，并进行干燥处理。

（7）对试样进行性能最终检测和外观检查，并与初始检测结果进行对比。

4．试验结果评价

试验结果的评价标准，通常应由受试材料或产品的相应标准规定。试验结果评价一般应包括以下几个方面。

（1）试验后的外观。

（2）试验后的物理及电气性能的检测结果。

11.3.3　工业气氛试验

1．试验目的与范围

金属的大气腐蚀通常是由大气中的湿气和污染物引起的，城市和工业大气中典型的腐蚀性污染物是二氧化硫、硫化氢。在潮湿大气中，二氧化硫、硫化氢能够腐蚀除贵金属或贵金属镀层之外的所有其他金属。

工业气氛试验一般是指二氧化硫试验和硫化氢试验。

二氧化硫试验的目的是评定金属耐受二氧化硫污染大气影响的能力、二氧化硫污染大气对贵金属或贵金属镀层的接触点和连接件的接触性能的影响。二氧化硫试验主要适用于对比试验。

硫化氢试验的目的是评定金属耐受硫化氢污染大气影响的能力、硫化氢污染大气对银及银合金或其镀层的接触点和连接件的接触性能的影响。硫化氢试验主要适用于对比试验。

2．二氧化硫试验

1）试验条件

按照 GB/T 2423.19，二氧化硫试验的试验箱内环境条件如表 11-4 所示。

表 11-4　二氧化硫试验的试验箱内环境条件

二氧化硫浓度（体积分数）	相对湿度/%	温度/℃	试验时间/d
$2\times10^{-5} \sim 3\times10^{-5}$	70～80	23～27	4、10、21

2）试验程序

二氧化硫试验程序如下。

（1）试验前，试样在标准大气条件下进行外观、接触电阻、机械性能的检测和检查，记录检测结果。

（2）试验前，测量并调节试验箱内稳定条件下的二氧化硫浓度、温度及相对湿度以确保符合试验条件要求。

（3）按规定要求将试样置于试验箱，试验过程中保持试验箱内二氧化硫浓度、温度及相对湿度稳定。

（4）将试样从试验箱内取出，在标准大气条件下静置1～2h。

（5）进行试样外观、接触电阻、机械性能的最终测量和检查，并与初始检测结果进行对比。

3．硫化氢试验

1）试验条件

按照GB/T 2423.20，硫化氢试验的试验箱内环境条件如表11-5所示。

表11-5　硫化氢试验的试验箱内环境条件

硫化氢浓度（体积分数）	相对湿度/%	温度/℃	试验时间/d
1×10^{-5}～1.5×10^{-5}	70～80	23～27	4、10、21

2）试验程序

硫化氢试验程序如下。

（1）试验前，试样在标准大气条件下进行外观、接触电阻、机械性能的检测和检查，记录检测结果。

（2）试验前，测量并调节试验箱内稳定条件下的硫化氢浓度、温度及相对湿度以确保符合试验条件要求。

（3）按规定要求将试样置于试验箱中，试验过程中保持试验箱内硫化氢浓度、温度及相对湿度稳定。

（4）将试样从试验箱内取出，在标准大气条件下静置1～2h。

（5）进行试样外观、接触电阻、机械性能的最终测量和检查，并与初始检测结果进行对比。

4．试验结果评价

试验结果的评价标准，通常应由受试材料或产品的相应标准规定。试验结果评价一般应包括以下几个方面。

（1）试验后的外观。

（2）试验后的接触电阻、机械性能的检测结果。

11.3.4　酸性大气试验

1．试验目的与范围

酸性大气试验的目的是评定设备使用的材料及覆盖层耐受酸性大气影响的能力。

酸性大气试验适用于可能在酸性大气地区（如工业区或燃烧设备的废气影响区）储

存或使用的设备。本试验不适用于评价硫化氢的影响，也不能代替盐雾试验。

2．试验程序

对于电子设备，按照 GJB 150.28，推荐选用高严酷等级（喷雾 2h+储存 7d 为一个循环，共 4 次循环）酸性大气试验的试验程序如下。

（1）按规定要求将试样安装于试验箱中。
（2）调节试验箱温度为 35℃±2℃，并在喷雾前将试样保持在这种条件下至少 2h。
（3）连续喷雾 2h。
（4）在 15～35℃、相对湿度不高于 50%的条件下干燥试样 7d。
（5）干燥阶段结束时，应将试样重置于试验箱内并重复（3）和（4）三次。
（6）进行物理和电气性能检测，记录试验结果。
（7）对试样进行目视检查，记录检查结果。

3．试验结果评价

试验结果的评价标准，通常应由受试材料或产品的相应标准规定。试验结果评价一般应包括以下几个方面。

（1）试验后的外观。
（2）试验后的物理及电气性能的检测结果。

11.3.5 霉菌试验

1．试验目的与范围

霉菌试验的目的是评定设备使用的材料长霉的程度及长霉对设备性能或使用的影响程度。

霉菌试验适用于确定设备是否长霉、霉菌在设备上的生长速度、长霉后对设备的影响、设备能否在环境中有效储存、霉菌防治方法等。

2．霉菌菌种选择

试验可选用的菌种组别和种类如表 11-6 所示。试验时应选择其中的一组，如果需要还可对菌种进行调整。这些菌种是按照其对材料的降解能力、在地球上的分布状况及其本身的稳定性来选定的。表中所列菌种都相应标明了侵蚀的材料种类，如果需要可在已选定其中一组菌种的基础上额外增加其他菌种。

（1）由于试样在试验前无须灭菌，试样表面上可能存在其他微生物。试验期间这些微生物会与试验菌种争夺养分，因此试验结束时试样上可能会有非试验菌种的生长。
（2）可在本试验要求的菌种中加入其他霉菌菌种。增加的菌种应按其对材料的降解情况来选择。

表 11-6 试验可选用的菌种组别和种类

菌 种 组	霉 菌 名 称	霉 菌 编 号	受影响的材料
1	黑曲霉（Aspergillus niger）	AS3.3928	织物、乙烯树脂、敷形涂覆、绝缘材料等
	土曲霉（Aspergillus terreus）	AS3.3935	帆布、纸板、纸
	宛氏拟青霉（Paecilomyces variotii）	AS3.4253	塑料、皮革
	绳状青霉（Penicillium funiculosum）	AS3.3875	织物、塑料、棉织品
	赭绿青霉（Penicillium ochrochloron）	AS3.4302	织物、塑料
	短柄帚霉（Scopulariopsis brevicaulis）	AS3.3985	橡胶
	绿色木霉（Trichoderma viride）	AS3.2942	塑料、织物
2	黄曲霉（Aspergillus flavus）	AS3.3950	皮革、织物
	杂色曲霉（Aspergillus versicolor）	AS3.3885	皮革
	绳状青霉（Penicillium funiculosum）	AS3.3875	织物、塑料、棉织品
	球毛壳霉（Chaetomium globosum）	AS3.4254	纤维素
	黑曲霉（Aspergillus niger）	AS3.3928	织物、乙烯树脂、敷形涂覆、绝缘材料等

注：菌种编号引用中国普通微生物菌种保藏管理中心于1997年编著的《菌种目录》。

3．试验程序

对于电子设备，按照 GJB 150.10A 推荐采用的试验程序如下。

（1）试样在试验的标准大气条件下进行电性能、机械性能和其他性能的检测及外观检查，记录检测结果。

（2）按规定要求将试样安装于试验箱中。

（3）调节试验箱温度为 30℃±1℃，相对湿度为 95%±5%，并在接种前将试样保持在这种条件下至少 4h。

（4）将混合孢子悬浮液以细薄雾喷在棉布对照条和试样表面进行接种，喷雾应覆盖试样在使用或储存期间可能暴露的所有内、外表面。

（5）在 30℃±1℃、相对湿度为 95%±5%的条件下进行试验至规定时间（至少 28d）。

（6）试验 7d 后，检查对照条的霉菌生长情况以确认试验箱内环境适合霉菌生长；此时，对照条应至少有 90%的表面被霉菌覆盖。否则，调节试验箱内环境直至达到适合霉菌生长的条件并重新开始试验，试验期间对照条留在试验箱内。

（7）若在试验 7d 后对照条 90%以上的表面被霉菌覆盖，则继续试验至规定时间。若在试验结束时，对照条上生长的霉菌与试验 7d 时相比没有增长，则本次试验无效。

（8）试验结束时，应立即检查试样外观，如果可能，则在试验箱内进行检查。试验箱外的外观检查和性能检测应在 8h 内完成。

4．试验结果评价

试验结果的评价标准，通常应由受试材料或产品的相应标准规定。试验结果评价一般应包括以下几个方面。

（1）试验后的外观。
（2）试验后的物理及电气性能的检测结果。

11.3.6 大气暴露试验

1．试验目的与范围

大气暴露试验通过将试样在固定地点暴露预定的周期，来评定设备使用的材料及覆盖层耐受大气环境影响的能力。

大气暴露试验适用于地面、舰船电子设备，主要用于评价金属材料的耐全面腐蚀、孔蚀、电偶腐蚀性能，涂层等非金属材料的抗太阳辐射性能，材料或结构的强度损失或其他物理性能的变化等。

2．试验场点选择

通常，根据电子设备服役期间可能经受的气象和环境因素（气温、降水、日照、风向、风速及大气中污染物 SO_2、H_2S、盐分、粉尘等），选择适宜的试验场点，充分利用大气腐蚀试验站点资源进行大气暴露试验。

我国现有覆盖 7 个气候带，代表乡村、城镇、工业、海洋 4 种典型大气环境的 17 个主要大气腐蚀试验站点（见表 11-7）。

表 11-7 我国主要大气腐蚀试验站点

序 号	站 点	依托管理单位	气候或大气类型
1	漠河	中国兵器工业第五九研究所	北寒带寒冷型森林气候
2	吐鲁番	吐鲁番市质量技术监督局	大陆性干热带荒漠气候
3	沈阳	中国科学院金属研究所	中温带亚湿润城市大气
4	库尔勒	武汉材料保护研究所	盐渍沙漠大气
5	北京	北京航空材料研究院	北温带湿润区半乡村大气
6	敦煌	中国兵器工业第五九研究所	干热沙漠气候
7	青岛	青岛海洋腐蚀研究所	南温带湿润型海洋性气候
8	武汉	武汉材料保护研究所	亚热带湿润城市大气
9	拉萨	中国兵器工业第五九研究所	高原气候
10	江津	中国兵器工业第五九研究所	亚热带湿润型城郊酸雨气候
11	广州	中国电器科学研究院	亚热带湿润气候
12	西双版纳	云南北方光电仪器有限公司	热带雨林气候
13	湛江	广东海洋大学	海洋大气
14	文昌	中国科学院宁波材料技术与工程研究所 北京科技大学 文昌航天发射场	高温高湿高盐雾的严酷海洋大气

续表

序号	站点	依托管理单位	气候或大气类型
15	琼海	中国电器科学研究院	热带湿润乡村气候
16	万宁	中国兵器工业第五九研究所	高温高湿海洋大气
17	西沙	工业和信息化部电子第五研究所	高温高湿高盐雾长日照的最严酷海洋大气

对于服役在南海地区的岛礁型电子设备，应当选择文昌试验站或西沙试验站进行大气暴露试验。

3．试验试样

用于大气暴露试验的试样可以是标准试样（试片），也可以为实物（零部件、组件、分系统及整机），且应为质量合格品。

标准试样（试片）一般为矩形平板，常用尺寸为150mm（长度）×100mm（宽度），适宜的厚度为 1～3mm，有覆盖层的试样表面积应不小于 $50cm^2$。如果需要，螺栓、管材、棒材等形状不规则试样均可以进行试验。

允许从相同结构、相同材料、相同工艺的系列实物中选取典型实物作为试样，如果试验合格，则认定该相同结构、相同材料、相同工艺的系列实物均合格。对于中、大型及不要求用整机进行大气暴露试验的电子设备，允许采用零部件或模拟件作为试样。

在每个暴露时间间隔，用于预期评价的每种类型的试样数量一般不少于3件（台），贵重、大型或有特殊要求的试样可为1～2件（台）。

4．试样暴露方式

1）户外暴露

试样直接置于户外场地的暴露架上。

暴露架应牢固固定于地面上，距离地面高度一般为0.8～1.0m。暴露架的正面朝南，架面（试样朝上面）与水平面的夹角为45°或30°，试样安装固定于暴露架时，应防止试样之间相互接触、遮蔽或彼此影响，且应确保试样与暴露架之间完全电绝缘。暴露架上最低端试样距离地面应不小于0.5m。

2）棚下暴露

棚下暴露和户外暴露应在同一场地上，且能遮挡住日光的直接照射和雨水浇淋，一般在四面无遮挡物、空气流通的伞状遮蔽物（伞状棚顶）下进行试验。伞状棚顶应具有一定倾斜坡度以便排水，并能防止棚顶的雨水滴落和地面水的飞溅影响试样。试样置于伞状棚顶下的试验架上，棚顶距离地面的最大高度和超出试样架边缘的范围不大于3m。

3）户内暴露

户内暴露和户外暴露应在同一场地上，通常在部分封闭空间的百叶箱或百叶窗式结构建筑物内进行试验。百叶箱设计与标准的气象试验箱相同，应能防止沉降、阳光直接照射和风的吹入，但能与外界空气自由流通，箱内壁和外表面应涂装成白色，箱体距离地面高度至少 0.5m。百叶窗式结构建筑屋顶应以防水材料制作且适当倾斜，并带有屋檐和雨水沟槽。试样应置于百叶箱或百叶窗式结构建筑物内的试验架上，应保证试样之间的空气自由流通。

5．试验时间和期限

大气暴露试验的开始时间一般为春末夏初，寒冷地区宜为秋末冬初。

大气暴露试验的持续期限可为 1 年、2 年、10 年或 20 年。在某些特定情况下，整个暴露时间可少于 1 年。当进行短期的大气暴露试验时，建议在腐蚀性最高的时期（通常为秋季或春季）开始暴露。

6．试验结果评价

大气暴露试验持续时间内，应定期观测检查试样（正反两面）并做好记录，记录应包括腐蚀产物的颜色、状态和分布，以及它们与基体的附着性、随暴露时间的延长与表面的剥离倾向。

大气暴露试验的结果评价一般应包括以下几个方面。

（1）试样的数据，包括试样暴露的倾斜角度和朝向。

（2）试验场的大气数据，如气温、湿度、日照强度和持续时间、沉降量、风向、风速、降水等。

（3）试样开始暴露、取出和评价的日期。

（4）每次评价中试样外观变化的定性描述，如果可能，则附上试验前、试验期间和试验后的照片。

（5）定性评价腐蚀结果，如失重、金相观察、物理性能变化、腐蚀深度和分布等。

目前，材料大气暴露试验已经完全实现了在线"大数据化"，腐蚀速率、温度、湿度、污染、微生物等参数通过 5G 网，实现了在线实时监测。这种"大数据化"的数据量，与以往挂片法相比，数据量呈指数级增加，这为更加精密的评价和智能化腐蚀防护理论与技术发展奠定了基础。

Chapter 12

第 12 章
腐蚀仿真进展与探索

【概要】

腐蚀仿真能够精确地评估材料选择、涂层选择、结构设计、外界环境等各类因素对腐蚀的影响,帮助设计师在设计早期阶段识别腐蚀风险、制定解决方案,为腐蚀仿真设计提供可视化指导,从而提升产品设计水平,降低腐蚀风险。腐蚀仿真也可用于诊断和解决现有产品腐蚀问题,或在研发过程中进行虚拟湿热、盐雾等测试,这些工作是将来腐蚀防护智能化的基础。本章对腐蚀仿真的意义、腐蚀仿真的数据库建设以及腐蚀仿真的案例进行简单介绍。

12.1 概述

12.1.1 腐蚀仿真的意义

利用数字仿真,结合现代的计算机技术,可以在通用的计算机环境下,对物理属性截然不同的各种系统模型进行准确、可靠、灵活的研究,使得数字仿真和应用进入新的应用水平。因此,有人将这种在计算机上建立的数字仿真模型称为"活的数学模型"。数字仿真技术及相关产品广泛应用于工业产品的研究、设计、开发、测试、生产、使用、维护等各个环节。随着数字仿真技术的发展,仿真产业已经成为具有相当规模的新兴产业,并广泛应用于国防、能源、电力、交通、物流、航天航空、工业制造、生物医学、石油化工、船舶、汽车、电子产品等领域。

电子设备会受到各类环境的腐蚀,其可靠性及安全性会降低,经济性也会受到严重的影响。为降低维护成本,减小腐蚀对电子设备的影响,应对电子设备在全寿命周期内进行腐蚀防护控制。传统的方法通常依靠实验室及现场试验暴露问题后再寻求补救措施,这种方法不能有效地预测并减少腐蚀损失。随着仿真技术的不断发展,其优势已逐渐显现:既可以对实际试验难以完成的多种复杂问题进行模拟,又可以对电子设备腐蚀防护设计方案甚至整机系统进行虚拟仿真分析，提前暴露可能出现的问题，弥补实际试验的不足。目前，仿真技术在腐蚀防护控制领域已得到了人们的广泛关注，研究逐渐从材料级、部件级向系统级、体系级过渡。

12.1.2 腐蚀仿真的发展

1. 国外发展概况

由于腐蚀仿真技术具备成本低、耗时短、可适用范围广等特点，计算机仿真技术已经应用于先进国家的军事领域，近年来呈现迅猛发展的趋势。美军早在20世纪中期就认识到了模拟仿真的重要作用。

1965年6月，美国空军顾问委员会的报告中指出：预测设备的战斗效能必须利用试验数据、使用分析程序才能做到。这种分析一般要涉及模型、仿真或方法。

20世纪60年代后期，研究人员第一次使用计算机仿真技术进行腐蚀预测，采用的是有限微分法。随后，在许多场合下，有限差分法比有限微分法具有更高的精度而被应用于腐蚀问题预测，但因为有限差分法不适用于三维图形模拟，所以20世纪70年代开始使用有限元法。相比于有限微分法，有限元法在编程解决问题方面更加容易。但是，使用有限元法需要生成有限单元网格，该过程极其烦琐而且耗时耗力，尤其针对典型的腐蚀问题。因此，在20世纪70年代后期，边界元法被广泛使用，它是数值技术的另一种形式，常用于分析、设计和优化阴极保护系统。20世纪80年代后期至90年代后期的10年间，边界元法应用于船体阴极保护系统的文献可以分为两类：设计分析和案例研究。设计分析是处理一般的设计问题及恰当的边界元相关工具的分析开发，案例研究是使用现有的技术来分析现有的系统并将结果与可靠的试验数据进行比较。

边界元法的原理是：首先基于格林定理将待求解的数学物理问题的微分控制方程变换成边界上的积分方程，然后采取边界单元离散和分片插值技术对边界进行离散，从而将边界积分方程离散为代数方程，再采取数值方法求解出原问题中边界积分方程的数值解。采用边界元法可以将边界积分方程离散后再进行分析，这样可以降低所考虑问题的维数。对于边界元法，关键问题在于其数学模型的建立需要合理的假设，同时需要一定的边界条件对数学模型进行求解。2005年，有报道指出，国外已采用边界元法对全尺寸舰船进行了腐蚀防护优化设计，报道主要描述了通过计算机建模来预测杂散电流的腐蚀，文中对利用边界元法建模来设计和优化船舶腐蚀防护阴极保护系统进行了讨论。

自20世纪60年代开始，国外就开始建设腐蚀数据库供从事与腐蚀防护工作相关的技术人员使用。美国的NACE和NBS合作建立了腐蚀数据库，NACE又陆续开发了COR.SUB和COR.AB腐蚀数据库，其中COR.SUB是关于25种常用的工程金属材料在1000种介质中不同温度和浓度下的腐蚀数据库；COR.AB包括 *Corrosion Abstracts* 杂志自1962年创刊至今的全部内容。德国也建立了类似的腐蚀数据库DECHEMA。

20世纪80年代中期，人工神经网络得到了迅速发展并应用于腐蚀防护领域，用来预测腐蚀类型和腐蚀性能等，如金属材料腐蚀类型的预测、金属应力腐蚀断裂预测、非金属材料老化预测等。

腐蚀专家系统是计算机在腐蚀科学技术中应用的又一个重要方面。如 ACHILLES 腐蚀专家系统包括海洋应用材料、涂料涂层、腐蚀监测、大气腐蚀、生物腐蚀、阴极保护等 9 个子系统，美军的阴极保护专家系统主要针对地下结构管道、储罐等进行阴极保护设计、维护。

近年来，美国 GCAS 公司开发了一种基于模拟仿真的"加速腐蚀专家模拟器"系统，简称 ACES 系统。该系统被美国陆军首先用于模拟轮式车辆由于腐蚀而随时间延长的性能劣化趋势，模拟结果与实际加速腐蚀试验数据具有非常高的相关度。该系统对整个全尺寸车辆进行了三维模拟，然后进行全面检测确定故障并提出修复措施。后来，美国海军对 ACES 系统进行了扩展，开发了点蚀、剥蚀和应力腐蚀开裂 3 种腐蚀形式的仿真模型，以及一个带有学习算法的知识自动获取模块。目前，ACES 系统已经用于预测美国陆军设备的腐蚀程度。总之，ACES 系统代表了全尺寸评估对象腐蚀倾向和模拟方面的重大进步。

值得注意的是，美军在利用 ACES 系统预测设备腐蚀状况的同时，高度重视仿真数据与实际环境试验数据的相关性。一方面是由于实际环境试验（尤其是自然环境试验）在美军设备研制中的重要地位；另一方面是与实际环境试验数据的相关程度能验证仿真模型的精确度以及仿真数据的可靠性。

2. 国内发展概况

近年来，在设备仿真技术研究领域，我国已经在导弹、飞机、舰船等方面开展了仿真研究。但在仿真技术发展的全局规划、试验数据积累、数据集成等研究方面明显落后于发达国家，由于缺乏对数据的开发利用及仿真结果的可靠性验证等原因制约了仿真技术的发展。

数据库是建立模型的基础，我国在腐蚀数据库建设上有一定的基础。我国已经开展了数十年的自然环境腐蚀数据积累工作，得到了大量的宝贵数据，但是目前大部分数据尚没有被充分开发和利用。例如，北京化工大学开发的金属材料和非金属材料腐蚀数据库、北京科技大学开发的大气腐蚀数据库、中国科学院金属研究所开发的大气腐蚀数据库及中船重工 725 所开发的多层分布式海洋腐蚀与防护数据库等。如果能够利用现代数据分析技术对这些数据进行开发，建立地域相关腐蚀模型，则会产生显著的社会和军事效益。

我国在材料以及部件级腐蚀仿真方面取得了较大的进步。例如，海军航空大学利用模拟仿真技术对 ZL115 铸铝合金、C41500 黄铜、7B04 铝合金和 7B04 铝合金/涂层体系等进行了电偶腐蚀和缝隙腐蚀问题的研究；中船重工 719 所对 B10 合金与高强钢两种舰船结构材料的电偶腐蚀行为进行了研究，并对其耦合的电绝缘判据进行了评估，仿真结果显示，当 B10 合金与高强钢电偶对之间的绝缘电阻高于 4kΩ 时，可有效控制电偶腐蚀；中船重工 725 所对钛合金及铜合金管路的电偶腐蚀行为进行了数值仿真研究，探索了材料间电偶腐蚀电位和电流密度的分布规律，指出电偶腐蚀速率与管径和介质流速呈正相关关系；上汽通用五菱汽车股份有限公司利用电化学仿真方法，分析车身漆膜厚度状况，对车身结构进行优化设计,提高产品的防腐性能;哈尔滨工程大学及中船重工 725 所等单位也对阴极保护及其相关技术进行了模拟仿真研究;海军工程大学还对水下船体因腐蚀产生的电场信号进行了数值仿真研究。研究人员利用有限元法,通过对潜艇外加电流阴极保护条件下的潜艇腐蚀相关静电场进行数值建模,求解非线性极化条件下潜艇水下腐蚀相关静电场。

结果指出:当螺旋桨涂层发生局部破损时,会有效降低潜艇腐蚀相关静电场,降低潜艇被发现和触发水中武器的可能性,为舰艇电场隐身提供了一种新的思路。自 2001 年来,海军研究院联合大连理工大学围绕舰船结构及其防护技术进行了大量的仿真研究。例如,阴极保护系统对螺旋桨叶根紧固螺栓开裂的影响、潜艇上层建筑结构腐蚀防护系统模拟、铝合金舰艇阴极保护系统模拟、某型驱逐舰轴系及其附件阴极保护电位分布及其影响研究,以及艉轴紧固件腐蚀疲劳试验研究等。仿真结果为舰船结构腐蚀防护设计提供了技术手段和支撑,提高了舰船综合腐蚀防护能力。

12.1.3 腐蚀仿真的原理

数学建模与仿真是理解腐蚀和腐蚀防护的有效工具。基于系统的热力学和动力学特性的高保真模型经验证后,不仅可以帮助人们理解其中的原理,还可以预测腐蚀的影响,提高人们的直觉判断能力并促进该学科的创新发展。下面介绍用于描述腐蚀及其防护的模型,并剖析模型背后的基本原理。

1. 腐蚀原理

腐蚀过程建模以非均相化学反应理论为基础。发生腐蚀的表面反应包括还原反应和氧化反应,其中金属结构与电解液接触。氧化和还原反应发生在表面上的两个不同位置(称为位点),电子通过金属结构从氧化位点传导到还原位点。电解液中的电化学反应和离子运动引起的电流传输使电路闭合(见图 12-1)。其中,氧化反应发生在阳极区,即电解液中阴离子迁移的目标位置;还原反应发生在阴极区,即电解液中阳离子迁移的目标位置。

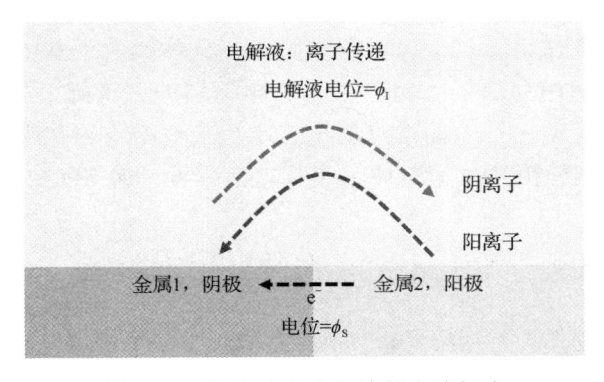

图 12-1 原电池电流传输使电路闭合

1）热力学和动力学

决定一个位点是阳极区还是阴极区的主要因素是金属对电子的亲和力。对电子具有高亲和力的金属将吸引电子，用作阴极；具有较低亲和力的金属将失去电子并因此发生腐蚀。电子亲和力由反应的吉布斯自由能（ΔG）决定，由于其中涉及电子，因此 ΔG 会受到电位的影响。这一现象可由法拉第定律描述，将该定律与吉布斯方程相结合，可得到电化学反应的能斯特方程。

在腐蚀过程中，常见的氧化反应（阳极区）为金属溶解，而常见的还原反应（阴极区）为析氢。

$$Fe = Fe^{2+} + 2e^-$$
$$2H_2O + 2e^- = H_2 + 2OH^-$$

阳极反应和阴极反应的速率由阿伦尼乌斯定律确定，该定律表明反应速率与活化能呈指数关系。金属表面既可以用作阴极，也可以用作阳极，具体取决于其中的电位。与较贵金属连接时，次贵金属表面用作阳极（见图 12-2）。同样，由于涉及电子，激活能（$\Delta G^{\neq}$）也受电位的影响。将法拉第定律和阿伦尼乌斯定律相结合，可得到电化学反应的 Butler-Volmer 方程。

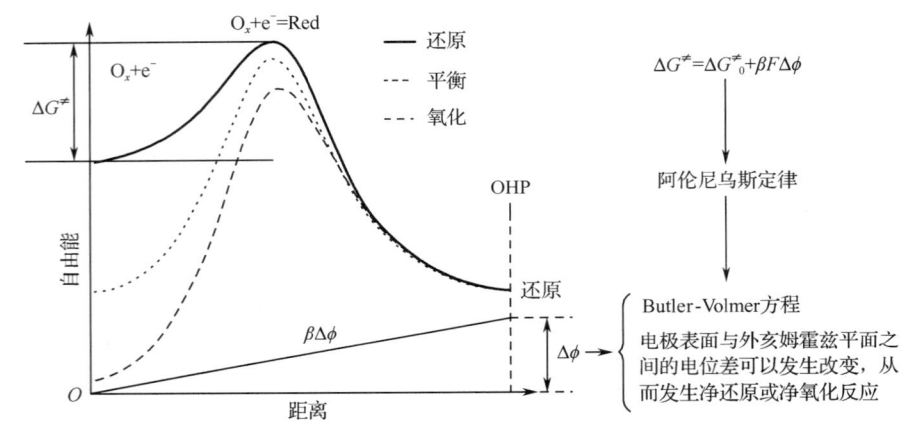

图 12-2 金属表面电位示意图

金属表面既可以用作阴极，也可以用作阳极，具体取决于其中的电位。与较贵金属连接时，次贵金属表面作为阳极。OHP 表示带电双层的外亥姆霍兹平面。

Butler-Volmer 方程给出了表面位点的电化学反应速率与电化学电位的函数关系。由于其中涉及电子，因此使用法拉第定律可得到电流密度。如 Butler-Volmer 方程可以描述析氢反应：

$$i_{H_2} = i_{0,H_2} \left\{ (C_{OH^-})^2 P_{H_2} \exp\left(\frac{3F}{2RT}\eta\right) - \exp\left(-\frac{F}{2RT}\eta\right) \right\}$$

式中，F 为法拉第常数；R 为气体常数；T 表示温度；η 表示反应过电位。η 定义为：

$$\eta = \phi_s - \phi_l - (\phi_{s,eq} - \phi_{l,eq})$$

式中，ϕ_s 表示金属表面电位；ϕ_l 表示带电双层外亥姆霍兹平面（OHP，极稀的电解液除外)电解液电位。

如果一个金属表面由两种不同金属组成,彼此相互发生电子接触,并且均与同一电解液接触,则具有较高电子亲和力的表面位点产生的电化学平衡电位更高。由于表面位点是电子接触并与相同的电解液接触,因此可得到一个净电流为零的混合电位(也称腐蚀电位)的原电池,该原电池的阳极和阴极位点彼此非常接近(见图 12-3)。

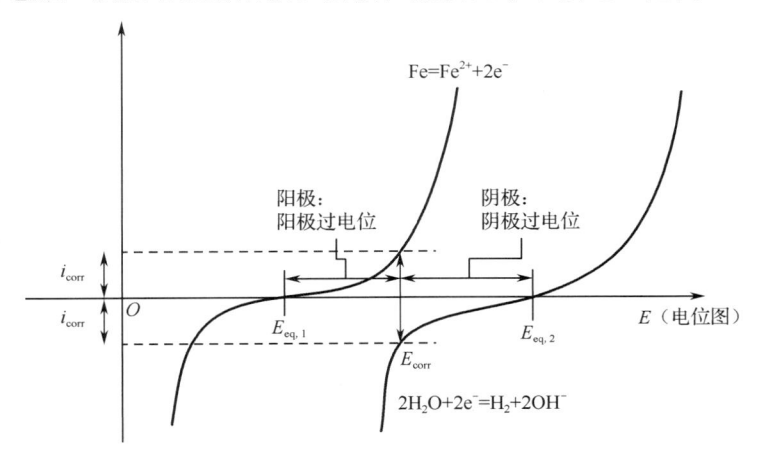

图 12-3　金属表面反应的 Butler-Volmer 方程

由图 12-3 可以看出,具有较低亲和力的表面用作阳极,定义为表面正的电荷转移电流密度;具有较高电子亲和力的表面用作阴极,定义为负电流密度。在净电流密度为零时,阳极和阴极电流密度绝对值称为腐蚀电流。

2)传递现象和模型方程

不仅电子电位和电解液电位可以随时空变化,电解液的组成也可以随时空发生变化。高保真的腐蚀与防护模型必须能够描述电解液的组成以及金属和电解液中的电位分布。引入电解液的带电离子通量,所有物质的质量守恒以及电中性条件作为模型方程,并将上述电化学反应的表达式作为金属表面的边界条件。

描述电解液中带电离子运输的方程称为 Nernst-Planck 方程。带电离子通量 N_i 包含扩散、迁移和对流。在质量守恒中,不同方向的通量变化通过时间积累来平衡,即下文所述方程中的瞬态项,其中 c_i 表示物质 i 的浓度。此外,也可以通过电解液中的均相反应来平衡,用质量守恒方程中的 R_i 表示。

电解液域的模型方程如下。

(1)n-1 种物质的质量守恒方程

$$\frac{\partial c_i}{\partial t} + \nabla \cdot N_i + R_i = 0$$

带电离子通量由 Nernst-Planck 方程给出

$$N_i = -D_i \nabla c_i - z_i u_{m,i} F c_i \nabla \phi_i + c_i \boldsymbol{u}$$

式中,D_i 为物质 i 的扩散系数;z_i 为离子 i 的电荷;$u_{m,i}$ 为迁移率;$\boldsymbol{u}$ 为描述电解液流动的速度矢量。

（2）电解液中电流密度 i_l 的平衡方程

$$\nabla \cdot i_l = 0$$

电解液中的电流密度为电解液中所有电荷的通量之和,这些电荷通量来自离子通量,结合法拉第定律可得

$$i_l = \sum_{i=1}^n z_i F N_i$$

（3）泊松方程

$$\nabla \cdot (-\varepsilon \nabla \phi_l) = F \sum_{i=1}^n z_i c_i$$

式中,ε 为介电常数。对于大多数电解液（高度稀释的电解液除外）,均可以使用电中性条件将此方程近似表示为：

$$\sum_{i=1}^n z_i c_i = 0$$

在电解液域中,有 $n+1$ 个未知数：n 个物质浓度和电解液电位 ϕ_l。物料平衡方程的个数为 $n-1$。电流密度平衡方程是第 n 个方程,它是所有带电粒子质量平衡的线性组合。电中性条件给出电解液中的最后一个方程（$n+1$）,从而得到与未知变量（$n+1$）数量相同的方程。

对于金属结构中的电子电位,可结合欧姆定律使用电流守恒方程表示。

（4）金属中的电流密度守恒

$$\nabla \cdot i_s = 0$$

其中,

$$i_s = -\kappa_s \nabla \phi_s$$

式中,κ_s 为金属电导率。

金属-电解液界面两侧的域方程的边界条件使用了上面讨论的 Butler-Volmer 方程。例如,如果离子 i 参与表面的电化学反应,那么其边界条件基于这样一个事实：边界处的通量必须与单位面积反应速率相匹配。

$$N_i \cdot \boldsymbol{n} = -\frac{s_i}{nF} i_{\text{BV}}$$

式中,$\boldsymbol{n}$ 表示金属表面的法矢,s_i 是电荷转移反应中物质 i 的化学计量系数,n 为电子数,i_{BV} 是离子 i 参与的电化学反应的 Butler-Volmer 表达式。该表达式可以写为一系列反应的总和。电流密度守恒的边界条件为：

$$i_l \cdot \boldsymbol{n} = i_{\text{BV}}$$

此外,Butler-Volmer 表达式 i_{BV} 还可以是多个反应的表达式之和。同样,通过以下表达式可以得到金属中电流密度平衡的边界条件：

$$i_s \cdot \boldsymbol{n} = i_{\text{BV}}$$

在充分混合的电解液中,除金属结构表面上非常薄的微观边界层外,可以忽略其余各处的浓度梯度,此时电流密度平衡方程变为：

$$\nabla \cdot i_l = 0$$

其中

$$i_1 = -\left(\sum_{i=1}^{n} z_i^2 u_{m,i} F^2 c_i\right)\nabla\phi_1 + \left(F\sum_{i=1}^{n} z_i c_i\right)\boldsymbol{u}$$

然而，上述方程右边第二项包含电中性条件因子，其值等于零。右边第一项括号内的因子等于电解液电导率 κ_1，因此可以得到充分混合电解液中的电流密度表达式：

$$i_1 = -\kappa_1 \nabla\phi_1$$

2．腐蚀建模

下面以电偶腐蚀、缝隙腐蚀、点蚀、应力腐蚀开裂、全面均匀腐蚀为例介绍腐蚀建模原理。

1）电偶腐蚀

电偶腐蚀是指具有不同电子亲和力的两种金属相互发生电子接触，并均与同一电解液接触而形成原电池。在汽车工业和造船业中，当不同的金属进行焊接时，会发生电偶腐蚀。在靠近两种金属之间的接触区域，次贵金属在电偶腐蚀过程中会发生阳极溶解。因此，必须对这种结构进行保护，如使用涂层防止金属表面与含有离子的水溶液（电解液）直接接触。

假设一种电解液充分混合，可以使用 Butler-Volmer 方程来描述金属-电解液界面上的析氢和金属溶解，并在金属中的相应边界上设置电子电位。图 12-4 所示为原电池电解液中的电流密度流线和等电位曲线。

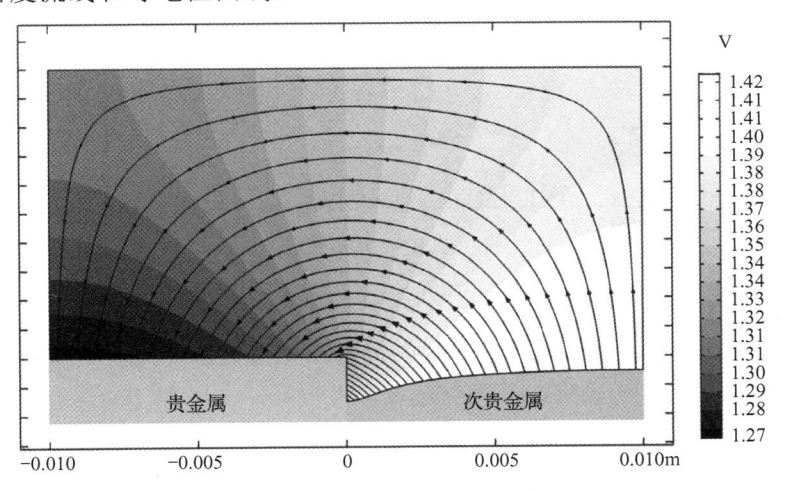

图 12-4 原电池电解液中的电流密度流线和等电位曲线

该问题基于动网格求解，考虑了阳极溶解。在初始状态下，贵金属和次贵金属的初始表面是水平的，72h 后，次贵金属通过阳极溶解发生腐蚀。

在电子工业中，铜与其他次贵金属（如焊接金属）一起使用即为潮湿环境中电偶腐蚀的一个例子。当水在未受保护的表面上凝结，使离子缓慢溶解而形成电解液时，较易形成原电池。此时，铜结构变为阴极表面，溶解次贵的焊接金属，从而导致电子器件失效。

2）缝隙腐蚀

在上文中，我们讨论了由于不同金属的电子亲和力不同而引起的电偶腐蚀，电解液组成的变化也可能造成腐蚀。如在缝隙腐蚀中，由于缝隙口的氧气活度较高，其电化学电位高于缝隙底部的电化学电位。缝隙腐蚀过程由金属表面成分的微小变化开始，这些变化导致一些成分变成阳极，另一些成分变成阴极，于是发生全面腐蚀。阴极氧气还原反应消耗整条缝隙上的氧气，并最终导致缝隙底部的氧气耗尽，因为此位置的氧气传输阻力最大。

与缝隙口相比，缝隙底部的氧气活度相对较低，因此其中的电化学电位也较低，从而使此阶段的腐蚀过程加快。出现这种情况时，缝隙底部产生强烈的阳极极化，并发生阳极金属溶解，而缝隙口则成为阴极，发生氧还原阴极反应。

图 12-5 所示为沿缝隙深度方向的离子和离子配合物的浓度分布，其中铁在乙酸/乙酸钠溶液中发生腐蚀。模型方程的解验证了 Walton 的研究成果。

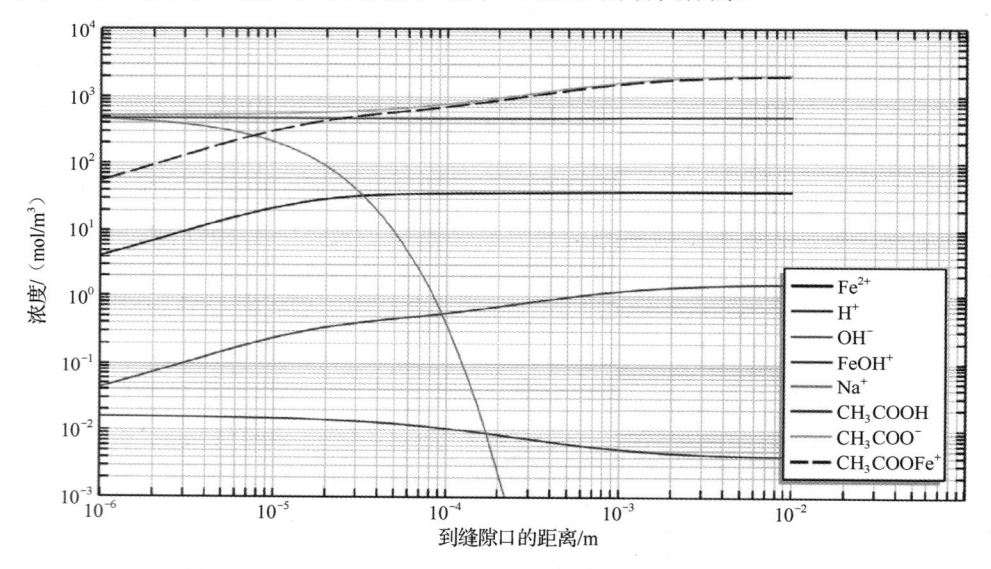

图 12-5　沿缝隙深度方向的离子和离子配合物的浓度分布

由图 12-5 可知，与本体相比，缝隙中的钠离子浓度明显较低，而尖端附近的铁离子和铁配合物浓度较高。

3）点蚀

金属表面的液滴可能导致类似于缝隙腐蚀的浓差电池。均匀腐蚀会消耗覆盖在金属表面上液滴中的氧气，导致液滴中部的氧气被耗尽，而液滴边缘的氧气传输阻力较小。之后，液滴边缘变为阴极，液滴中间下方的表面变为阳极。

点蚀可能由此开始。液滴中间可能会形成一个小坑。当表面的液滴干燥时，湿度仍然存在。之后的腐蚀过程与缝隙腐蚀非常相似。由于坑口与氧气接触，会变为阴极，而坑底则会变为阳极，使金属溶解并加剧腐蚀过程。图 12-6 所示为点蚀反应发生过程示意图。

$O_2+2H_2O+4e^-=4OH^-$

Fe^{2+}

$Fe=Fe^{2+}+2e^-$

氧还原，阴极

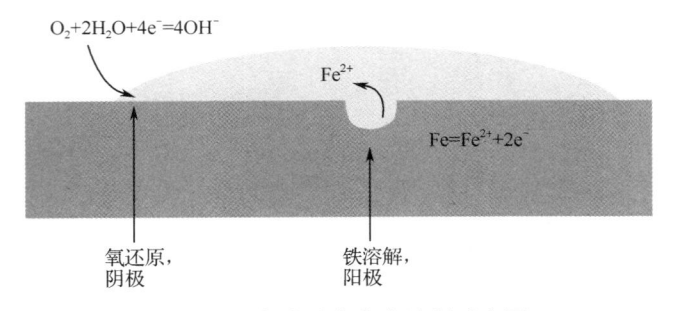

铁溶解，阳极

图 12-6　点蚀反应发生过程示意图

腐蚀开始于均匀的氧还原和铁溶解，最终在表面形成氧气梯度，并由此形成阴极表面和阳极表面；也就是说，反应不再均匀分布。

4）应力腐蚀开裂

应力腐蚀开裂与点蚀类似，但这种类型的腐蚀是由机械形成的裂纹引起的。这些裂纹常常会再钝化，即迅速形成保护氧化膜。如果不发生再钝化，则出现类似于点蚀的腐蚀过程，此时裂纹口变为阴极，裂纹尖端变为阳极。图 12-7 所示的模型将金属的腐蚀（假设电解液充分混合）与固体力学仿真进行耦合分析，即与电解液接触的金属板上的应力。板的较薄区域具有最大的应力，成为阳极。

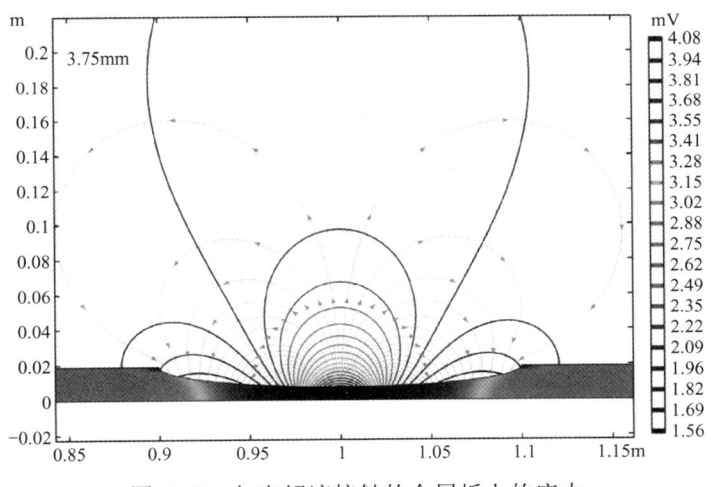

图 12-7　与电解液接触的金属板上的应力

金属板中部承受的应力最大，变为阳极，并随着应力的增加而开始腐蚀，其动力学表达式解释了导致应力腐蚀开裂的微裂纹的形成。

5）全面均匀腐蚀

金属表面由不同成分的晶粒和晶界组成。不同的晶粒和晶界可能具有不同的电子亲和力。当金属表面被电解液覆盖时，会形成微观原电池。这种腐蚀局限于微观尺度，但肉眼观察，类似于表面的均匀腐蚀。图 12-8 所示为采用动网格的腐蚀仿真结果，可以看出，在较贵金属晶粒周围的次贵金属晶粒的溶解过程。原始表面是完全平整的，与电解液接触 60h 后，在腐蚀的作用下变得愈发粗糙。

图 12-8 采用动网格的腐蚀仿真结果

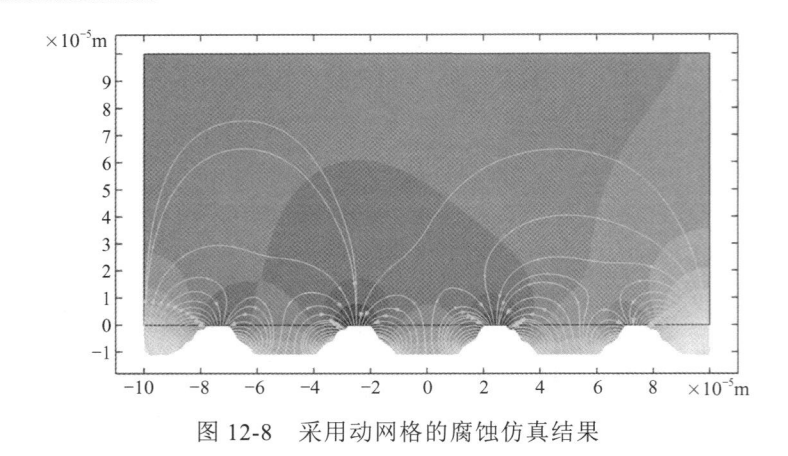

图 12-9 所示为暴露于潮湿空气中的母线板装配表面上的电极电位。

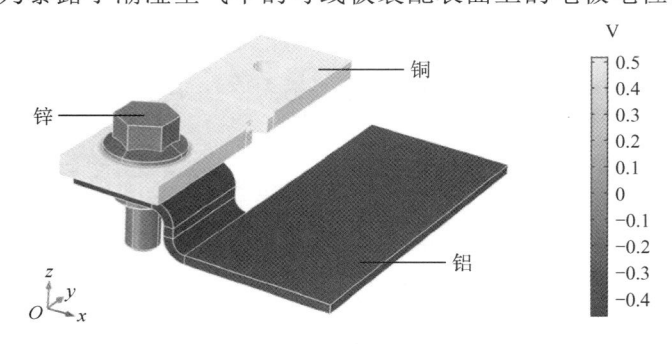

图 12-9 暴露于潮湿空气中的母线板装配表面上的电极电位

该结构常常被一薄层凝结的电解液覆盖。通过仿真得到了不同金属的腐蚀速率：铜（上部母线板）、锌（螺栓）和铝（下部母线板）。

大气腐蚀是均匀腐蚀的一个例子。在潮湿环境中，金属表面经常被液膜覆盖，是一个不可忽视的大问题。沿海地区的金属结构还会受到含氯离子雾的影响，导致腐蚀加速。一般而言，大气污染也可能加重大气腐蚀的程度。

3．腐蚀仿真基本流程

国内外相关科研单位和商业公司陆续开发了一些腐蚀防护预测与设计软件，如有限元软件 Elsyca Corrosion Master 和 COMSOL Multiphysics 等，北京科技大学等针对阴极保护也开发了相关数值模拟软件。

利用软件进行金属腐蚀仿真模拟，其流程主要分为三大部分：输入部分，数据测定、收集和模型准备；仿真计算部分，设置参数进行仿真计算；输出部分，输出仿真结果并进行可视化分析。仿真模拟流程如图 12-10 所示。

1）Elsyca Corrosion Master

Elsyca 公司于 1997 年成立，专注于电化学仿真领域，拥有先进的电化学模拟仿真平台，致力于提供电化学仿真计算整体解决方案，提升电化学技术的针对性、系统性、科学性。

第 12 章 腐蚀仿真进展与探索

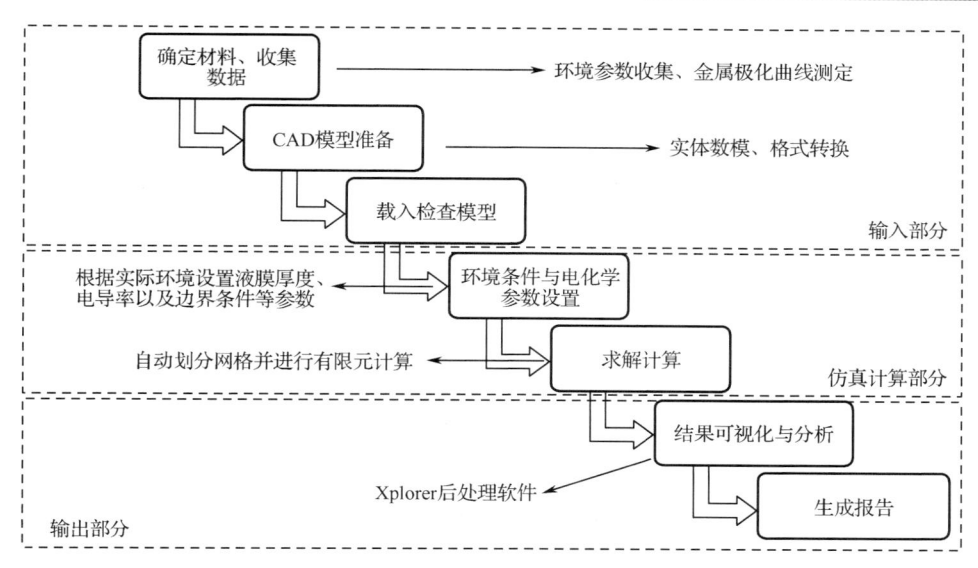

图 12-10 仿真模拟流程

Elsyca Corrosion Master 基于有限元分析（FEM），处理复杂结构具有优势，并且方便与其他结构性能仿真软件对接；兼容各类 CAD 软件模型；可以输出随时间变化的腐蚀深度，预测腐蚀寿命，可以输出腐蚀后的形貌结构。

2）BEASY Corrosion Manager

BEASY Corrosion Manager 能对结构进行电化学定量腐蚀分析，并对防护系统进行仿真计算。电化学腐蚀分析非常重要，因为当不同的金属或一些复合材料（如碳纤维复合材料）搭接时在腐蚀环境下都存在电化学腐蚀。

结构的几何设计，腐蚀环境（如腐蚀介质、薄液膜空气环境、体液或缝隙环境），以及防护手段等都会对腐蚀率有影响。BEASY Corrosion Manager 能够基于对腐蚀行为的理解以及软件对各种设计方案和环境下腐蚀的定量预测能力，保证用户采用基于仿真的"预测和预防"方法来取代传统的"查找并修复"方法。

BEASY Corrosion Manager 的仿真手段可以应用于飞机、海洋结构、汽车及车辆等各种结构的定量腐蚀分析。由于 BEASY Corrosion Manager 结合了电化学行为和几何效应，因此与对电化学系列中的潜在差异的简单比较相比，BEASY Corrosion Manager 的仿真手段更真实可靠并提供更多的信息。

3）COMSOL Multiphysics

COMSOL Multiphysics 软件具有强大的腐蚀建模功能，同时支持从其他软件中导入几何模型，通过对不同的电偶组合进行测试，可以在制作物理样机之前，充分了解需要调整的几何参数。

用 COMSOL Multiphysics 的腐蚀模块对高保真一维、二维和三维模型的建模与仿真，能够帮助理解腐蚀及其防护过程。不仅如此，在此基础上，还可以设计各种设备及其保护过程，以达到减轻腐蚀的目的。与单纯的经验设计或基于简化集总模型的设计相比，建模和仿真具有明显的优势，不但能够以较低的成本实现对产品的理解、设计和优化，还可以避免进行昂贵的重新设计和修复，从而降低成本。

12.2 腐蚀仿真数据库建设

12.2.1 概述

近十几年来，随着数据库系统的广泛应用以及计算机技术的快速发展，人们利用信息技术生产和收集数据的能力大幅度提高，大量的数据库被用于商业管理、政府办公、科学研究、工程开发等。随着网络的快速发展，信息资源呈爆炸性增长，大量的信息给人们带来了方便。

对于腐蚀仿真研究工作来说，数据是进行相关科学研究、发现科学规律的主要依据，数据的质量与结构及材料腐蚀损伤研究的质量紧密相关，由于数据获得存在试验场所、试验设备、测试方法、观测手段以及数据采集等多方面的影响，所以使得信息表现形式多样、信息数量巨大、信息关系复杂，而且这些方面存在的某些实际困难或主观差错等原因，可能会造成某些试验数据丢失、未观测到试验数据、试验数据冗余、试验数据相矛盾或试验数据失真等数据误差情况。大量的历史数据又往往存在不可追溯性，如果对试验数据不加分析，拿来就用，原始数据中存在导致信息不完全的缺失数据以及导致信息偏差的异常数据，就很难产生对科学研究、管理及决策有益和可用的信息，甚至会误导相关的研究和决策。当然，如果对试验数据过度怀疑，摈弃通过大量科学试验获得的珍贵历史数据，则会造成大量人力、物力和财力的浪费并影响科学发展的进程。

12.2.2 环境数据库建设

金属腐蚀的发生与其所在的环境有着密切的关系，同一种金属材料在不同腐蚀环境下表现出不同的腐蚀状态。为保证腐蚀仿真的准确性，需研究湿热试验和盐雾试验环境下的环境参数，确保腐蚀仿真的环境参数输入与实际环境保持一致。

1. 环境数据库的建设原理

1）基本原理

腐蚀仿真的环境数据库分为宏观环境数据库和微观环境数据库两部分。宏观环境数据库包含：最高温度、最低温度、平均温度、相对湿度、服役环境气压、下雨天数、冬天时长、滨海环境等主要的气象信息，可将这些气象信息转化为微观环境下的环境参数。微观环境数据库包含：电导率、液膜厚度、氧浓度和氧扩散系数等环境参数，这些参数可将宏观气象信息通过相应的经验公式转化得到，也可以通过现场检测来获取。

第 12 章　腐蚀仿真进展与探索

在进行仿真计算时，由微观环境参数进行腐蚀计算，即电导率、液膜厚度、氧浓度和氧扩散系数。其中，电导率、氧浓度和氧扩散系数可查阅相关资料得到相应数值，液膜厚度需要做进一步的研究。所谓液膜是指由于金属设备周围环境如温度、相对湿度等存在一定的差异，导致在金属设备表面出现冷凝沉积形成液膜的现象。液膜的形成是金属腐蚀发生的必要条件：离子通道。通过液膜，阳极离子和电子与液膜内的氧或阴极发生氧化还原反应，从而发生腐蚀，液膜腐蚀原理如图 12-11 所示。

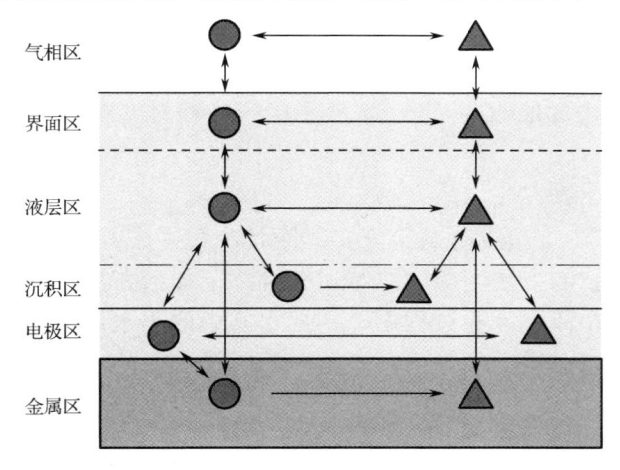

图 12-11　液膜腐蚀原理

2）金属液膜

金属液膜的形成分为三种类型，分别为可见水膜、不可见水膜和吸附凝聚。

（1）可见水膜。

可见水膜是因为金属表面温度差造成的凝露水膜，水膜厚度为 1～1000μm。6℃的温度差变化在相对湿度为 65%～70%时即可形成水膜；17.5℃的温度差变化可在 25%的相对湿度下形成水膜。温差、相对湿度与液膜形成关系如图 12-12 所示，图中有 6 条曲线，每条曲线对应不同的初始温度（从 5℃到 50℃），初始温度越高，达到相同相对湿度所需的温差越大，这意味着在较高温度下，空气需要更大的温差才能在金属表面形成可见水膜。

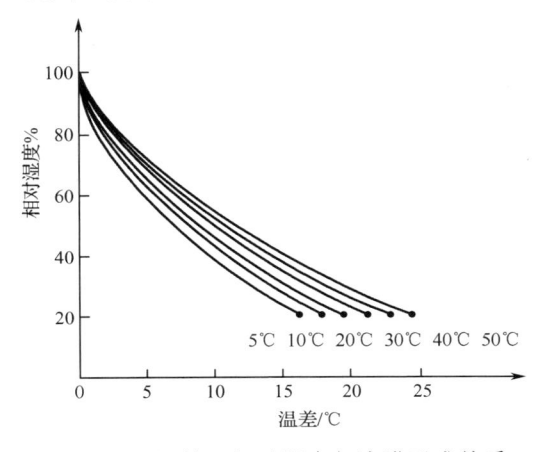

图 12-12　温差、相对湿度与液膜形成关系

（2）不可见水膜。

不可见水膜又叫毛细凝聚，曲率半径越小，凝聚蒸汽压力越小；间隙、缝隙、腐蚀产物和镀层孔隙，材料裂缝，灰尘缝隙等都具有毛细特征，可在低湿度条件下形成水膜。

（3）吸附凝聚。

由于固体表面对水有一定的吸附作用，所以会导致固体表面凝聚一层水膜。根据吸附机理可分为物理凝聚和化学凝聚。

当金属表面存在吸水型盐粒时，会加速金属表面形成电解质水膜，为化学凝聚。金属固体表面和水蒸气分子间的分子引力作用力能吸附水汽，为物理凝聚。研究表明，相对湿度为55%时，铁表面能吸附15个水分子层；当相对湿度为100%时能吸附90个水分子层。

（4）液膜厚度的计算方法。

努塞尔特在1916年首次成功试验证实薄液膜冷凝生成方法，并为以后竖直平板上薄液膜冷凝研究提供了新的方法。努塞尔特试验描述了如何在静止水雾环境下在竖直平板上冷凝生成薄液膜。在薄膜冷凝过程中，初期水雾中的小水滴将快速碰撞在平板表面形成薄液膜，薄液膜将在重力的作用下下落，同时又有新的冷凝液体补充液膜，从而使整个薄液膜保持均匀。

薄液膜厚度表达式为：

$$\delta = \left[\frac{4\mu_L k_L z(T_{sat}-T_w)}{\rho_L(\rho_L-\rho_G)g\sin\alpha h_{LG}}\right]^{\frac{1}{4}}$$

式中，δ 为薄液膜厚度，m；T_{sat} 为液膜表面温度，℃；T_w 为饱和温度，℃；ρ_L 为液膜质量密度，kg·m^{-3}；ρ_G 为湿气质量密度，kg·m^{-3}；μ_L 为液体黏度，kg·m^{-1}·s^{-1}；g 为重力加速度，m·s^{-2}；k_L 为热传导率，W·m^{-1}；z 为 z 轴坐标，m；h_{LG} 为潜热，kJ·kg^{-1}；α 为平板相对水平面的夹角。

在液膜生成的开始阶段，伴随着水雾的冷凝液化，水雾、平板与环境存在着大量热交换，但随着热交换的进行，各部分间的温差逐步缩小，水雾的冷凝液化速率也趋于恒定值。因此，通过控制水雾量和温度即可计算冷凝液化速率的大小。

对于平板倾斜角度，不同的倾斜角度会对薄液膜产生不同的外力作用，外力控制薄液膜流速。外力越大，薄液膜越易流动，薄液膜厚度则越薄；反之，外力越小，薄液膜流动动力越小，薄液膜则越厚。因此，调大平板倾角更易得到更薄的薄液膜，调小平板倾角更易得到更厚的薄液膜。薄液膜厚度随时间稳定过程如图12-13所示，图中描述了平板倾角为30°时，薄液膜从生成到稳定的过程。

2．湿热试验环境数据库参数研究

下面列举按照GJB 150.9A《军用设备实验室环境试验方法 第9部分：湿热试验》规定的方法进行环境数据库参数的建立过程。

1）湿热试验环境谱研究

根据GJB 150.9A，试验在自然大气压下进行，采用25℃下pH值为6.5～7.2，电阻率为 1500～2500Ω·m 的水进行蒸汽或喷水加湿，加湿球传感器处的风速不低于 4.6m/s，试样周围的风速为 0.5～1.7m/s。湿热试验循环控制图如图 12-14 所示。

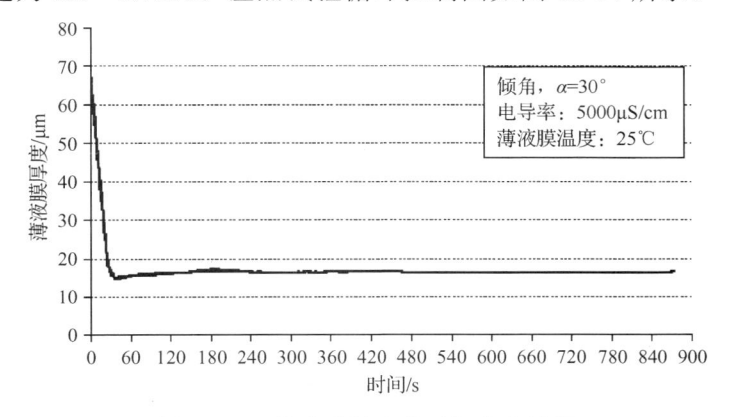

图 12-13　薄液膜厚度随时间稳定过程

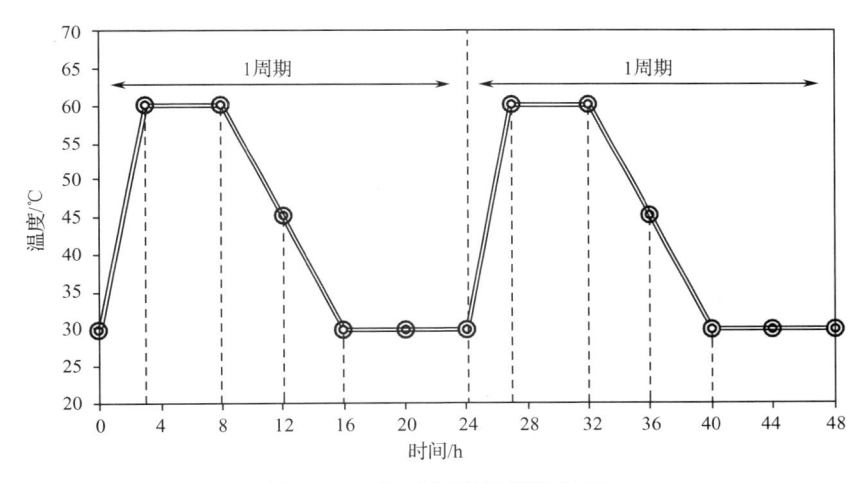

图 12-14　湿热试验循环控制图

通过资料查询和实际检测，可获得纯水在 30℃ 与 60℃ 条件下的电导率、pH 值、氧浓度和氧扩散系数，从而得到湿热试验环境谱，如表 12-1 所示。

表 12-1　湿热试验环境谱

环 境 类 别	参 数 范 围
温度	30℃ 与 60℃ 交替
大气压强	101.325kPa
相对湿度	95%±5%
pH 值	6.5～7.2
氧浓度	9.6ppm
氧扩散系数	$1.0 \times 10^{-9} m^2/s$
电导率	25000mS/cm

通过表 12-1 可得到腐蚀仿真软件的宏观环境参数如温度、相对湿度、大气压力等；也可得到部分微观环境参数如电导率、氧浓度和氧扩散系数等。

2）湿热试验液膜厚度研究

微观环境参数中的液膜厚度可通过实际测量的方式得到，也可通过努塞尔特方程进行求解计算。

采用液膜厚度检测与努塞尔特方程联合使用的方法进行液膜厚度设定，即通过特定的薄液膜厚度检测设备检测湿热试验环境下各阶段的液膜厚度，将测得的液膜厚度与通过努塞尔特方程计算得到液膜厚度进行对比，并对努塞尔特方程进行校准。

（1）液膜厚度检测设备。

液膜厚度检测设备为集液膜厚度检测与极化曲线测试为一体的腐蚀试验装置。该装置实现了薄液膜可控生成，即包括薄液膜生成、控制及测量；进一步实施可控环境下金属大气腐蚀试验，通过电化学工作站测试分析腐蚀电流，以及金属极化曲线测定；其中，各参数控制、数据收集、数据分析等集成到计算机控制端，实现试验的数字化和自动化。

将湿热试验的相关环境参数导入腐蚀试验装置后，该装置将通过雾化器将电解质溶液生成雾流，当雾流通过样品室时在样品表面凝结为液体，凝结的液体在金属试样表面流过形成薄液膜，从而模拟金属在大气环境中的表面薄液膜环境（见图 12-15）。

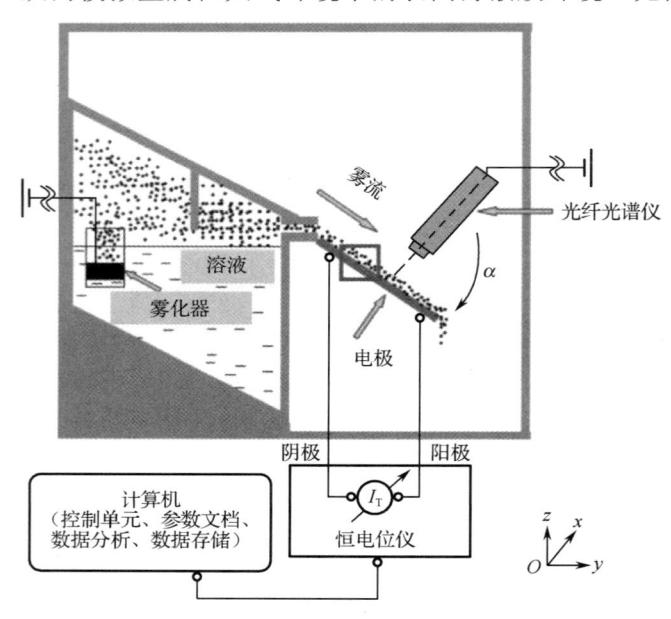

图 12-15 薄液膜装置工作原理简图

在倾斜样品表面、薄液膜和雾流组成的体系中，通过调控雾流流量、样品倾角，在样品表面薄液膜与其上方的雾流达到平衡后，薄液膜厚度将保持在某一稳定值。薄液膜的生成如图 12-16 所示。

图 12-16 薄液膜的生成

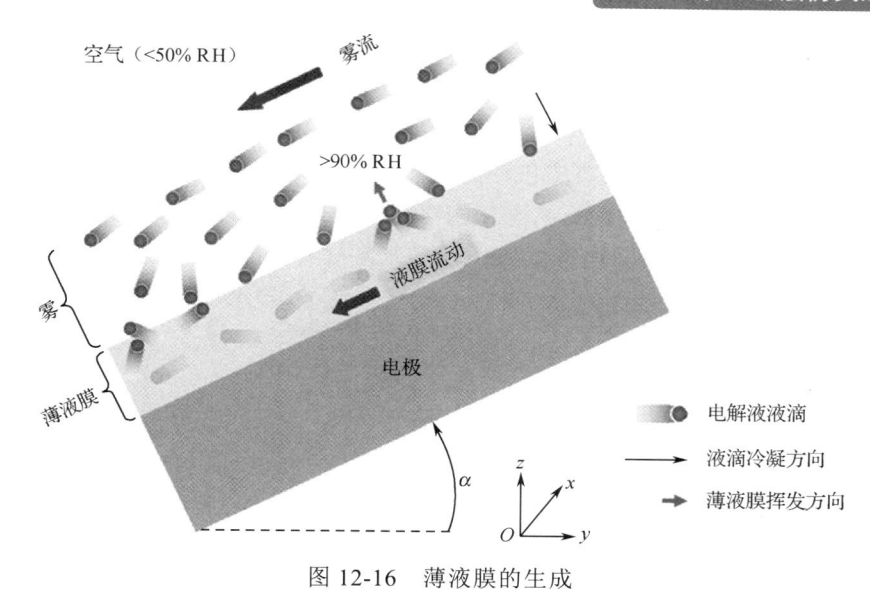

为精确控制样品表面薄液膜厚度，装置通过光纤光谱仪实时测量薄液膜的厚度，控制雾化器雾化量、样品台倾角，则可生成不同环境下的薄液膜。

由试验试片（工作电极）、参比电极和对电极形成的三电极系统，配合电化学工作站，即可进行薄液膜条件下极化曲线测定试验。膜厚分析仪、电源设备及电化学工作站通过计算机集成联系在一起，组成整套"大气环境金属腐蚀试验与极化曲线测试装置"。

（2）湿热试验环境参数确定。

将湿热试验的环境参数分别导入腐蚀试验设备和努塞尔特方程，并将设备测得的液膜厚度对努塞尔特方程进行校准。由于湿热试验主要评估试样耐蚀性在不同温度循环条件下随时间变化的情况，因此，腐蚀仿真中湿热试验的环境参数设置如表 12-2 所示。

表 12-2 腐蚀仿真中湿热试验的环境参数设置

环境类别	环境种类	参数范围
宏观环境	温度	30℃与60℃交替
	大气压强	101.325kPa
	相对湿度	95%±5%
	pH 值	6.5～7.2
微观环境	氧浓度	9.6ppm
	氧扩散系数	$1.0\times10^{-9}m^2/s$
	电导率	25000mS/cm
	液膜厚度	$\delta=\left[\dfrac{4\mu_L k_L z(T_{sat}-T_w)}{\rho_L(\rho_L-\rho_G)g\sin\alpha h_{LG}}\right]^{1/4}$

3．盐雾试验环境参数研究

下面列举按照 GJB 150.11A《军用设备实验室环境试验方法 第 11 部分：盐雾试验》

规定的方法进行环境数据库参数的建立过程。

1）盐雾试验环境谱研究

根据 GJB 150.11A，试验在自然条件下进行，采用 pH=3.5±0.5 的 5%±1% 的 NaCl 溶液进行喷雾 24h，相对湿度为 90%，再在相对湿度不低于 50% 的条件下干燥 24h，试验期间温度需保持在 35℃±2℃。盐雾试验循环控制图如图 12-17 所示。

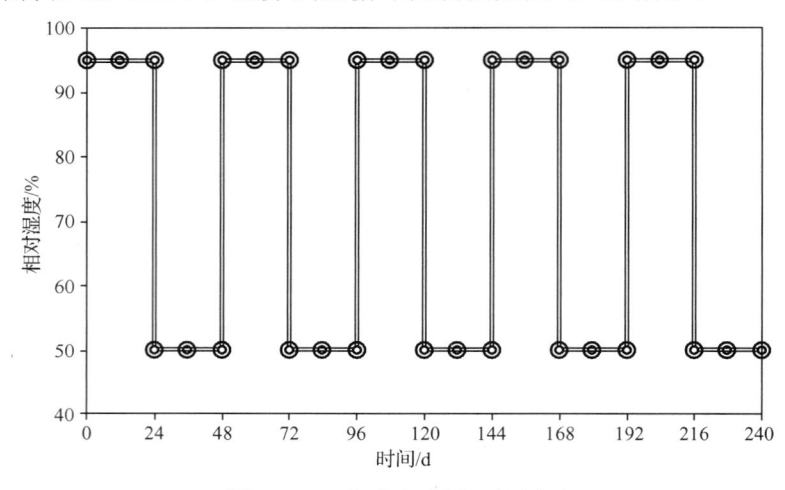

图 12-17 盐雾试验循环控制图

通过查找资料和实际检测，可获得 5%NaCl 溶液在 35℃下的电导率、氧浓度和氧扩散系数，可得盐雾试验环境谱，如表 12-3 所示。

表 12-3 盐雾试验环境谱

环 境 类 别	参 数 范 围
温度	35℃±2℃
大气压强	101.325kPa
相对湿度	90%与50%交替
pH 值	3.5±0.5
氧浓度	9.6ppm
氧扩散系数	$1.0 \times 10^{-9} m^2/s$
电导率	107700mS/cm

2）盐雾试验液膜厚度研究

微观环境参数中的液膜厚度可通过实际测量的方式得到，也可通过努塞尔特方程进行求解计算。

采用液膜厚度检测与努塞尔特方程联合使用的方法进行液膜厚度设定，即通过特定的液膜厚度检测设备检测盐雾试验环境下各阶段的液膜厚度，将测得的液膜厚度与通过努塞尔特方程计算得到液膜厚度进行对比，并对努塞尔特方程进行校准。

将盐雾试验的环境参数分别导入腐蚀试验设备和努塞尔特方程,并将设备测得的液膜厚度对努塞尔特方程进行校准。由于盐雾试验主要评估试样耐蚀性在不同相对湿度循环条件下随时间变化情况,空气相对湿度与表层温度存在以下关系:

$$T_{sat} = \frac{243.12 \cdot \ln\left(\frac{RH}{100} + \frac{17.62 T_{air}}{243.12 + T_{air}}\right)}{17.62 - \ln\left(\frac{RH}{100} + \frac{17.62 T_{air}}{243.12 + T_{air}}\right)}$$

式中,T_{sat} 为表层温度,T_{air} 为空气温度,RH 为相对湿度。

因此,腐蚀仿真中盐雾试验的环境参数设置如表 12-4 所示。

表 12-4 腐蚀仿真中盐雾试验的环境参数设置

环境类别	环境种类	参数范围
宏观环境	温度	35℃±0.5℃
	大气压强	101.325kPa
	相对湿度	90%与50%交替
	pH值	3.5±0.5
微观环境	氧浓度	9.6ppm
	氧扩散系数	$1.0×10^{-9}m^2/s$
	电导率	107700mS/cm
	液膜厚度	$\delta = \left[\frac{4\mu_L k_L z(T_{sat}-T_w)}{\rho_L(\rho_L-\rho_G)g\sin\alpha h_{LG}}\right]^{1/4}$

12.2.3 材料数据库建设

金属腐蚀的发生与其所在的环境有着密切的关系,不同的金属材料在相同腐蚀环境下表现出不同的腐蚀状态。为腐蚀仿真的准确性,需研究湿热试验和盐雾试验环境下的材料参数,确保腐蚀仿真的环境参数输入与实际环境保持一致。

1. 材料数据库的建设原理

腐蚀仿真的材料数据库分为金属基材参数、镀层等表面处理参数以及涂层和非金属材参数。各参数主要包括物理化学特性、极化数据、阻抗数据、盐雾试验数据、环境挂片腐蚀数据。材料数据库包括常规基础材料的参数,供腐蚀仿真分析调用,同时通过数据库实现材料腐蚀性能数据系统性管理(录入、检索、统计分析),材料数据库的构成如图 12-18 所示。

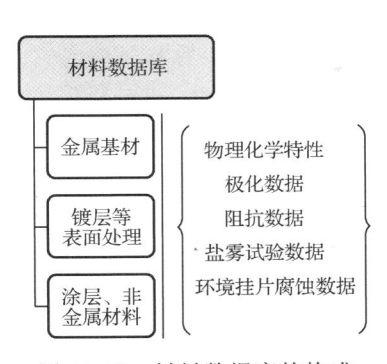

图 12-18 材料数据库的构成

1)金属材料物化数据

首先确定需要仿真分析的结构中使用了哪些金属材

料（包括金属镀层），确定各金属材料的摩尔质量、密度、主要化合价及电阻率等参数。

2）金属材料极化数据

（1）极化曲线。

当有电流通过电极时，电极电位偏离平衡电极电位的现象称作电极的极化，描述电流密度与电极电势之间关系的曲线称作极化曲线。极化曲线能够在有关腐蚀机理、腐蚀速率和特定材料于指定环境中的腐蚀敏感性等方面提供大量有用的信息。所以，分析研究极化曲线是解释金属腐蚀的基本规律、揭示金属腐蚀机理和探讨控制腐蚀途径的基本方法之一。

确定所使用的金属材料以后，还需获得各金属材料在所考察环境下的极化曲线。极化曲线的获得方式有两种：数据库或文献数据；通过试验获得。

在不具备试验条件的情况下，可以考虑从数据库或相关文献中查找对应的金属极化数据。这种方法的优点是：避免了比较复杂的电化学试验。但是该方法同样存在缺点：一是所参考的数据是否可靠；二是文献数据的试验环境很难和所考察的环境完全相同。

更为可靠地获得金属极化曲线数据的方法是电化学试验，该电化学试验通过线性扫描伏安法完成。

（2）极化曲线测量技术。

极化曲线测量技术按所控制的变量分类，可将其分为控制电流法和控制电位法。

控制电流法是以电流为自变量，电位为因变量的技术。测试时，遵循规定的电流变化程序并测定相应的电极电位随电流变化的函数关系。该方法可使用较为简单的仪器，且易于控制，主要用于一些不受扩散控制的电极过程或电极表面状态不发生很大变化的体系。控制电位法是以电位为自变量，电流为因变量的技术。测试时，按规定的程序控制电位的变化并测定极化电流随电位变化的函数关系。

为测定极化曲线，需要同时测定流过研究电极的电流和电极电位，为此常采用经典三电极体系。它由极化电源（最常用的是恒电位仪）、电解池与电极系统以及试验条件控制设备组成。极化曲线测量最基本的极化电源是恒电位仪。恒电位仪可自动调节流经研究电极的电流，从而使得参比电极与研究电极之间的电位差严格地等于一个"给定电位"。恒电位仪的给定电位在一定范围内是连续可调的，可根据试验需要将研究电极的电位分别恒定在不同的给定电位上，并测定相应的极化电流，从而完成极化曲线的测量。

图 12-19 所示为采用控制电位法的三电极体系。

工作电极：研究对象。

参比电极：确定工作电极电位。

对电极（辅助电极）：传导电流。

三电极体系含两个回路，一个回路由工作电极和参比电极组成，用来测试工作电极的电化学反应过程，另一个回路由工作电极和辅助电极组成，起传输电子形成回路的作用。其中通过多孔试管在底部不断鼓入空气，保证电解液的均一，同时避免腐蚀产物在工作电极表面沉积。

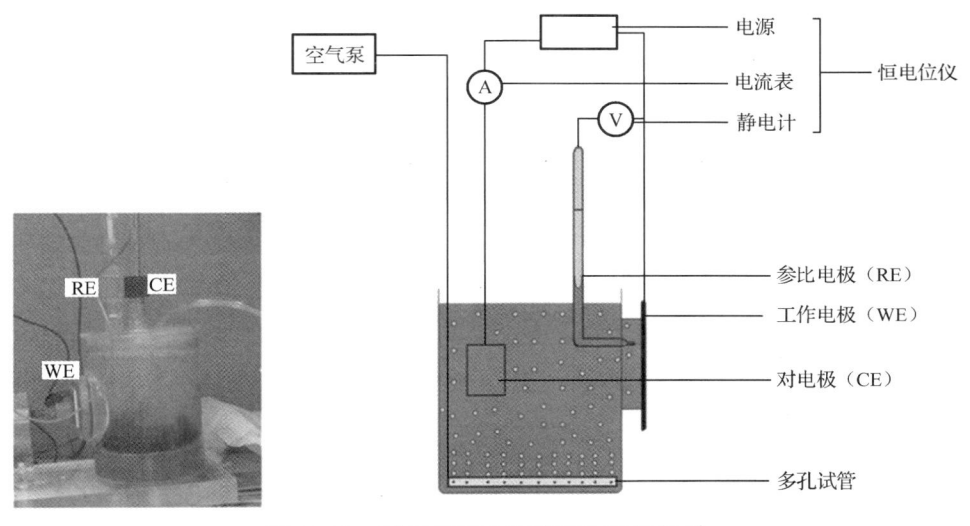

图 12-19 采用控制电位法的三电极体系

在大气腐蚀环境中，金属因表面附着一层薄电解液而发生腐蚀，薄液膜条件下金属极化曲线不同于体相液体中金属的极化行为，因此体相中测得的极化曲线并不适合应用于仿真模拟。但目前通过试验方法直接获得薄液膜条件下金属的极化曲线仍然比较困难，因此可以通过旋转电极用体相液体模拟薄液膜条件。旋转电极三电极体系如图 12-20 所示。如图 12-20（b）和（c）所示，通过旋转电极的旋转，用空气通过湍流区向滞留层的扩散过程来模拟空气通过气液两相界面向金属表面扩散的过程。

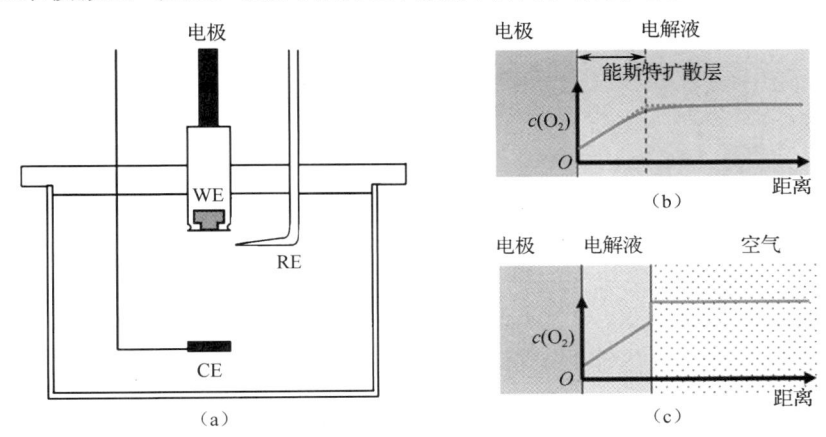

图 12-20 旋转电极三电极体系

在进行模拟薄液膜环境极化曲线试验测定时，除了需要带有旋转圆盘电极的三电极系统，其扫描范围一般较宽，具体试验说明如表 12-5 所示。

表 12-5 极化曲线测定试验说明

项　　目	说　　明
试验设备	三电极体系（旋转圆盘电极），电化学工作站
参比电极	SCE，Ag/AgCl

续表

项 目	说 明
电解液	3.5%NaCl，20～30℃，中性（pH6.5～7.5）
工作电极	旋转圆盘电极，100RPM
稳定 OCP	溶液中浸泡 2～12h，直到达到稳定 OCP
极化曲线扫描	阳极：OCP+300mV（SCE）、阴极：OCP-300mV（SCE） 如果在扫描电势范围内电流密度超出±20A/m^2 范围则可以提前停止扫描
扫描速率	OCP±250mV 范围内：0.02～0.05mV/s；此范围之外：0.2mV/s
样本试片	使用前保持清洁

注：OCP 表示未向试片施加极化电压时测得的电位（即开路电位）。

① 把金属板材加工成直径为 1.128cm 的圆片，用电烙铁将电导线（较细的铜电线）与圆柱金属体的一端相连，接好之后用电表测量是否导通。

② 找一段聚乙烯管（长约 2cm，直径大于圆片直径），垂直立于水平干净的玻璃上。

③ 将金属圆片放入乙烯管内，一端与玻璃表面接触完全，往乙烯管内浇灌环氧树脂。

④ 静置干燥 24h 以上，完成电极制作。

⑤ 使用前将暴露出的圆形表面在砂纸上逐级打磨。

⑥ 三口烧瓶中注入适量 5%NaCl 溶液，三个小孔中分别插入工作电极（见图 12-21）、辅助电极（Pt 电极）和参比电极（Ag/AgCl 电极），使电极进入电解质溶液中。

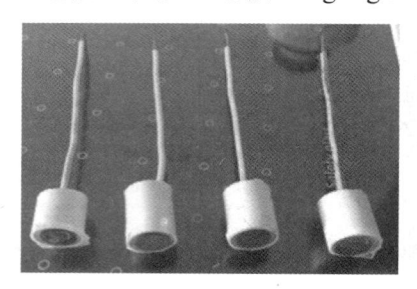

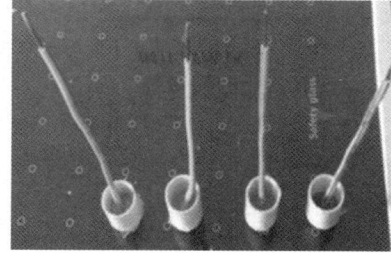

图 12-21　工作电极

⑦ 打开 AUTOLAB PGSTAT204 电化学工作站的窗口。用电化学工作站的绿色夹头夹住工作电极，红色夹头夹住辅助电极，白色夹头夹住参比电极。电化学工作站如图 12-22 所示。

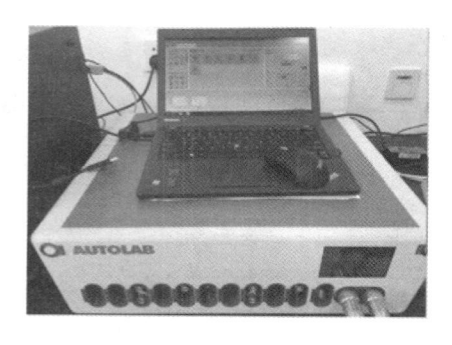

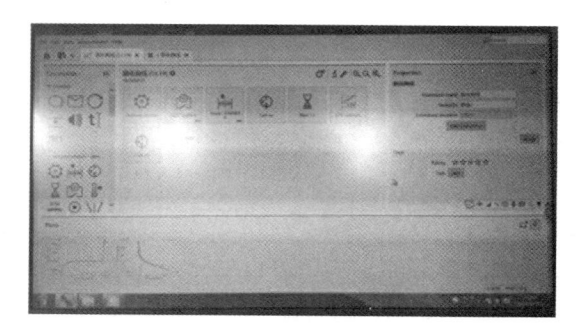

图 12-22　电化学工作站

⑧ 测定开路电位，测得的开路电位即为电极的自腐蚀电势 E_{corr}。开路电位稳定后，测电极极化曲线。扫描范围：阳极设为 OCP+3000mV（SCE），阴极设为 OCP-300mV（SCE），扫描速率（ScanRate）设为 0.05mV/s。

⑨ 重复步骤⑦、⑧完成其他材质的极化曲线测量。有表面处理的材料工作电极直接安装到旋转电极，再放入三电极体系。

电化学工作站测试极化曲线如图 12-23 所示。

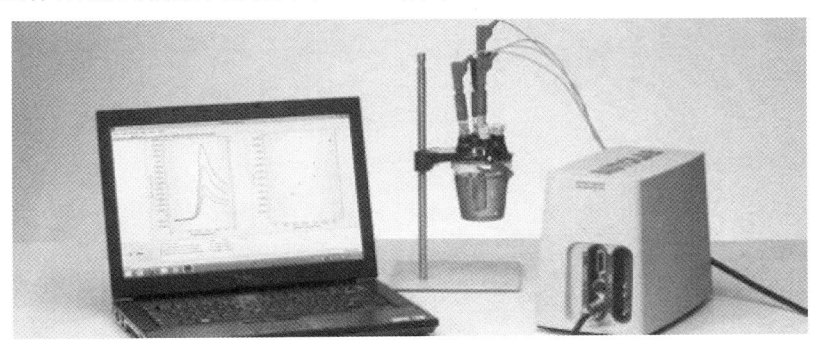

图 12-23　电化学工作站测试极化曲线

试验完毕，清洗电极、电解池，将仪器恢复原位，桌面擦拭干净。

最终通过试验得到不同材料的极化曲线，如图 12-24 所示。

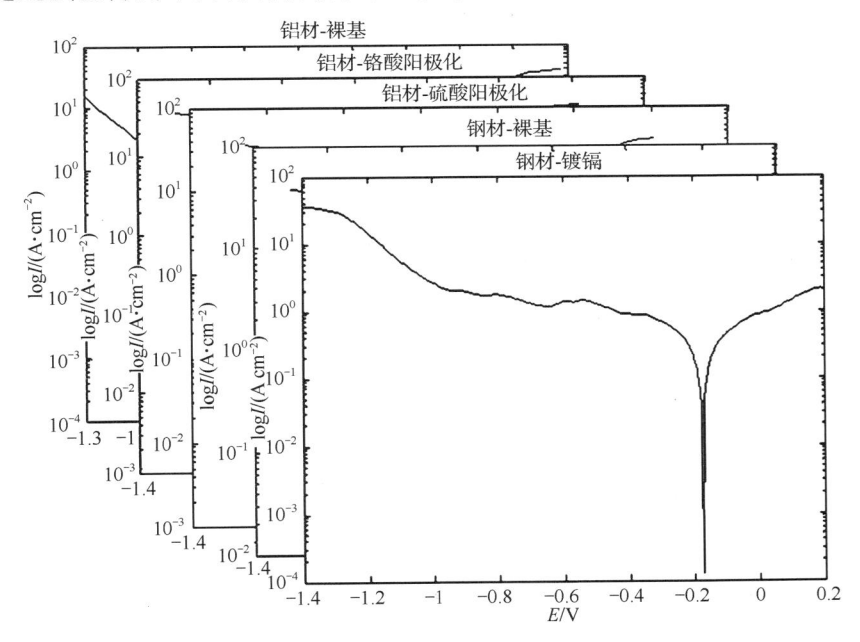

图 12-24　试验得到不同材料的极化曲线

（3）极化曲线解析。

试验获得金属极化曲线后，需要进一步使用极化曲线分析工具（Curve Analyzer）进行处理。Curve Analyzer 是一个将极化曲线解析为基元电极反应的软件工具，可对极化曲线数据进行分析、校准，必要情况重做试验。再使用极化数据处理软件对试验获得的表观极化数据进行解析处理，获得极化反应中氧化还原反应、金属氧化反应和析氢反应等三种基元反应数据。解析出的基元电极反应将作为 Elsyca Corrosion Master 仿真模拟的输入。

3）涂层老化数据

当所研究的对象表面有涂层时，模拟仿真还要考虑涂层的作用。因此，仿真计算前还需收集涂层的老化数据，即其电阻率随时间变化的数据。涂层老化数据如图 12-25 所示。

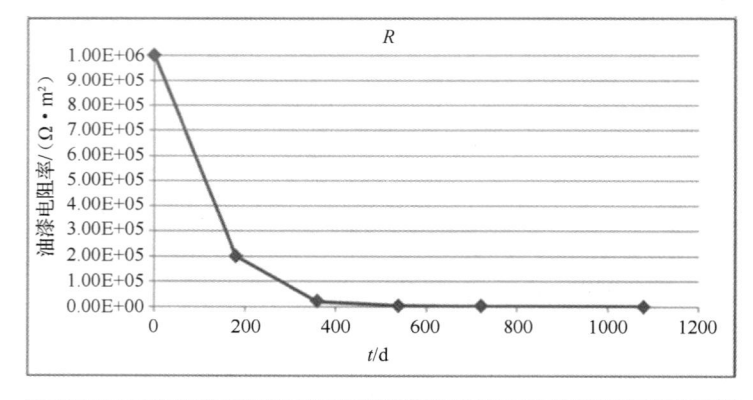

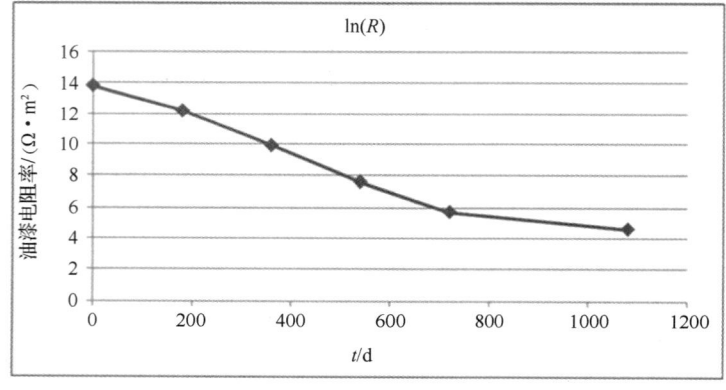

图 12-25　涂层老化数据

2．建立金属材料数据库

汇总解析数据与涂层老化数据，并按指定格式形成金属材料数据库，如图 12-26 所示。建立金属材料数据库后，软件求解器将自动识别并导入数据库中所有材料数据信息。

3．数据库构架

数据库管理系统采用当前应用最为广泛的体系结构（见图 12-27），以金属材料的全面管理为主体，同时涵盖对非金属材料、环境参数的管理，并且能够方便添加各类相关数据，具有开放、通用、可拓展和可升级等特性，以及知识管理的特色。

以 Elsyca Corrosion Master 为例，采用 Java 的技术解决方案，具体采用 Oracle+Hibernate+Tomcat+JSP 技术架构实现应用系统，数据库建模工具采用 E-R 建模工具，软件开发工具选择的是 Eclipse。

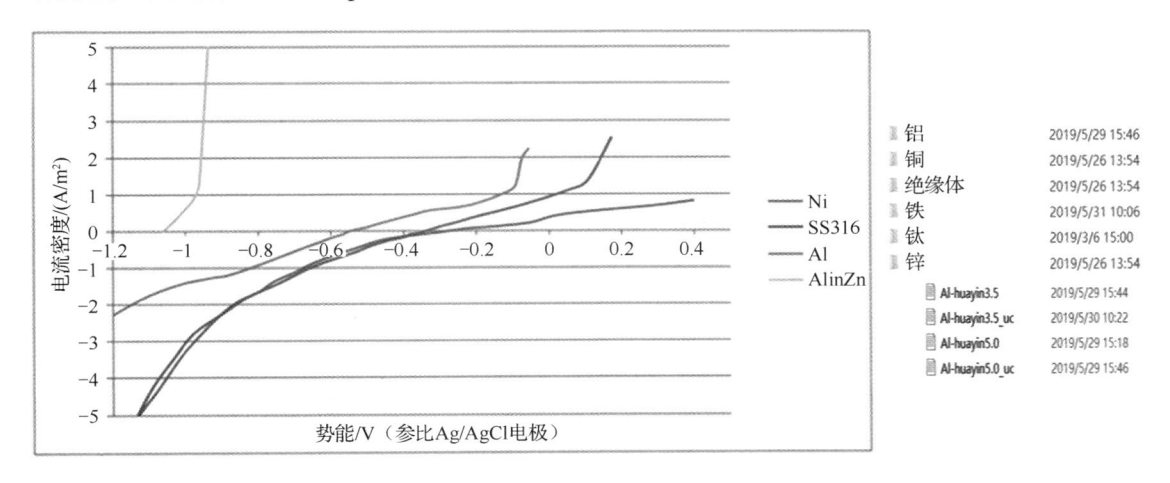

图 12-26　金属材料数据库

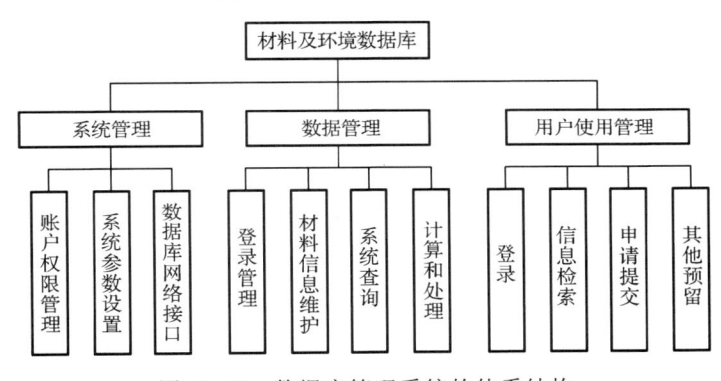

图 12-27　数据库管理系统的体系结构

数据库使用 Oracle，它是当前主流的企业级数据库管理系统，由于其优异的性能和可靠性，市场占有率是数据管理系统中最高的。Oracle 优异的性能可以满足本系统的需求。

数据库持久化技术使用 Hibernate，Hibernate 是一个开放源代码的对象关系映射框架，它对 JDBC 进行了非常轻量级的对象封装，便于 Java 程序员通过对象编程思维来操纵数据库。

服务器程序使用 Tomcat。Tomcat 是一个免费的开源的 Servlet 容器，它是 Apache 基金会的 Jakarta 项目中的一个核心项目，由 Apache、Sun 和其他一些公司及个人共同开发而成，同时它也是 Sun 公司官方推荐的 Servlet 和 JSP 容器。

数据库建模工具使用基于 Entity-Relation 的数据模型，分别从概念数据模型（Conceptual Data Model）和物理数据模型（Physical Data Model）两个层次对数据库进行设计，是当前应用最为广泛的数据库建模工具之一。概念数据模型描述的是独立于数据库管理系统（DBMS）的实体定义和实体关系定义，物理数据模型则是在概念数据模型的基础上针对目标数据库管理系统的具体化。

开发工具使用 Eclipse。Eclipse 是一个开放的、可扩展的集成开发环境（IDE），通过灵活开放的插件机制可集成不同开发商开发的软件工具，Eclipse 平台目前已经成为 Java 开发领域的主流开发平台，在开发 Web 应用程序方面功能强大、使用便利。

另外，系统在构建界面的过程中采用 AJAX（Asynchronous JavaScript and XML）技术以改善用户体验。使用 AJAX 可以构建更为动态和响应更为灵敏的 Web 应用程序。该方法的关键在于对浏览器端的 JavaScript、DHTML 和与服务器异步通信的组合。

利用一个 AJAX 框架构造一个应用程序，它直接从浏览器与后端服务进行通信。如果使用得当，这种强大的力量可以使应用程序更加自然、响应更加灵敏，从而提升用户的浏览体验。其他使用到的技术包括 SQL、JSP、JavaScript 及 Web 2.0 技术 XmlHttp 等。

整个系统开发按照如下方法和流程进行：通过建模工具进行数据库建模，导出 SQL 文件后，根据建模信息在数据库中建立表结构。之后，在 Eclipse 中生成数据库和业务流程对应的 Java、DAO、JSP 及 Hibernate 文件，发布到 Tomcat 应用程序目录，完成数据库的构建，进行功能测试。

这样构建的数据管理系统具有良好的软件分层结构，主要包括数据浏览层、表现层、业务层、持久层及数据层五部分，合理的分层和组件技术的运用使系统具有良好的易维护性和可扩展性，同时保证了数据的安全性，以及查询、比较、计算的高效性。数据管理系统构架如图 12-28 所示。

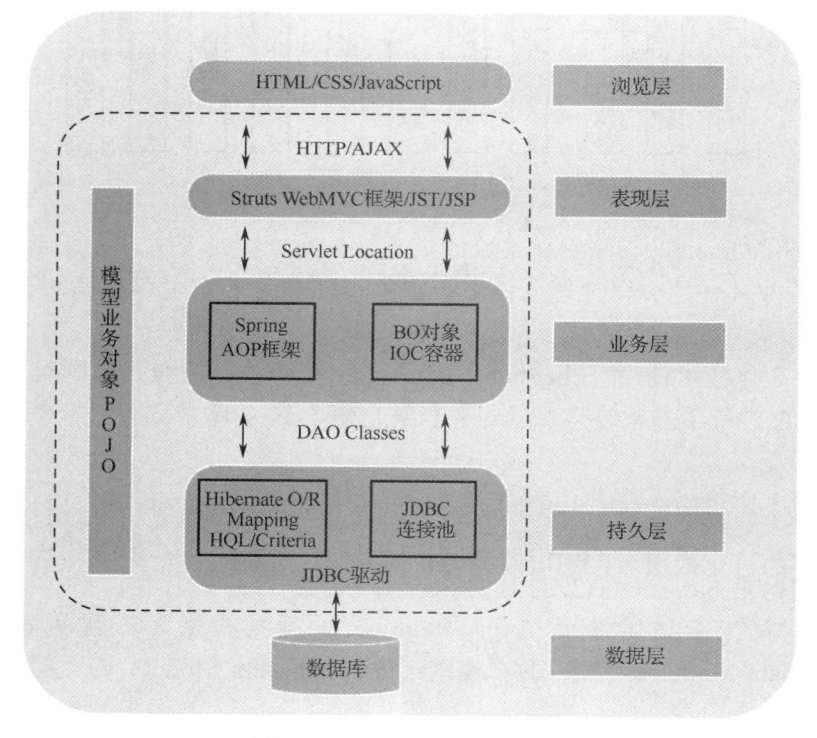

图 12-28　数据管理系统构架

12.3 腐蚀仿真案例

12.3.1 建模过程

利用软件进行金属腐蚀仿真模拟，其流程主要分为三大部分：输入部分，数据测定、收集和模型准备；仿真计算部分，设置参数进行仿真计算；输出部分，输出仿真结果并进行可视化分析。

1. CAD 建模

根据实物在 CATIA 中创建三维模型，再将 CATIA 数模转化为 STL 格式，作为 Elsyca Corrosion Master 腐蚀仿真计算数模输入。

可将设备的全尺寸数模输入到腐蚀仿真软件中，数模需考虑搭接、焊接、紧固件、缝隙、泥浆包埋区、浸水、排水区、防护层、密封等因素，结合软件内置的结构分析程序，识别数模中容易发生腐蚀的部位；仿真软件在自动划分网格的过程中，将该部位进行逐一标识。

2. 环境数据库

环境数据库数据包括微观环境数据和宏观环境数据，微观环境数据作为腐蚀仿真的计算输入，宏观气象参数可转换为微观环境数据。微观环境数据包括薄液膜厚度、薄液膜电导率、氧浓度、氧扩散系数，宏观环境数据包括温度、相对湿度、大气压力等。

3. 材料数据库

材料数据库数据如下。
（1）物化数据：摩尔质量、密度、化合价、电阻率等。
（2）极化曲线：通过线性伏安法测定材料的极化曲线。
（3）镀层数据：镀层种类、厚度及镀层的极化曲线。
（4）涂层数据：涂层老化数，如不同时间段的涂层厚度等信息。

材料数据库数据可对金属、合金、镀层系统、涂层系统进行仿真模拟计算。

测定材料的极化数据后，利用前处理软件 Curve Analyzer 进行极化数据解析，建立材料数据库。

12.3.2 腐蚀仿真案例分析

下面由单因素到多因素，简单介绍单个材料、连接试样、搭接件、组合件的盐雾试验（4个案例）仿真过程和仿真结果。

1. 福特汽车整车加速腐蚀试验模拟分析

碳纤维强化材料（CFRP）具备高弹性模量、比强度和比模量，并且抗冲击性能良好，在汽车工业中被大量使用来实现汽车轻量化的目的，福特、通用、宝马和丰田等车企均使用 CFRP 作为车辆的主体结构或零部件。因为 CFRP 具有导电性，并且活泼性比一般金属低，所以在与金属接触时会引起金属发生电偶腐蚀。为研究 CFRP 对金属电偶腐蚀的促进作用，福特汽车公司采用腐蚀模拟技术对比分析了 CFRP 和普通金属在整车强化腐蚀试验下的腐蚀状态。

1）模型创建

参照试样实物，使用 CATIA、UG、SolidWorks 等三维绘图软件进行试样数模的绘制，并根据试样材料和装配关系对数模进行分组导出。试样模型创建如图 12-29 所示。

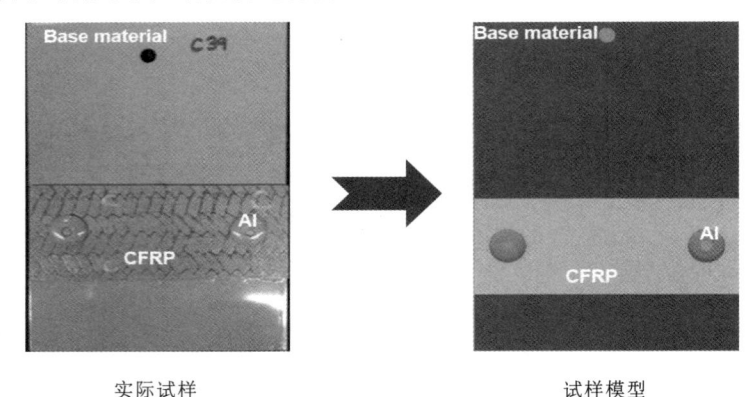

图 12-29　试样模型创建

2）边界条件设置

通过梳理整车强化腐蚀试验过程中的温度、相对湿度、电导率、液膜厚度等环境信息作为模拟仿真的环境边界条件（见图 12-30）。通过梳理试样各部件的材质和表面处理措施等材料信息作为模拟仿真的材料边界条件（见图 12-31），确保模拟条件和实际试验数据保持一致。

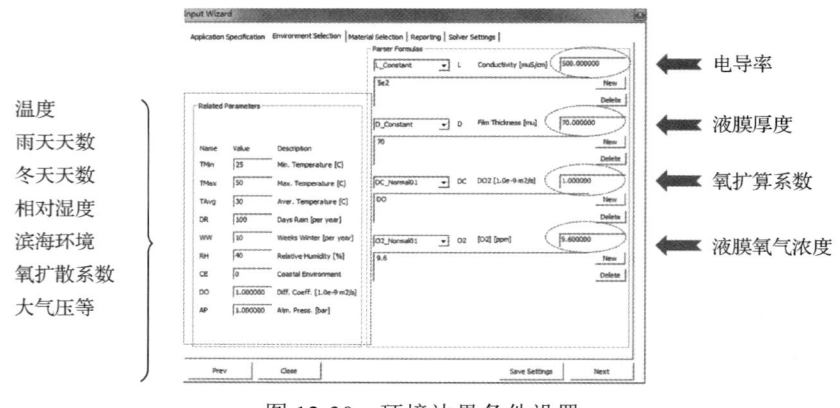

图 12-30　环境边界条件设置

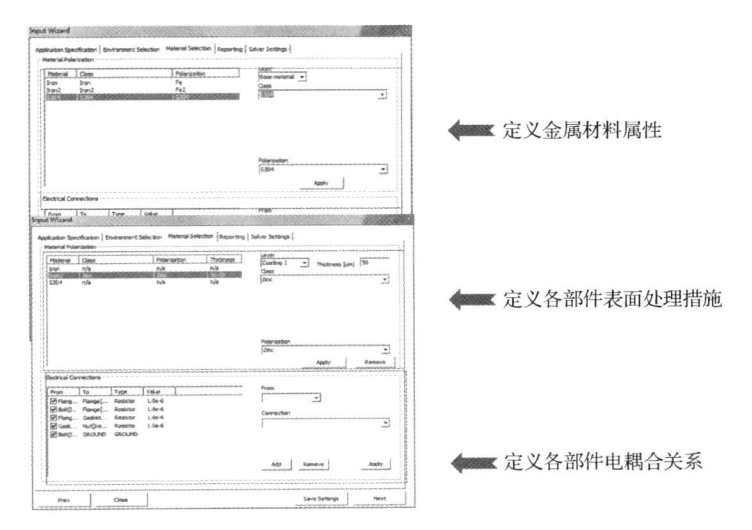

图 12-31 材料边界条件设置

3) 求解条件设置

完成边界条件设置后，在求解条件设置中设置腐蚀仿真类型、网格数据和计算数据后即可进行腐蚀仿真分析。求解条件设置如图 12-32 所示。

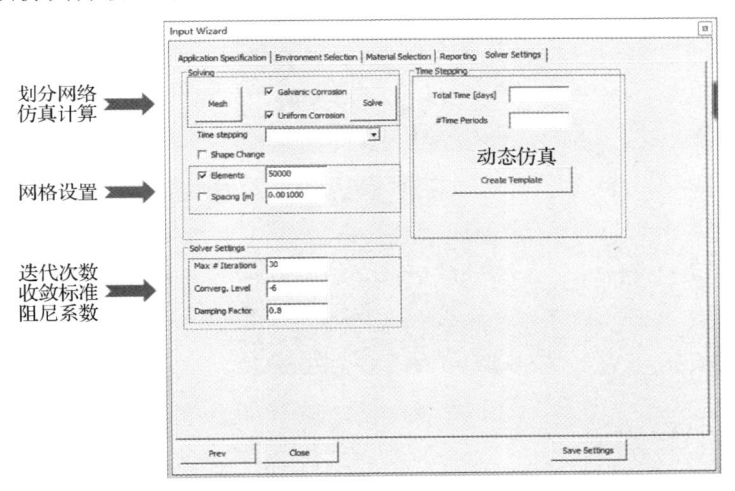

图 12-32 求解条件设置

在整车强化腐蚀试验过程中，可能面临多种行驶环境对车身的腐蚀。例如，沿海地区海洋大气环境行驶、盐水槽和盐水搓板路行驶、高温高湿环境放置等。此类条件下的环境边界条件设置需借助动态仿真完成，通过设置试验时长（12周）和不同环境周期，以及选择不同条件的环境变化因子分别设置不同试验时期下的环境边界条件，图 12-33 所示为选择温度和湿度作为变化因子时的动态仿真设置。

4) 结果输出

通过材料边界条件设置，分别仿真分析铝板、冷轧板和 CFRP 搭接，在经过 12 周整车强化腐蚀试验后输出各部件的腐蚀状态。仿真结果输出如图 12-34 所示。

图 12-33 动态仿真设置

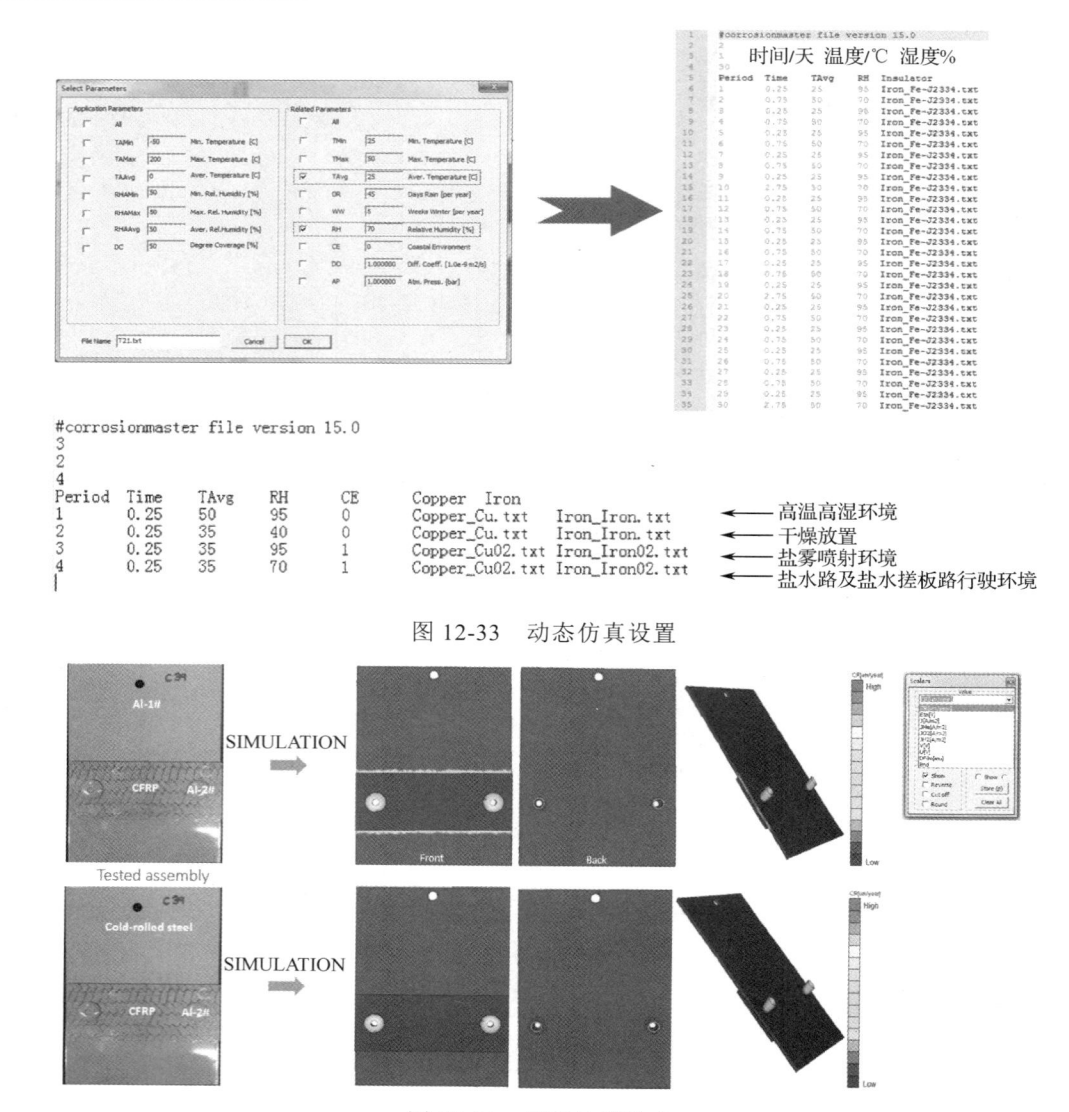

图 12-34 仿真结果输出

5）实物对比

在进行仿真分析的同时，将所有试样安装在试验样车的车门下部进行为期 12 周的整车强化腐蚀试验，试验完成后对比实物和仿真条件下试样的腐蚀情况。实物整车强化腐蚀试验如图 12-35 所示。实物对比示意图如图 12-36 所示。实物试验结果与腐蚀仿真结果基本一致。

2. TFT 公司阀门腐蚀模拟分析

通过腐蚀模拟技术预测消防阀在不同消防水环境下的腐蚀热点区域和腐蚀速率。

第 12 章　腐蚀仿真进展与探索

图 12-35　实物整车强化腐蚀试验

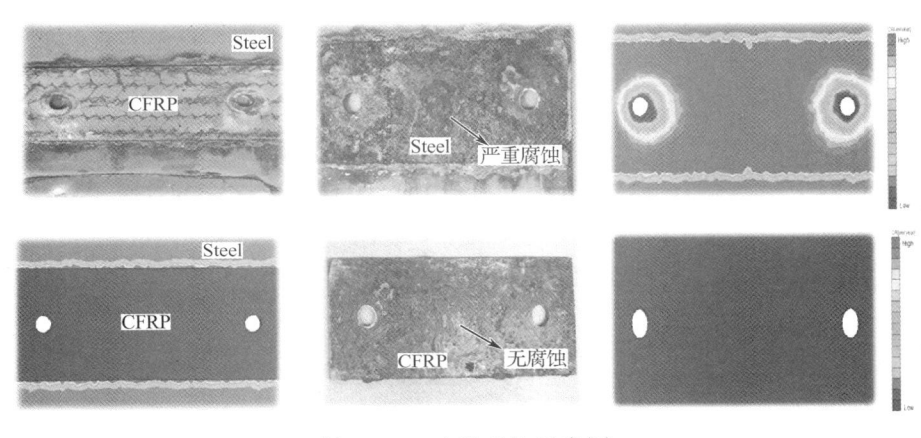

图 12-36　实物对比示意图

1）数模创建

参照阀门设计图纸，使用 CATIA、UG、Solidworks 等三维绘图软件进行试样数模的绘制，并且根据试样材料和装配关系对数模进行分组导出。阀门组件设计如图 12-37 所示。阀门数模剖面图如图 12-38 所示。

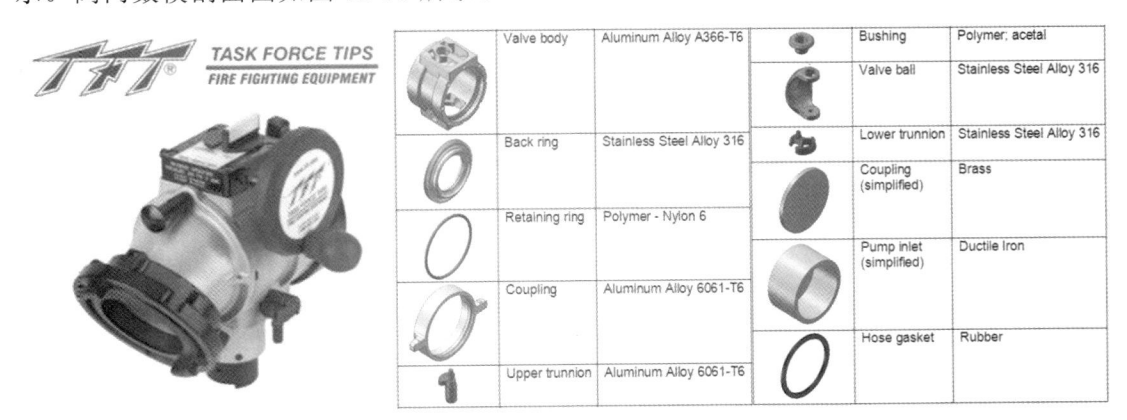

图 12-37　阀门组件设计

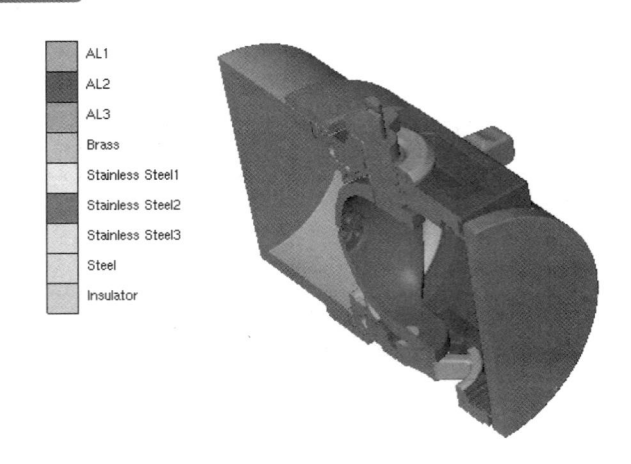

图 12-38　阀门数模剖面图

2）边界条件设置

通过梳理不同消防水（自来水与盐水）的水质数据（温度、离子浓度、电导率等）作为模拟仿真的环境边界条件，通过梳理阀门各部件的材质信息作为模拟仿真的材料边界条件，确保模拟条件和实际条件保持一致，边界条件的设置方法与流程见案例 1。

3）求解条件设置

完成边界条件设置后，在求解条件设置中设置腐蚀仿真类型、网格数据和计算数据后即可进行腐蚀仿真分析，求解条件设置方法与流程见案例 1。

4）结果输出

通过环境边界条件设置，模拟阀门在自来水和盐水环境下各部件的腐蚀热点区域和腐蚀速率（见图 12-39 和图 12-40）。经分析发现：不同消防水质下阀门的腐蚀热点区域基本相同，但阀门在盐水环境中的腐蚀速率是自来水环境中的 20～30 倍。

图 12-39　阀门腐蚀热点区域预测

5）实物对比

通过对现役阀门进行拆解验证，实物腐蚀结果与仿真腐蚀结果基本一致，得到以下结论。

（1）软件模拟出铝轴上的电偶腐蚀与实际经验完全吻合。

（2）该软件可以模拟出精确的结果。电化学腐蚀最严重的区域与软件模拟结果所表明的区域完全吻合。

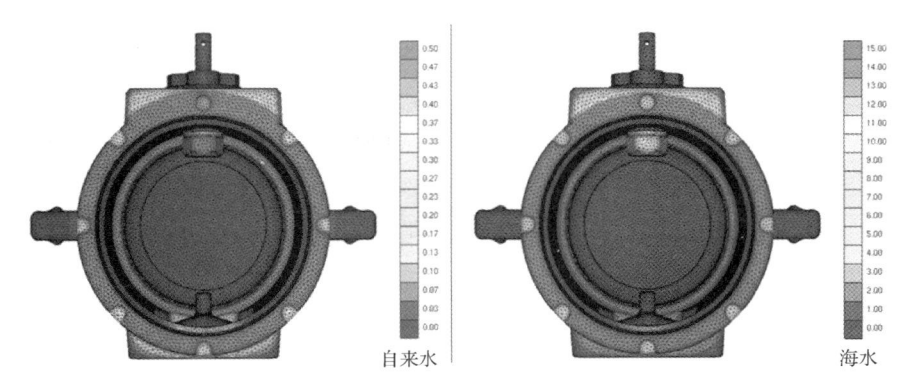

图 12-40　不同消防水中阀门腐蚀速率

实物对比示意图如图 12-41 所示。

图 12-41　实物对比示意图

3. 舰载机轮毂腐蚀优化模拟分析

由于航空母舰上的着陆区跑道距离只有 200～300m，所以舰载机通常采用的是固定角无"平飘"方式降落（硬着陆），飞机在下降过程中仍然要保持 220～280km/h 的固定角下滑速度。因此，在下降过程中起落架会承受巨大的冲击，受冲击的影响，舰载机轮毂表面涂层容易出现破损或脱落而引发腐蚀。为防止轮毂本体发生腐蚀，需在螺栓处增加垫片，采用腐蚀模拟技术仿真分析不同材质的垫片对轮毂腐蚀状态的影响。

1）数模创建

参照轮毂实物，使用 CATIA、UG、Solidworks 等三维绘图软件进行试样数模的绘制，并且根据试样材料和装配关系对数模进行分组导出。轮毂数模建立如图 12-42 所示。

2）边界条件设置

通过梳理，将不同海域的大气环境数据（温度、相对湿度、电导率、液膜厚度等）作为模拟仿真的环境边界条件，将轮毂各部件的材质信息作为模拟仿真的材料边界条件，确保模拟条件和实际条件保持一致，边界条件设置方法与流程见案例 1。

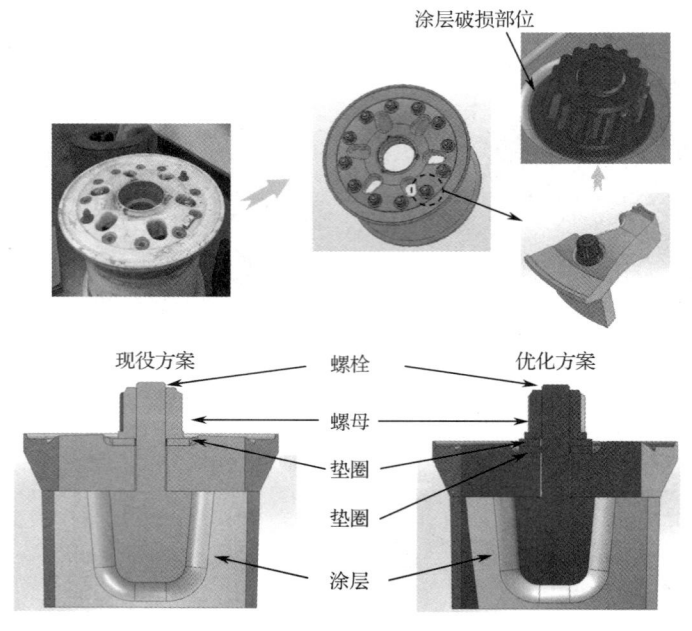

图 12-42　轮毂数模创建

3）求解条件设置

完成边界条件设置后，在求解条件设置中设置腐蚀仿真类型、网格数据和计算数据后即可进行腐蚀仿真分析，求解条件设置方法与流程见案例1。

4）结果输出

通过分析优化前后轮毂本体的腐蚀速率，发现在增加垫片后能大大降低轮毂本体的腐蚀速率。优化前后轮毂腐蚀速率如图 12-43 所示。

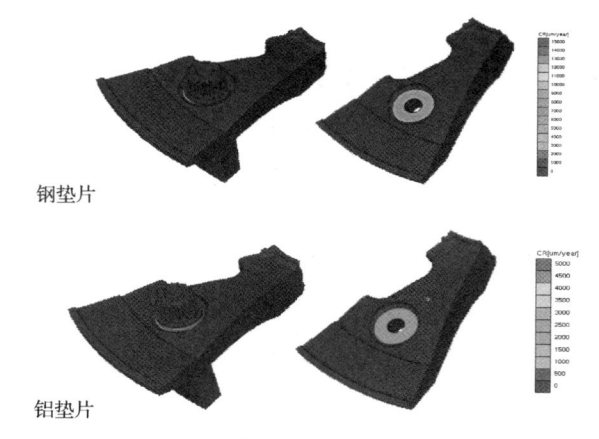

图 12-43　优化前后轮毂腐蚀速率

5）实物对比

通过对现役轮毂进行拆解验证，实物腐蚀结果与仿真腐蚀结果基本一致，得到以下结论。

Elsyca Corrosion Master 可以准确预测腐蚀风险、计算腐蚀速率，找到热点。计算结果与现役机型腐蚀状态对比高度吻合。实物对比示意图如图 12-44 所示。

4．盐雾加速腐蚀模拟分析

研究钢-钛试样在盐雾试验环境下的腐蚀速率，通过实物试验和仿真分析同时进行的方法，来验证腐蚀模拟技术的准确性，试验时间为 28d。盐雾试验按照 GJB 150.11A《军用设备实验室环境试验方法第 11 部分：盐雾试验》执行。

1）数模创建

根据试样设计图纸使用 CATIA、UG、Solidworks 等三维绘图软件进行试样数模的绘制，并且根据试样材料和装配关系对数模进行分组导出。试样数模创建如图 12-45 所示。

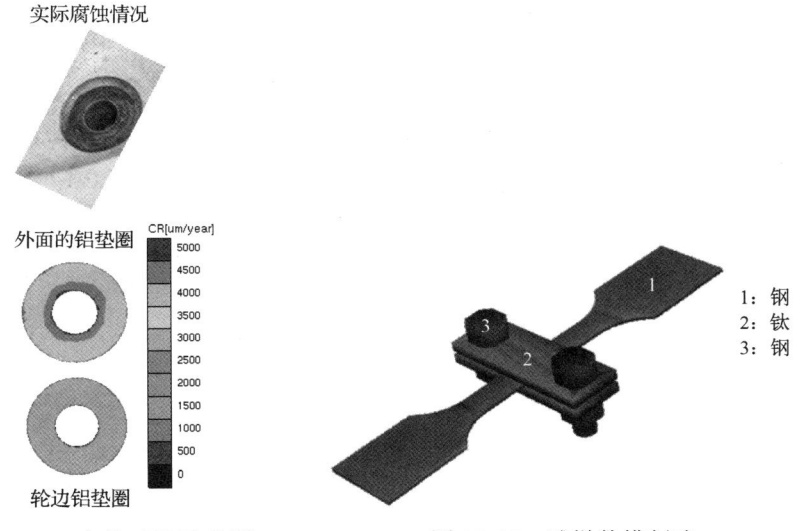

图 12-44　实物对比示意图　　图 12-45　试样数模创建

2）边界条件设置

通过梳理，将 GJB 150.11A 中的试验环境数据（温度、相对湿度、电导率、液膜厚度等）作为模拟仿真的环境边界条件，通过试样各部件的材质信息作为模拟仿真的材料边界条件，确保模拟条件和实际条件保持一致，边界条件设置方法与流程见案例 1。

3）求解条件设置

完成边界条件设置后，在求解条件设置中设置腐蚀仿真类型、网格数据和计算数据后即可进行腐蚀仿真分析，求解条件设置方法与流程见案例 1。

在盐雾腐蚀试验过程中，试验环境随时间发生周期性变化（详见 12.2.2 节中的盐雾试验环境参数研究）。在动态仿真中设置试验时长（28d）和试验次数（28 次），选择相对湿度作为环境变化因子，图 12-46 所示为选择温度和湿度作为变化因子时动态仿真设置。

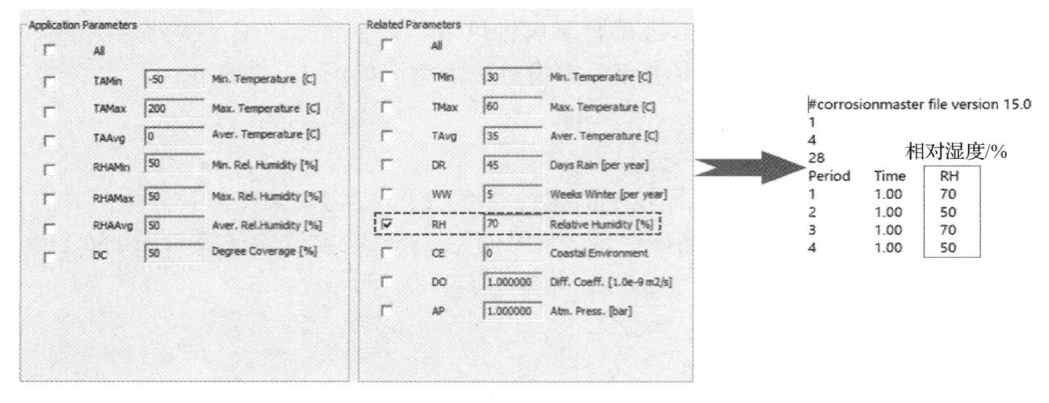

图 12-46 动态仿真设置

4）结果输出

仿真分析试样及各部件在不同试验时间内的腐蚀状态，仿真结果输出如图 12-47 所示。

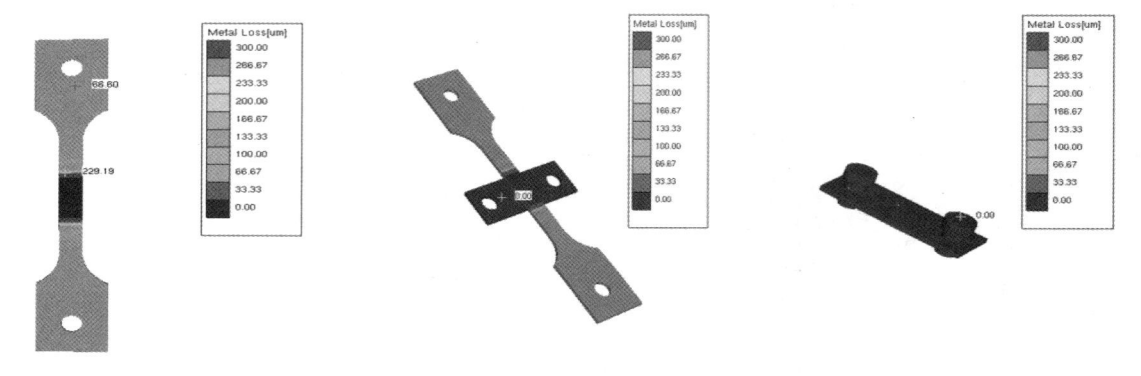

图 12-47 仿真结果输出

5）实物对比

通过对比实物与仿真试验结果，发现二者之间高度吻合。实物对比示意图如图 12-48 所示。对比验证统计如图 12-49 所示。

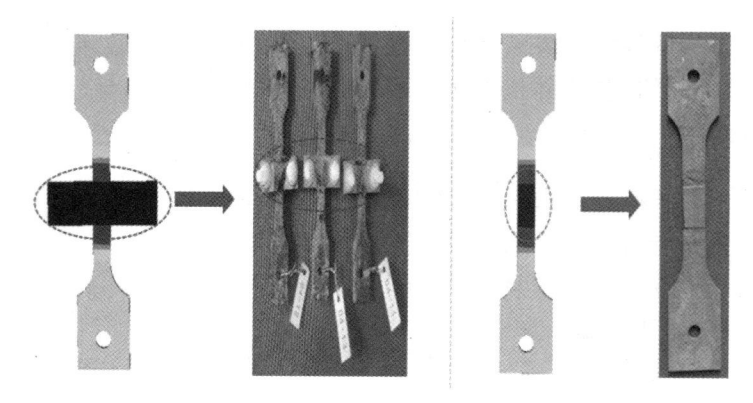

图 12-48 实物对比示意图

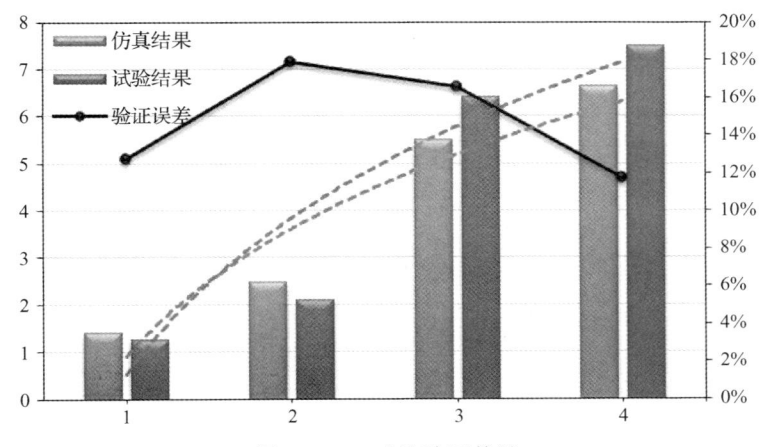

图 12-49　对比验证统计

第13章

电子设备腐蚀防护展望

【概要】

本章从目标导向和结果导向角度出发，在分析电子设备发展需求和当前腐蚀防护领域存在不足的基础上，从深化腐蚀防护机理及影响因素研究、深化电子设备腐蚀防护寿命评估与预测研究、深化耐腐蚀材料及技术研究等角度，提出了对腐蚀防护机理研究覆盖面拓展及深入、腐蚀防护预测仿真方法及信息化建设、耐腐蚀基体材料和防护材料研发新需求、腐蚀防护技术研发新需求的建议和展望。

13.1 电子设备腐蚀防护的重要性和长期性

中国要强盛、要复兴，就一定要大力发展科学技术，努力成为世界主要科学中心和创新高地。世界正在进入以信息产业为主导的经济发展时期。我们要把握数字化、网络化、智能化融合发展的契机，以信息化、智能化为杠杆培育新动能。作为信息化、智能化的实现载体，电子设备在国民经济和社会生活中扮演着日渐重要的角色。侯保荣院士在总结2015年中国工程院重大咨询项目"我国腐蚀状况及控制"成果的"我国腐蚀成本及其防控策略"一文中指出，腐蚀防护水平是国家文明和繁荣程度的反映，腐蚀防护安全关系到国民经济健康发展和国防建设长治久安，具有重要的战略意义和现实意义。电子设备的腐蚀防护水平，同样也具有重要的战略意义和现实意义。

同时，我们也必须客观地认识到，材料腐蚀是一个必然发生的现象，人们可以延缓它但不可能彻底消除它，腐蚀防护工作必然会长期持续下去。2014年，美军对自身的腐蚀损失进行了统计，总量为219亿美元，其中海军为75亿美元，陆军为42亿美元，空军为51亿美元，岸基部队为3亿美元，其他腐蚀损失为48亿美元。为了减少腐蚀损失，美军在全军范围内实施了腐蚀防护与控制项目（Corrosion Prevention and Control Program，CPCP）。该项目分为三个阶段，最终目标是2030年美军腐蚀损失减少50%。我国电子设备的腐蚀防护水平虽然取得了长足的进步，但仍然还存在很多尚未有效解决的问题，未来还将面对很多新的未知的腐蚀及腐蚀相关问题的挑战，每年因腐蚀造成的直接经济损失同样是惊人的，并且还有因腐蚀造成电子设备失能带来的大量附加间接经济损失并影响社会效益。电子设备腐蚀防护工作仍然任重道远，需要继续密切协同、分工合作，树立目标导向和结果导向，促进我国电子设备防护赶超世界先进水平。

13.2 电子设备腐蚀防护挑战

我们身处于一个快速变化的世界，电子设备的应用需求和技术发展日新月异，正在并将持续地快速变化发展，不仅电子设备本身的功能性能在变化发展，其服务服役的地域时域也在变化发展。传统的电子设备腐蚀防护设计理论、设计理念、典型设计模式和腐蚀防护技术，在历经积累、验证证明行之有效而推广应用的同时，由于技术自身发展、用户需求发展带来的对结构特征、材料类型和防护需求的新变化，也在不断地提出新挑战，现有腐蚀防护结构、工艺、考核、管理的技术和模式是否满足新变化的需求，需要突破哪些新的设计、工艺、考核技术，需要突破哪些新的工作模式和管理模式，急需开展新的策划、研究，提供新的答案。

当前，电子设备结构技术发展呈现材料多样化、轻量化，结构精密化、复杂化，系统集成化、智能化，寿命长效化、绿色化特点，腐蚀防护新需求的材料、结构、功能、工艺、环境等多因素混合特征明显，难度更大，至少体现在以下几方面。

1. 由电子设备服役环境拓展带来的挑战

电子设备的足迹随着人类活动的足迹不断延伸，遍布地球的各个经度、纬度、海拔高度地区，也走出地球走向深空，极端高温、极端低温、高湿、高盐、低气压、沙尘、辐射以及工业活动产生的腐蚀气氛等环境条件愈发复杂。极端温度及温度变化，易诱发金属材料和金属材料组合因热胀冷缩或热膨胀系数差异产生应力破坏或应力腐蚀。极端温度及温度变化、高湿、辐射环境，易造成塑料、橡胶、复合材料、胶粘剂等有机非金属材料加速老化。高湿、高盐环境及其与工业腐蚀气氛叠加的复合环境，易造成轻金属材料和材料组合、轻薄结构、电子电路的快速腐蚀。低气压乃至真空环境，易诱发非金属材料绝缘性能降低或被破坏，以及电子电路的异常腐蚀、被破坏。沙尘环境，易造成设备腐蚀防护层的破坏，也会带来腐蚀介质的积聚、传递，助长腐蚀产生和发生。

2. 由电子设备性能功能发展带来的挑战

在需求牵引和技术助推下，电子设备性能水平向着高频化、宽频段化、高功率密度、大数据量信息处理等方向不断跨越发展，大型复杂电子设备功能水平向着少人/无人化、自动化、智能化工作等方向不断提档升级。精密、高频电子电路，新型电子封装材料和微细电气互联结构大量应用，材料组成复杂，材料自身及材料组合的耐电偶腐蚀能力弱；高频电路自身耐腐蚀能力弱，但又对防护技术选用要求极为苛刻；为实现智能化功能而设计制造的大量精密控制电路，以及机、电、液等控制元件和机构，也面临着同样腐蚀环境下的防护问题。电子设备高功率密度、高速电路芯片带来的高热耗问题越来越突出，与其关联的材料及系统的耐热性要求和冷却要求已成为结构设计的重点之一，由此引发的由工作温升带来的材料老化、腐蚀，由风冷散热带来的腐蚀气氛影响，由液冷散热带来的冷却系统腐蚀防护问题也愈来愈凸显。

3. 由电子设备长效可靠使用带来的挑战

当前，我国电子设备的电讯、结构设计已普遍进入数字化时代，迈上仿真设计+实物验证的台阶。但在电子设备腐蚀防护设计领域，整体上仍处在经验设计阶段，更多地以经过电子设备实装一定时期使用验证的防护材料和技术作为设计选择，或参照借鉴经过其他行业相近设备以及相近结构特征的实装使用验证的防护材料和技术。这些经验设计固然可用，但并不能满足快速发展形势下新研电子设备的全部设计需求。已有经验主要集中于金属结构材料和金属结构，以对钢铁的腐蚀机理研究和防护技术研究最为成熟，对铝合金、钛合金等轻质结构材料的腐蚀和防护研究也已比较成熟，如在国际标准体系中，对环境类型（C1～C5、CX）分类的依据是以钢铁腐蚀严重程度作为衡量标准的。而对于新研电子设备中应用种类、品种、型号越来越多的多金属材料组合、金属基复合材料和非金属复合材料，在腐蚀机理研究及防护技术有效性方面还没有经过较长时间的实装验证，长期使用可靠性缺乏经验数据。

在电子设备轻量化、高集成化的大趋势背景下，随着轻金属和有机非金属材料使用比重不断提升、薄壁结构大量应用、电子电路及元器件更加精密化，一方面上述问题发生造成的破坏性影响更加严重，另一方面却不能通过采用传统的增加设计安全系数、增加冗余安全余量、增加多重环控措施等方法来解决。这些挑战的解决，一方面要依靠新材料、新技术的深化研究突破，另一方面也需要创新方法，加强腐蚀防护相关仿真软件的开发、应用，加强快速准确加速试验考核方法的研究、应用。

13.3 电子设备腐蚀防护展望

13.3.1 深化机理及影响因素研究

我国一直较为重视腐蚀机理及影响因素的研究工作，相关高校、中国科学院系统研究所、行业系统专业研究所通过实验室研究、野外不同环境站点自然暴露试验研究等多种方式，在腐蚀机理及影响因素研究方面取得了大量成果，在工业和国防领域得到了广泛应用，对国家经济发展和国防建设起到了积极的推动作用。随着腐蚀防护需求、材料、技术的不断发展，腐蚀防护机理及影响因素研究还需要不断在深度、广度方面深化。

1. 扩展自然环境腐蚀影响因素研究广度

我国自然环境腐蚀试验场站基本上分布在国内陆地和海洋区域，在国土区域以外地区还不能实现大规模正规化的自然环境试验。相比之下，如美国 Altas 气候试验公司，其试验站点已经拓展到全球所有典型气候区域。随着我国参与全球化程度的不断深入，国内设计、生产的电子设备越来越多地走向世界各地，也暴露出了与在国内使用时不同的腐蚀防护方面的问题，提出了新的研究方向的需求。

2. 加强对电子设备实装腐蚀影响因素研究进度

我国自然环境腐蚀试验还处于以试样为主的阶段，实验室研究也以单纯材料和试样为主，涉及构件和实物试验少。相比之下，如美国 Altas 气候试验公司，其试验以大型构件和实物为主，材料试样试验已经成为辅助试验方法。电子设备结构复杂、使用材料品种多、材料组合形式多样，工作时叠加电压、电流、电磁波等动态因素，其"动态"工作条件和"动静态"交替条件下的腐蚀机理不同于单纯"静态"材料腐蚀机理及其他机械设备"动态"腐蚀机理，所以需加强这方面的研究以便为电子设备腐蚀防护系统工作提供更有针对性的理论指导。

3. 拓宽机理研究覆盖面及加强对腐蚀防护材料和技术的牵引

传统上腐蚀机理研究的对象和内容针对材料和材料组合较多、较深入，针对腐蚀防护材料和技术实现机理的研究较少，腐蚀防护材料及材料的研发较多地偏重于采用试验摸索和评判的方法，影响研发效率和结果效能。随着材料、腐蚀防护技术及从电子元器件到电子设备形态、结构、工作模式的不断发展变化，腐蚀防护机理的研究覆盖面也需要持续拓宽，促进腐蚀防护材料和技术研发从试验摸索模式向机理引导下的精准理论设计和试验验证相结合模式转变。

13.3.2 深化寿命评估与预测研究

发展腐蚀防护技术的根本目的是为了延长电子设备的使用寿命，使得材料、结构、产品能在腐蚀环境下有效发挥自身的作用。腐蚀防护性能作为系统的基本性能之一，从系统设计的角度考虑，应以较低的系统资源占用，充分实现腐蚀防护性能，既不能欠设计，也不应过设计。要实现精准设计，产品腐蚀寿命的评估与预测技术就必不可少。

1. 深化腐蚀寿命评估方法研究建立有效参考数据库

行业内对能够实现材料、结构乃至产品腐蚀寿命准确评估的方法有迫切的需求，但其实现的难度很大，其原因如下。

（1）大部分耐蚀结构件的寿命很长，少则数十年，多则上百年，即使在实际运行中获得寿命参数，可能随着材料更新换代，也丧失了原本的意义。

（2）构建使用历程中腐蚀行为的演变非常复杂，现场准确掌握腐蚀演变历程难度很大，而腐蚀演变历程对准确评估腐蚀寿命至关重要。

（3）使用历程中各种腐蚀因素非常复杂，准确掌握腐蚀因素及其耦合作用的定量变化历程难度很大，而这种定量演变历程对于准确评估腐蚀寿命同样十分重要。

虽然目前已经建立了较多的实验室加速腐蚀试验方法，通过对材料、结构乃至产品在使用环境暴露经历的模拟和加速，提供一种寿命评估方法和结果，如当前对电子设备一般参照 GB/T 2423、GJB 150A、GJB 360B 等标准中的盐雾试验、湿热试验、霉菌试验等对产品耐蚀性和寿命进行判断，但这些实验室加速试验方法得到的结果并不能与实际使用的自然寿命形成强相关关联，可以以加速试验结果来判定试验对象的寿命，而更多的只是作为一种对材料、腐蚀防护技术及结构或产品耐蚀性能的比较手段。同时，现有试验方法考察的腐蚀因素比较单一，不能全面模拟电子设备可能使用环境的全部环境因素和实际产品工作工况。

腐蚀寿命评估方法的深化研究势在必行，原理性、方法性的突破至关重要，同时也需要理论研究单位、试验方法研究单位和工业部门相互之间的深入协同。

2. 加强数字化、信息化研究，建立便捷、准确的寿命预测手段

建立产品腐蚀寿命预测系统技术，需要以完成预测对象的腐蚀机理研究、使用环境及其影响性研究、加速试验环境谱的制定、加速腐蚀试验与机理研究、加速试验与使用条件腐蚀相关性研究、使用环境腐蚀数据验证、实际腐蚀案例的标定和腐蚀数据库建设为基础，并且需要材料科学、环境试验、设备工程、数据分析等多专业协同。腐蚀寿命预测计算工作量大，且产品越复杂、系统越庞大，计算工作量越大。做好腐蚀寿命预测工作必须依靠数字化、信息化手段，而不是经验主义。

自 1980 年代以来，国外在腐蚀防护领域陆续开发了一些应用软件，如 Achilles、Aurora、ChemCor 等。这些软件基于已有的腐蚀数据库和防护知识体系，依据固定的流程和方法，通过快速调用成熟的知识和经验预测局部腐蚀、应力腐蚀的发生，提供钢铁、不锈钢材料的选用指导和寿命评估，从而提升设计效率和降低设计差错，在海洋工程设备承力结构设计、化工行业输运管路设计等方面发挥了不小的作用。但从总体来看，这类产品腐蚀寿命预测软件适用面还较窄，不能有效满足材料组成更复杂、结构形态更复杂的工业产品的需求，需要进一步丰富完善或有针对性地开发。

腐蚀寿命预测软件开发领域国内较为薄弱，加强这一领域的工作非常必要，其实现也需要充分发挥材料、冶金、化学、电化学、物理、力学、计算机等多专业的密切协同。

13.3.3 深化耐腐蚀材料开发研究

材料是一切工业产品的基础。从工业产品腐蚀防护角度看，本处所述的材料不仅指如金属材料、非金属材料这样的基体材料，也包括如涂料、密封材料等防护材料。再聚焦到电子设备，还包括如钎焊材料、封装材料、导热界面材料、电磁兼容材料、电子装联辅助材料等一大批功能材料。材料耐蚀性、防腐性高低是包括电子设备在内的工业产品耐蚀性高低的决定因素之一，耐蚀、防腐材料开发研究仍需要不断坚持和创新。

1. 金属、非金属基体材料耐蚀性能提升需求

随着电子设备小型化、轻量化需求的不断发展，对使用的基体材料类型和性能也在不断扩展和提升，但当前力学性能优良的材料耐蚀性不够、耐蚀的材料力学性能不足的

问题成为结构设计师的一大困扰。如结构的轻薄化需求使得传统钢铁、铝合金材料牌号已不适用,而需要使用高强钢、高强铝牌号,并且将来镁合金材料的使用也势在必行。但由于高强钢、高强铝、镁合金本身耐蚀性不强而且采用电镀或化学处理、电化学处理工艺后耐蚀性仍不强,所以目前主要应用在单纯结构件中、采用涂漆防护措施,而在电子组件壳体领域应用则受到很大限制。又如出于结构功能需求,不锈钢材料的应用需求不断增多。但耐蚀性好的 316L 不锈钢受性能限制和成本原因很少用于紧固件、五金件加工,而使用 304 不锈钢制造的紧固件、五金件则存在耐蚀性不足问题。根据电子设备功能需求和轻量化需求,工程塑料、复合材料等非金属材料的应用范围和比例不断扩大,但当前还存在广义的非金属材料耐蚀性,即耐老化性的不足、不稳定问题。上述问题给我国金属材料、非金属材料行业的材料开发研究提出了新要求。

2. 防护材料腐蚀防护性能和综合性能提升需求

包括结构件防护涂料和电子组件防护敷形涂料等在内的防护涂料,橡胶和密封胶等在内的密封材料,是为电子设备提供腐蚀防护能力的材料。随着电子设备集成度不断提高、应用范围不断拓展,对防护材料的需求也在不断更新。如小型化的电子设备要求不能简单地通过增厚涂层方法提供恶劣环境防护能力,而是需要高防护性能的轻薄型涂层材料;焊装有密集度大、细间距 BGA 器件的高速数字电路印制板组件,需要渗透、覆盖性好,介电常数和介质损耗小,防护性能优异的敷形涂层材料;为满足电子设备散热防护、电磁屏蔽防护等功能要求,需要热导率高、防护性能好的高导热功能涂料,电磁屏蔽效能高、电化学腐蚀倾向小的导电导磁功能涂料。又如恶劣环境下提供电子设备可靠密封作用的橡胶、密封胶等密封材料,需要具有优异的耐老化性能和耐霉菌性能。此外,随着社会发展对环保重视度的不断提升,对涂料、密封胶等材料自身及施工过程环境友好性的要求也在不断提高,少/无溶剂涂料、胶黏剂和水性涂料在工业产品中的应用范围势必从无到有并不断拓展。上述需求给我国防护材料行业的材料开发研究提出了新方向。

当前,一些新型腐蚀防护材料成为国内外研究热点,如智能材料。这是一种能够感知外部刺激,能够判断并适当处理且本身可执行的新型功能材料。在腐蚀防护领域,智能材料最重要的作用是对腐蚀环境进行响应。如智能响应控释材料,它通过响应外界刺激、释放内部缓蚀剂等方式,增强对基体金属的腐蚀防护效果,从而在恶劣环境下发挥更好的防腐作用。又如自修复材料,包括自修复涂料、自修复密封胶等,它模拟生物体损伤自修复的机理,对材料在使用过程中产生的损伤进行自我修复。这些新型腐蚀防护材料目前尚未达到工程化应用的成熟阶段,有必要加大研发力度、加快研发进程。

3. 电子功能材料腐蚀防护性能和综合性能提升需求

电子功能材料在电子设备中的应用范围广、重要性高、迭代更新快,这一大类材料当前存在研制开发重功能性能、轻腐蚀防护性能的问题,特别是大量基于非金属材料的电子功能材料对耐霉菌性能和自身有害气体释放问题不够重视,在湿热环境中使用时一方面材料基体霉菌滋生造成自身性能衰减、丧失和连带性腐蚀影响,另一方面释放有害气体产生腐蚀介质造成其他零部件、电路的腐蚀。上述问题需要电子功能材料的研发生产商加强对材料腐蚀防护性能的重视度，对研发的材料要进行包括腐蚀防护性能在内的全面考核，以满足使用需要。

13.3.4 深化腐蚀防护新技术研究

腐蚀防护技术是电子设备腐蚀防护水平提升和保证的另一关键因素，在设备环境适应性设计和材料优选之后，长效耐蚀性的实现就主要依靠腐蚀防护技术。总体而言，腐蚀防护技术都可归结到涂、镀、密封大类中，看似传统，但深入分析细分领域和需求，仍有深化创新的持续需求。

1. 加强新材料应用技术和新制造技术研究

腐蚀防护新技术的研究需要着眼于针对新材料、新结构，以及生产流程的应用、实现和系统衔接，同时也需要充分考虑工程实现性。当前，激光加工技术、气相沉积技术等越来越多地应用到腐蚀防护技术领域，随着新材料、新结构应用，未来可能还将不断有新的技术手段应用到电子设备腐蚀防护领域，对此有必要密切跟踪、深入研究。同时，腐蚀防护新技术的应用必须加强对生产流程上下游等相关因素、环节的重视，进行充分验证，避免局部好整体不好的问题。

2. 加强现有传统技术的提升和转型升级研究

电子设备生产制造过程中涂、镀、密封的传统处理技术依然有不断创新的需求和空间。重要方向之一是根据绿色制造的趋势，不断改进提升传统腐蚀防护技术的环保水平，如减少以至消除有害重金属的使用，减少以至消除氰化物的使用，减少生产过程能源资源消耗和有害废弃物的产生等。重要方向之二是应用网络化、信息化实现传统腐蚀防护施工技术转型升级，将智能制造融入生产过程，创新特殊过程生产管控模式，在实现过程生产质量有效受控的基础上探索对产品质量进行使用寿命预测的实现途径。

3. 加强全生命周期腐蚀防护技术研究

电子设备全生命周期包括论证、设计、制造、使用、退役等多个阶段，传统上对腐蚀防护的关注度和投入程度主要集中在论证、设计、制造阶段，对设备使用阶段的维护、维修、大修技术和退役后的拆解、回收、再利用等相关技术重视度不足。设备再制造技术已经成为一个新兴的技术领域，电子设备使用、退役阶段与腐蚀防护相关的新处理技术预计将有较大需求。

13.3.5 加强防护设计多专业联动

电子设备的腐蚀防护不仅是表面防护工艺人员的工作和职责范围，腐蚀防护能力的具备也不是仅在涂覆、电镀、三防、密封等生产环节实现。不能等到电子设备的技术状态已经确定、设计图纸已经完成之后再来考虑产品的腐蚀防护，寄希望于此时通过简单地对零件、部件、整件进行涂、镀或三防涂覆就能达到长期可靠使用的目标，而必须从产品论证开始即将腐蚀防护设计融入产品设计全过程。

1．加强提升电子设备腐蚀防护能力的产品架构设计研究

电子设备腐蚀防护能力强弱的起始源头是产品设计，必须充分重视产品方案论证阶段的架构设计，从而为产品拥有强壮的环境适应性和可靠性"体魄"打下良好先天基础。电子设备的产品架构设计，顶层是电信架构，工作体制、工作模式选择以及关键电信部件和元器件选型，对产品的腐蚀防护结构设计和工艺设计将产生制约性影响。过去，电信设计师对于产品腐蚀防护工作关注度较少，对电信设计因素对产品腐蚀防护能力的影响研究也较少。随着当今电子设备、电子元器件技术的快速发展，电信设计因素影响的重要性已越来越凸显，迫切需要在这一领域开展深入研究并取得突破。

2．加强提升电子设备腐蚀防护能力的结构新构型研究

电子设备的结构构型是影响产品腐蚀防护工艺设计和腐蚀防护能力的另一制约性因素，好的结构构型有利于腐蚀防护措施的选取和应用，从而大大提升产品环境适应性和可靠性；不好的结构构型会制约长效腐蚀防护措施的选取和应用，从而降低产品环境适应性和可靠性，易于发生腐蚀故障。当今电子设备高性能、轻量化、轻薄化发展趋势给结构构型设计带来巨大压力，机、电、光、液、热控等多结构专业交织的情况越来越多，以前很多已经过应用验证的成熟设计构型无法应用，面对新的需求压力和未知领域，迫切需要开展多专业协同、联动的结构新构型的深化研究和验证考核。

3．加强提升电子设备腐蚀防护能力的产品生产流程研究

当今高性能电子设备的生产流程，越来越体现出多工艺专业协同、交互的特征，而不是简单的链条上前后环节关系，流程中的前后道套装零部整件生产流程、生产工艺方法和工艺参数，同一零部整件生产流程的前后道工序生产工艺方法和工艺参数，都可能因相互之间的匹配性不适宜造成对产品腐蚀防护措施的影响，从而给产品最终的腐蚀防护能力带来损伤，形成局部优但整体不优的结果。因此，电子设备生产全流程的多工艺专业协同、联动优化研究也是必不可少的方向之一。

13.3.6 加强全寿命周期防护综合管理

电子设备腐蚀防护工作的范畴，既包含技术工作内容，也包含管理工作内容，二者相辅相成、都不可或缺。在已有综合管理工作成果、成效的基础上，面对产品、技术、使用需求发展带来的新要求，有必要进一步加强两方面管理工作。

1．加强产品全寿命周期各阶段技术管理工作

电子设备腐蚀防护电讯设计、结构设计、工艺设计，已有较多的成果积累，还将不断取得更多的新成果，对这些成果及时进行归纳总结、提炼提升，开展标准化研究，制

定相关的设计规范、技术条件、试验规范、工艺规范、使用维护手册等技术标准，形成体系化腐蚀防护标准规范，并不断迭代完善，将极大地促进电子设备设计、制造、使用人员队伍能力提升和产品环境适应性、可靠性提升。在这一方面我国与先进国家相比还存在较大差距，应是今后需重点重视的方向。

2. 加强行业内、行业间统筹协调管理工作

电子设备的实现过程跨专业、跨行业，其腐蚀防护能力的提升是一项复杂的系统工程，需要系统中各环节、各相关单位携手努力，希望在各级各行业的高度重视下，进一步加强行业内、行业间的统筹策划、统筹协调管理，加强信息互通，加强协作攻关，汇聚合力，促进我国电子设备包含高环境适应性和高可靠性在内的高水平发展，赶超世界先进水平。

参 考 文 献

[1] 李晓刚. 材料腐蚀与防护概论[M]. 2版. 北京: 机械工业出版社, 2017.

[2] 李晓刚, 董超芳, 肖葵. 金属大气腐蚀初期行为与机理[M]. 北京: 科学出版社, 2009.

[3] 林玉珍, 杨德钧. 腐蚀和腐蚀控制原理[M]. 北京: 中国石化出版社, 2014.

[4] 柯伟. 中国腐蚀调查报告[M]. 北京: 化学工业出版社, 2003.

[5] 张友兰, 李树华. 海洋环境条件对机载电子设备的影响[C]. 中国电子学会电子产品防护技术1998研讨会论文集, 1998.

[6] 李金桂. 腐蚀控制设计手册[M]. 北京: 化学工业出版社, 2006.

[7] 齐祥安, 顾广新, 陈孟成. 机电产品设计与腐蚀防护技术[M]. 北京: 化学工业出版社, 2015.

[8] 徐滨士, 马世宁, 刘世参, 等. 军事装备腐蚀现状及对策[J]. 涂料工业, 2004, 34(9): 9-12.

[9] CHEN D M, LI M, ZHENG X M. Corrosion effect of fungus on A04-60 aminobacking enamel [J]. Corrosion Science and Protection Technology, 2014, 26(1):19.

[10] 化学工业部化工机械研究院. 腐蚀与防护手册: 腐蚀理论、试验及监测[M]. 北京: 化学工业出版社, 2008.

[11] 王凤平, 康万利, 敬和民, 等. 腐蚀电化学原理、方法及应用[M]. 北京: 化学工业出版社, 2008.

[12] 肖纪美、曹楚南. 材料腐蚀学原理[M]. 北京: 化学工业出版社, 2002.

[13] 潘玉霞, 王玫. 大气腐蚀环境对四川电网输变电设备腐蚀的影响研究[J]. 材料保护, 2018, 51(4):110-113.

[14] 杨伟光, 马骏. 电子设备三防技术手册[M]. 北京: 兵器工业出版社, 2000.

[15] 周丽霞. 铝合金在汽车冷却液中的腐蚀机理与防护技术研究[D]. 上海: 上海电力大学, 2013.

[16] 王英芹, 何卫平. 机载电子系统铝合金冷板-冷却液腐蚀性研究[J]. 装备环境工程, 2017, 14(3):47-51.

[17] 梁宇辉. 表面处理技术强化CPU散热器性能研究[D]. 广州: 华南理工大学, 2011.

[18] 马杰, 姚静波, 辛朝军. 环境温湿度对航天电连接器可靠性的影响[J]. 机电元件, 2014, 34(1):28-30.

[19] 韩继先, 于慧敏. 军绿色镉镀层白霜成分分析及机理[J]. 新技术新工艺, 2015(3):109-112.

[20] 熊福平. 湿热海洋环境中铝合金7075-T6霉菌腐蚀机理研究[D]. 武汉: 华中科技大学, 2018.

[21] 吴进怡, 柴柯. 材料的生物腐蚀与防护[M]. 北京: 冶金工业出版社, 2012.

[22] 李宗胜. 高分子材料老化机理及防治方法探讨[J]. 科技创新与应用, 2019, 16(12):121-122.

[23] 刘景军，李效玉. 高分子材料的环境行为与老化机理研究进展[J]. 高分子通报，2005,6(3):62-69.

[24] 王永宁，平琦，龚涛. 船舶电化学腐蚀的分析与控制[J]. 船海工程，2007,36(3):87-89.

[25] 张文毓. 电偶腐蚀与防护的研究进展[J]. 全面腐蚀控制, 2018,32(12):51-56.

[26] 王玉荣，乌日根. 金属材料电化学腐蚀机理分析[J]. 包头职业技术学院学报，2006,7(4):13-15.

[27] 张盾，吴佳佳. 海洋环境微生物腐蚀机理研究进展[J]. 海洋与湖沼，2020,51(4):821-828.

[28] 丁康康，范林，郭为民，等. 典型金属材料深海腐蚀行为规律与研究热点探讨[J]. 装备环境工程, 2019,16(1):107-112.

[29] 张洪波，张勇，樊伟杰，等. 三种典型菌种复合环境下2A12铝合金的腐蚀行为研究[J]. 装备环境工程, 2020,17(2):13-19.

[30] 徐海蓉，黄昌龙. 运输类飞机结构腐蚀位置和腐蚀型式研究[J]. 中国民航飞行学院学报, 2019,30(3):15-19.

[31] 王帮艳，户建军. 航空金属材料的腐蚀问题与防治对策[J]. 中国金属通报，2019,16(2):213-215.

[32] 俞祝良. 人工智能技术发展概述[J]. 南京信息工程大学学报(自然科学版), 2017,9(3):297-304.

[33] 于相龙，周济. 智能超材料研究与进展[J]. 材料工程, 2016,44(7):119-128.

[34] 肖葵，邹士文. 电子材料大气腐蚀行为与机理[M]. 北京：化学工业出版社, 2020.

[35] 蔡元兴，刘科高，郭晓斐. 常用金属材料的耐蚀性能[M]. 北京：冶金工业出版社, 2012.

[36] 戴圣龙，张坤，杨守杰，等. 先进航空铝合金材料[M]. 北京：国防工业出版社, 2012.

[37] 李中权，肖旅，李宝辉. 航天先进轻合金材料及成形技术研究综述[J]. 上海航天, 2019,36(2):9-21.

[38] 何阳，屈孝和，王越，等. 钛合金的发展及应用综述[J]. 装备制造技术，2014,(10):160-161.

[39] 方明，王爱琴，谢敬佩，等. 电子封装材料的研究现状及发展[J]. 材料热处理技术, 2011(2):84-87.

[40] 陈仁山. 新型高强度低合金化镁合金研究进展[J]. 中国材料进展, 2020,39(1):31-38.

[41] 罗海文. 超高强高韧性钢的研究进展和展望[J]. 金属学报, 2020,32(12):51-56.

[42] 王飞宇. 化学成分对马氏体沉淀硬化不锈钢性能的影响[J]. 热处理技术与装备，2018,32(12):51-54.

[43] 张文毓. 热处理工艺对17-4PH沉淀硬化不锈钢组织性能影响研究[J]. 冶金与材料, 2018(6):51-56.

[44] 张玉龙，李萍. 橡胶品种与选用[M]. 北京：化学工业出版社, 2011.

[45] 张玉龙，石磊. 塑料品种与选用[M]. 北京：化学工业出版社, 2011.

[46] 黄世强，孙争光，吴军. 胶粘剂及其应用[M]. 北京：化学工业出版社, 2012.
[47] 李晓麟. 整件装联工艺与技术[M]. 北京：电子工业出版社, 2011.
[48] 曾华梁，吴仲达. 电镀工艺手册[M]. 2版. 北京：机械工业出版社, 1997.
[49] 陈亚. 现代实用电镀技术[M]. 北京：国防工业出版社, 2003.
[50] 表面处理工艺手册编审委员会. 表面处理工艺手册[M]. 上海：上海科学技术出版社, 1991.
[51] 蒋永峰，翟春泉，郭兴伍，等. 强碱性溶液电镀锌镍合金研究进展[J]. 材料科学与工程学报, 2003,21(4):586-589.
[52] 邓正平，温青. 锡及锡合金可焊性镀层电镀工艺[J]. 电镀与精饰, 2006,28(5):33-38.
[53] 李凤凌，姚士冰，周绍民. 钯-镍合金电镀的研究进展[J]. 电镀与环保, 1997,17(5):5-7.
[54] 刘仁志. 非金属材料电镀技术的应用[J]. 电镀与精饰, 2010,32(11):27-30.
[55] 吴璐莹，潘炳权，刘钧泉. 不锈钢钝化膜质量检测方法的比较[J]. 材料保护, 2009,42(8):76-78.
[56] 段关文，高晓菊，满红，等. 微弧氧化研究进展[J]. 兵器材料科学与工程, 2010,33(5):102-106.
[57] 蒋百灵，张先锋，朱静. 铝合金镁合金微弧氧化陶瓷层的形成机理及性能[J]. 西安理工大学学报, 2003,19(4):297-302.
[58] 来永春，邓志威，宋红卫，等. 耐磨性微弧氧化膜的特性[J]. 摩擦学学报, 2000,20(4):304-306.
[59] 傅绍燕. 涂装工艺及车间设计手册[M]. 北京：机械工业出版社, 2012.
[60] 鲁钢，徐翠香，宋艳. 涂料化学与涂装技术基础[M]. 北京：化学工业出版社, 2012.
[61] 郑顺兴. 涂料与涂装原理[M]. 北京：化学工业出版社, 2013.
[62] 王军，姜天明. 石墨烯防腐涂料的特点及在海洋防腐领域的应用前景[J]. 专论与综述, 2019,22(4):17-20.
[63] 张双红，杨波，孔纲，等. 石墨烯环氧富锌涂层的研究进展[J]. 电镀与涂饰, 2018,37(14):656-659.
[64] 孙坤，张建英，秦颖，等. 微胶囊技术在特种涂料中的应用[J]. 涂料工业, 2020,50(5):80-88.
[65] 于国玲，陈宛瑶，王学克，等. 国内功能涂料的研究进展[J]. 电镀与涂饰, 2019,39(2):111-115.
[66] 黄忠喜，李金龙，张代琼. 新型临时性防护电泳涂料及其在选择性电镀中的应用[J]. 涂料工业, 2020,50(4):65-69.
[67] 王彦成. 氟涂料在桥梁钢结构腐蚀防护中的应用分析[J]. 全面腐蚀控制, 2018,32(9):91-92.
[68] 何燕春，王超明，刘鑫，等. 印制电路组件三防涂层性能及返修工艺技术[J]. 航空计算技术, 2018,48(5):284-287.
[69] 王超明. 浅谈三防工艺及常见缺陷[J]. 现代涂装, 2019,22(1):65-67.

[70] 徐萧, 高世桥, 牛少华, 等. 灌封材料对侵彻过载下弹载器件的防护分析[J]. 兵工学报, 2017,38(7):1289-1300.

[71] 成猛, 周三三, 朱建军. 低频非密封电连接器密封防护工艺研究[J]. 制造工艺, 2018,34(5):40-45.

[72] 王虎军. 用于密封液体的磁流体旋转密封的理论及试验研究[D]. 北京: 北京交通大学, 2015.

[73] 黄志坚. 现代密封技术应用[M]. 北京: 机械工业出版社, 2008.

[74] 蔡仁良. 过程装备密封技术[M]. 北京: 化学工业出版社, 2006.

[75] 田民波. 电子封装工程[M]. 北京: 清华大学出版社, 2003.

[76] 俞翔霄, 俞赞琪, 陆惠英. 环氧树脂电绝缘材料[M]. 北京: 化学工业出版社, 2007.

[77] 曾亮, 朱伟, 李忠良, 等. 大功率IGBT用环氧树脂灌封胶的流变性能研究[J]. 绝缘材料, 2015,48(6):25-29.

[78] KAFFASHI B, HONARVAR F M. The effect of nanoclay and MWNT on fire-retardency and mechanical properties of unsaturated polyester resins[J]. Journal of Applied Polymer Science, 2012,124(2):1154-1159.

[79] 杨长胜, 蓝启城. 海军航空装备腐蚀防护与控制管理架构设想[J], 装备环境工程, 2000(11)105-110.

[80] 梁成浩. 现代腐蚀科学与防护技术[M]. 上海: 华东理工大学出版社, 2007.

[81] 翁永基, 李相怡. 腐蚀预测和计量学基础: 从试验到数据分析, 建模与预测[M]. 北京: 石油工业出版社, 2011.

[82] 张健壮. 武器装备研制项目风险管理[M]. 北京: 中国宇航出版社, 2010.

[83] 白凤凯. 世界主要军事强国军事装备采办管理[M]. 北京: 兵器工业出版社, 2005.

[84] 陈丹明, 程丛高. 舰载飞机腐蚀防护与控制标准体系框架设计[J]. 装备环境工程, 2008(12):41-44.

[85] 曾凡阳, 刘元海, 丁玉洁. 海洋环境下军用飞机腐蚀及其系统控制工程[J]. 装备环境工程, 2013(10):77-81.

[86] 陈跃良, 卞贵学, 胡建军. 基于材料初始不连续状态的飞机结构腐蚀管理全寿命模型研究[J]. 航空科学技术, 2011(2):68-72.

[87] 龚光福. 雷达产品三防设计初探[J]. 现代电子, 2001(1):54-62.

[88] 王从思. 电子设备的现代防护技术[J]. 电子机械工程, 2005(3):37-41.

[89] 邱成悌, 赵惇殳, 蒋全兴. 电子设备结构设计原理[M]. 南京: 东南大学出版社, 2005.

[90] 黄桂桥. 金属在海水中的腐蚀电位研究[J]. 腐蚀与防护, 2000,21(1):8-11.

[91] 王健石, 吴克全, 吴传志, 等. 电子设备结构设计手册[M]. 北京: 电子工业出版社, 1993.

[92] 赵静, 沈文军. 舰载雷达抗恶劣环境设计与发展[J]. 电子机械工程, 2015(3):54-57.

[93] 王健, 战栋栋, 李莉. 大型相控阵雷达天线罩环控系统研究[J]. 现代雷达, 2018(4):87-89.

[94] 陈兴伟, 吴建华, 王佳, 等. 电偶腐蚀影响因素研究进展[J]. 腐蚀科学与防护技术, 2010,22(4):363-366.

[95] 潘大伟,闫永贵,高心心,等.高强钢与典型管系材料B10和TA2之间的电偶腐蚀及其电绝缘[J].腐蚀与防护,2017,38(8):589-593.

[96] 陈跃良,王晨光,张勇,等.钛-钢螺栓搭接试样涂层腐蚀失效分析及影响[J].航空学报,2016,37(11):3528-3534.

[97] 范民,周广宴.军用电子设备整机三防技术研究[J].装备环境工程,2009(8):72-75.

[98] 魏斌.微波电路的基本特性和防护技术的发展趋势[J].电子工艺技术,2002(7):143-145.

[99] 赵树伟.微波模块的三防设计[J].科技视界,2014(2):75-76.

[100] 成芳.电子设备发展叙述[J].科技与管理,2015(35):116.

[101] 张润逑,戚仁欣,张树雄,等.雷达结构与工艺[M].北京:电子工业出版社,2007.

[102] 严伟,姜伟卓,禹胜林.小型化、高密度微波组件微组装技术及其应用[J].国防制造技术,2009(5):43-47.

[103] 周德俭.电子产品微组装技术[J].电子机械工程,2011,27(1):1-6.

[104] 李佰贵,宋建伏,杜宝利,等.除盐雾空气净化装置在海洋钻井平台上的应用[J].中国修船,2012(6):43-44.

[105] 吴乾进.除盐雾通风结构设计分析[J].热带农业工程,2018(8):23-26.

[106] 李莉,战栋栋,钱吉裕.大型相控阵雷达阵面环境控制仿真[J].电子机械工程,2010(5):54-58.

[107] 胡岚.导电橡胶衬垫在光通信设备中的应用[J].轻工科技,2016(8):73-74.

[108] 翟筱,方猛,何建锋,等.电连接器结露因素和防结露方法研究[J].航天器环境工程,2014(6):292-295.

[109] 郭滨滨.电气设备结露及其防治对策[J].科技情报开发与经济,2004(3):184-185.

[110] 郁大照,温德宏,王琳,等.飞机电气线路互联系统海洋环境适应性研究[J].装备环境工程,2019(4):46-50.

[111] 穆山,李军念,王玲.海洋大气环境电子设备腐蚀控制技术[J].装备环境工程,2012(8):59-63.

[112] 阮红梅,黄建业,陈川,等.南海海洋环境下关键电器设备腐蚀环境净化技术研究[J].环境技术,2016(10):110-113.

[113] 李久青,杜翠薇.腐蚀试验方法及监测技术[M].北京:中国石化出版社,2007.

[114] 卓成林.环境试验在电子设备"三防"中的应用[J].电子产品可靠性与环境试验,2018,36(S1):262-265.

[115] 李超.某型飞机防护体系性能优选试验研究[J].装备环境工程,2017,14(3):75-79.

[116] 张洪彬,闫杰,王斗辉,等.大气暴露试验和模拟加速试验相关性研究[J].电子产品可靠性与环境试验,2013,31(S1):317-321.

[117] 王秀静,陈克勤,张炬,等.金属大气暴露与模拟加速腐蚀结果相关性探讨[J].装备环境工程,2012,9(1):94-98.

[118] 孙旭朋,白桦,阳辉,等.连接器和继电器自然暴露和盐雾试验腐蚀效应分析[J].环境试验,2019(6):20-25.

[119] 周武. 环境试验中试验顺序的确定[J]. 船舶标准化与质量, 1999(6):25-27.

[120] 刘新佳, 郭迅. 舰载机载装备盐雾试验方法研究[J]. 电子产品可靠性与环境试验, 2020,38(2):13-17.

[121] 郭振华, 宋岩, 胡湘洪. 机载产品盐雾试验结果评定判据分析与探讨[J]. 装备环境工程, 2020,17(2):1-5.

[122] 侯宝娥, 高阳. 舰载武器装备湿热试验方法[J]. 装备环境工程, 2018,15(8):65-68.

[123] 袁敏, 赵岑, 王忠. 军用装备霉菌试验现状与对策探讨[J]. 电子产品可靠性与环境试验, 2019,37(S1):241-245.

[124] 童小燕, 吕胜利, 姚磊江, 等. 海洋工程腐蚀损伤数据库与数字仿真技术[M]. 2版. 北京: 科学出版社, 2012.

[125] 陈跃良, 卞贵学, 张勇, 等. 飞机结构电偶腐蚀数值模拟[M]. 北京: 国防工业出版社, 2020.

[126] 冯亚菲, 方志刚, 赵伊. 海军装备腐蚀仿真技术现状、挑战和展望[J]. 中国材料进展, 2020,39(3):179-184.

[127] 王泗环, 郁大照, 王腾. H62铜合金镀金接触件镀层破损条件下的腐蚀仿真[J]. 装备环境工程, 2019,16(12):7-13.

[128] 王海涛, 韩恩厚. 飞机结构腐蚀数值仿真模拟的研究进展[J]. 装备环境工程, 2020,17(2):61-65.

[129] 任勇, 成光. 海洋环境金属材料腐蚀与防护仿真研究进展[J]. 装备环境工程, 2019,16(12):93-98.

[130] 刘治国, 齐阳, 李旭东. 航空金属材料仿真加速腐蚀试验环境谱编制方法研究[J]. 失效分析与预防, 2019,14(6):357-360.

[131] 余付平, 朱荣新, 王韫江, 等. 基于ANSYS的管道腐蚀缺陷有限元仿真[J]. 计算机测量与控制, 2009,17(1):151-153.

[132] 林臻, 李国璋, 白鸿柏, 等. 金属材料海洋环境腐蚀试验方法研究进展[J]. 新技术新工艺, 2013,17(8):68-72.

[133] 魏薪, 董超芳, 徐奥妮, 等. 金属腐蚀的多尺度计算模拟研究进展[J]. 中国材料进展, 2018,37(1):1-8.

[134] 文邦伟, 朱玉琴. 美军基于模拟仿真的加速腐蚀系统[J]. 装备环境工程, 2011,8(1):1-8.

[135] 张泰峰, 张勇, 黄海亮, 等. 某型飞机结构件局部腐蚀仿真与试验验证[J]. 腐蚀与防护, 2019,40(7):523-529.

[136] NYMBERG D. Army corrosion prevention and control requirements[R]. Warren:Army Tank Automotive Research, Development and Engineering Center, 2011.

[137] 李金桂. 腐蚀控制系统工程学概论[M]. 北京: 化学工业出版社, 2009.

[138] 杨德钧, 沈卓身. 金属腐蚀学[M]. 北京: 冶金工业出版社, 1999.

[139] 白秀茹. 防水透气阀在密封结构中的应用[J]. 无线电工程, 2017, 47(1) : 76-78.